DESENHO TÉCNICO MODERNO

O GEN | Grupo Editorial Nacional – maior plataforma editorial brasileira no segmento científico, técnico e profissional – publica conteúdos nas áreas de ciências exatas, humanas, jurídicas, da saúde e sociais aplicadas, além de prover serviços direcionados à educação continuada e à preparação para concursos.

As editoras que integram o GEN, das mais respeitadas no mercado editorial, construíram catálogos inigualáveis, com obras decisivas para a formação acadêmica e o aperfeiçoamento de várias gerações de profissionais e estudantes, tendo se tornado sinônimo de qualidade e seriedade.

A missão do GEN e dos núcleos de conteúdo que o compõem é prover a melhor informação científica e distribuí-la de maneira flexível e conveniente, a preços justos, gerando benefícios e servindo a autores, docentes, livreiros, funcionários, colaboradores e acionistas.

Nosso comportamento ético incondicional e nossa responsabilidade social e ambiental são reforçados pela natureza educacional de nossa atividade e dão sustentabilidade ao crescimento contínuo e à rentabilidade do grupo.

ARLINDO **SILVA**
CARLOS TAVARES **RIBEIRO**
JOÃO **DIAS**
LUÍS **SOUSA**

DESENHO
TÉCNICO
MODERNO

Tradução

ANTÔNIO EUSTÁQUIO DE MELO PERTENCE
Departamento de Engenharia Mecânica –
Universidade Federal de Minas Gerais

RICARDO NICOLAU NASSAR KOURY
Departamento de Engenharia Mecânica –
Universidade Federal de Minas Gerais

- Os autores deste livro e a editora empenharam seus melhores esforços para assegurar que as informações e os procedimentos apresentados no texto estejam em acordo com os padrões aceitos à época da publicação. Entretanto, tendo em conta a evolução das ciências, as atualizações legislativas, as mudanças regulamentares governamentais e o constante fluxo de novas informações sobre os temas que constam do livro, recomendamos enfaticamente que os leitores consultem sempre outras fontes fidedignas, de modo a se certificarem de que as informações contidas no texto estão corretas e de que não houve alterações nas recomendações ou na legislação regulamentadora.

- Data do fechamento do livro: 27/01/2023

- Os autores e a editora se empenharam para citar adequadamente e dar o devido crédito a todos os detentores de direitos autorais de qualquer material utilizado neste livro, dispondo-se a possíveis acertos posteriores caso, inadvertida e involuntariamente, a identificação de algum deles tenha sido omitida.

- **Atendimento ao cliente: (11) 5080-0751 | faleconosco@grupogen.com.br**

- **DESENHO TÉCNICO MODERNO, 4.ª Edição Actualizada e Aumentada**
  Copyright © Setembro 2004 LIDEL – EDIÇÕES TÉCNICAS, Lda.
  Reservados todos os direitos.

- Direitos exclusivos para a língua portuguesa
  Copyright © 2023 by
  LTC | Livros Técnicos e Científicos Editora Ltda.
  Uma editora integrante do GEN | Grupo Editorial Nacional
  Travessa do Ouvidor, 11
  Rio de Janeiro – RJ – 20040-040
  www.grupogen.com.br

- Reservados todos os direitos. É proibida a duplicação ou reprodução deste volume, no todo ou em parte, em quaisquer formas ou por quaisquer meios (eletrônico, mecânico, gravação, fotocópia, distribuição pela Internet ou outros), sem permissão, por escrito, da LTC | Livros Técnicos e Científicos Editora Ltda.

- Capa: Leonidas Leite

- Imagens de capa: ©Grassetto; ©blacklight_trace (iStock)

- Editoração eletrônica: Caio Cardoso

- Ficha catalográfica

CIP-BRASIL. CATALOGAÇÃO NA PUBLICAÇÃO
SINDICATO NACIONAL DOS EDITORES DE LIVROS, RJ

D486
5. ed.

Desenho técnico moderno / Arlindo Silva ... [et al.] ; tradução Antônio Eustáquio de Melo Pertence, Ricardo Nicolau Nassar Koury. - 5. ed. - Rio de Janeiro : LTC, 2023.
: il. ; 28 cm.

Apêndice
Inclui índice
"Material suplementar"
ISBN 9788521638452

1. Desenho técnico. I. Silva, Arlindo. II. Pertence, Antônio Eustáquio de Melo. III. Koury, Ricardo Nicolau Nassar.

CDD: 604.2
22-81522
CDU: 62-11

Meri Gleice Rodrigues de Souza - Bibliotecária - CRB-7/6439

PREFÁCIO

Não posso deixar de me congratular com a publicação desta obra que responde na atualidade à necessidade de colocar as novas tecnologias de informação e comunicação a serviço das mais variadas disciplinas tratadas no ensino superior. Nos dias de hoje, a presença dos meios computacionais nas mais várias atividades é cada vez maior, e o Desenho Técnico não é exceção.

Este livro responde de uma forma positiva à necessidade de incluir no estudo das matérias de Desenho Técnico capacidades de compreensão e de utilização das tecnologias computacionais e dos sistemas de informação e aponta para a sua inclusão na formação inicial do ensino superior para melhor preparar os diplomados para o futuro da respectiva atividade profissional.

Também quero saudar os autores pela publicação deste livro em língua portuguesa, dedicado ao Desenho Técnico, por pretender ser, no ensino superior, e principalmente nas Engenharias, de um enorme suporte a professores e estudantes de cursos superiores lecionados em Portugal e, eventualmente, em países de língua oficial portuguesa.

A documentada referência aos meios computacionais e a algumas aplicações comerciais mais usuais dá aos leitores uma bagagem e um conhecimento atual no que se refere aos meios automatizados de representação gráfica capaz de descrever informações de caráter operacional e geométrico, permitir a sua análise em aplicações e referenciar nos termos atuais o tratamento, a utilização e a perspectiva do seu desenvolvimento.

O Desenho Técnico é fundamental como base de conhecimento nas Engenharias, na Arquitetura e no Projeto Industrial, e neste sentido, com toda razão, perpassam pelos vários capítulos desta obra aspectos daqueles domínios em que é notória a influência da Engenharia Civil e da Engenharia Mecânica.

No sentido de preparar a futura atividade profissional dos estudantes, não podiam os autores deixar de dedicar uma atenção muito grande ao corpo de normalização técnica internacionalmente aceito e estabilizado.

A leitura deste livro é fácil e agradável pela razão simples de que está muito bem estruturado. De fato, começa por capítulos introdutórios, quer das funções do desenho técnico, quer de noções fundamentais do suporte de sistemas informatizados CAD. Esta preocupação, logo de início, com o suporte das novas tecnologias nos sistemas CAD vai permitir uma permanente e consistente utilização desta ferramenta no corpo restante da obra.

Depois se passa aos domínios clássicos do Desenho Técnico com os capítulos que abordam aspectos gerais, projeções ortogonais, cortes e seções, perspectivas e cotagem.

Uma certa especialização é evidente a partir deste ponto, como se pode verificar até pelo título dos capítulos: *Representação de Intervenções no Terreno em Arquitetura e Engenharia Civil, Desenho Técnico em Projetos de Arquitetura e de Engenharia Civil, Tolerância Dimensional e Estados de Superfície, Tolerância Geométrica, Desenho Técnico de Juntas Soldadas, Elementos de Máquinas* e *Materiais e Processos de Fabricação*.

O livro termina com um conjunto de apêndices de relevante importância, como construções geométricas, tabelas de elementos de máquinas, normas, tabelas de materiais e tabelas de tolerância.

O interesse pelos problemas do ensino leva-me a enfatizar, finalmente, que todos os capítulos apresentam uma excelente organização didática que inclui, no início, os objetivos, e, no final, revisão de conhecimentos, consultas recomendadas, palavras-chave e exercícios propostos. Esta preocupação dos autores qualifica, também, este livro como uma obra de referência e para estudo autônomo.

Lisboa, julho de 2004

Alexandre Gomes Cerveira
Vice-Reitor e Presidente do Conselho Científico
da Universidade Aberta

PREFÁCIO DAS EDIÇÕES ANTERIORES

No seu contexto mais geral, o Desenho Técnico engloba um conjunto de metodologias e procedimentos necessários ao desenvolvimento e comunicação de projetos, conceitos e ideias e, no seu contexto mais restrito, refere-se à especificação técnica de produtos e sistemas.

Não é de se estranhar que, com o desenvolvimento das tecnologias computacionais e dos sistemas de informação a que se assistiram, nas duas últimas décadas, os processos e métodos de representação gráfica utilizados pelo Desenho Técnico no contexto industrial tenham também experimentado uma profunda mudança. Passou-se rapidamente da régua T e esquadro aos tecnígrafos, aos programas comerciais de desenho 2D assistidos por computador e mais recentemente a uma tendência para a utilização generalizada de sistemas de modelagem geométrica 3D.

Nestas circunstâncias, na organização do ensino e na elaboração de textos de apoio na área de Desenho Técnico, põem-se particulares desafios na forma de conciliar, por um lado, o desenvolvimento de capacidades de expressão e representação gráfica e a sua utilização em atividades criativas e, por outro, a aquisição de conhecimentos de natureza tecnológica na área do Desenho Técnico.

No primeiro caso, procura-se o desenvolvimento do pensamento criativo e de capacidades de visualização espacial, de transmitir ideias, formas e conceitos através de gráficos muitas vezes executados à mão livre. Esta capacidade constitui uma qualificação de reconhecida importância no exercício da atividade profissional do engenheiro.

No segundo caso, trata-se do uso das técnicas emergentes de representação geométrica associadas aos temas mais clássicos da descrição técnica de produtos e sistemas e suportadas num corpo estabilizado de normalização técnica internacionalmente aceita. A produção de desenhos de detalhe e de fabricação, incluindo as práticas clássicas de projeções, cortes, dimensionamento, tolerâncias e anotações diversas, é ainda uma atividade imprescindível na produção de documentação técnica de produtos e de sua fabricação e constitui, em muitos casos, o suporte legal e comercial nas relações com fornecedores.

Importa reconhecer aqui as enormes potencialidades das tecnologias de modelagem geométrica atualmente disponíveis em diversos programas comerciais. Protótipos virtuais são facilmente construídos e visualizados. As estruturas de dados associadas a estes modelos geométricos são facilmente convertidas para outras aplicações de Engenharia, e os projetos desenvolvidos podem ser verificados em termos de folgas e interferências em situações de movimento relativo entre componentes e analisados do ponto de vista estrutural, escoamento de fluidos e transferência de calor.

Acentuando a importância crescente da atividade de projeto, o programa do livro inicia-se com dois capítulos introdutórios onde se integram os conceitos básicos de desenvolvimento e comunicação de ideias e projetos usando o desenho à mão livre, os princípios básicos de representação geométrica e projeções, o mundo da normalização e finalmente a evolução do desenho e modelagem geométrica assistida por computador.

O livro desenvolve-se nos capítulos seguintes em torno dos temas clássicos das projeções, vistas, cortes, seções, dimensionamento e tolerância dimensional e geométrica. Dada a sua importância no contexto da descrição técnica de produtos, os temas de processos de união e soldagem, elementos de máquinas e materiais usados em Engenharia são apresentados numa perspectiva utilitária e normativa, com referência sistemática às normas ISO, de modo a permitir ao aluno uma primeira abordagem de projeto com um suporte tecnológico.

A utilização de tecnologias CAD é consistentemente abordada. Note-se que a maioria das ilustrações e desenhos é obtida com sistemas CAD 2D e 3D, evidenciando assim as potencialidades da sua utilização em diversas situações. No fim de cada capítulo incluem-se conjuntos de exercícios e problemas, possibilitando o trabalho individual e em equipe.

A extensão e profundidade dos temas tratados neste livro requerem tipicamente dois semestres de quinze semanas, o que corresponde ao espaço curricular habitualmente atribuído a este tipo de matérias em cursos superiores de Engenharia.

Diversas opções são, contudo, convergentes com os objetivos educacionais que se pretende atingir. Utilizando como base os Capítulos 3 a 8, diferentes cursos de um semestre poderão ser propostos. Em cursos orientados para o Projeto Industrial, os Capítulos 1, 2 e 13 deverão ser integrados aos anteriores.

Para cursos de vertente tecnológica, os Capítulos 10 a 13, abrangendo os tópicos clássicos da normalização de diversos elementos de máquinas, permitem o desenvolvimento e projeto de uma vasta gama de produtos.

Este livro constitui um marco de inegável qualidade e atualidade no contexto da literatura técnica portuguesa, e não fosse a língua (louva-se a opção dos autores) o livro afirmar-se-ia sem dúvida internacionalmente. O seu conteúdo reflete uma experiência de vários anos de ensino, incluindo longas e vivas discussões, em que tive o privilégio de participar, sobre o desenvolvimento e as perspectivas futuras do ensino de Desenho Técnico em cursos de ensino superior de Engenharia.

Manuel Seabra Pereira
Professor Catedrático do IST – Instituto Superior Técnico da
Universidade Técnica de Lisboa

NOTA DOS AUTORES

A Engenharia, a Arquitetura e o Projeto Industrial, frequentemente entendidos como áreas de atividades distintas e autônomas, primordialmente determinantes dos modos de vida das civilizações, partilham de uma mesma área de conhecimento, indispensável à sua própria existência e realização – o Desenho Técnico. Conhecimento onde as artes e as ciências se encontram, promovendo o desenvolvimento tecnológico que mutuamente o renova – o desenho assistido por computador (CAD) é disso reflexo –, o Desenho Técnico é o processo que possibilita o registro e a comunicação acerca da configuração, determinada por imperativos de ordem funcional e estética, dos espaços e dos objetos, por vezes síntese de conhecimentos diversos, constituindo-se referência cultural.

O Desenho Técnico é uma base de conhecimento fundamental e indispensável na Engenharia, na Arquitetura e no Projeto Industrial, que, no entanto, carece de suporte bibliográfico atualizado em língua portuguesa. É nesta ótica que surge o *Desenho Técnico Moderno* – apresentação detalhada dos conceitos que lhe estão associados, das regras e procedimentos da sua utilização em geral, e também das particularidades específicas nos diversos domínios de aplicação, conjugando a representação tradicional e as técnicas de modelagem geométrica, em 2D e em 3D, no âmbito da utilização de sistemas CAD.

Destinado aos estudantes de todos os cursos de graduação que incluem a aprendizagem do Desenho Técnico e a utilização de sistemas CAD, mas também aos profissionais que as utilizam, como elemento de atualização e consulta, este livro trata detalhadamente as aplicações dos conceitos de projeções geométricas planas – projeções ortogonais múltiplas e projeções axonométricas, e aspectos complementares, sobretudo os cortes e seções e a cotagem, quer em termos da sua utilização tradicional, quer em termos da sua geração a partir da respectiva modelagem geométrica por recurso aos sistemas CAD. É também deste modo que apresenta, de forma ilustrada, aspectos e procedimentos específicos no âmbito da aplicação do desenho técnico na Arquitetura e na Engenharia Civil, ilustrando a sua utilização no ordenamento do território, na modelagem de terrenos, na implantação de obras, no desenho de instalações e no desenho de estruturas de edificações. No âmbito da aplicação à Engenharia Mecânica e ao Projeto Industrial, são apresentados, analogamente, por processos tradicionais e por recurso aos sistemas CAD, a tolerância dimensional e geométrica, o desenho de juntas e de elementos de ligação, o desenho de elementos de máquinas, a classificação e a indicação de materiais e os processos de fabricação.

No fim de cada capítulo dispõe-se de uma seção de revisão de conhecimentos, exercícios propostos, consultas recomendadas, incluindo endereços na Internet e a indicação das normas brasileiras e internacionais com especial relevância para esse capítulo.

No fim do livro dispõe-se ainda da indicação de normas, tabelas de materiais e tabelas técnicas frequentemente úteis no âmbito desta atividade, onipresente na Arquitetura, na Engenharia e no Projeto, que é o Desenho Técnico.

Arlindo Silva
Carlos Tavares Ribeiro
João Dias
Luís Sousa

NOTAS BIOGRÁFICAS DOS AUTORES

ARLINDO SILVA – Doutorado em Engenharia Mecânica pelo Instituto Superior Técnico (Lisboa) com mais de 30 anos de experiência em ensino e investigação. Desenvolve atividades de lecionação e investigação em projeto de engenharia, desenvolvimento de produto, criatividade, metodologias de seleção de materiais, manufatura aditiva em materiais compósitos, modelos de custo e gestão de incerteza. Publicou mais de 200 artigos em revistas, conferências e capítulos de livros, mais de 50 patentes, e editou ou foi coautor de cinco livros em tópicos de ensino e investigação em Engenharia. Recebeu o prêmio de Inovação em Educação do programa MIT – Portugal, em 2009. Desenvolveu funções de consultor sênior em Educação em Materiais na Granta Design Ltd. (Cambridge, Reino Unido) em 2012. Foi professor de excelência no Instituto Superior Técnico em 2009, 2013, 2014 e 2015. Desde 2015 é Professor Associado na Singapore University of Technology and Design (SUTD). É membro ativo da PDMA, ASEE, ASME, ASTM International, INCOSE, DS, DRS e SPEE, e representa a sua universidade no Comité de Estandardização de Singapura e na comissão executiva da Design Business Chamber Singapore. É o atual diretor do cluster NAMIC (National Additive Manufacturing Innovation Cluster) na SUTD. Presentemente ensina e coordena cursos a todos os níveis do ensino superior e executivo, em tópicos relacionados com design, e desenvolve as suas atividades de investigação no Centro DesignZ da SUTD. É o atual diretor do Programa de Mestrado em Inovação pelo Design (MIbD) na SUTD.

CARLOS TAVARES RIBEIRO – Doutorado em Engenharia Civil, lecionou disciplinas de desenho, modelagem geométrica e sistemas CAD no departamento de Engenharia Civil do IST, ao longo de mais de 20 anos, tendo sido professor associado nos cursos de Engenharia Civil e de Engenharia Mecânica da Academia Militar (AM) e, por protocolo com esta, na Universidade Aberta, para as disciplinas de geometria e de desenho. Pesquisador nas áreas da modelagem geométrica, computação gráfica, multimídia e realidade virtual, sob a égide do IST e da AM, sendo autor de livros e de diversos artigos nestas áreas. Desenvolveu também intensa atividade de projeto de Engenharia Civil baseado em CAD e GIS.

JOÃO DIAS – Doutorado em Engenharia Mecânica pelo IST. Leciona e tem sido responsável pelas disciplinas de desenho e modelagem geométrica dos cursos de Engenharia Mecânica, Aeroespacial e de Materiais do IST, tendo também lecionado outras disciplinas nas áreas do projeto assistido por computador. Nos últimos anos tem sido responsável como diretor adjunto do laboratório de Engenharia Mecânica assistido por computador do IST. É o representante do departamento de Engenharia Mecânica do IST na comissão de normalização do desenho técnico (CT1). Pesquisador do IDMEC,* tem desenvolvido pesquisa nas áreas do impacto estrutural, segurança de veículos automóveis e ferroviários e reconstituição de acidentes rodoviários. Vencedor do Prêmio Científico IBM 1999.

LUÍS SOUSA – Graduado e doutorado em Engenharia Mecânica pelo IST. Leciona nas disciplinas de desenho e modelagem geométrica dos cursos de Engenharia Mecânica, Engenharia Aeroespacial do IST e mestrado em Engenharia da Concepção, onde tem incentivado a utilização de sistemas CAD 3D, quer em modelagem, quer na ligação a outras áreas de projeto e fabricação. Desenvolve pesquisa na área de otimização de projetos de estruturas não lineares, estando atualmente integrado em diversos projetos relacionados com a tecnologia automóvel e com a promoção da segurança automóvel. Esteve ligado e tem acompanhado de perto a formação em sistemas CAD e os sistemas de modelagem gráfica associados à área do CAD.

---

*Instituto de Engenharia Mecânica. (N.E.)

Aos nossos estudantes e aos nossos professores,
com quem continuamos a aprender,
e às nossas famílias, pelo apoio, encorajamento e amor.

MATERIAL SUPLEMENTAR

Este livro conta com os seguintes materiais suplementares:

- Aulas em PowerPoint (exclusivo para professores cadastrados)
- Planos de aula (exclusivo para professores cadastrados)
- Banco de questões com respostas (exclusivo para professores cadastrados)
- Capítulos extras (*Representação de Intervenções no Terreno em Arquitetura e Engenharia Civil* e *Desenho Técnico em Projetos de Arquitetura e de Engenharia Civil*) (materiais livres, acessíveis mediante uso do PIN).

O acesso ao material suplementar é gratuito. Basta que o leitor se cadastre, faça seu *login* em nosso *site* (www.grupogen.com.br) e, após, clique em Ambiente de aprendizagem. Em seguida, insira no canto superior esquerdo o código PIN de acesso localizado na orelha deste livro.

O acesso ao material suplementar online fica disponível até seis meses após a edição do livro ser retirada do mercado.

Caso haja alguma mudança no sistema ou dificuldade de acesso, entre em contato conosco (gendigital@grupogen.com.br).

SUMÁRIO

Capítulo 1

O DESENHO TÉCNICO, 1

1.1 Introdução, 2
1.2 A Comunicação Gráfica de Ideias, 3
1.3 Desenho Técnico e Desenho Artístico, 3
1.4 A Geometria Descritiva e o Desenho Técnico, 4
1.5 O Desenho Técnico: Modos de Representação, 5
1.6 As Normas Associadas ao Desenho Técnico, 5
1.7 O Desenho Técnico nas Várias Fases de Projeto, 6
1.8 O Desenho Assistido por Computador, 9
Revisão de Conhecimentos, 10
Consultas Recomendadas, 10
Palavras-Chave, 10

Capítulo 2

SISTEMAS CAD EM DESENHO TÉCNICO, 11

2.1 Introdução, 12
2.2 Evolução do Sistema CAD, 12
2.3 Equipamentos de um Sistema CAD, 18
2.4 Sistemas Operacionais, 21
2.5 Aplicação Prática em CAD 2D, 22
Revisão de Conhecimentos, 24
Consultas Recomendadas, 24
Palavras-Chave, 24

Capítulo 3

ASPECTOS GERAIS DO DESENHO TÉCNICO, 25

3.1 Introdução, 26
3.2 Escrita Normalizada, 26
3.3 Tipos de Linhas, 27
3.4 Folhas de Desenho, 29
3.5 Legendas, 31
3.6 Margens e Molduras, 35
3.7 Listas de Peças, 36

3.8 Escalas, 36
Revisão de Conhecimentos, 38
Consultas Recomendadas, 39
Palavras-Chave, 39

Capítulo 4

PROJEÇÕES ORTOGONAIS, 41

4.1 Introdução, 42
4.2 O Conceito de Projeção, 42
4.3 Método Europeu e Método Americano, 45
4.4 Classificação das Projeções Geométricas Planas (PGP), 46
4.5 Representação em Múltiplas Vistas, 49
4.6 Significado das Linhas, 56
4.7 Vistas Necessárias, Vistas Suficientes e Escolha de Vistas, 57
4.8 Vistas Parciais, Deslocadas e Interrompidas, 59
4.9 Vistas Auxiliares, 61
4.10 Representações Convencionais e Simplificadas, 62
4.11 Desenho à Mão Livre, 64
4.12 Exemplos de Aplicação e Discussão, 64
4.13 Aplicações em CAD, 64
Revisão de Conhecimentos, 67
Consultas Recomendadas, 67
Palavras-Chave, 67
Exercícios Propostos, 67

Capítulo 5

CORTES E SEÇÕES, 75

5.1 Introdução, 76
5.2 Modos de Cortar as Peças, 76
5.3 Corte por Planos Paralelos ou Concorrentes, 80
5.4 Regras Gerais em Cortes, 82
5.5 Elementos que Não São Cortados e Representações Convencionais, 82
5.6 Cortes em Desenhos de Conjuntos de Peças, 85

5.7 Seções, 86
5.8 Exemplos de Aplicação e de Discussão, 88
5.9 Aplicações em CAD, 88
Revisão de Conhecimentos, 91
Consultas Recomendadas, 91
Palavras-Chave, 91
Exercícios Propostos, 91

Capítulo 6
PERSPECTIVAS, 97

6.1 Introdução, 98
6.2 Projeção Paralela ou Cilíndrica (Perspectiva Rápida), 98
6.3 Desenho de Circunferências em uma Perspectiva Qualquer, 107
6.4 Linhas Invisíveis, Linhas de Eixo e Cortes em Perspectivas, 108
6.5 Interseção de Superfícies, 109
6.6 Cotagem em Perspectivas, 110
6.7 Metodologia para Leitura de Projeções Ortogonais (Vistas), 110
6.8 Projeções Centrais, 112
6.9 A Perspectiva Explodida, 113
6.10 Aplicações em CAD, 113
Revisão de Conhecimentos, 114
Consultas Recomendadas, 114
Palavras-Chave, 114
Exercícios Propostos, 114

Capítulo 7
COTAGEM, 121

7.1 Introdução, 122
7.2 Aspectos Gerais da Cotagem, 122
7.3 Elementos da Cotagem, 122
7.4 Inscrição das Cotas nos Desenhos, 123
7.5 Cotagem dos Elementos, 126
7.6 Critérios de Cotagem, 127
7.7 Cotagem de Representações Especiais, 131
7.8 Seleção das Cotas, 133
7.9 Aplicações em CAD, 133
7.10 Exemplo de Aplicação e Discussão, 134
Revisão de Conhecimentos, 137
Consultas Recomendadas, 137
Palavras-Chave, 137
Exercícios Propostos, 137

Capítulo 8
TOLERÂNCIA DIMENSIONAL E ESTADOS DE SUPERFÍCIE, 141

8.1 Introdução, 142
8.2 Tolerância Dimensional, 142
8.3 Sistema ISO de Tolerâncias Lineares, 143
8.4 Sistema ISO de Tolerâncias Angulares, 151
8.5 Inscrição das Tolerâncias nos Desenhos, 151
8.6 Ajustes, 152
8.7 Verificação das Tolerâncias, 155
8.8 Tolerância Dimensional Geral, 158
8.9 Tolerância de Peças Especiais, 159
8.10 Estados de Superfície, 159
8.11 Exemplos de Aplicação e Discussão, 165
8.12 Aplicações em CAD, 167
Revisão de Conhecimentos, 169
Consultas Recomendadas, 170
Palavras-Chave, 172
Exercícios Propostos, 172

Capítulo 9
TOLERÂNCIA GEOMÉTRICA, 173

9.1 Introdução, 174
9.2 Tolerância Dimensional *Versus* Tolerância Geométrica, 174
9.3 Definições, 176
9.4 Símbolos Geométricos, 177
9.5 Aspectos Gerais da Tolerância Geométrica, 177
9.6 Aplicação e Interpretação das Tolerâncias Geométricas, 198
9.7 Princípios Fundamentais da Tolerância, 198
9.8 Regras e Passos para a Aplicação da Tolerância Geométrica, 205
9.9 Princípios, Métodos e Técnicas de Verificação, 205
9.10 Tolerância Geométrica Geral, 206
9.11 Exemplos de Aplicação e Discussão, 209
9.12 Aplicações em CAD, 211
Revisão de Conhecimentos, 212
Consultas Recomendadas, 212
Palavras-Chave, 213
Exercícios Propostos, 214

Capítulo 10
DESENHO TÉCNICO DE JUNTAS SOLDADAS, 217

10.1 Introdução, 218
10.2 Processos de Soldagem, 218
10.3 Brasagem, Soldabrasagem e Colagem, 223

Desenho Técnico Moderno

10.4 Representação da Soldagem, da Brasagem e da Colagem, 223
10.5 Símbolos, 223
10.6 Posição dos Símbolos nos Desenhos, 225
10.7 Cotagem de Cordões de Solda, 227
10.8 Indicações Complementares, 227
10.9 Aplicações em CAD, 229
Revisão de Conhecimentos, 230
Consultas Recomendadas, 230
Palavras-Chave, 230
Exercícios Propostos, 230

Capítulo 11
ELEMENTOS DE MÁQUINAS, 235

11.1 Introdução, 236
11.2 Elementos de Ligação, 236
11.3 Ligações Roscadas, 236
11.4 Arruelas, Chavetas, Cavilhas e Contrapinos, 248
11.5 Rebites, 250
11.6 Molas, 251
11.7 Órgãos de Máquinas, 254
11.8 Rolamentos, 262
Revisão de Conhecimentos, 265
Consultas Recomendadas, 265
Palavras-Chave, 265
Exercícios Propostos, 266

Capítulo 12
MATERIAIS E PROCESSOS DE FABRICAÇÃO, 267

12.1 Introdução, 268
12.2 Famílias de Materiais, 269
12.3 Breves Noções de Peso, Resistência e Rigidez, 271
12.4 Generalidades e Aplicações de Algumas Famílias de Materiais, 273
12.5 Fundição, 281
12.6 Deformação Plástica, 284
12.7 Processos de Corte ou Remoção de Material, 286
12.8 Exemplos de Aplicação e Discussão, 292
Revisão de Conhecimentos, 293
Consultas Recomendadas, 294
Palavras-Chave, 294
Exercícios Propostos, 295

Capítulo 13
MAIS PROJETOS DO TIPO CAD, 299

13.1 Introdução, 300
13.2 Projeto de Arquitetura, 300

13.3 Desenhos de Projeto de Estabilidade em Engenharia Civil, 300
13.4 Projeto de Componente Industrial, 302
13.5 Sistemas de *Piping*, 306
13.6 Peça de Desenho Industrial, 308
13.7 Modelos Fotorrealistas para Divulgação, 314
Revisão de Conhecimentos, 315
Consultas Recomendadas, 315
Palavras-Chave, 315

*Capítulo 14
REPRESENTAÇÃO DE INTERVENÇÕES NO TERRENO EM ARQUITETURA E ENGENHARIA CIVIL, E1

14.1 Introdução, E2
14.2 Representação do Terreno: Introdução à Topografia, E2
14.3 Conceitos Fundamentais em Sistemas de Informação Geográfica, E26
14.4 Intervenção no Terreno, E39
Revisão de Conhecimentos, E52
Consultas Recomendadas, E52
Palavras-Chave, E53
Exercícios Propostos, E54

*Capítulo 15
DESENHO TÉCNICO EM PROJETOS DE ARQUITETURA E DE ENGENHARIA CIVIL, E55

15.1 Introdução, E56
15.2 Desenho de Arquitetura, E56
15.3 Desenho de Instalações, E71
15.4 Desenho de Estruturas de Edificações, E81
15.5 O Desenho de Planejamento de Obras de Engenharia Civil, E92
Revisão de Conhecimentos, E99
Consultas Recomendadas, E100
Palavras-Chave, E100

Anexo A
CONSTRUÇÕES GEOMÉTRICAS, 317

A.1 Introdução, 317
A.2 Bissetrizes, Perpendiculares e Paralelas, 317
A.3 Desenho de Polígonos, 319
A.4 Circunferências e Tangências, 321
A.5 Oval e Óvulo, 325

---

*Capítulo *online*, disponível integralmente no Ambiente de aprendizagem do GEN.

A.6 Curvas Espiraladas e Evolvente, 326
A.7 Curvas Cíclicas, 326
A.8 Curvas Cônicas, 328
A.9 Hélices, 330
A.10 Transposição, Ampliação e Redução de Desenhos, 330
Consultas Recomendadas, 331

Anexo B
TABELAS DE ELEMENTOS DE MÁQUINAS, 333
B.1 Parafusos, 333
B.2 Porcas, 339
B.3 Contrapinos, 343
B.4 Cavilhas ou Pinos, 344
B.5 Chavetas e Rasgos, 347
B.6 Rebites, 349
B.7 Arruelas, 351
B.8 Anéis de Retenção, 356

B.9 Correntes de Transmissão, 359
B.10 Perfis de Construção, 360

Anexo C
NORMAS NP, EN, ISO E NBR RELACIONADAS COM O DESENHO TÉCNICO, 365
C.1 Normas Portuguesas NP, 365
C.2 Normas Europeias EN, 366
C.3 Normas ISO, 367

Anexo D
TABELAS DE MATERIAIS, 383

Anexo E
TABELAS DE TOLERÂNCIA, 389

ÍNDICE ALFABÉTICO, 397

1

O DESENHO TÉCNICO

OBJETIVOS

Após estudar este capítulo, o leitor deverá estar apto a:

- Distinguir entre desenho técnico e desenho artístico;
- Reconhecer a necessidade de aprender desenho técnico como uma forma de comunicação;
- Explicar a necessidade das normas de Desenho Técnico;
- Detalhar as várias fases de um projeto genérico e o papel do desenho em cada uma delas;
- Enunciar as vantagens do desenho assistido por computador, em especial na sua vertente tridimensional.

1.1 INTRODUÇÃO

O desenho é por vezes menosprezado como uma área dentro da Engenharia. De fato, o desenho é uma ferramenta imprescindível para o nosso dia a dia, quer sejamos engenheiros, arquitetos, jornalistas, futebolistas ou médicos.

Uma nova estrutura, uma nova máquina, um novo mecanismo, uma nova peça nasce da ideia de um engenheiro, de um arquiteto ou de um técnico, em geral sob a forma de imagens no seu pensamento. Essas imagens são materializadas através de outras imagens: os desenhos. O projeto destes sistemas passa por várias fases, em que o desenho é usado para criar, transmitir, guardar e analisar informação.

A descrição com o objetivo de interpretar, analisar e, principalmente, estabelecer modos de intervenção no relacionamento dos espaços implica uma atitude de representação gráfica, caracterizada por uma simbologia própria e, consequentemente, uma linguagem própria.

A representação gráfica e o desenho em geral satisfazem aplicações muito diversas e estão presentes em praticamente toda atividade humana. Constitui-se na mais antiga forma de registro e comunicação de informação, e, embora tendo conhecido mais mudanças quanto ao modo de produção e de apresentação do que as mudanças tecnológicas verificadas ao longo da História, nunca foi substituída efetivamente por nenhuma outra. O desenho deve ser considerado uma ferramenta de trabalho, tal como o teste de fase/neutro para o eletricista ou a batuta para o maestro. Sem ele, o engenheiro e o arquiteto não se exprimem completamente.

Não obstante o aparecimento e o desenvolvimento de outros meios de comunicação, desde o surgimento da escrita até os que a evolução tecnológica proporciona, a representação (gráfica) de imagens, ainda que de uma forma cada vez mais sofisticada, prevalece e assume lugar de destaque no âmbito do registro e da comunicação sobre as formas dos artefatos e a configuração dos espaços nos quais e com os quais vivemos.

Conceito extremamente amplo, a representação gráfica dispõe, independentemente das diferentes técnicas de produção, de diferentes linguagens conforme o domínio em que é utilizada e os objetivos a que se destina.

Desde as artes plásticas até o processamento de imagens via satélite – passando pela fotografia, pelo vídeo, pelo desenho manual ou por meios informáticos e sujeita ou não a convenções previamente estabelecidas, como no caso do desenho técnico, que a elevam ao nível de linguagem – a representação gráfica é a atitude subjacente que permite o registro de toda a simbologia gráfica que possibilita a comunicação.

A transmissão de ideias ou conceitos é, em uma primeira fase, transmitida através de esboços mais ou menos elaborados. Nas fases seguintes, os desenhos ganham complexidade. À medida que as ideias vão evoluindo e tomando forma, os desenhos podem passar para suportes informáticos com o auxílio do CAD (*Computer Aided Design*). Usando interfaces adequadas entre CAD, CAE (*Computer Aided Engineering*) e CAM (*Computer Aided Manufacturing*), o intervalo de tempo entre a ideia original e o produto final reduz-se drasticamente, como também se reduz o custo de desenvolvimento.

Existe uma frase popular que resume muito bem a vantagem da comunicação pelo desenho: "Um desenho vale mais que mil palavras." As imagens como que substituem o objeto a que se referem, e o seu impacto ultrapassa qualquer tentativa de definição verbal ou escrita. Se, associado à sua representação, lhe for conferido o caráter dimensional e de rigor de exequibilidade em termos da sua fabricação ou da sua construção, a imagem assume, para esse efeito, um caráter operacional e passa a ser "lida" pela representação de propriedades e características particulares, especialmente métricas. Convida-se o leitor a um exercício muito simples: com suas próprias palavras, tente descrever para um amigo o objeto da **Figura 1.1**, de modo que ele faça um desenho desse objeto descrito. No fim, compare os dois objetos. Provavelmente você concluirá que, por mais palavras que tenha usado para descrever o objeto da **Figura 1.1**, sua mensagem não foi recebida de modo correto!

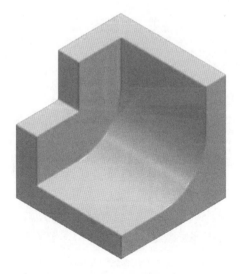

Figura 1.1 Objeto simples desenhado em perspectiva, mas complicado de descrever por palavras.

O Desenho Técnico

No campo da Engenharia, o desenho serve como uma ferramenta de trabalho, que acompanha um novo componente (de uma máquina, por exemplo) desde sua fase inicial de projeto, passando pela oficina onde vai ser fabricado até a fase final de montagem desse componente na máquina, podendo ir para além da fabricação até a fase de marketing e publicidade. Embora, como se pode calcular, o desenho do componente não seja, necessariamente, o mesmo em cada uma das fases enumeradas, deve conter uma grande variedade de informações para a pessoa que o lê e interpreta, além dos simples "traços no papel". De fato, um desenho técnico é, em geral, acompanhado de muitas anotações e explicações, como, por exemplo, dimensões, material de que deve ser fabricado, normas que o enquadram, notas de montagem, escalas etc., que o complementam e sem as quais não seria possível sua fabricação.

No âmbito deste livro e ao longo de todo o texto a utilização da expressão "representação gráfica" e, em particular, o desenho técnico refere-se estritamente à representação gráfica capaz de descrever e analisar informação de caráter operacional e geométrico e suas aplicações, e restringe-se ao tipo de simbologia gráfica que lhe é inerente.

O Desenho Técnico, como área de conhecimento nos domínios da Engenharia Civil, da Arquitetura, da Engenharia Mecânica e do Design Industrial, tem neste livro a sua referência nos termos mais atuais com que é tratado, utilizado e com que se vislumbra o seu sucessivo desenvolvimento.

1.2 A COMUNICAÇÃO GRÁFICA DE IDEIAS

A comunicação gráfica é tão antiga quanto o homem e tem, ao longo dos tempos, um desenvolvimento paralelo ao desenvolvimento da tecnologia. Desde a Antiguidade o homem se comunica e se expressa usando simbologias várias. O homem primitivo usava a pintura para retratar aspectos da sua vida quotidiana. Os desenhos mais antigos de que há conhecimento datam de 12.000 a.C. Sem dúvida que o desenho precedeu a escrita na comunicação de conhecimentos. O povo egípcio, por exemplo, desenvolveu uma escrita baseada em símbolos. A **Figura 1.2** mostra alguns dos símbolos usados pela escrita egípcia. A escrita ocidental é baseada em símbolos abstratos (o alfabeto), que, quando associados de diferentes maneiras, significam diferentes coisas.

A escrita oriental é também baseada em símbolos abstratos, embora não se possa falar de alfabeto, uma vez que cada símbolo tem um sentido próprio, ou seja, não precisa ser associado a outro para fazer sentido.

Como exemplo, o "alfabeto" chinês tem milhares de símbolos, enquanto o alfabeto ocidental tem apenas 27 símbolos.

O objetivo deste texto centra-se na comunicação gráfica de ideias por meio do desenho técnico. O desenho técnico é um tipo particular de desenho, que obedece a regras bem definidas. Serve para comunicar uma ideia ou um conceito de modo único, sem ambiguidades nem significados múltiplos.

Contudo, como será evidente ao longo deste e dos próximos capítulos, o desenho técnico pode ser executado de inúmeras maneiras, com as mais variadas formas e aparências, mantendo sempre o rigor e a objetividade.

1.3 DESENHO TÉCNICO E DESENHO ARTÍSTICO

Determinado objeto pode ser descrito de muitas maneiras: por exemplo, através do seu nome ou de um desenho, que pode ser um desenho livre, de caráter mais ou menos artístico, ou um desenho técnico. Como se fará então a distinção? Pode-se fazer uma primeira distinção a partir do próprio objetivo da descrição: se for destinada apenas a transmitir uma imagem, sem grande ênfase na quantificação das dimensões do objeto, então pode-se estar perante um desenho livre de caráter artístico ou

Figura 1.2 Exemplos de símbolos da escrita egípcia.

não; se a descrição for destinada a explicitar com rigor a forma e as dimensões do objeto representado, bem como os aspectos relevantes, por exemplo, para a sua produção, então estar-se-á perante um desenho técnico.

A distinção entre os dois tipos de desenho — o desenho técnico e o desenho livre — pode também ser feita de um modo diferente. O desenho técnico deve ser perfeitamente perceptível e sem ambiguidades na forma como descreve determinado objeto; o desenho livre pode ter, para diferentes indivíduos, várias interpretações e significados do mesmo objeto. A **Figura 1.3** mostra um exemplo claro de desenho livre; neste caso, mais especificamente o que vulgarmente constitui uma ilustração. Já a **Figura 1.4** apresenta exemplos de desenho técnico: em (a), uma representação livre de um objeto, porém de caráter técnico; em (b), uma representação em desenho técnico do mesmo objeto. A **Figura 1.3** e a **Figura 1.4** tornam claro o significado do desenho livre de caráter artístico e ilustrativo, do desenho livre, mas de caráter técnico (**Figura 1.4a**), que também não deixa de ser ilustrativo, e do desenho técnico propriamente dito (**Figura 1.4b**).

1.4 A GEOMETRIA DESCRITIVA E O DESENHO TÉCNICO

Pode-se dizer que o Desenho Técnico, tal como hoje é entendido, nasceu como aplicação dos princípios e fundamentos da Geometria Descritiva. A geometria descritiva se deve a Gaspard Monge (1746-1818). Como professor na Escola Politécnica de França, Monge desenvolveu o conceito de projeção, em particular de projeção geométrica plana. Independentemente da instrumentação utilizada, a Geometria Descritiva constitui a base do Desenho Técnico.

Estes princípios de Geometria Descritiva cedo foram reconhecidos como ferramentas de extrema importância na estratégia militar da época, obrigando Monge a mantê-los em segredo. O seu livro *La Géométrie Descriptive*, publicado em 1795, continua a ser considerado o primeiro texto sobre o desenho de projeções.

Nos primeiros anos do século XIX, estas ideias começaram a ser introduzidas nos estudos universitários, tanto nos Estados Unidos como na Europa. Os estudos de Gaspard Monge foram ainda usados na fabricação de variadas peças intercambiáveis, na indústria militar da época. Em 1876, foi inventada a cópia heliográfica. Até então, a execução de desenhos técnicos era mais ou menos considerada uma arte, caracterizada pelas linhas muito finas e pelo uso de sombras. A cópia e a reprodução desses desenhos eram extremamente difíceis. A introdução da cópia heliográfica, de execução fácil e rápida, veio aligeirar um pouco o desenho técnico

Figura 1.3 Exemplo típico de um desenho artístico (cortesia de Phil Metzger, *Perspective without pain*, North Light Books, Cincinnati, OH).

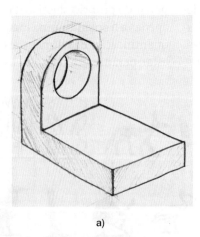
a)

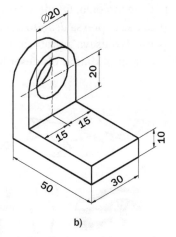
b)

Figura 1.4 Exemplo de um objeto cuja distinção entre a representação artística (à esquerda) e a representação técnica (à direita) não é tão óbvia.

como até então era entendido, eliminando o uso de sombras e carregando mais os traços, para melhorar a reprodução.

O desenho técnico tem-se tornado gradualmente mais preciso e rigoroso ao longo dos tempos, processo a que não é alheia a instrumentação utilizada na sua execução, eliminando, por vezes, a necessidade de construção de modelos para avaliar o funcionamento das peças ou mecanismos desenhados.

1.5 O DESENHO TÉCNICO: MODOS DE REPRESENTAÇÃO

Como citado, o desenho técnico pode assumir diversos modos de representação, mas deve manter sempre o rigor e a objetividade que o caracterizam. Os modos mais usados em desenho técnico são as representações em vistas e em perspectiva.

Estas duas formas de representação, sendo ambas de extrema importância na descrição de um objeto, contêm particularidades que as recomendam em situações diferentes, consoante a mensagem a transmitir e o leitor a que se destinam.

Todo o processo de representação no âmbito do Desenho Técnico fundamenta-se no conceito de projeção.

1.5.1 Perspectivas

A representação vulgarmente designada por perspectiva é usada quando se quer ter uma visão espacial, rápida, de determinado objeto. O desenho assemelha-se, de fato, a uma fotografia do objeto desenhado, não sendo necessária nenhuma capacidade especial para a sua interpretação. A informação que ele consegue transmitir é menor que na representação em vistas múltiplas, mas pode ser importante, por exemplo, em esquemas de montagem ou em catálogos de publicidade, onde um simples olhar pode dar uma visão clara do objeto, sem grandes pormenores. A **Figura 1.5** mostra a visualização em perspectiva do objeto.

1.5.2 Vistas Múltiplas

A representação em vistas múltiplas de um objeto é um dos tipos de representação mais usados em Engenharia e se baseia no conceito de projeção ortogonal. A quantidade de informação que pode estar contida em um desenho deste tipo é muito grande, desde o simples esquema até um desenho de produção completo, com anotações, notas de fabricação, notas de montagem etc. Obedece a determinadas normas e convenções de representação que,

Figura 1.5 Representação em perspectiva de um objeto.

quando assimiladas, permitem visualizar imediatamente o objeto representado.

A representação de objetos em vistas múltiplas é, em geral, mais fácil de executar do que a representação em perspectiva, sendo, por isso, preferida quando o seu leitor está treinado na leitura de desenhos em vistas múltiplas. A **Figura 1.6** mostra o objeto da **Figura 1.5** rigorosa e inequivocamente definido pelas suas vistas múltiplas.

1.6 AS NORMAS ASSOCIADAS AO DESENHO TÉCNICO

Para que o desenho técnico seja universalmente entendido sem ambiguidades, é necessário que obedeça a determinadas regras e convenções, de forma que todos os implicados no processo de desenho "falem a mesma língua". Para uniformizar o desenho, existem as normas de desenho técnico. Uma norma de desenho técnico não é mais do que um conjunto de regras ou recomendações a seguir quando da execução ou da leitura de um desenho técnico.

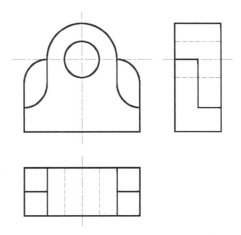

Figura 1.6 Representação em vistas múltiplas de um objeto.

Existem vários organismos, nacionais e internacionais, que produzem normas sobre os mais variados assuntos, entre os quais, o desenho técnico. No nível europeu, as normas de maiores aceitação e aplicação são as Euro-normas (EN), semelhantes, em geral, às normas ISO (International Organization for Standardization). No continente americano, as normas ANSI (American National Standards Institute) são as normas de aplicação quase exclusiva. No nível de cada país, existem também organismos ligados à normalização. Em Portugal, por exemplo, o IPQ (Instituto Português da Qualidade) é o organismo responsável pela normalização, que produz normas com o prefixo NP, assim como na Inglaterra é o BSI (British Standards Institute), que produz normas com o prefixo BS. Na normalização de elementos de máquinas são muito usadas as normas alemãs DIN.

É de se imaginar que a existência de tantos organismos nacionais e internacionais de normalização originará conflitos entre normas que tratam de um mesmo assunto. Embora, por vezes, isso possa acontecer, este texto baseia-se, em primeira instância, nas normas ISO. Para alguns aspectos específicos, poderão ser feitas comparações entre as normas ISO e NP. No final de cada capítulo serão discriminadas as normas ISO de relevância para cada assunto e, no final do livro, faz-se uma listagem das normas ISO relacionadas, direta ou indiretamente, com o desenho técnico em geral.

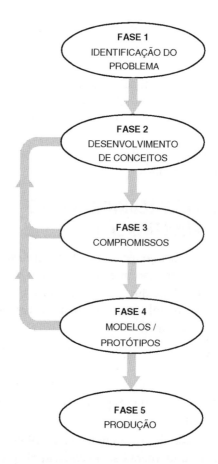

Figura 1.7 As várias fases de um projeto.

1.7 O DESENHO TÉCNICO NAS VÁRIAS FASES DE PROJETO

O desenrolar de um projeto tem várias fases bem definidas, no decorrer das quais as várias áreas de Engenharia desempenham um papel específico. O desenho técnico é uma ferramenta usada em todas as fases do projeto. A **Figura 1.7** mostra as fases em que é comum considerar no decorrer do projeto. O **Exemplo 1** mostra como essas fases decorrem em um projeto concreto. Todos os projetos passam, implícita ou explicitamente, por estas fases, quer seja o projeto de uma lata de refrigerante, quer seja o projeto de um automóvel.

FASE 1 – Identificação do problema

A origem de qualquer produto novo ou a alteração de um produto existente resulta de uma necessidade do mercado. Esta fase não é mais do que a tomada de conhecimento de uma necessidade do mercado e a identificação do problema de criação de um novo produto. É recolhida informação sobre o produto, como estudos de mercado, estudos sobre produtos da concorrência, caso existam, etc. Definem-se objetivos gerais, tais como requisitos, prazos de execução e custos aproximados.

FASE 2 – Desenvolvimento de conceitos

Esta é a fase mais criativa de todo o processo. Uma ideia pode gerar muitas outras ideias, e, embora nem todas possam ser executadas, ou algumas sejam mesmo absurdas, é necessária alguma discussão para que se atinjam soluções viáveis para a resolução do problema. Não se deve eliminar nenhuma ideia, ainda que de início ela não seja viável. Todas as ideias, esboços ou notas devem ser registrados e guardados para a fase seguinte. Nesta fase, o esboço representa um papel importante. Eventualmente, podem ser apresentados a um potencial consumidor do novo produto um ou mais conceitos resultantes desta fase do projeto, quando então se anotam suas reações, boas ou más, e suas sugestões.

FASE 3 – Compromissos

Tomando agora os conceitos e ideias da fase anterior, ponderam-se os prós e os contras de cada solução possível. São estudadas produção, manutenção e reciclagem

EXEMPLO 1
PROJETO DE UMA CADEIRA DE RODAS PARA DEFICIENTES FÍSICOS

FASE 1 – Identificação do problema. A firma X fez um estudo de mercado, consultando várias associações de deficientes e organismos estaduais e recolheu opiniões isoladas de deficientes físicos a respeito das cadeiras de rodas existentes no mercado e das cadeiras de rodas que cada indivíduo possui, ou gostaria de possuir. Concluiu que: (a) 60% dos usuários de cadeiras de rodas pertencem à faixa etária entre os 18 e os 35 anos; (b) 90% dos usuários usam uma cadeira de rodas clássica universal, em aço, com poucas possibilidades de adaptação individual, com peso em torno de 20 kgf e de baixo custo; (c) 80% dos usuários gostariam de ter no mercado uma cadeira leve, de baixo custo, totalmente ajustável, com "ar desportivo", que facilitasse ao máximo sua vida do dia a dia. O problema identificado é a inexistência de cadeiras de rodas com as características que os usuários mais gostariam de ver nas suas cadeiras: baixo peso, baixo custo, ajustável e atraente.

FASE 2 – Desenvolvimento de conceitos. A firma X reúne o seu grupo de engenheiros e delineia as linhas de desenvolvimento do novo produto. A nova cadeira deve ser leve (peso inferior a 10 kgf). Esse requisito pode ser atingido com o emprego de ligas leves (alumínio, magnésio ou fibra de carbono). Deve ser de baixo custo, quer de aquisição, quer de manutenção. O baixo custo de aquisição pode ser atingido se os procedimentos de trabalho na linha de produção forem otimizados e o desperdício de material for reduzido ao mínimo. O baixo custo de manutenção pode ser atingido pelo conhecimento a fundo dos processos de fabricação e por meio de testes exaustivos de fadiga em protótipos, aumentando a durabilidade dos seus componentes. A cadeira deve ser ajustável a cada indivíduo. Este requisito pode ser atingido se a cadeira dispuser de alteração da sua forma, como a alteração dos mecanismos de ângulo entre o assento e as pernas, do ângulo entre o assento e as costas, ou cambagem das rodas, ajustando-se a cada pessoa. A possibilidade de remover as rodas sem o auxílio de ferramentas e o fechamento da cadeira também podem ser importantes para o usuário ativo, que conduz o seu próprio carro, quando da transferência da cadeira para o carro, sendo mais fácil a arrumação da cadeira dentro do carro. A cadeira deve ser atraente e ter um "ar desportivo". Este requisito é atingido se a cadeira se assemelhar às cadeiras desportivas, com o mínimo de acessórios, com cambagem nas rodas traseiras, pintada de cores vivas (ao gosto do utilizador).

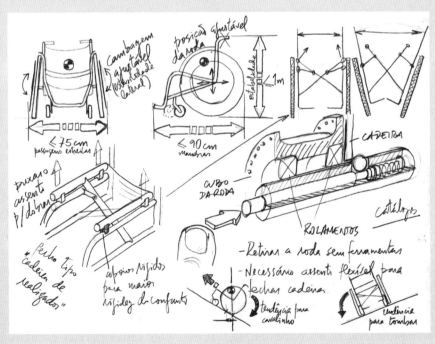

Esboços típicos na Fase 2 da cadeira de rodas da firma X.

FASE 3 – Compromissos. O peso, a rigidez e, consequentemente, a manobrabilidade da cadeira seriam excelentes se fosse empregada fibra de carbono na sua produção, mas sua fabricação em série seria bastante complicada e seu custo proibitivo. O alumínio é um bom material para a construção da cadeira, pois oferece a vantagem do peso relativamente ao aço, não perde em rigidez estrutural e é mais barato que o titânio. O baixo custo da fabricação leva à necessária utilização de perfis normalizados soldados entre si, embora a solução com menor peso e maior rigidez fosse a extrusão de perfis ou fundição de peças especiais para a cadeira, reduzindo assim também os custos de manutenção.

FASE 4 – Protótipos. A firma X executou diversos protótipos da cadeira, tendo efetuado algumas alterações de peças que não resistiram de modo satisfatório aos testes de fadiga, impacto e segurança impostos pelas normas ANSI/RESNA partes 1, 3, 8 e 16. Alguns elementos foram reforçados e os desenhos finais de fabricação elaborados, considerando-se estas alterações. Como a firma X usou desde o início uma modelagem 3D parametrizada da sua cadeira, bastou-lhe alterar as dimensões das peças que era necessário modificar e os restantes componentes refletiram imediata e automaticamente as alterações. Sem a ajuda preciosa da modelagem tridimensional, esta firma teria perdido mais tempo em alterar individualmente os desenhos das peças envolvidas, correndo o risco de deixar alguma de fora!

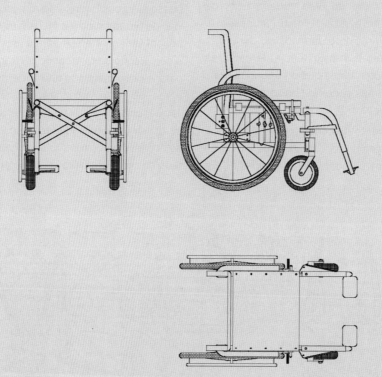

O desenho de conjunto em vistas múltiplas da cadeira de rodas da firma X.

de componentes. Desta análise, surge uma solução de compromisso, que conduz a novos esboços de projeto, agora mais refinados e com mais informação no que se refere a materiais e processos de fabricação. Dependendo do sistema em análise, devem ser efetuados alguns cálculos com modelos simplificados, como, por exemplo, resistência, velocidades ou acelerações, temperaturas de funcionamento, estimativas de duração. Em seguida, fazem-se modelos dos componentes, em geral em um sistema de CAD/CAE. A montagem de componentes de todo o mecanismo permite detectar interferências entre os diversos componentes. Os modelos podem ser aproveitados para fazer um dimensionamento prévio direto com uma interface para programas de cálculo. Devem ser feitos compromissos entre as diversas soluções possíveis.

O custo deve sempre estar à frente dos compromissos assumidos, pois por melhor que seja o produto ele deve ser sempre vendido com uma margem de lucro, senão todo o investimento feito nesta fase será perdido. A experiência adquirida com o desenvolvimento de outros produtos e o senso comum são de importância crucial no dimensionamento de componentes não críticos. Só se deve recorrer a sofisticados programas de cálculo ou a meios experimentais quando o componente for crítico para o funcionamento do mecanismo.

FASE 4 – Modelos/Protótipos

Pode haver necessidade de fazer um protótipo, em escala ou em tamanho real para efetuar testes variados, como facilidade de fabricação, testes aerodinâmicos, de durabilidade, ou simplesmente para verificar a aparência do produto. Os testes efetuados no modelo poderão eventualmente ditar uma alteração profunda na montagem do produto ou no seu processo de fabricação de determinado componente caso isto se tenha revelado demasiado moroso ou demasiado complicado. Esta fase é bastante importante quando o produto a ser desenvolvido for muito complicado, com um elevado número de componentes.

1.8 O DESENHO ASSISTIDO POR COMPUTADOR

O desenvolvimento da Informática durante as últimas décadas tem desempenhado um papel preponderante em todos os domínios da atividade humana, em especial na Engenharia, tanto no que diz respeito ao cálculo, como no que diz respeito ao desenho.

A utilização cada vez mais generalizada de sistemas de CAD (do inglês *Computer Aided Design*, ou Projeto Assistido por Computador) como auxílio à concepção e ao projeto nos vários domínios da Engenharia – Civil, Mecânica, Eletrotécnica, da Arquitetura – e do Design Industrial tem constituído um impulso sem precedentes no desenvolvimento industrial, da educação e da investigação.

De um modo sucinto, um sistema CAD consiste em *software* que apresenta um conjunto de comandos específicos para operações de desenho (linhas, polígonos, sólidos geométricos) e sua manipulação (ampliação, deformação, mudanças de escala, cópias, translações etc.).

Esses comandos estabelecem com o usuário uma "interface" direta e fácil de acesso ao desencadeamento de cada algoritmo ou algoritmos do domínio da Computação Gráfica – ciência multidisciplinar que relaciona aspectos da matemática, da geometria e da ciência computacional.

O desenvolvimento de algoritmos específicos a algum dos domínios da Engenharia e da Arquitetura permite definir comandos especificamente dirigidos a operações frequentes nesse domínio e a constituição de Sistemas CAD específicos.

Os sistemas CAD podem, hoje em dia, abranger as várias fases de projeto e, em alguns casos, também de produção. Esses sistemas permitem a articulação entre si de vários módulos: CADD (*Computer Aided Design and Drafting*), CAE (*Computer Aided Engineering*), AEC (*Architectural, Engineering and Construction*) e CAM (*Computer Aided Manufacturing*). Por vezes, referimo-nos ao CAD como *Computer Aided Drafting*, embora a sigla se refira a *Computer Aided Design*. Ao longo do texto a sigla CAD será usada para denominar *Computer Aided Drafting*, como rotineiramente se faz.

O desenho assistido por computador tem grandes vantagens em relação aos métodos tradicionais de desenho. Algumas dessas vantagens são enumeradas a seguir:

- No desenho técnico clássico de prancheta, feito inteiramente a mão, a inserção de símbolos repetitivos normalizados era feito, em geral, com recurso de normógrafos ou folhas de decalque, na escala do desenho. Com o CAD, a inserção de símbolos normalizados é direta, se existir uma base de dados de símbolos, o que acontece com quase todos os pacotes comerciais de CAD, e diretamente em escala para a dimensão pretendida;

- No desenho técnico clássico de prancheta, qualquer erro cometido no papel vegetal era corrigido raspando-se a folha com uma lâmina e desenhando-se por cima. Em CAD, os erros são tão fáceis de corrigir como em um processador de texto comum. Além disso, os desenhos podem ser guardados em suporte magnético, nunca perdendo qualidade (como acontece nos arquivos de papel vegetal) e podendo, a qualquer momento, ser alterados ou aproveitados de novo;

- As construções geométricas que tanto tempo demoram se feitas a mão, tais como tangentes, elipses etc., são automáticas nos sistemas de CAD, poupando muito tempo ao desenhista e oferecendo uma apresentação muito superior;

- A elaboração de relatórios ou catálogos de *marketing* e publicidade é automática, pois se pode fazer a importação dos desenhos em suporte magnético dos sistemas de CAD para os sistemas de edição e formatação de texto;

- A utilização, em particular, de sistemas de CAD a 3D tem as vantagens acrescidas da construção dos objetos diretamente a três dimensões, sendo possível, imediatamente, a verificação de zonas de interferência com a análise cinemática em mecanismos, a análise estrutural dos componentes e do conjunto por elementos finitos (com uma interface adequada para um *software* de análise estrutural) e – talvez a maior e mais importante vantagem – a obtenção direta da representação dos objetos em vistas múltiplas e/ou em qualquer perspectiva desejada. O Capítulo 2 apresenta alguns exemplos.

REVISÃO DE CONHECIMENTOS

1. Como se distingue um desenho artístico de um desenho técnico?

2. Por que o desenho técnico deve respeitar as normas de desenho?

3. Quais são as duas formas mais usuais de representação de objetos em desenho técnico?

4. Enuncie as várias fases pelas quais passa o projeto de um mecanismo inovador, dando especial ênfase ao papel do desenho técnico em cada uma dessas fases.

5. Que vantagens você reconhece no desenho assistido por computador com relação ao desenho técnico tradicional em papel?

6. Que vantagens você reconhece no desenho tridimensional de peças?

7. Que vantagens você aponta no engenheiro que domina totalmente a linguagem do desenho técnico em comparação com aquele que tem fracos conhecimentos de desenho?

CONSULTAS RECOMENDADAS

- Bertoline, G.R., Wiebe, E.N., Miller, C.L. e Nasman, L.O., *Technical Graphics Communication*. Irwin Graphics Series, 1995.
- Dieter, G.E., *Engineering Design, A Materials and Processing Approach*. McGraw-Hill, 2nd Ed., 1991.
- Giesecke, F.E., Mitchell, A., Spencer, H.C., Hill, I.L., Dygdon, J.T., Novak, J.E. e Lockhart, S., *Modern Graphics Communication*. Prentice Hall, 1998.
- Endereço eletrônico da revista *Machine Design*, sempre repleto de novas soluções para novos e velhos problemas de engenharia, em especial na vertente de mecânica – www.machinedesign.com
- Endereço eletrônico da International Organization for Standardization (ISO) – www.iso.ch
- Endereço eletrônico da American National Standards Institute (ANSI) – web.ansi.org
- Endereço eletrônico do Instituto Português da Qualidade (IPQ) – www.ipq.pt
- Endereço eletrônico da American Society of Mechanical Engineers (ASME) – www.asme.org

PALAVRAS-CHAVE	
CAD	desenho técnico clássico
CADD	geometria descritiva
CAE	ISO
CAM	norma de desenho técnico
cópia heliográfica	perspectivas
desenho artístico	projeto de Engenharia
desenho técnico	vistas múltiplas

2

SISTEMAS CAD EM DESENHO TÉCNICO

OBJETIVOS

Após estudar este capítulo, o leitor deverá estar apto a:

- Identificar os componentes de um sistema CAD em função das suas necessidades;
- Compreender a relação entre módulos em um sistema CAD integrado;
- Distinguir as formas de representação em CAD relativamente aos sistemas tradicionais;
- Identificar as necessidades de *software* e *hardware* de novos programas e equipamentosutilizados no sistema CAD.

2.1 INTRODUÇÃO

A evolução dos equipamentos de informática, particularmente nas décadas de 1980 e 1990, foi tão grande que possibilitou o acesso aos computadores à maioria da população, em especial no Ocidente. Este desenvolvimento permitiu também o aparecimento de programas computacionais capazes de rivalizar com operadores especializados em determinadas áreas, provocando reformulações dos métodos de trabalho em muitos setores.

Alguns pequenos exemplos: com o desenvolvimento dos processadores de texto, praticamente já não existem máquinas de datilografia; a edição de livros, jornais e revistas é hoje realizada em computador, e a impressão nas gráficas, realizada diretamente a partir dos documentos produzidos.

Analogamente, passou-se a utilizar o computador como instrumento fundamental no projeto de Engenharia, o que conduziu à substituição da tradicional prancheta pela utilização dos sistemas CAD (*Computer Aided Design*).

Nos países de língua portuguesa, a designação Projeto Assistido por Computador ou Desenho Assistido por Computador (que não são a mesma coisa, como se verá adiante!) popularizou-se desde a década de 1980 com o aparecimento e a proliferação no mercado dos sistemas CAD.

De fato, um sistema CAD é como que a expressão comercial para um conjunto de programas de computação gráfica hierarquizados segundo uma estrutura lógica de utilização, mais ou menos específicos, para obtenção de um dado tipo de desenho ou modelos inerentes a determinado domínio de aplicação (Engenharia Civil, Arquitetura, Engenharia Mecânica etc.).

2.2 EVOLUÇÃO DO SISTEMA CAD

Neste domínio de aplicação do sistema CAD, o processo de evolução consistiu em gradualmente proceder-se à representação dos desenhos utilizando computador e software adequados, substituindo assim os antigos escritórios de desenho com as enormes pranchetas, material de desenho (canetas, réguas, compassos etc.) e mapotecas, onde cada trabalho original era cuidadosamente guardado, para ser reproduzido sempre que necessário. Com o desenho assistido por computador, o trabalho é guardado em suporte magnético de baixo custo e pequeno volume, e as alterações são sempre muito mais fáceis de realizar.

Ao longo da década de 1980, a utilização dos sistemas CAD baseava-se essencialmente na representação de projeções ortogonais múltiplas (vistas). Consistia praticamente em substituir o trabalho de desenho tradicional em prancheta (**Figura 2.1**). Alguma informação adicional relevante podia ser obtida a partir do desenho, como a área dos elementos componentes de uma planta baixa, medições de elementos para orçamento (por exemplo, áreas de pavimentos, elementos construtivos, tubulações, correias ou correntes em equipamentos, **Figura 2.2**), ou a quantidade de um dado componente em um equipamento.

Na década de 1990, os sistemas CAD evoluíram para uma outra filosofia, baseada na representação paramétrica de modelos tridimensionais (3D, **Figura 2.3**). Toda

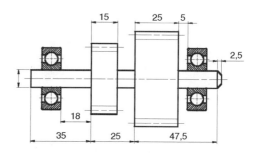

Figura 2.1 Representação de transmissão por corrente e roda dentada.

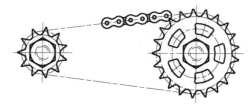

Figura 2.2 Representação de transmissão por corrente.

Figura 2.3 Modelo 3D de um subconjunto.

a informação das peças individuais e de montagem do conjunto pode ficar guardada (**Figura 2.4**), sejam quais forem as dimensões envolvidas (**Figura 2.5**).

Os modelos passaram a ser mais detalhadamente representados, podendo-se simultaneamente gerar representações em 3D e 2D, sendo fácil obter imagens das peças em qualquer posição e com diferentes efeitos de visualização. Como estas imagens são obtidas de forma automática, a partir dos modelos 3D, é possível representar com clareza todos os detalhes, sem que isso represente mais horas significativas de trabalho de desenho.

Com modelos 3D, a representação convencional simplificada pode ser substituída por uma representação mais completa, como no exemplo da **Figura 2.5**.

Na **Figura 2.6**, pode-se observar um subconjunto representado, respectivamente, em modo sombreado (*shading*), em projeções ortogonais e em perspectiva isométrica com as arestas invisíveis escondidas (*hidden lines*).

Para fins promocionais, é possível obter imagens fotorrealistas dos objetos enquadrados em uma cena, envolvendo materiais, efeitos de luz, câmaras e diversos sombreados para a obtenção das imagens (*rendering*). A **Figura 2.7** apresenta exemplos de representação fotorrealista em aplicações de Engenharia Civil e de Engenharia

Figura 2.5 Representação de um edifício e sua inserção no conjunto urbano.

Figura 2.4 Modelo 3D em perspectiva explodida.

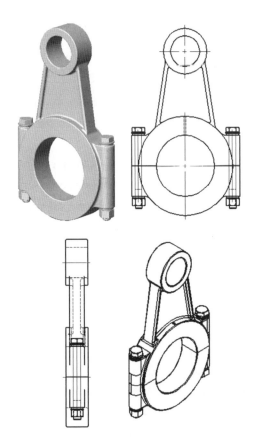

Figura 2.6 Vistas obtidas automaticamente do modelo 3D.

Figura 2.7 Representação fotorrealista de objetos (a) 3D Studio Max; (b) SolidWorks (reprodução autorizada).

Mecânica. Sem entrar em grandes detalhes, pode-se explicar um pouco como são obtidas estas imagens.

Os materiais são representados pelas suas propriedades sob o efeito da luz, desde cor, brilho e transparência. Além destas propriedades podem ser aplicadas texturas sobre a superfície das peças (**Figura 2.8**). Estas texturas são normalmente fotografias dos materiais reais ou imagens obtidas digitalmente, no caso dos decalques (logotipo).

Podem ainda ser considerados efeitos de luminosidade de diversas formas, desde luz ambiente, luz pontual (por exemplo, uma lâmpada), até projetores (*spotligths*). Também é possível controlar, entre outras, a sua posição, direção, cor e intensidade (**Figura 2.9**).

Para o projetista, ter à disposição o modelo 3D torna possível efetuar várias simulações, em particular na análise de resistência estrutural e/ou térmica, usando

Figura 2.8 Aplicação de texturas de materiais sobre os objetos.

Sistemas CAD em Desenho Técnico

Figura 2.9 Efeitos de luminosidade em interior de habitação.

poderosas ferramentas de cálculo, normalmente recorrendo a métodos matemáticos (como os métodos dos elementos finitos, ou método das diferenças finitas) cujos resultados se refletem nos próprios desenhos no âmbito das fases de concepção e projeto.

Neste campo, é prática corrente associar os programas de desenho e de cálculo, permitindo assim uma ligação bidirecional entre o modelo desenhado e o modelo de análise. Na **Figura 2.10** exemplifica-se esta situação, retratando a análise estática por elementos finitos de uma biela. Sobre o modelo do desenho foram especificadas as propriedades do material, indicadas as restrições de deslocamento, os esforços aplicados e criada a malha do modelo (neste caso simples, de forma automática, **Figura 2.10a**). Os resultados da simulação estão na **Figura 2.10b**, mostrando os níveis de tensão equivalente no material em uma escala de cinza. Os resultados podem ser visualizados na forma gráfica ou discriminados em uma listagem completa. Comumente são obtidos deslocamentos, tensões, temperaturas, frequências de vibração e cargas de instabilidade. Esses resultados permitem ao projetista refazer o modelo alterando a forma e/ou as dimensões para adequar o projeto às especificações pretendidas.

Existe ainda *software* para simulação de ações dinâmicas a que estarão sujeitos e correspondente visualização no respectivo modelo geométrico.

Este tipo de análise aplica-se não só ao caso de mecanismos sob ação de forças e binários, mas também ao

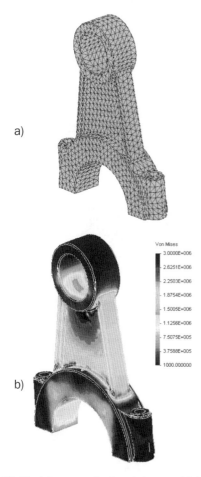

Figura 2.10 Modelo computacional de uma biela (Cosmos – reprodução autorizada).

caso de edifícios e estruturas especiais sob ações sísmicas ou mesmo devido à circulação de veículos, como no caso específico de pontes e viadutos. Também esses programas incluem a integração com o modelo geométrico, tal como nos programas de análise. A **Figura 2.11** mostra um exemplo de um desses programas para o caso de análise de uma ação sísmica sobre um edifício, e a **Figura 2.12** para o caso de um mecanismo.

Mas os sistemas CAD estão também diretamente na gênese dos próprios processos de fabricação. Cabe citar neste âmbito a fabricação de peças diretamente a partir dos sistemas CAD, o que constitui a chamada Fabricação Assistida por Computador (CAM, *Computer Aided Manufacturing*) e da Fabricação Integrada por Computador (CIM, *Computer Integrated Manufacturing*).

Como exemplo de fabricação veja a estereolitografia. Este processo usa a tecnologia de CAD 3D para produzir, com precisão, protótipos de modelos sólidos em resina epóxi, reduzindo os custos de desenvolvimento até chegar ao modelo final. O processo consiste essencialmente no controle de um feixe de raios *laser*, que incide sobre uma fina camada de resina epóxi, a qual endurece por ação deste feixe luminoso. O modelo sólido é assim construído camada a camada, com elevada precisão. Na **Figura 2.13** apresentam-se exemplos de protótipos de peças obtidas por este processo.

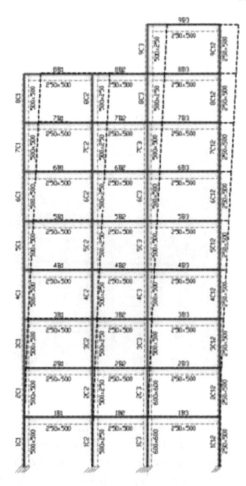

Figura 2.11 Análise de uma ação sísmica sobre um edifício.

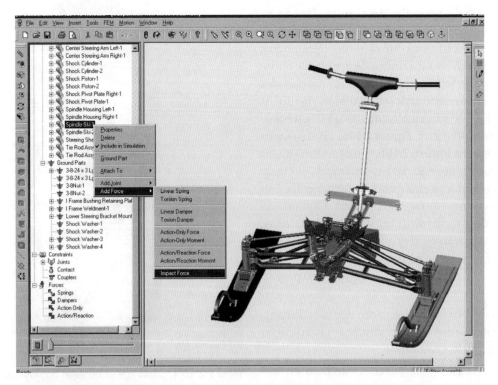

Figura 2.12 Simulação do movimento (cortesia Dynamic Designer Inc.).

Sistemas CAD em Desenho Técnico

Figura 2.13 Peças obtidas por estereolitografia.

Figura 2.14 Máquinas de Comando Numérico (cortesia de CIM Technologics).

Muitos dos processos de fabricação permitem automatização. A maior parte das máquinas que usam o processo de corte por retirada de material (tornos, fresadoras, furadeiras) pode atualmente ser ligada a um computador através de placas de controle. São conhecidas por Máquinas de Controle Numérico (CNC, **Figura 2.14**), permitindo a realização das diversas operações de corte de acordo com a sequência e os parâmetros definidos pelo operador no sistema informático. Estas máquinas permitem inclusive a troca automática da ferramenta de corte, de acordo a operação definida.

Nas máquinas de comando numérico, a intervenção humana é reduzida, consistindo na fixação do material em bruto à máquina e na colocação das ferramentas de corte nas respectivas torres de suporte. Durante a fase de execução, o operador limita-se a vigiar o correto funcionamento do sistema, controlando simultaneamente diversas máquinas CNC.

Os programas de CAD mais completos dispõem de módulos de ligação a máquinas CNC, sendo muitas vezes desenvolvidos em conjunto com os fabricantes destes equipamentos CNC.

Estes módulos simulam o percurso da ferramenta de corte em todo o seu trajeto, mostrando o resultado à medida que a ferramenta de corte avança. A **Figura 2.15** mostra exemplos dessa sequência. Esta simulação permite detectar erros na sequência operatória. Através desta análise, pode-se saber com facilidade o tempo de execução de cada operação, sendo ainda possível simular alternativas no modo operatório (por exemplo, sequência de operações e tipo de ferramenta de corte), para otimização do processo e melhoria do grau de acabamento.

No âmbito da Engenharia Civil, é relevante citar o processo CAD/CAM no domínio da pré-fabricação de elementos de construção.

É já relativamente comum em alguns países da Europa e nos Estados Unidos a existência de fábricas dotadas de sistemas CAD/CAM funcionando segundo um processo de racionalidade produtiva.

Figura 2.15 Simulação de fabricação.

2.3 EQUIPAMENTOS DE UM SISTEMA CAD

Como em todos os sistemas computacionais, a velocidade de evolução dos equipamentos é vertiginosa, requerendo um grande esforço de atualização. Este texto restringir-se-á a citar os equipamentos mais simples e apontar algumas evoluções, cobrindo, assim, um maior leque de usuários.

O equipamento mais simples para um posto de trabalho é composto por computador, monitor, teclado e mouse (**Figura 2.16**).

O número de fabricantes deste tipo de equipamentos é grande, e há diversas soluções para postos de trabalho CAD, desde o já citado computador pessoal, até computadores centrais de grande capacidade, passando pelas estações de trabalho. Atualmente, as estações de trabalho e os computadores pessoais são normalmente constituídos com base em uma unidade de processamento central (CPU, **Figura 2.17**), com origem em fabricantes como a Intel® e AMD® para os chamados IBM® PC compatíveis.

A elaboração de um projeto por meio de um sistema CAD específico para a concepção de um dado tipo de edificações, por exemplo, edificações industriais ou escolares, pré-fabricadas, que, uma vez ligado a uma base de dados contendo as características de todos os tipos de elementos pré-fabricados (vigas, painéis de parede, painéis de laje, elementos de ligação etc.) suscetíveis de obtenção segundo a linha de fabricação, permite a concepção funcional e estética e o dimensionamento estrutural da edificação que o usuário terá começado a delinear.

Após eventuais alterações, que uma análise por simulação em tempo real quer no nível da visualização de diferentes configurações do edifício, quer no nível de critérios de funcionalidades impõe, chega-se a uma configuração final.

Uma vez adotada essa configuração, passa-se ao processamento das medições, sobretudo no que se refere a quantos e quais os tipos de elementos pré-fabricados a considerar, podendo-se obter o orçamento rigoroso. Em seguida, procede-se à comunicação do projeto obtido ao processo de fabricação. O sistema CAM deverá então permitir a "leitura" da informação recebida (número e tipo de peças a fabricar) e desencadear um processo de fabricação.

Figura 2.16 Computador pessoal tipo desktop (a) e (b) ou laptop (c).

Figura 2.17 Processadores (CPU).

Figura 2.19 Placa principal para múltiplos processadores.

Esses processadores são integrados na placa principal (**Figura 2.18**), onde são colocados também outros dispositivos controladores.

Para aumentar a velocidade de processamento, existem placas com capacidade para múltiplos processadores, como a da **Figura 2.19**. Pode-se assim executar tarefas distintas em cada processador disponível, ou efetuar o chamado processamento paralelo, em que partes da mesma tarefa são executadas independentemente por cada processador.

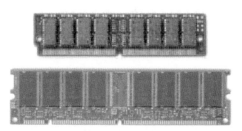

Figura 2.20 Módulos de memória RAM.

Para armazenar a informação dos programas é utilizada a chamada RAM (**Figura 2.20**), uma memória rápida com tempos de acesso da ordem dos nanossegundos (1 ns = 10^{-9}). A evolução tecnológica permitiu aumentar a velocidade e a capacidade desses módulos de memória. A eficiência dos programas CAD está mais relacionada com a quantidade de RAM do que com a rapidez do processador.

Dentre os dispositivos de armazenamento da informação em suporte permanente destacam-se as unidades de disco rígido (HDD, *hard disk drive*), as fitas magnéticas (*tapes*) e ópticas, os disquetes (FDD, *floppy disk drive*), os discos compactos (DVD, DVD-RW, CD-ROM, CD-RW) e as unidades de disquete de grande capacidade, como as ZIP *drives* (100 Mb e 250 Mb) e JAZ (1 Gb e 2 Gb), e

Figura 2.18 Placa principal (placa mãe).

os atuais *pen drives* ligados à porta USB do computador. Na **Figura 2.21** apresentam-se vários destes exemplos.

Para controlar a imagem no monitor, os computadores dispõem das chamadas placas gráficas (**Figura 2.22**). Também aqui existe uma grande variedade, em função das aplicações que se pretende executar. Nas placas genéricas de baixo desempenho, os programas funcionam à custa de maior ocupação do processador central, tornando o sistema lento e não tirando partido das potencialidades de alguns programas. Para aumentar o rendimento, os fabricantes incorporam nas suas placas gráficas processadores e memórias rápidas e outros dispositivos destinados especificamente ao aumento de velocidade do circuito de imagem, aliviando simultaneamente o processador central.

Atualmente, as placas gráficas disponíveis nas bibliotecas da Microsoft, DirectX, e/ou da Silicon Graphics, OpenGL, dispõem de sistemas que aceleram e proporcionam maior rapidez de resposta a muitos dos programas de CAD.

Para melhorar a qualidade de imagem, a placa gráfica deve ser associada a um bom monitor. Existem três tipos básicos de monitores: de tubo de raios catódicos (CRT), de cristal líquido (LCD) e de plasma (TFT).

O mercado mundial ainda é dominado pelos monitores CRT, pela sua boa relação entre qualidade de imagem, preço e dimensão de tela. A dimensão da imagem é

Figura 2.21 Unidades de armazenamento.

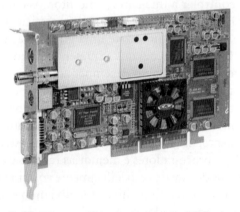

Figura 2.22 Placa gráfica (cortesia de ATI Technologies© 2000 Inc. Direitos reservados).

expressa em polegadas (1 pol = 25,4 mm) considerando-se a diagonal da tela. As medidas comuns são de 14, 15 e 17 polegadas, estando as medidas de 19, 21 e 25 polegadas destinadas a aplicações profissionais. Infelizmente, os valores apresentados não correspondem à medida da diagonal útil da tela, que é cerca de 10% inferior.

Alternativamente aos monitores CRT, os modernos LCD e TFT apresentam cada vez melhores argumentos para a sua compra, à medida que os seus preços baixam. Como grande vantagem, destacam-se o seu pouco volume e a leveza, razões fundamentais para computadores portáteis, boa qualidade de imagem e baixo consumo de energia; sua grande desvantagem é ainda o preço.

Recentemente, apareceram os monitores TFT 3D, por conseguirem projetar imagens diferentes para os olhos esquerdo e direito, dando a sensação de se tratar de uma imagem tridimensional. Um sistema segue o movimento dos olhos do usuário atualizando a projeção de cada imagem.

Haverá grandes desenvolvimentos na área dos monitores nos próximos anos. Na **Figura 2.23** mostram-se exemplos dos monitores referidos.

As interfaces mais usuais com o usuário são o teclado (*keyboard*) e o mouse. Estes dispositivos (**Figura 2.24**)

Figura 2.23 Exemplos de monitores: CRT, LCD e TFT.

Figura 2.24 Exemplos de dispositivos de entrada de dados.

são simples e baratos, no caso das ligações por fio ao computador, podendo a versatilidade e o preço aumentar caso se pretenda maior liberdade de movimento, ao usar ligações "sem fio" (*wireless*). No caso dos dispositivos apontadores, tipo mouse, os mais comuns possuem uma esfera que rola sobre uma superfície (*pad*), existindo também modelos ópticos em que o feixe luminoso é refletido por uma superfície apropriada.

Um equipamento fundamental em um sistema de CAD inclui um ou vários dispositivos para impressão de desenhos e outros documentos. A enorme variedade pode ser classificada pelo tamanho dos documentos a imprimir, desde as simples impressoras de formato A4 e A3, a cores ou em preto e branco, sistema de impressão a *laser* (mais comum em preto e branco) ou jato de tinta (comum nas impressões em cores). São apresentados exemplos destes equipamentos na **Figura 2.25** e na **Figura 2.26**.

Para formatos maiores existem as chamadas plotadoras (*plotters*), que podem ser de canetas ou de jato de tinta (atualmente as mais comuns), com os formatos de A2 a A0. No caso das plotadoras de canetas, existe uma torre contendo as diversas canetas de impressão a serem usadas, com as respectivas cores e espessuras de traço.

As plotadoras de jato de tinta (**Figura 2.27**) funcionam como as pequenas impressoras. Dependendo do tamanho e da complexidade do desenho, estes trabalhos podem demorar vários minutos para serem impressos.

A alimentação do papel nesses equipamentos é feita em rolo, com corte automático dos desenhos no final da impressão, o que permite ao gabinete de desenho adiar a fase de impressão para as horas em que os equipamentos não são necessários (por exemplo, durante a noite).

Para a digitalização de imagens, são usados os chamados escâneres (**Figura 2.28**). Existem escâneres de vários tipos, sobretudo os de mão (para pequenos documentos, A5), de mesa (para formatos A4 e A3) e verticais (para documentos maiores).

2.4 SISTEMAS OPERACIONAIS

O sistema operacional de um computador serve de interface com o usuário, controlando ainda a execução dos programas e os sistemas periféricos do computador. Como tal, hoje em dia tem de ser amigável e de fácil utilização. Devido à grande divulgação que têm, usam-se majoritariamente as plataformas Windows® da Microsoft

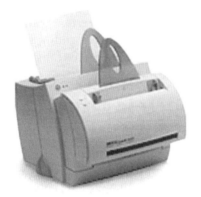

Figura 2.25 Impressora *laser* formato A4 da Hewlett Packard.

Figura 2.26 Impressoras jato de tinta de formato A4 e A3, modelos da Hewlett Packard® e Epson®.

Figura 2.27 Plotadoras para formatos grandes.

Figura 2.28 Digitalizadores de documentos.

(em PCs) e Unix (essencialmente nas *workstations*), embora existam outras, de menor divulgação.

Apenas como exemplo, são apresentadas duas imagens das interfaces desses sistemas (**Figura 2.29** e **Figura 2.30**).

Embora internamente os sistemas sejam diferentes, para o usuário, os documentos (ou arquivos) são designados pelo seu nome, ao qual é normalmente acrescentada uma extensão (*extension, file type*), que serve para diferenciar o tipo do documento, ou a aplicação que lhe deu origem.

Os documentos são guardados na forma codificada. Os computadores digitais usam a forma binária, na qual só existem dois valores distintos, 0 (zero) ou 1 (um). Define-se assim o *bit* (*binary digit*). Ao agrupar vários *bits*, pode-se representar maior variedade de informação, tal como na linguagem comum, em que se associam vários caracteres para formar as palavras.

Define-se *byte* como um conjunto de 8 (oito) *bits*. Comumente surgem referências ao *kilobyte* (Kb), *megabyte* (Mb) e *gigabyte* (Gb), significando respectivamente, mil, um milhão e mil milhões de *bits*. Para facilidade de organização no âmbito da informática, o termo kilo representa efetivamente 1.024 (1 Kb = 1.024 *bytes*).

Os arquivos são agrupados em pastas ou diretórios, que pertencem a unidades físicas de armazenamento (por exemplo, disquetes, discos, CD-ROMs). Este tipo de agrupamento é denominado "em árvore" (*tree*). O sistema operacional gera esta estrutura, existindo programas que efetuam toda a codificação e decodificação automaticamente, deixando transparecer uma grande facilidade de utilização.

2.5 APLICAÇÃO PRÁTICA EM CAD 2D

Em particular no domínio da Arquitetura e no domínio da Engenharia Civil, quer em si mesmos, quer inclusivamente no processo de articulação destes projetos, a utilização dos sistemas CAD considera os conceitos fundamentais de entidade, camada, e de bloco.

2.5.1 Características da Utilização Prática de um Sistema CAD

Caracterizar do ponto de vista prático a utilização de um sistema para além do descrito em 2.1 e 2.2 corresponderia a descrever objetivamente como funciona, isto é, quais os comandos disponíveis, o que fazem, como se interligam e como estão hierarquizados e a que resultados cada um deles conduz. Tudo isto constitui o objeto dos manuais de cada sistema CAD e de imensa bibliografia especializada, o que está necessariamente fora do âmbito deste livro.

Limita-se então esta abordagem à descrição sucinta dos três aspectos que, em nosso entender, caracterizam

Figura 2.29 Interface do Windows 98®.

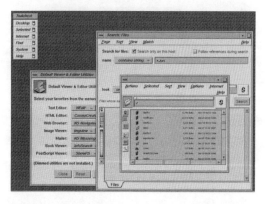

Figura 2.30 Interface de um sistema em Unix.

conceitualmente a utilização prática de um sistema CAD, para além das possibilidades de representação gráfica em si mesma e de manipulação do tipo descrito na seção 8.1.

Nestes termos, interessa considerar os conceitos de entidade (geométrica), camadas e blocos.

Entidade (geométrica)

Ao conceito de entidade geométrica corresponde uma autêntica liberdade do usuário quanto à sua definição em cada momento.

Qualquer elemento gráfico pode constituir-se ou não como uma entidade. Se no âmbito da utilização prática do sistema CAD, o desenho de um quadrado pode também constituir-se como quatro entidades distintas (os quatro segmentos que constituem os seus lados), ou três (dois segmentos, o terceiro e quarto segmentos) ou duas (dois segmentos e/ou outros dois segmentos referentes aos outros dois lados).

Embora do ponto de vista da representação gráfica não haja qualquer diferença em termos de manipulação, qual(is) a(s) entidade(s) a considerar em cada manipulação? O quadrado como um todo? A entidade que envolve dois lados, a que envolve o terceiro lado ou a que envolve o quarto?

Mesmo na hipótese de o quadrado se referir a quatro entidades distintas, será sempre possível manipulá-lo de uma só vez, bastando para tal selecionar, para uma dada manipulação ou sequência de manipulações, as quatro entidades.

Em qualquer dos casos – uma, duas, três ou quatro entidades geométricas como constituintes do desenho de um quadrado – o resultado gráfico do ponto de vista de manipulação pode ainda ser o mesmo. O procedimento que conceitualmente lhe está inerente será, no entanto, bem diferente. No caso de o quadrado ser considerado pelo usuário como uma entidade, com uma só seleção de entidades a manipular, todo o quadrado fica sujeito a essa manipulação. No caso de ser considerado como quatro entidades, então, para que todo o quadrado possa estar sujeito à mesma manipulação, quatro seleções de entidades a manipular devem ser feitas.

A ideia é simples e aparentemente não tem nada de especial. No entanto, este é o conceito fundamental na utilização de um sistema CAD, e o seu correto entendimento é decisivo para uma eficiente utilização do sistema CAD.

Blocos

Por bloco deve-se entender qualquer conjunto de elementos gráficos constituindo uma ou várias entidades geométricas, podendo, por sua vez, constituir-se como uma nova e única entidade – o bloco – que, em termos de manipulação, por se tratar de uma entidade, fica sujeito aos critérios do tipo descrito.

Por exemplo, no âmbito de um projeto de arquitetura, o desenho de uma porta (em alçado, por exemplo) envolve várias linhas e polígonos (várias entidades) e pode também ser constituído como uma entidade, que se designaria como o bloco "porta".

Este bloco, que por sua vez constitui, do ponto de vista da informática, um arquivo, é acessível a qualquer momento quer dentro do arquivo (desenho geral) que está sendo trabalhado (planta de arquitetura, por exemplo) e onde o bloco pode ter sido, entretanto, criado, quer posteriormente, a partir de outro arquivo (outro desenho).

A importância fundamental deste procedimento, na criação de "bibliotecas" de símbolos (portas, janelas, mobiliários ou qualquer outro tipo de símbolos), inerentes a qualquer domínio de aplicação, utilizáveis em qualquer momento e em qualquer desenho (arquivo), não precisa de justificações.

E que dizer da construção de algoritmos específicos que no âmbito do seu desencadeamento procedem à chamada de blocos que inserem automaticamente nas coordenadas x, y, z, fornecidas interativamente, ou resultantes de um cálculo, ou lidos em arquivo associado ao desenho em curso?

Camadas

O conceito de camada (layer na terminologia original) consiste na possibilidade de se proceder a representações por camadas suscetíveis de observação simultânea ou não. Tudo se passa como se se tratasse de um conjunto de folhas de papel em que em cada uma se pode representar alguns dos elementos de um mesmo desenho ou peça desenhada, e que uma vez todas sobrepostas reproduziriam integralmente o desenho pretendido.

Assim, por exemplo, em um projeto de Arquitetura poder-se-ia ter, em uma camada, a apresentação das paredes, em outra camada as janelas e as portas, em outra as cotas, em outra o mobiliário etc. Em qualquer momento se poderia visualizar simultaneamente a camada das paredes com a das janelas e portas, ou a das paredes e a das cotas, ou obviamente todas.

A obtenção de leiautes segue naturalmente o mesmo processo, podendo-se obter a representação só das paredes, ou paredes com as janelas e as portas etc.

REVISÃO DE CONHECIMENTOS

1. Quais as potencialidades do projeto e do desenho 3D de peças e conjuntos?

2. Em que circunstância pode o desenho técnico em papel ser substituído pelo desenho assistido por computador?

3. Quais as áreas de Engenharia em que o CAD mais se destaca?

4. Indique outras áreas do conhecimento humano em que a utilização de sistemas CAD pode ser desenvolvida nos anos mais próximos.

5. Poderá um usuário, sem qualificações apropriadas, ser um bom operador de desenho técnico em computador? E de programas de projeto e fabricação assistidos por computador (elementos finitos, prototipagem, fabricação)?

6. Estarão as normas internacionais de Desenho Técnico atualmente em vigor adaptadas para o CAD 3D?

7. Que componentes você incluiria em um sistema computacional doméstico para CAD?

CONSULTAS RECOMENDADAS

- Aroso, P., *Autodesk Architectural Desktop 3.3*. FCA-Editora de Informática, 2002.

- Bertoline, G.R., Wiebe, E.N., Miller, C.L. e Nasman, L.O., *Technical Graphics Communication*. Irwin Graphics Series, 1995.

- Costa, A., *Autodesk Inventor*. FCA-Editora de Informática, 2003.

- Giesecke, F.E., Mitchell, A., Spencer, H.C., Hill, I.L., Dygdon, J.T., Novak, J.E. e Lockhart, S., *Modern Graphics Communication*. Prentice Hall, 1998.

- Santos, J. e Barata, J., *Autodesk Viz 4*. FCA-Editora de Informática, 2002.

- Santos, J. e Barata, J., *3ds max 4*. FCA-Editora de Informática, 2002.

- Silva, J., Freitas, V., Ribeiro, J. e Martins, P., *Mechanical Desktop 4 – Curso Completo*. FCA-Editora de Informática, 2000.

- Endereços eletrônicos de fabricantes de equipamento informático:
  www.amd.com
  www.aopen.com
  www.hp.com
  www.ibm.com
  www.intel.com
  www.primax.nl
  www.epson.com

- Endereço eletrônico de fabricantes de *software* relacionado com CAD/CAE/CAM:
  AutoCAD – www.autodesk.com
    pars.com.br
  SolidWorks – www.solidworks.com
    www.sqedio.pt
  Dynamic Designer – www.adams.com

- Endereço eletrônico de equipamentos de CNC e prototipagem: www.cnc-mills.com

PALAVRAS-CHAVE	
CAD	estereolitografia
CADD	fotorrealismo
CAE	interface
CAM	CAD-CAE-CAM
CNC	modelos 3D
elementos finitos	simulação de mecanismos
equipamento computacional	software/hardware

3 ASPECTOS GERAIS DO DESENHO TÉCNICO

OBJETIVOS

Após estudar este capítulo, o leitor deverá estar apto a:

- Escolher adequadamente o formato e a orientação da folha de papel;
- Estabelecer as margens e molduras para a folha de desenho;
- Dobrar corretamente os desenhos e identificar um desenho através da respectiva legenda;
- Usar adequadamente, nos capítulos subsequentes, os tipos e espessuras de linhas convenientes para cada caso. Escolher adequadamente a escala do desenho;
- Usar escrita normalizada na informação indicada nos desenhos.

3.1 INTRODUÇÃO

Com o advento dos modernos programas de CAD 3D, a circulação dos desenhos entre os diferentes departamentos da empresa ou gabinetes de projeto tem-se reduzido, sendo substituída, cada vez mais, pela transmissão dos modelos em formato digital ou eletrônico. Todavia, os desenhos em papel continuam a ter uma grande importância, em particular para a fabricação, onde na maioria das situações, são necessárias as vistas e todo um conjunto de informações complementares, como cotas, tolerâncias dimensionais e geométricas e acabamentos superficiais.

Para a representação de desenhos em papel, existe um conjunto de assuntos que importa desde já introduzir, tais como: formatos de papel, tipos de linhas e respectivas espessuras, dobramento dos desenhos, escalas, tipo de escrita e suas características, legendas e identificação dos desenhos e listas de peças em desenhos de conjunto. Todos esses assuntos são abordados neste capítulo. É importante salientar que para todos os tópicos mencionados existe um conjunto de normas aplicáveis.

3.2 ESCRITA NORMALIZADA

Toda a informação inscrita em um desenho, seja algarismos ou outros caracteres, deve ser apresentada em escrita normalizada. Isto é válido, quer para a realização de um esboço a mão livre, quer para a realização de um desenho em um sistema de CAD. Com a utilização de CAD, o projetista ou desenhista tem a sua vida facilitada, porque todos os programas contêm estilos de texto normalizados, os quais podem ser facilmente selecionados. A utilização de escrita normalizada tem como objetivos básicos a uniformidade, a legibilidade e a reprodução de desenhos sem perda de qualidade.

Na família de normas ISO 3098 são definidas as características da escrita normalizada.

A altura da letra maiúscula (*h*, na **Figura 3.1**) é a dimensão de referência em relação à qual são definidas todas as outras dimensões dos caracteres. A gama de alturas normalizadas *h* é a seguinte: 2,5-3,5-5-7-10-14-20 mm.

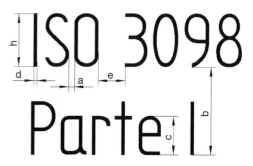

Figura 3.1 Parâmetros da escrita normalizada.

ABCDEFGHIJKLMNOPQRSTUVWXYZ
1234567890
abcdefghijklmnopqrstuvwxyz

ABCDEFGHIJKLMNOPQRSTUVWXYZ
1234567890
abcdefghijklmnopqrstuvwxyz

Figura 3.2 Escrita ISO.

Note-se que esta gama corresponde a uma progressão geométrica de razão $\sqrt{2}$, que é a mesma razão usada nos formatos de papel série A, como se verá mais adiante neste capítulo.

Na **Figura 3.1** é apresentado um exemplo de escrita normalizada, sendo identificadas as suas características, as quais estão definidas nas **Tabelas 3.1** e **3.2** para os tipos de letra A e B.

Esses dois tipos de letra correspondem às razões normalizadas *d/h* de *1/14* e *1/10*, que conduzem a um número mínimo de espessuras de linhas. A espessura das linhas é a mesma para letras maiúsculas e minúsculas.

As normas ISO 3098 partes 2 e 3 definem ainda a escrita de caracteres gregos e caracteres especiais da escrita latina, como a acentuação usada na língua portuguesa.

Tabela 3.1 Características da letra normalizada tipo A

Características		Razão	Dimensões (mm)						
Altura das letras maiúsculas	*h*	(14/14) *h*	2,5	3,5	5	7	10	14	20
Altura das letras minúsculas	*c*	(10/14) *h*	-	2,5	3,5	5	7	10	14
Espaçamento entre caracteres	*a*	(2/14) *h*	0,35	0,5	0,7	1	1,4	2	2,8
Espaço mínimo entre linhas	*b*	(20/14) *h*	3,5	5	7	10	14	20	28
Espaço mínimo entre palavras	*e*	(6/14) *h*	1,05	1,5	2,1	3	4,2	6	8,4
Espessura das linhas	*d*	(1/14) *h*	0,18	0,25	0,35	0,5	0,7	1	1,4

Aspectos Gerais do Desenho Técnico

Tabela 3.2 Características da letra normalizada tipo B

Características		Razão	Dimensões (mm)						
Altura das letras maiúsculas	h	(10/10) h	2,5	3,5	5	7	10	14	20
Altura das letras minúsculas	c	(7/10) h	-	2,5	3,5	5	7	10	14
Espaçamento entre caracteres	a	(2/10) h	0,5	0,7	1	1,4	2	2,8	4
Espaço mínimo entre linhas	b	(14/10) h	3,5	5	7	10	14	20	28
Espaço mínimo entre palavras	e	(6/10) h	1,5	2,1	3	4,2	6	8,4	12
Espessura das linhas	d	(1/10) h	0,25	0,35	0,5	0,7	1	1,4	2

3.3 TIPOS DE LINHAS

Em Desenho Técnico existe a necessidade de utilizar tipos de linhas diferentes de acordo com o elemento a ser representado. Por exemplo, a aresta de contorno visível de uma peça deve ser representada de forma distinta de uma aresta invisível.

A norma ISO 128:1982 define 10 tipos de linhas e respectivas espessuras, designados pelas letras A a K, indicados na **Tabela 3.3**. A utilização correta dos tipos de linhas facilita a interpretação dos desenhos e sua compreensão.

Tabela 3.3 Tipos de linha e sua aplicação

Características	Razão	Dimensões (mm)
A ———	Contínuo grosso	A1 Linhas de contorno visível A2 Arestas visíveis
B ——	Contínuo fino	B1 Arestas fictícias B2 Linhas de cota B3 Linhas de chamada B4 Linhas de referência B5 Tracejado de corte B6 Contorno de seções locais B7 Linhas de eixos curtas
C ∿∿∿ D ─┰─┰─	Contínuo fino a mão livre* Contínuo fino em zigue-zague*	C1 Limites de vistas locais ou interrompidas quando o limite não é uma linha de traço misto. Limites de cortes parciais D1 Mesmas aplicações de C1
E – – – – F - - - - -	Interrompido grosso* Interrompido fino*	E1 Linhas de contorno invisível E2 Arestas invisíveis F1 Linhas de contorno invisível F2 Arestas invisíveis
G —·—·—	Misto fino	G1 Linhas de eixo G2 Linhas de simetria G3 Trajetórias de peças móveis
H ┌─┐│┘	Misto fino com grosso nos limites da linha e nas mudanças de direção	H1 Planos de corte
J ———·———	Misto grosso	J1 Indicação de linhas ou superfícies às quais é aplicado determinado requisito
K ——··——	Misto fino duplamente interrompido	K1 Contornos de peças adjacentes K2 Posições extremas de peças móveis K3 Centroides K4 Contornos iniciais de peças submetidas a processos de fabricação com deformação plástica K5 Partes situadas antes dos planos de corte

*Apesar de existirem duas alternativas, em dado desenho apenas um dos tipos de linhas deve ser utilizado. O traço contínuo fino à mão livre e o traço interrompido fino são os traços recomendados.

Na **Figura 3.3** é apresentado um exemplo de aplicação, contemplando a maioria dos tipos de linhas indicados na **Tabela 3.3**.

3.3.1 Espessuras das Linhas

Como se pode verificar na **Tabela 3.3**, existem duas espessuras possíveis para o traço: grosso e fino. A relação de espessuras entre o traço grosso e o traço fino não deve ser inferior a 2:1. A espessura do traço deve ser escolhida de acordo com a dimensão do papel e o tipo de desenho, dentro da seguinte gama:

0,18, 0,25, 0,35, 0,5, 0,7, 1,4 e 2 mm.

As espessuras devem ser as mesmas para todas as vistas desenhadas na mesma escala.

Observe-se que, nos programas de CAD, esta gama está automaticamente disponível.

No Brasil, a norma correspondente à aplicação de linhas em desenho é a NBR 8403.

3.3.2 Precedência de Linhas

Quando existe sobreposição de linhas em um desenho, apenas uma delas pode ser representada, ficando a representação condicionada à verificação de regras. As seguintes regras de precedência de linhas devem ser respeitadas (o tipo de linha indicado corresponde à definição apresentada na **Tabela 3.3**):

1. Arestas e linhas de contorno visíveis (Tipo A).
2. Arestas e linhas de contorno invisíveis (Tipo E ou F).
3. Planos de corte (Tipo H).
4. Linhas de eixo e de simetria (Tipo G).
5. Linha de centroides (Tipo K).
6. Linha de chamada de cotas (Tipo B).

Na **Figura 3.4** apresenta-se um exemplo de aplicação das regras de precedência de linhas. Na situação A, a aresta visível tem precedência sobre a aresta invisível, enquanto na situação B, a aresta visível tem precedência sobre a linha de eixo. Observe-se que, na situação B, a parte da linha de eixo localizada no exterior da peça deve ser representada. Como esta parte da linha de eixo tem uma dimensão muito reduzida, é representada através de uma linha contínua fina (Situação B7 na **Tabela 3.3**).

3.3.3 Interseção de Linhas

Em muitas situações, ocorrem cruzamentos de linhas visíveis com invisíveis ou com linhas de eixo. Nestas situações, a representação pode ser tornada clara utilizando-se algumas convenções que, embora não normalizadas,

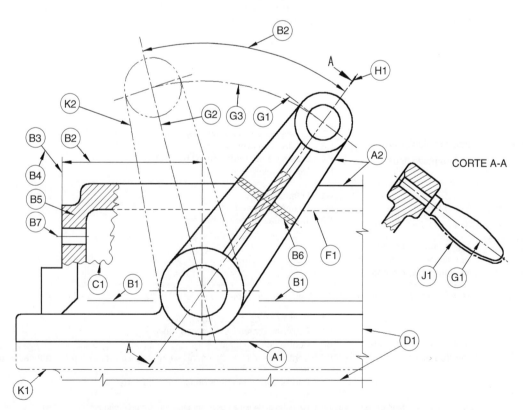

Figura 3.3 Exemplo de aplicação dos diferentes tipos de linhas.

Aspectos Gerais do Desenho Técnico

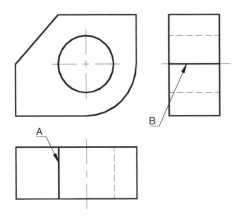

Figura 3.4 Precedência de linhas.

podem ser bastante úteis, em particular para a realização e compreensão de esboços. Algumas destas convenções estão normalizadas pela ISO 128-20:1996, mas os programas de CAD normalmente não as utilizam. As convenções para a interseção de linhas são apresentadas na **Tabela 3.4**. Estas convenções são válidas qualquer que seja a geometria da linha (reta ou curva).

3.4 FOLHAS DE DESENHO

A utilização crescente de programas de CAD 3D e das suas interfaces com equipamentos de produção e fabricação leva a uma utilização cada vez menor de desenhos em papel. Contudo, a impressão e reprodução de desenhos continuam a desempenhar uma função importante na documentação técnica do produto.

A escolha do formato ou dimensão da folha de papel a ser usada é da responsabilidade do desenhista ou projetista. As folhas de menor dimensão são mais fáceis de manusear, mas obrigam à utilização de escalas de redução para a representação das peças, o que prejudica a sua interpretação e compreensão. Por outro lado, selecionando formatos maiores, o problema da clareza fica solucionado, mas, quanto maior é o formato, maior é o custo de impressão e reprodução dos desenhos, aliado à já referida dificuldade no manuseio.

3.4.1 Formatos

Os formatos de papel e sua orientação encontram-se regulamentados nas normas internacionais ISO 5457:1980 e ISO 216:1975.

As dimensões dos formatos de papel da série A, de acordo com a ISO 216, são indicadas na **Tabela 3.5**. Esses formatos têm por base o tamanho A0, cuja área é de 1 m². O lado maior de cada formato é igual ao lado menor do formato seguinte. O lado maior do formato seguinte é o dobro do lado menor do formato anterior. Para cada um dos formatos, a razão dos lados é $\sqrt{2}$, que é a mesma razão usada para os caracteres na escrita normalizada.

Os diferentes formatos podem ser obtidos a partir do formato A0 por subdivisão sucessiva, como indicado na **Figura 3.5**.

Tabela 3.5 Formatos de papel da série A

Designação	Dimensões (mm)
A0	841 × 1189
A1	594 × 841
A2	420 × 594
A3	297 × 420
A4	210 × 297

Tabela 3.4 Interseção de linhas

Caso	Descrição	Correto	Incorreto
1	Quando uma aresta invisível termina perpendicularmente ou angularmente em relação a uma aresta visível, toca a aresta visível		
2	Se existir uma aresta visível no prolongamento de uma aresta invisível, então a aresta invisível não toca a aresta visível		
3	Quando duas ou mais arestas invisíveis terminam em um ponto, devem tocar-se		
4	Quando uma aresta invisível cruza outra aresta (vsiível ou invisível), não deve tocá-la		
5	Quando duas linhas de eixo se interceptam, devem tocar-se		

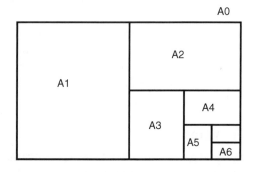

Figura 3.5 Dimensão relativa dos diferentes formatos da série A.

Tabela 3.6 Formatos alongados da série A

Designação	Dimensões (mm)
A3 × 3	420 × 891
A3 × 4	420 × 1189
A4 × 3	297 × 630
A4 × 4	297 × 841
A4 × 5	297 × 1051

Em casos excepcionais, quando é necessário um formato especial de folha, podem ser usados os formatos indicados na **Tabela 3.6**, em que o comprimento é o fator multiplicativo indicado na primeira coluna, multiplicado pelo menor comprimento da folha original (Ex. A3 × 3, 891 = 3 × 297).

Existe ainda um conjunto de formatos extra-alongados, de acordo com a norma ISO 5457, mas cuja utilização não se recomenda.

Note-se que os diferentes formatos podem ser usados em pé (lado maior na vertical) ou deitados (lado maior na horizontal), de acordo com o que for mais adequado.

3.4.2 Dobramento dos Desenhos

As cópias dos desenhos maiores que A4 devem ser dobradas e colocadas em pastas. Após dobrada, a folha de desenho deve ter as dimensões do formato A4, com a legenda no canto inferior direito, perfeitamente visível.

Na **Figura 3.6** e na **Figura 3.7**, ilustra-se a forma de efetuar dobramento dos diversos formatos, para desenhos realizados deitados ou em pé, respectivamente, de acordo com a norma NBR 13142.

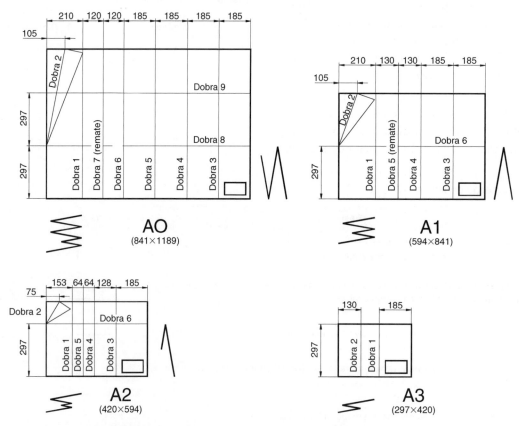

Figura 3.6 Dobramento de desenhos realizados deitados.

Aspectos Gerais do Desenho Técnico

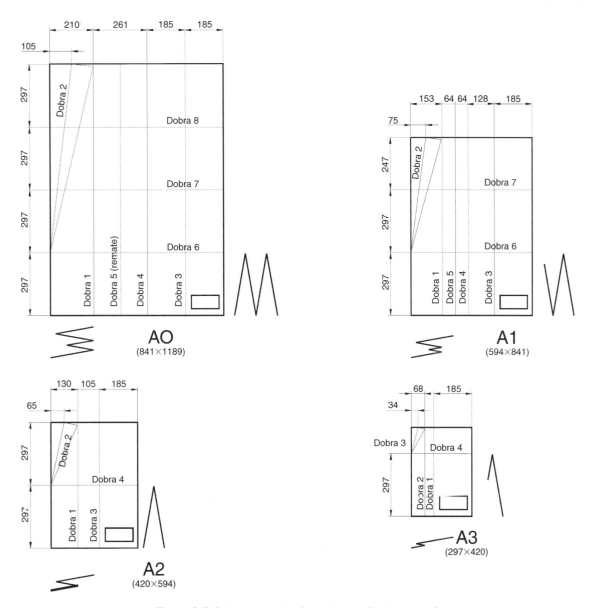

Figura 3.7 Dobramento de desenhos realizados em pé.

3.5 LEGENDAS

A legenda é uma zona, que contém um ou mais campos, delimitada por um retângulo. Localiza-se, normalmente, no canto inferior direito da folha de desenho e contém a informação relativa ao desenho, como a identificação dos projetistas/desenhistas, da empresa proprietária, o nome do projeto e outros.

A norma internacional ISO 7200:1984 define apenas as dimensões máximas da legenda e a informação obrigatória e facultativa que esta deve incluir.

3.5.1 Localização da Legenda

De acordo com a norma ISO 5457, a legenda deve localizar-se no canto inferior direito da folha de desenho, dentro da área de trabalho (ver parágrafo 3.6), para as folhas deitadas (tipo X) e em pé (tipo Y) indicadas na **Figura 3.8** e na **Figura 3.9**, respectivamente. A direção de leitura da legenda coincide geralmente com a direção de leitura do desenho.

Além disso, para as folhas deitadas (tipo X) e em pé (tipo Y), a norma ISO 5457 permite, por uma questão de economia de papel, a utilização das folhas tipo X em pé

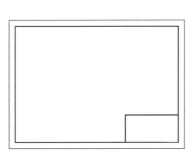

Figura 3.8 Posição da legenda na folha deitada (Tipo X).

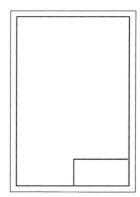

Figura 3.9 Posição da legenda na folha em pé (Tipo Y).

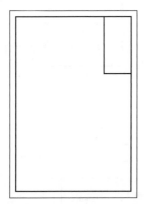

Figura 3.10 Posição da legenda na folha em pé (Tipo X).

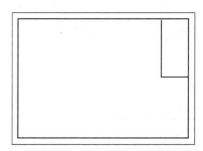

Figura 3.11 Posição da legenda na folha deitada (Tipo Y).

(**Figura 3.10**) e das folhas tipo Y deitadas (**Figura 3.11**). Nestas situações, a legenda situa-se no canto superior direito da área de trabalho, sendo a folha orientada de tal modo que a legenda é lida do lado direito. Usa-se com frequência o formato A4 tipo X em pé.

3.5.2 Tipo e Conteúdo da Legenda

As normas ISO 7200 e NP 204 definem tipos e conteúdos de legendas.

ISO 7200:1984

Em relação à informação que deve constar da legenda, esta norma define duas zonas para a inscrição dessa mesma informação:

1. Zona de identificação. Esta zona localiza-se no canto inferior direito da legenda, e deve ser delimitada por traço contínuo grosso, da mesma espessura de linha utilizada para a moldura (ver seção 3.6).
2. Zona de informação adicional. Deve ser adjacente à zona de identificação, por cima ou à esquerda desta.

A *zona de identificação* deve conter, obrigatoriamente, a seguinte informação:

a) Número de registro ou de identificação do desenho. Deve localizar-se no canto inferior direito da zona de identificação.
b) Título do desenho. Deve descrever adequadamente a peça (ou conjunto de peças) representada no desenho.
c) Nome da empresa proprietária do desenho. Pode também ser uma abreviatura ou o logotipo.

Na **Figura 3.12** são apresentados três exemplos genéricos da zona de identificação, com a localização dos itens anteriores.

A *zona de informação adicional* pode ser subdividida do seguinte modo:

1. Informação indicativa.
2. Informação técnica.
3. Informação administrativa.

A informação indicativa destina-se a evitar erros de interpretação relacionados com o método de representação, podendo incluir:

d) O símbolo correspondente ao método de projeção usado (método europeu ou americano).

Aspectos Gerais do Desenho Técnico

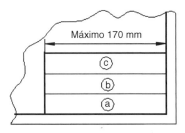 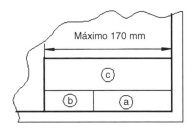 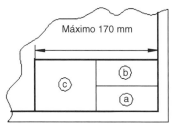

Figura 3.12 Legendas genéricas (ISO 7200).

e) A escala do desenho.

f) A unidade dimensional linear: em engenharia mecânica se não for milímetros; em arquitetura e em engenharia civil se não for metros.

Esta informação é obrigatória, caso o desenho não possa ser interpretado sem ambiguidades.

A *informação técnica* relaciona-se com métodos e convenções usados na representação de produtos ou desenhos de fabricação, incluindo:

g) Método de indicação de estados de superfície.

h) Método de indicação de tolerâncias geométricas.

i) Valores gerais de tolerâncias dimensionais, não indicadas na cotagem.

j) Outras informações técnicas.

A *informação administrativa* relaciona-se com a gestão e o controle dos desenhos, podendo incluir:

k) Formato da folha de desenho usada.

l) Data da realização do desenho.

m) Símbolo de revisão. Indicado no campo do registro ou identificação do desenho.

n) Data e descrição abreviada da revisão indicada em p). Esta informação deve ser posicionada fora da legenda, na forma de tabela.

o) Outras informações administrativas. Por exemplo, as as sinaturas dos responsáveis pelo projeto e pelo desenho.

No caso de projetos que envolvam várias folhas de desenho, estas devem ser identificadas com o mesmo número de registro e numeradas de forma sequencial, indicando ainda o número total de folhas, por exemplo:

"Folha N.º *n/p*"

em que *n* é o número da folha e *p* é o número total de folhas de desenho contidas no projeto. A primeira folha deve, obrigatoriamente, conter a legenda completa, podendo, nas folhas seguintes, ser usada uma legenda reduzida, contendo somente a zona de identificação do desenho.

NP 204:1968*

Esta norma prevê sete tipos diferentes de legenda, que podem ser simples (tipos 1, 2, 6 e 7), completas (tipos 3 e 4) ou desdobradas (tipo 5).

Na **Figura 3.13** representa-se uma legenda do tipo 1 que corresponde à parte circundada a traço mais grosso e uma legenda do tipo 3 que inclui também as zonas

---

*Na norma brasileira não há correspondência para essa norma portuguesa (N.E).

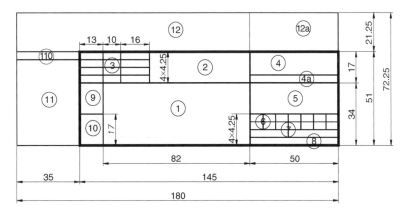

Figura 3.13 Legendas NP 204 tipos 1 e 3.

assinaladas com os números 11, 11a, 12 e 12a. Por isso, a legenda do tipo 3 pode também pode ser chamada de legenda tipo 1 completa.

Na **Figura 3.14** representa-se uma legenda tipo 2, circundada a traço mais grosso, e uma legenda tipo 4 (ou tipo 2 completa), que inclui também as zonas com os números 11, 11a, 12 e 12a.

Na **Figura 3.15** mostra-se uma legenda tipo 5, ou legenda tipo 2 desdobrada. Esta legenda está dividida em duas partes, das quais a representada em cima deve ser colocada no canto superior direito da folha e a representada embaixo deve ser colocada no canto inferior direito da folha. Esta legenda só pode ser utilizada nos formatos A2, A3 e A4 em pé e A3, A4 e A5 deitada.

Esta norma estabelece que as legendas devem ser desenhadas com três espessuras de linha, respectivamente 1,2 mm, 0,6 mm e 0,3 mm, de acordo com a diferenciação evidenciada da **Figura 3.13** à **Figura 3.15**.

As várias zonas da legenda correspondem a informação bem definida de acordo com:

Zona 1 – Designação ou título. A designação deve referir-se ao objeto representado e ser independente do fim particular a que este se destina, para não restringir o campo de aplicação do desenho em ocasiões futuras.

Zona 2 – Indicações complementares do título. Tem normalmente por objetivo identificar a finalidade do desenho. Indicam, por exemplo, a entidade que encomendou o desenho, o grupo de estudos em que se inclui, o conjunto de desenhos de que faz parte, a obra a que se destina etc.

Zona 3 – Responsáveis e executantes do desenho. Inscreve-se normalmente o tipo de responsabilidade (projeto, desenho, cópia, verificação etc.), a data e a rubrica do responsável.

Zona 4 – Entidade que executa ou promove a execução do desenho.

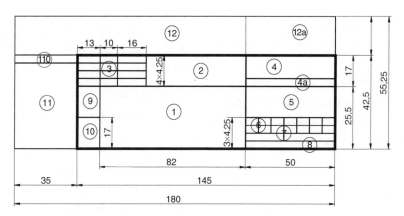

Figura 3.14 Legendas NP 204 tipos 2 e 4.

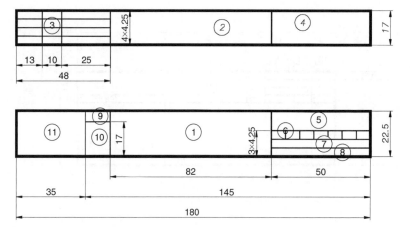

Figura 3.15 Legenda NP 204 tipo 5 (tipo 2 desdobrada).

Zona 4a (eventual) – Entidade coproprietária do desenho. Inscreve-se apenas no caso de o desenho não se destinar à entidade executante.

Zona 5 – Número de registro do desenho. É o número com que o desenho está registrado pela entidade executante, indicada na zona 4. É o elemento principal para identificação ou localização do desenho no respectivo arquivo.

Zona 6 – Referências às alterações ou reedições do desenho. Estas alterações são muitas vezes indicadas por letras maiúsculas ou números. Eventualmente, nos retângulos inferiores que existem nas legendas tipos 1, 3 e 7, podem registrar-se as datas correspondentes às alterações indicadas nos retângulos superiores.

Zona 7 – Indicação do desenho efetuado anteriormente, que foi substituído pelo atual. Costuma escrever-se nesta zona: «Substitui N», sendo N o número de registro (zona 5 do desenho que foi substituído).

Zona 8 – Indicação de um desenho efetuado posteriormente que veio substituir aquele a que diz respeito a legenda. Costuma escrever-se: «Substituído por N», onde N é o número do registro do desenho que substitui este desenho.

Zona 9 – Escala ou escalas em que o desenho está executado. Quando houver mais do que uma escala, indica-se a escala principal na primeira linha, em caracteres maiores, e as restantes nas linhas seguintes, em caracteres menores.

Zona 10 – Especificação das tolerâncias gerais. Só se indicam quando não inscritas no desenho. No caso de esta zona não ser necessária para este fim, pode ser reservada para quaisquer outras indicações.

Zona 11 – Campo de aplicação do desenho, observações etc.

Zona 11a (eventual) – Título do que se registra na zona 11.

Zona 12 – Anotações posteriores à execução. Inscrevem-se, por exemplo, esclarecimentos relativos a alterações efetuadas.

Zona 12a (eventual) – Firma e número de registro da nova entidade proprietária do desenho. Inscreve-se se o desenho tiver mudado de propriedade.

As indicações que constam das zonas 1 a 10 designam-se por indicações principais e as indicações que constam das zonas 11 a 12a chamam-se indicações complementares.

3.6 MARGENS E MOLDURAS

A área de trabalho em uma folha de desenho é delimitada pela moldura. A moldura é um retângulo a traço contínuo grosso, de espessura mínima de 0,5 mm (ISO 5457). A posição da moldura na folha de desenho é definida pelas dimensões das margens.

As margens são os espaços compreendidos entre a moldura e os limites da folha de desenho, sendo zonas interditadas, nas quais não é permitido desenhar. As dimensões das margens são normalizadas. Apesar de a norma NP 718:1968, que estabelece as margens a usar nos desenhos, ainda estar em vigor, foi elaborada em uma época em que os desenhos eram realizados em prancheta com o papel esticado, estando desatualizada. Atualmente, os desenhos são criados utilizando sistemas de CAD e a sua impressão realizada recorrendo-se a impressoras e plotters. A norma ISO 5457 estabelece margens mais adequadas para a utilização dos referidos equipamentos. De acordo com esta norma, as margens mínimas a serem consideradas dependem do formato do papel, sendo:

A0 e A1: Mínimo 20 mm.

A2, A3 e A4: Mínimo 10 mm.

Na maioria dos casos, estes valores são suficientes para que a impressora "agarre" a folha, mas para alguns dispositivos de impressão estes valores podem ser reduzidos para 10 mm, nos formatos A0 e A1, e 7 mm nos formatos A4 e A3.

A margem para furação deve ter um mínimo de 20 mm e localizar-se na margem à esquerda da legenda.

Todos estes pormenores são exemplificados na **Figura 3.16**.

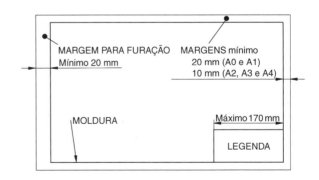

Figura 3.16 Margens e moldura.

3.7 LISTAS DE PEÇAS

Em desenhos de conjunto, existe a necessidade de identificar claramente cada uma das peças individuais. A identificação, apresentada na forma de tabela, constitui a lista de peças que também pode ser designada por lista de itens.

3.7.1 Localização da Lista de Peças

A lista de peças deve, obrigatoriamente, acompanhar um desenho de conjunto, podendo ser incluída no próprio desenho ou apresentada em folha separada. Quando apresentada em separado, deve ser identificada com o mesmo número do desenho de conjunto e na legenda deve constar "Lista de Peças".

De acordo com a NBR 13272, a lista de peças é colocada acima ou à esquerda da legenda, tem o cabeçalho na parte inferior e é preenchida de baixo para cima. Esta norma está completamente inadequada aos modernos programas de CAD 3D. Estes programas geram automaticamente a lista de peças sob a forma de tabela (a qual pode ser editada), preenchida de cima para baixo e posicionada em qualquer local do desenho. Este procedimento está de acordo com a norma ISO 7573:1983, que apenas refere que a lista de peças pode surgir junto à legenda, não existindo uma obrigatoriedade para tal; deve ser orientada em relação à legenda, isto é, deve ser lida na mesma direção da legenda.

3.7.2 Elementos Constituintes da Lista de Peças

De acordo com a norma ISO 7573, a lista de peças deve ser organizada na forma de tabela, a traço grosso ou fino. As colunas devem conter um conjunto de informação obrigatória:

- Número de referência.
- Designação.
- Quantidade.
- Norma/Desenho N.º
- Material.

A coluna do *Número de referência* indica, sequencialmente, o número de todas as peças individuais, não repetidas, apresentadas no desenho de conjunto.

A coluna da *Designação* contém o nome ou designação atribuída à peça individual referenciada. Podem ser usadas abreviaturas, desde que estas sejam claras e não gerem ambiguidade. Se a peça for normalizada, deve ser usada a designação completa de acordo com a respectiva norma. O número da norma deve ser indicado na coluna respectiva.

A *Quantidade* é o número total de peças do tipo referenciado, presentes no conjunto.

A coluna do *Material* indica a referência do material usado na fabricação da peça. Esta referência deve ser a mais completa possível, devendo, no caso de materiais normalizados, ser indicada a respectiva norma.

A lista de peças pode ainda incluir, facultativamente, outras informações para a fabricação das peças individuais ou montagem do conjunto, como por exemplo:

- Observações. Úteis, por exemplo, para indicar que determinada peça é adquirida de outra empresa.
- Peso.
- Número do molde/matriz. Em peças obtidas por fundição ou forjamento.
- Autor.
- Nome do arquivo. Útil em CAD.
- Data de criação do desenho.
- Data da última modificação.
- Palavras-chave.
- Número do documento ou do projeto, usado em peças comuns a outros projetos.

Esta lista de informação facultativa pode incluir outros tópicos que sejam considerados relevantes.

As listas de peças, de acordo com a norma NP 205, são muito mais restritivas no conteúdo. Na **Figura 3.17** são apresentadas duas listas de peças de acordo com esta norma, mas cuja utilização não se recomenda no caso da utilização de sistemas de CAD 3D.

3.8 ESCALAS

Sempre que possível, as peças devem ser representadas em escala real. Na prática, verifica-se que, para a maioria das peças, isto não é possível. Para que as peças sejam representadas de uma forma clara, precisa e rigorosa, e em formato de papel adequado, têm de ser usadas escalas de conversão das dimensões reais para as dimensões da representação. As escalas a serem usadas nos desenhos estão normalizadas, devendo ser indicadas na zona da legenda reservada para o efeito. Se na mesma folha existirem desenhos em várias escalas, as escalas secundárias são também indicadas na mesma zona da legenda em caracteres de tamanho inferior. Se houver possibilidade de dúvida, essa escala deve também ser indicada junto da respectiva representação. As normas NBR 8195 e

Aspectos Gerais do Desenho Técnico

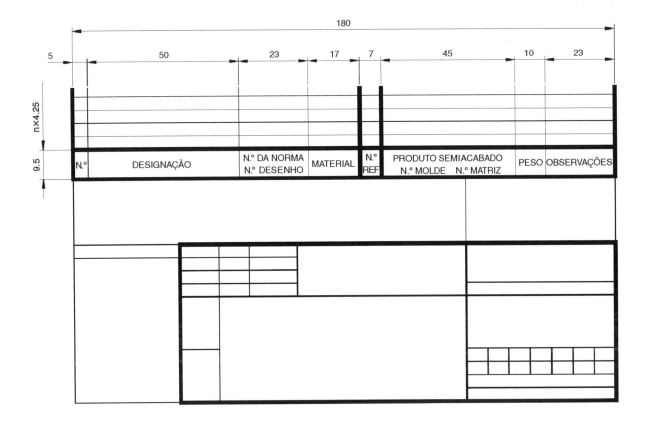

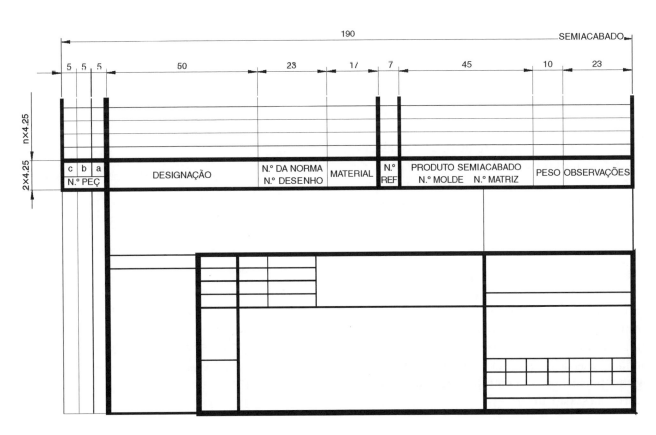

Figura 3.17 Lista de peças NP 205.

ISO 5455: 2002 definem as escalas a serem utilizadas nos desenhos.

- **Escala**: Relação entre a dimensão do objeto representado no papel e a dimensão real ou física do mesmo.
- **Escala de redução**: Quando a dimensão do objeto no desenho é menor que a sua dimensão real. Escala 1:X com X > 1.
- **Escala de ampliação**: Quando a dimensão do objeto no desenho é maior que a sua dimensão real. Escala X:1 com X > 1.

3.8.1 Escalas Normalizadas

As escalas normalizadas, de acordo com a norma NBR 8196, são indicadas na **Tabela 3.7**.

Outras escalas que não as indicadas na **Tabela 3.7** podem ser usadas, desde que obtidas a partir das escalas normalizadas, multiplicando-as por um fator de 10. Podem ainda ser usadas, escalas intermediárias em casos excepcionais, por razões funcionais.

A escolha da escala a ser usada deve ser feita de modo a representar convenientemente todos os aspectos do desenho em causa, nesse formato de papel.

No âmbito da Arquitetura e da Engenharia Civil, as escalas consideradas são, em geral, e por razões óbvias, de redução. Assim e conforme se verá nos Capítulos 8 e 9, são utilizadas escalas 1:100.000, 1:25.000, 1:10.000 no nível dos estudos de planejamento regional, as escalas 1:5.000, 1:2.000, 1:1.000 e 1:500 no nível do planejamento urbano e, mais especificamente, em estudos e projetos urbanísticos e de infraestruturas.

No âmbito do projeto de Arquitetura, as escalas mais frequentemente utilizadas são a escala 1:100 para a definição arquitetônica global em que se dispõem as plantas, vistas e cortes; a escala 1:50 para definição de pormenores construtivos e, se necessário, as escalas 1:10 ou 1:5 para pormenorizações em que sejam necessários detalhes específicos.

No projeto de Engenharia Civil, mais especificamente nos projetos de estabilidade e de instalações, são analogamente utilizadas as escalas 1:100 e 1:50. No caso de pormenorizações construtivas, é predominantemente utilizada a escala 1:20, como acontece na pormenorização das peças de construção em concreto armado. Em alguma pormenorização muito específica poder-se-á recorrer à escala 1:10.

Tabela 3.7 Escalas normalizadas

Tipo de escala	Escalas recomendadas		
Ampliação	20:1	50:1	100:1
	2:1	5:1	10:1
Real	1:1		
Redução	1:2	1:5	1:10
	1:20	1:50	1:100
	1:200	1:500	1:1.000
	1:2.000	1:5.000	1:10.000

REVISÃO DE CONHECIMENTOS

1. O estilo *Times New Roman* pode ser usado na informação apresentada em um desenho?
2. É possível usar traço interrompido grosso para representar as arestas invisíveis de um desenho?
3. Existe traço médio?
4. A espessura do traço varia com a dimensão do formato de papel usado?
5. Quando duas linhas, uma a traço contínuo grosso e outra a traço interrompido, se sobrepõem, como são representadas? E no caso de uma aresta invisível com uma linha de eixo?
6. As regras de interseção de linhas têm de ser verificadas quando se usa um sistema de CAD?
7. Quais são os formatos de papel mais comuns em Desenho Técnico? O que significa um formato A4 × 5?
8. Existem regras ou condições para a dobragem de desenhos?
9. Pode a legenda localizar-se no canto superior direito da folha de desenho?
10. Existem limites em relação à dimensão máxima da legenda?
11. Existem posições bem definidas para a informação a ser indicada em uma legenda?
12. A dimensão da margem em uma folha de desenho depende do formato de papel usado?
13. É possível usar margem de 5 mm nos formatos A3 e A4?

Aspectos Gerais do Desenho Técnico

14. A lista de peças deve obrigatoriamente ser apresentada na continuação da legenda?

15. Em que sentido deve ser preenchida a lista de peças?

16. Pode ser usada uma escala de redução de 1:2,5?

CONSULTAS RECOMENDADAS

- Bertoline, G.R., Wiebe, E.N., Miller, C.L. e Nasman, L.O., *Technical Graphics Communication*. Irwin Graphics Series, 1995.
- Cunha, V., *Desenho Técnico*. 11ª Edição, Fundação Calouste Gulbenkian, 1999.
- Giesecke, F.E., Mitchell, A., Spencer, H.C., Hill, I.L., Dygdon, J.T. e Novak, J.E., *Technical Drawing*. Prentice Hall, 11th Ed., 1999.
- ISO 128:1982 Technical drawings – General principles of presentation.
- ISO 216:1975 Writing paper and certain classes of printed matter – Trimmed sizes – A and B series.
- ISO 5457:1980 Technical product documentation – Sizes and layout of drawing sheets.
- ISO 3098-0:1997 Technical product documentation – Lettering – Part 0: General requirements.
- ISO 3098-1:1974 Technical drawings – Lettering – Part 1: Currently used characters.
- ISO 3098-2:1984 Technical drawings – Lettering – Part 2: Greek characters.
- ISO 3098-3:1987 Technical drawings – Lettering – Part 3: Diacritical and particular marks for the Latin alphabet.
- ISO 3098-4:1984 Technical drawings – Lettering – Part 4: Cyrillic characters.
- ISO 3098-5:1997 Technical product documentation – Lettering – Part 5: CAD lettering of the Latin alphabet, numerals and marks.
- ISO 6433:1981 Technical drawings – Item references.
- ISO 7200:1984 Technical drawings – Title blocks.
- ISO 7573:1983 Technical drawings – Item lists.
- NBR 8402 – Execução de caracteres para escrita em Desenho Técnico.
- NBR 8403 – Aplicação de linhas em desenhos – Tipos de linhas – Larguras das linhas.
- NBR 10068 – Folha de desenho – Leiaute e dimensões.
- NBR 10582 – Apresentação da folha para Desenho Técnico.
- NBR 10647 – Desenho Técnico.
- NBR 13142 – Desenho Técnico – Dobramento de cópia.
- NBR 13272 – Desenho Técnico – Elaboração das listas de itens.
- NBR 13273 – Desenho Técnico – Referência a itens.
- Endereço eletrônico da International Organization Standardization (ISO) – www.iso.ch
- Endereço eletrônico do Instituto Português da Qualidade (IPQ) – www.ipq.pt

PALAVRAS-CHAVE	
área de trabalho	legenda
dobramento de desenhos	lista de peças
escala	margens
escrita normalizada	molduras
espessuras	
formato	precedência de linhas
interseção de linhas	tipos de linhas

4 PROJEÇÕES ORTOGONAIS

OBJETIVOS

Após estudar este capítulo, o leitor deverá estar apto a:

- Distinguir os vários tipos de projeções existentes;

- Decidir o número de vistas necessárias e suficientes para a representação de uma peça e escolher a melhor vista para vista principal;

- Escolher os tipos de representação convencional que melhor se aplicam à peça em questão;

- Efetuar a representação gráfica em uma folha de papel usando projeções ortogonais.

4.1 INTRODUÇÃO

A representação de objetos em Desenho Técnico efetua-se através de um sistema apropriado de projeções. Pretende-se que a representação gráfica de determinado objeto seja clara, simples e convencional, de tal forma que a linguagem utilizada seja facilmente compreendida pelos técnicos que terão de utilizá-la.

Existem dois métodos para a representação de peças em projeções ortogonais: o método europeu, também chamado método do primeiro diedro, e o método americano, também chamado método do terceiro diedro. Após a apresentação dos dois métodos, será utilizado apenas o método europeu.

São apresentadas as regras fundamentais para a execução das projeções com o mínimo de esforço, dando-se alguma ênfase ao desenho à mão livre.

É enfocada a melhor maneira de orientar as projeções em uma folha de papel. Algumas representações convencionais são citadas, embora cada indústria possa usar suas próprias representações convencionais.

O objetivo primordial do desenho técnico é definir a forma e a dimensão de determinado objeto. A leitura de um desenho deve, por isso, ser isenta de ambiguidades e proporcionar ao leitor todos os dados necessários para a fabricação. O desenho funciona como elo de ligação entre a concepção e a fabricação.

Aborda-se a correta representação da forma dos objetos, deixando-se a representação das dimensões (cotas) para capítulos posteriores.

4.2 O CONCEITO DE PROJEÇÃO

A noção de que a representação de um objeto pressupõe a representação de pontos (vértices do objeto) a partir dos quais se definem arestas (segmentos de reta) que delimitam as faces (planos) que constituem a sua configuração permite que se generalize para todos os pontos o procedimento para a identificação de um ponto.

A identificação, no plano, de um ponto do espaço constitui uma representação plana e resulta de uma projeção desse ponto no plano (**Figura 4.1**). A direção definida pelo ponto através de sua projeção plana (e pelo observador) é designada projetante.

No entanto, de acordo com esta definição, surge uma outra questão. Relativamente a um ponto e um plano, quantas projeções do ponto sobre o plano são possíveis obter?

De fato, para cada ponto é possível estabelecer infinitas representações a partir de outras tantas projeções no plano (**Figura 4.2**).

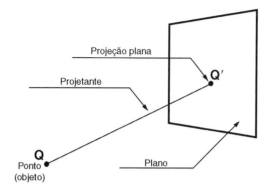

Figura 4.1 Elementos da projeção plana.

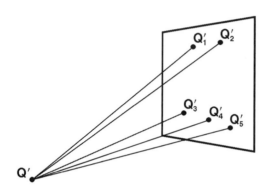

Figura 4.2 A cada ponto correspondem infinitas projeções em um plano.

O problema afigura-se indeterminado a menos que a introdução de alguma característica adicional ao conceito de projeção permita restringir as soluções do problema a uma só solução.

O conceito de ortogonalidade associado ao conceito de projeção estabelece uma possibilidade única: a cada ponto corresponde uma só projeção ortogonal em um determinado plano (**Figura 4.3**).

4.2.1 Introdução de um Referencial

Se a projeção ortogonal em dado plano como identificação de um ponto (o objeto de representação continuará sendo limitado a um ponto) é inequívoca, porque a cada ponto corresponde uma e uma só projeção ortogonal em dado plano tomado como referência, a inversa, no entanto, não é verdadeira: para uma dada projeção podem existir infinitos pontos.

Trata-se, com efeito, do lugar geométrico dos pontos do espaço que, em relação a um plano, se projetam ortogonalmente em um único ponto (**Figura 4.4**) e que se constitui uma direção: a direção perpendicular ao plano que passa pela sua projeção ortogonal nesse plano.

Projeções Ortogonais

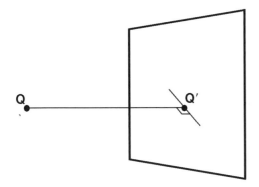

Figura 4.3 Uma e uma só projeção ortogonal de um ponto no plano.

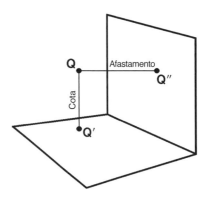

Figura 4.5 Duas projeções ortogonais de Q em dois planos ortogonais entre si.

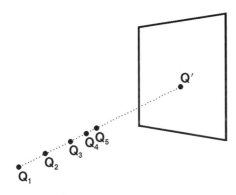

Figura 4.4 A uma projeção ortogonal Q podem corresponder infinitos pontos.

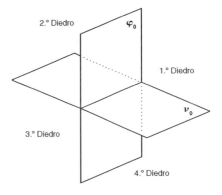

Figura 4.6 Quatro diedros.

Um modo de resolver a indeterminação do problema de identificar o ponto para o qual se conhece uma projeção ortogonal em um dado plano é a partir da consideração de um segundo plano, perpendicular ao primeiro.

O sistema assim constituído consiste em dois planos ortogonais entre si. A cada ponto do espaço correspondem não uma, mas duas projeções ortogonais desse ponto. A projeção do ponto Q no plano vertical é um outro ponto convencionalmente designado por Q", e de modo semelhante a projeção no plano horizontal é designada Q'.

Já aqui a recíproca é verdadeira, isto é, a duas projeções ortogonais, cada uma em um de dois planos ortogonais, corresponde um e um só ponto (**Figura 4.5**).

Entretanto, ficam também estabelecidos em relação aos planos dois valores de **coordenadas**: distâncias do ponto a cada um dos planos de projeção.

Assim, a distância do ponto Q ao plano horizontal, QQ', é a **cota**; e a distância do ponto Q ao plano vertical, QQ", é o **afastamento**. Este par de valores é, em geral, escrito na forma: Q (valor do afastamento, valor da cota): Assim, por exemplo, ter-se-ia Q (2, 3,5) para um caso de QQ" = 2 e QQ' = 3,5.

Tal sistema, por constituir a referência relativamente à qual é possível representar as projeções e também as coordenadas de um ponto, capazes de identificá-lo inequivocamente, é denominado referencial ortogonal. Divide o espaço em quatro diedros (**Figura 4.6**): o plano vertical é denominado plano vertical de projeção – φ_0 –, e o plano horizontal é denominado plano horizontal de projeção – v_0.

Com efeito, a qualquer ponto do espaço (**Figura 4.7a**) e, por conseguinte, situado em qualquer diedro, correspondem duas projeções (**Figura 4.7b**). São dois outros pontos, mas nenhum é o ponto-objeto.

É óbvio, dado que o objeto é um ponto do espaço e a representação que se obtém é no plano. As duas projeções identificam o ponto, mas não são o ponto.

Contudo, por momentos parece que o problema da representação de 3D em 2D não está resolvido: a consideração de um 2º Plano de referência conduziu à definição de um espaço tridimensional.

No entanto, o problema a partir daqui é simples: suponha-se uma rotação do plano vertical de projeção, até coincidir, isto é, ficar na continuidade do plano

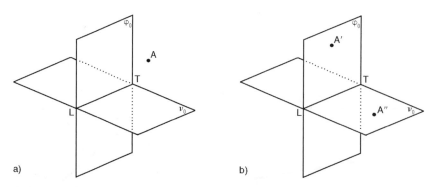

Figura 4.7 A'' e A' são projeções do ponto A, identificam inequivocamente o ponto A, mas não são o ponto A.

horizontal de projeção (**Figura 4.8a**), como se ilustra na **Figura 4.8b**).

Tendo em conta o caráter ilimitado do plano, a representação do referencial em 2D limitar-se-ia à representação da reta de interseção dos planos de projeção, mas mesmo essa seria dispensável caso se tivesse sempre como um pressuposto. Assim, a representação do ponto A' limita-se à representação das suas projeções A' e A'' (**Figura 4.9**).

Um dos aspectos mais interessantes da consideração de um referencial na identificação de elementos geométricos é sua independência: o referencial a considerar é qualquer um.

Apenas tem que ser assumido do princípio ao fim da análise em questão, a menos que se pretenda fazer mudanças de referencial e considerar a identificação em relação a um ou outro ou, ainda, em relação a um e por sua vez, deste em relação ao outro.

De fato o ponto K (**Figura 4.10**) tem as projeções K'_1 e K''_2 no referencial 1, e K'_1 e K''_2 no referencial 2. As projeções que identificam o ponto K e suas coordenadas: afastamento e cota, no referencial 1, não são as mesmas que o identificam no referencial 2, mas nem por isso o ponto K deixa de ser o mesmo.

4.2.2 Projeção de Figuras Planas

Considere-se a situação ilustrada na **Figura 4.11**, constituída por um polígono plano [ABCD], um ponto O e um plano π. Supondo que em O está colocado o "observador", este polígono irá projetar-se no plano π, formando um novo polígono [A'B'C'D'].

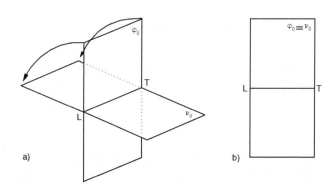

Figura 4.8 O plano vertical roda até coincidir com o plano horizontal.

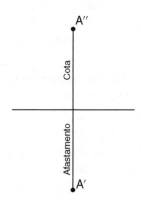

Figura 4.9 Representação de um ponto A: não se representa o ponto A, mas sim as suas projeções.

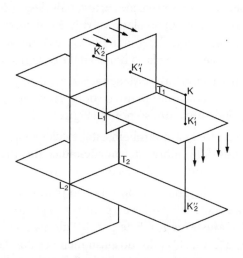

Figura 4.10 Para cada referencial, as projeções de K são diferentes, mas o ponto K é sempre o mesmo.

Projeções Ortogonais

No caso da **Figura 4.11**, em que as projetantes são concorrentes no centro de projeção (observador), estamos perante uma projeção cónica ou central. O polígono [A'B'C'D'], que passará a ser denominado simplesmente projeção, é maior que o polígono original [ABCD] por duas razões: porque [ABCD] se situa entre o observador e o plano de projeção e porque a distância entre o observador O e [ABCD] é finita.

Admitindo, no exemplo anterior, que afastamos infinitamente o observador do objeto (**Figura 4.12**), as projetantes são paralelas. Este tipo de projeção chama-se paralela (ou cilíndrica), podendo ser ortogonal ou oblíqua, conforme as linhas de projeção sejam, respectivamente, perpendiculares ou oblíquas ao plano de projeção.

Ao longo deste capítulo são discutidas apenas as projeções paralelas ortogonais, em particular e dentro do grupo das projeções paralelas ortogonais, as projeções em múltiplas vistas, por serem as mais usadas em Desenho Técnico. Quanto a perspectivas e projeções centrais, serão objeto de estudo em capítulo posterior.

4.3 MÉTODO EUROPEU E MÉTODO AMERICANO

O desenho é uma linguagem internacional, sendo para tal necessário que todos os países usem regras comuns para representação dos objetos. No Brasil segue-se, tanto quanto possível, o método do primeiro diedro. Contudo, no continente americano usa-se uma representação de objetos com os mesmos princípios, mas com uma pequena diferença, que origina uma mudança completa no raciocínio, como mais à frente se ilustrará.

Na **Figura 4.11** e na **Figura 4.12** foi usado o método do primeiro diedro. No método do terceiro diedro, o plano de projeção encontra-se entre o observador e o objeto a projetar, como se pode observar na **Figura 4.13**, ao contrário do método do primeiro diedro, no qual o objeto a projetar se encontra entre o observador e o plano de projeção.

A projeção representada na **Figura 4.13** é menor que o polígono original [ABCD] por duas razões: porque [ABCD] se situa para além do plano de projeção e porque a distância entre o observador O e [ABCD] é finita.

Ao longo do livro, e sempre que nada seja mencionado, todas as representações serão efetuadas de acordo com o método do primeiro diedro.

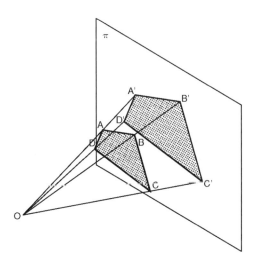

Figura 4.11 Projeção central de uma figura.

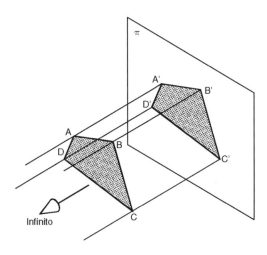

Figura 4.12 Projeção paralela de uma figura.

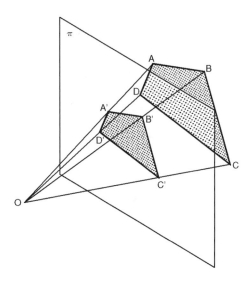

Figura 4.13 Projeção central de uma figura no método americano.

4.4 CLASSIFICAÇÃO DAS PROJEÇÕES GEOMÉTRICAS PLANAS (PGP)

A "imagem" que se pode obter por projeção em 2D de uma forma (ou conjunto de formas) existente em 3D, não obstante o caráter inequívoco que deve assumir, resulta de uma relação entre três entidades: *Observador – Objeto – Plano de projeção*.

O número ilimitado de diferentes modos de combinação destas entidades (considere-se como plano de projeção o filme no interior de uma câmara e imagine-se a quantidade de fotografias que é possível obter de um dado objeto!) permite obter um número ilimitado de projeções geométricas planas (PGP) que implica a necessidade de uma classificação.

4.4.1 Posição do Observador

No que se refere à distância do observador em relação ao objeto ou ao plano de projeção, são de considerar infinitas situações possíveis (**Figura 4.14**).

À medida que a distância vai sendo cada vez maior, as projetantes tendem a se tornar paralelas. Em uma situação de limite, a distância do observador é infinita e as projetantes tornam-se definitivamente paralelas.

Em termos de projetantes, verificam-se assim dois tipos qualitativamente diferentes (não perpendiculares e perpendiculares), daí ser possível estabelecer uma classificação para as respectivas projeções. Precisamente, as duas situações determinadas por: Observador a uma distância finita; Observador a uma distância infinita.

As projetantes (necessárias à delimitação do objeto) serão, respectivamente (**Figura 4.15**):

- Cônica (ou central), porque constituem a configuração de uma superfície cônica.
- Cilíndrica (ou paralela), porque constituem a configuração de uma superfície cilíndrica.

De um modo sintético, poder-se-á então estabelecer:

$$PGP = \begin{cases} \text{Central ou cônica} \to d \neq \infty \\ \text{Paralela ou cilíndrica} \to d = \infty \end{cases}$$

sendo d a distância do observador ao plano de projeção.

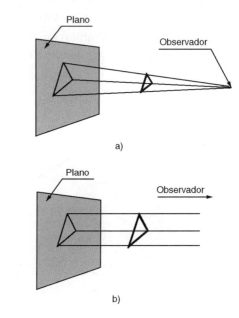

Figura 4.15 Projeção cônica (a) e projeção cilíndrica (b).

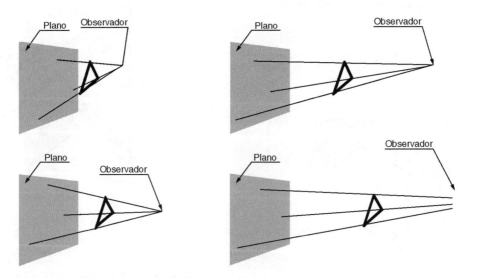

Figura 4.14 Algumas das infinitas distâncias possíveis do observador em relação ao plano de projeção.

4.4.2 Posição do Objeto

Por sua vez, associando XYZ e xyz, respectivamente, ao objeto e ao plano de projeção referencial cartesiana (**Figura 4.16**), é imediato admitir infinitas posições do objeto em relação ao plano, correspondentes a outros tantos valores dos possíveis ângulos formados pelos eixos X–x, Y–y e Z–z, percorrendo o conjunto dos números reais, a que correspondem, por sua vez, outras tantas representações com ou sem deformação de alguma(s) dimensão(ões), mas quantificáveis através de um coeficiente: o coeficiente de redução.

Projeção paralela ou cilíndrica

No âmbito da projeção de tipo paralelo ou cilíndrico (observador a uma distância infinita do plano de projeção), são consideradas fundamentalmente duas situações:

Os ângulos X^x = Y^y = 0° ou 180°, isto é, eixos homólogos paralelos (**Figura 4.17a**): projeção ortogonal (simples).

Os ângulos X^x, Y^y, Z^z, podendo ser ou não iguais entre si, mas estabelecendo sempre valores diferentes de 0°, 90° ou 180° (**Figura 4.17b**): projeção axonométrica.

Em ambos os casos, o observador está "sobre" o eixo dos z e observa segundo um feixe de projetantes (paralelo) ortogonal em relação ao plano de projeção. Trata-se, assim, e em ambos os casos, de projeções ortogonais.

No caso de o observador se situar "fora" do eixo dos Z, o eixo de projetantes, embora paralelo (d = ∞), não é ortogonal em relação ao plano de projeção, e o tipo de projeção é denominado oblíquo (**Figura 4.18**).

Projeção ortogonal

A designação PGP paralela ortogonal simples ou PGP paralela ortogonal múltipla refere-se à possibilidade de obtenção de diferentes projeções ortogonais de um mesmo objeto correspondentes a diferentes combinações das relações X^x Y^y, Z^z, restritas, no entanto, aos valores já especificados para este "grupo" da classificação, de 0° 90° ou 180°. A obtenção de diferentes projeções de um mesmo objeto nestas condições (vistas) criteriosamente selecionadas permite uma total e inequívoca representação de qualquer objeto. Dentre o "grupo" da projeção ortogonal distingue-se também o "subgrupo" da PGP paralela ortogonal axonométrica, já definido.

Este grupo, que envolve de início infinitas possibilidades, caracteriza-se por resultar na obtenção de uma representação com deformação da verdadeira relação de dimensões do objeto segundo as direções X, Y e Z. Verifica-se, no entanto, que há duas situações bem determinadas, isto é, dois conjuntos de valores dos ângulos X^x, Y^y e Z^z, para os quais essa deformação é tão pequena que pode ser desprezada, ou, embora

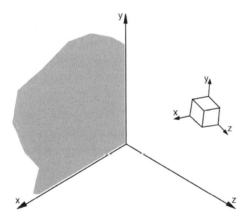

Figura 4.16 Referenciais associados ao objeto e ao plano de projeção.

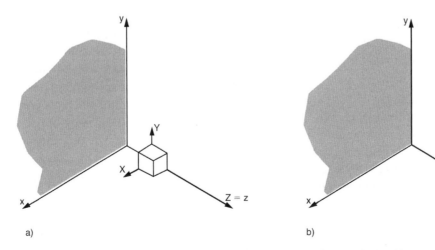

a)   b)

Figura 4.17 Possibilidades qualitativamente diferentes dos ângulos dos referenciais do objeto e do plano de projeção: a) projeção ortogonal (simples); b) projeção ortogonal axonométrica.

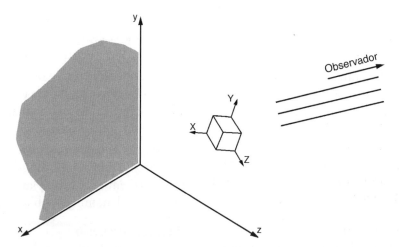

Figura 4.18 Projeção oblíqua: feixe de projetantes (paralelo) oblíquo em relação ao plano de projeção.

significativa, é bem conhecida e quantificável, pelo que se pode admitir a representação correspondente, desde que se tenha em consideração essa deformação através de um correspondente coeficiente de redução. Essas duas situações correspondem, respectivamente, às projeções axonométricas isométrica e dimétrica.

Todas as possibilidades restantes para o conjunto de valores dos ângulos entre os eixos do referencial associado ao plano de projeção e os eixos do referencial associado ao objeto incluem-se em um subgrupo de PGP paralela ortogonal axonométrica trimétrica.

Projeção oblíqua

Das infinitas possibilidades de relação observador-objeto-plano de projeção na situação de feixe de projetantes paralelas, embora oblíquas em relação ao plano de projeção, é selecionada, em termos de utilização prática corrente, a situação de ângulos X–x, Y–y e Z–z de 0°, considerando, neste caso, o observador "fora" do eixo dos Z. Restringe-se, no entanto, a posição do observador à situação de se estabelecer um ângulo entre a direção do feixe de projetantes e o plano de projeção de 45° e coeficientes de redução de 0,4 a 1,0.

Por outro lado é ainda usual, em certos casos, considerar o plano de projeção coincidente com o plano definido pelos eixos x–z, e também um ângulo de 45° do feixe de projetantes paralelas. No primeiro caso, as projeções oblíquas mais comuns são a cavaleira (coeficiente de redução: 1,0) e a de gabinete (coeficiente de redução: 0,5); no segundo caso, denomina-se militar.

Projeção central ou cônica

A projeção central ou cônica e que se refere ao grande grupo de projeções para as quais o observador se situa a uma distância finita do plano de projeção é, por esta mesma razão, a situação em que a representação obtida mais se aproxima do modo como "se vê a realidade". É, com efeito, o tipo de representação que se obtém através da fotografia. Exibe apreciável deformação no que se refere às relações de dimensões segundo as direções do referencial associado ao plano de projeção, que é inevitável, como seria esperado, por ser variável de ponto a ponto, a distância entre projetantes, segundo a direção visual do observador.

É, no entanto, o tipo de representação mais "perfeito" de um objeto ou conjunto de objetos, e por isso mais facilmente legível por um maior conjunto de pessoas, principalmente não familiarizadas com este assunto. Não deixa de ser interessante citar que, embora sendo uma representação mais deformada do que qualquer outra (referimo-nos ao grupo das projeções paralelas ou cilíndricas), é, no entanto, a mais legível. É uma deformação semelhante à da representação por projeção central ou cônica que o olho humano capta e que, no entanto, sabemos corrigir intuitivamente. O clássico exemplo da via férrea – duas linhas paralelas que, de fato, não são vistas paralelas, não se apresentam paralelas (em projeção central) e, no entanto, sabemos "corrigir" e afirmar que o são (**Figura 4.19**). De fato trata-se de um processo de inteligência humana e de mecanismo de percepção.

A simples experiência de viver desencadeou a capacidade de perceber e aprender a ver "corrigindo" o que se vê. Por se tratar de uma representação tão próxima do modo como os objetos são vistos, a esta projeção também se dá o nome de perspectiva rigorosa.

Por outro lado, e dadas as possibilidades de localização do observador – ponto de vista –, dentre as situações de

Projeções Ortogonais

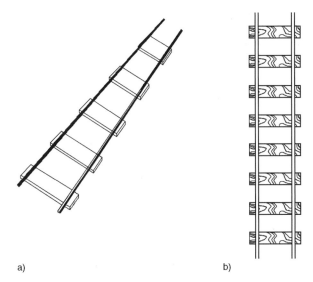

Figura 4.19 Representações de uma via férrea: a) aproximação a uma projeção central; b) representação em projeção paralela.

se manter a uma distância finita do plano de projeção, é possível obter diferentes tipos de projeção central ou cônica (que aqui não será considerada). São considerados os três tipos seguintes: paralela, angular e oblíqua.

4.4.3 Síntese de Classificação das PGP

Na sequência da caracterização descrita, uma classificação global das projeções geométricas planas é geralmente apresentada como na **Figura 4.20**. No presente capítulo, serão descritas com detalhes as projeções ortogonais em múltiplas vistas. Em capítulo posterior serão tratadas as restantes projeções ortogonais, bem como as projeções oblíquas e as projeções centrais.

4.5 REPRESENTAÇÃO EM MÚLTIPLAS VISTAS

A representação de peças em desenho técnico é feita principalmente com projeções ortogonais paralelas de múltiplas vistas (ver **Figura 4.20**). A projeção de uma figura sobre um plano é formada pela projeção de todos os seus pontos (ver **Figura 4.11**, **Figura 4.12**, **Figura 4.13**). A figura a ser projetada pode não ser plana, e em geral não o é. Será por isso necessário, ao contrário dos exemplos da **Figura 4.11**, **Figura 4.12** e **Figura 4.13**, usar mais do que um plano de projeção para projetá-las convenientemente e completamente.

4.5.1 Projeção em Dois Planos

Na **Figura 4.21**, apresentam-se alguns exemplos de projeções de objetos simples em planos de projeção verticais.

Como se verificou pelo exemplo anterior, a projeção de um círculo, de um cilindro ou de uma esfera em um plano vertical tem a mesma forma. Situações idênticas podem ocorrer com qualquer outro conjunto de objetos. Por isso, para definir convenientemente a forma dos objetos torna-se necessário usar dois ou três planos de projeção ortogonais:

- Plano de projeção vertical (PV),
- Plano de projeção horizontal (PH),
- Plano de projeção lateral (PL).

Os três planos são perpendiculares entre si, e a interseção dos dois primeiros é chamada de linha de terra (LT). Chama-se vista à projeção ortogonal paralela de um objeto em um plano de projeção. Assim, tem-se:

- Vista da frente ou vista principal – projeção sobre o plano de projeção vertical.
- Vista de cima ou planta – projeção sobre o plano de projeção horizontal.
- Vista lateral – projeção sobre o plano de projeção lateral.

Vejam-se de novo os objetos anteriores, agora projetados em dois planos, na **Figura 4.22**.

De um modo geral, as peças só necessitam de dois planos de projeção para a sua representação em projeções ortogonais. Como os dois planos de projeção são perpendiculares e sua representação deve ser feita em uma folha de papel, é necessário rebater um dos planos de projeção, como dito anteriormente.

Na presença de formas mais complicadas, torna-se necessário identificar as projeções dos seus vértices.

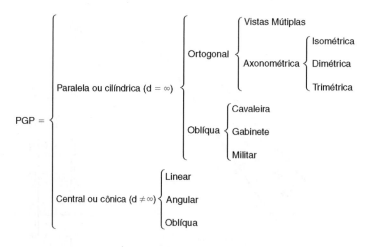

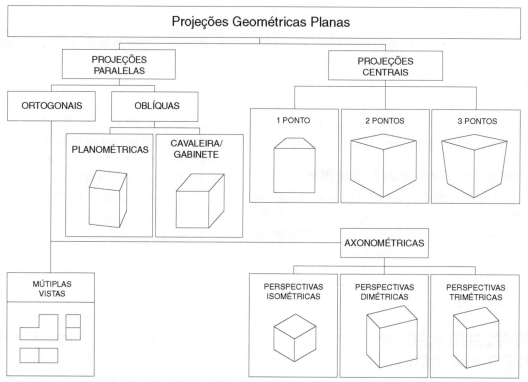

Figura 4.20 Tipos de projeções geométricas planas.

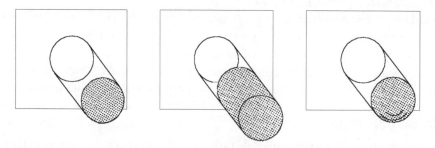

Figura 4.21 Projeção de um círculo, de um cilindro e de uma esfera em um plano vertical.

Projeções Ortogonais

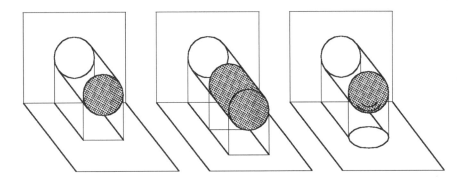

Figura 4.22 Projeções de um círculo, de um cilindro e de uma esfera sobre um plano vertical e horizontal.

Para o objeto da **Figura 4.23**, por exemplo, é possível identificar 10 vértices, isto é 10 pontos de A a J aos quais se pode, por generalização, aplicar o conceito de projeção ortogonal para qualquer ponto Q.

Assim, para cada um dos pontos, estabelecem-se dois novos pontos: uma projeção vertical (sobre o plano vertical de projeção) e designado por 0 e uma projeção horizontal (sobre um plano horizontal de projeção) e designado por 9 associados à designação do ponto. O resultado é o que se apresenta na **Figura 4.24**. Procedendo à planificação nos termos descritos, obtém-se a representação da **Figura 4.25**.

Na **Figura 4.26** são mostrados vários exemplos de projeções de objetos sólidos através da sua representação em duas vistas. Todos os objetos desta figura necessitam apenas de duas projeções para serem representados completamente, sem omissões ou ambiguidades.

Existem algumas peças que, para serem representadas rigorosamente, necessitam apenas de um plano de projeção, desde que sejam usadas determinadas convenções na forma de símbolos complementares de cotagem. Algumas destas convenções são:

- Indicação da espessura da peça pela palavra espessura seguida do número representativo da espessura em milímetros, quando a peça tiver espessura constante (por exemplo, em chapa).
- Indicação dos símbolos de quadrado (□), de diâmetro (∅) e de esférico (esf). A anotação *esf* foi substituída por S∅ de acordo com a norma ISO129:1985, mas continua ainda em utilização.

Na **Figura 4.27** são mostrados exemplos típicos de convenções que permitem a representação de um sólido simples em uma só vista. Note-se que alguns destes objetos estão também representados na **Figura 4.26** em duas vistas.

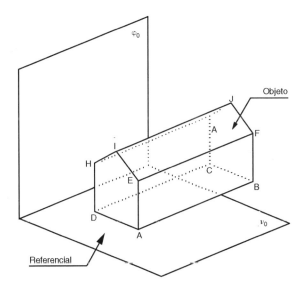

Figura 4.23 Identificação dos vértices de um objeto.

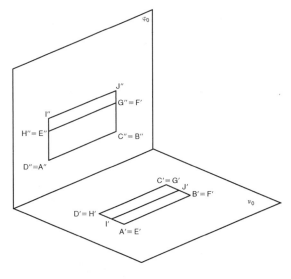

Figura 4.24 Projeções ortogonais sobre os planos de projeção que constituem o referencial.

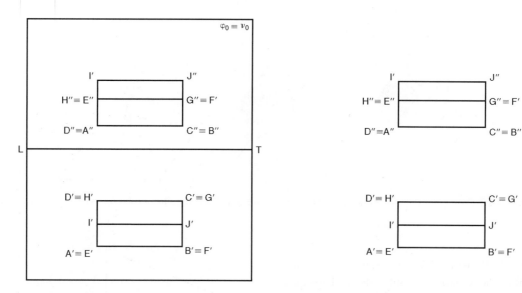

Figura 4.25 Planificação dos planos de projeção e representação do objeto da **Figura 4.24**.

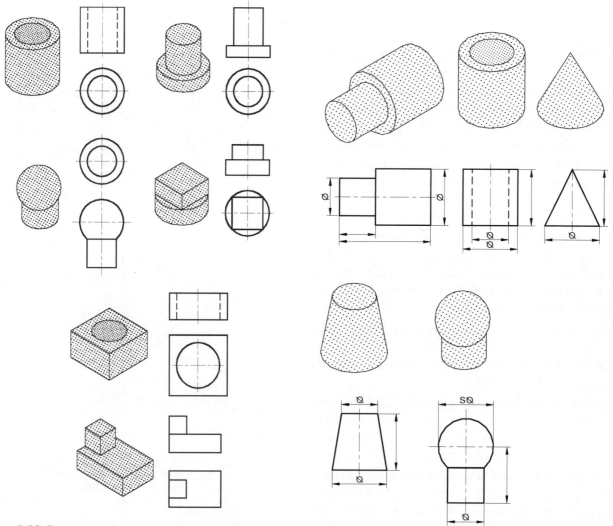

Figura 4.26 Representação em duas vistas de sólidos compostos.

Figura 4.27 Convenções em representações de vista única.

4.5.2 Projeção em Três Planos

O processo descrito e que resulta, por generalização, na aplicação do conceito de projeção ortogonal apresentado constitui a metodologia utilizada na representação gráfica a duas dimensões dos elementos geométricos que definem qualquer forma ou objeto espacial.

No entanto, importa desde já notar o caráter não inequívoco da representação da peça apresentada na **Figura 4.25** e da qual se pretende fazer a leitura. Com efeito, ao conjunto das duas projeções ortogonais apresentadas, é possível fazer corresponder e, por conseguinte, identificar mais do que um objeto, como, por exemplo, os da **Figura 4.28**.

Embora sendo possível em inúmeros casos a representação de peças para as quais um sistema de duas projeções as represente inequivocamente – e por isso essas projeções apresentam-se como suficientes –, importa desde já chamar a atenção para este problema a se ter sempre em conta na representação de uma peça por projeções ortogonais.

Este problema, exemplificado na **Figura 4.28**, deve-se fundamentalmente à existência de algumas arestas cuja direção se identifica como sendo de perfil. Desde logo o problema reporta-se a uma indeterminação que interessa ultrapassar.

De fato, à semelhança do que acontece em qualquer domínio do conhecimento e até mesmo no dia a dia, nas mais diversas situações comuns, a indeterminação é superada com informação adicional, que restrinja o conjunto de soluções possíveis. Neste caso, informação adicional pode ser obtida a partir da consideração de um terceiro plano de projeção ortogonal aos dois planos considerados. As projeções ortogonais dos 10 pontos A a J, retomando o exemplo da **Figura 4.23**, neste terceiro plano constituem a terceira projeção (**Figura 4.29**).

A planificação, de tipo já indicado e que, na hipótese de consideração de três planos, corresponde ao processo indicado na **Figura 4.30**, conduz ao conjunto de projeções ortogonais apresentadas na **Figura 4.31** e que, deste modo, identifica, sem qualquer margem de ambiguidade, a peça da **Figura 4.25**.

Outro exemplo de um objeto que só fica definido inequivocamente com três vistas está representado na **Figura 4.32**. Nesta figura, mostra-se a construção das projeções e o rebatimento de cada um dos planos, para

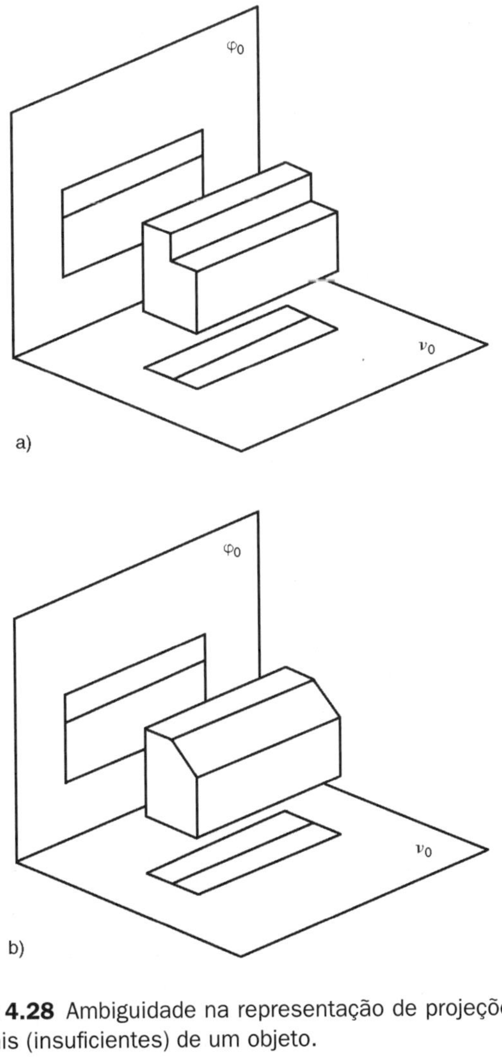

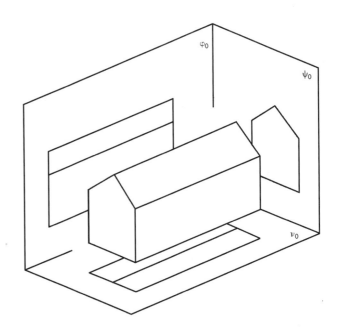

Figura 4.28 Ambiguidade na representação de projeções ortogonais (insuficientes) de um objeto.

Figura 4.29 Projeção ortogonal adicional: plano de projeção adicional.

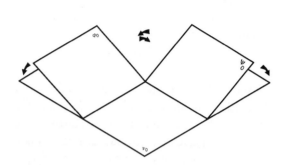

Figura 4.30 Planificação dos planos de projeção considerados na **Figura 4.29**.

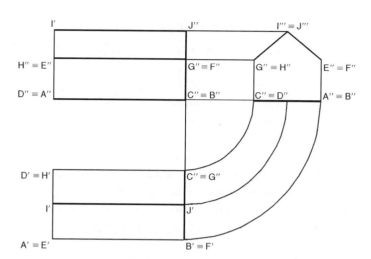

Figura 4.31 Representação inequívoca por projeções ortogonais do objeto da **Figura 4.23**.

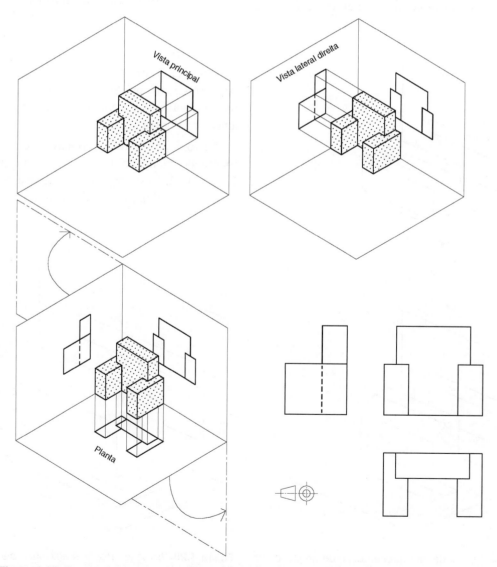

Figura 4.32 Peça definida com o auxílio de três planos de projeção (método do primeiro diedro).

Projeções Ortogonais

melhor compreensão. Mais uma vez é necessário o rebatimento de planos – neste caso dois – para o plano vertical.

Chama-se agora a atenção para um detalhe de extrema importância, facilmente apreendido pela leitura da **Figura 4.32**. A vista direita do objeto, após rebatimento do plano lateral, ficará colocada do lado esquerdo da vista principal. De igual modo, a planta (ou vista de cima), após rebatimento, ficará colocada por baixo da vista principal. É esta a grande característica a ser retida do método europeu de projeções que vem sendo utilizado nas últimas figuras deste capítulo: a vista direita fica do lado esquerdo e a vista de cima fica embaixo.

De acordo com o método americano, o plano de projeção encontra-se entre o observador e o objeto a projetar. A diferença fundamental entre os dois métodos é a seguinte: enquanto no método europeu a vista direita é representada à esquerda da vista principal, no método americano a vista direita é representada à direita da vista principal. Assim, o objeto representado na **Figura 4.32** no método europeu, será representado no método americano como mostrado na **Figura 4.33**.

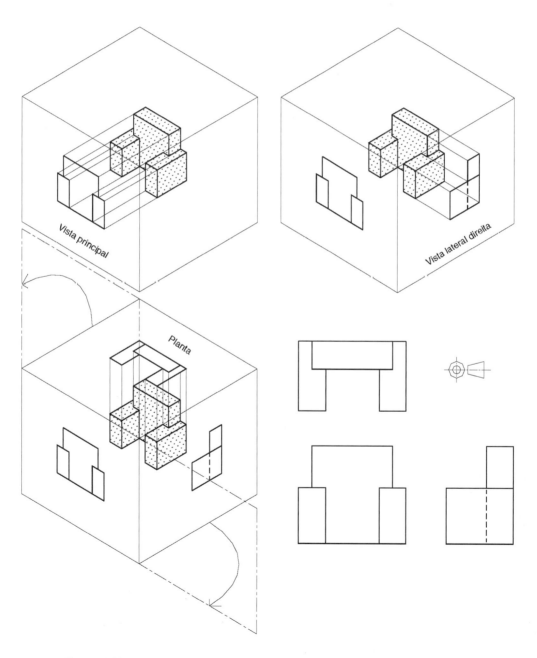

Figura 4.33 Objeto da **Figura 4.32** representado no método do terceiro diedro.

Sempre que existam dúvidas quanto ao método de representação utilizado, deve ser inscrito no próprio desenho o símbolo representado junto às projeções na **Figura 4.32** e **Figura 4.33**. Trata-se das projeções de um tronco de cone, segundo o método europeu e segundo o método americano, respectivamente.

4.5.3 Projeção em Seis Planos

Em casos muito esporádicos (de peças complicadas), pode recorrer-se a mais planos de projeção, correspondendo a envolver a peça em um paralelepípedo completamente fechado, que é posteriormente aberto e rebatido sobre o plano vertical. Obtêm-se, assim, seis vistas. Nestes casos, porém, é preferível recorrer a outro tipo de representação convencional, como cortes, seções ou vistas auxiliares, que são abordados mais à frente neste capítulo e também no Capítulo 5. Apenas como exemplo, a **Figura 4.34** mostra a representação em seis vistas de um sólido, com o rebatimento dos sucessivos planos.

4.6 SIGNIFICADO DAS LINHAS

Os tipos de arestas que se representam devem ter linhas diferentes, para que sejam automaticamente identificadas. No desenho técnico, para cada tipo de contorno, ou aresta, existe um tipo de linha associado.

4.6.1 Contornos Visíveis

Os contornos das peças devem ser sempre representados com linhas de traço contínuo grosso. As linhas a traço contínuo grosso em um desenho podem ter significados distintos. Existem três tipos de contorno (**Figura 4.35**): linhas que provêm da interseção de duas superfícies, linhas que representam a vista de topo de superfícies exteriores da peça e linhas que representam o limite de superfícies curvas (por exemplo, o contorno de uma esfera).

4.6.2 Contornos Invisíveis

Em qualquer peça que se queira representar, existirão contornos que são visíveis e outros que não são visíveis. A representação dos contornos invisíveis é feita usando-se linhas de traço interrompido.

As linhas de contorno invisíveis podem ser dos mesmos três tipos identificados na seção anterior, mas sua representação requer alguns cuidados extras. Quando duas linhas de contorno invisível se interceptam, tocam-se; quando se cruzam, não se tocam (**Figura 4.36** e **Tabela 3.4**).

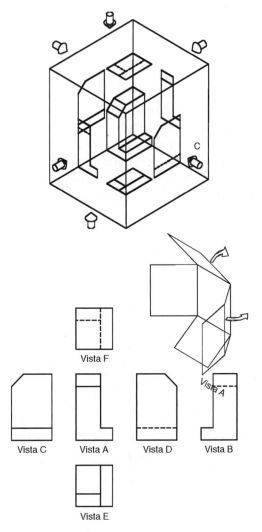

Figura 4.34 Desdobramento das seis vistas de uma peça: A - vista principal; B - vista posterior; C - vista lateral direita; D - vista lateral esquerda; E - vista superior (planta); F - vista inferior.

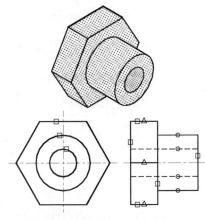

□ Vista de topo de uma superfície
○ Limite de uma superfície
△ Interseção de duas superfícies

Figura 4.35 Linhas de contorno em uma peça.

Projeções Ortogonais

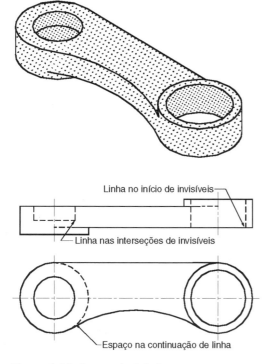

Figura 4.36 Arestas invisíveis em uma peça.

4.6.3 Linhas de Eixo

As linhas de eixo são linhas de simetria que posicionam o centro de furos ou detalhes com simetria radial. São de extrema importância, visto que a fabricação de peças começa, em geral, pela marcação dos centros de furos.

Uma linha de eixo é representada com traço misto fino (**Tabela 3.3**). Deve ser desenhada em cilindros, cones ou troncos de cone e furos. O centro de simetria deve ser assinalado por duas linhas de traço misto, mutuamente perpendiculares (ver **Figura 4.35** e **Figura 4.36**), que se estendem ligeiramente para além dos limites dos detalhes aos quais estão associadas, não devendo nunca terminar em interseções com traços de qualquer outra espécie.

4.6.4 Precedência de Linhas

A ordem de precedências de linhas já foi abordada no Capítulo 3. Visto que os contornos das peças devem sempre ser representados completamente, os contornos visíveis tomam precedência sobre todas as outras.

4.7 VISTAS NECESSÁRIAS, VISTAS SUFICIENTES E ESCOLHA DE VISTAS

Existem ainda alguns detalhes de extrema importância que são, em geral, esquecidos pelo principiante na técnica de desenhar em projeções ortogonais:

- A vista principal deve ser escolhida de modo a fornecer a maior quantidade de informação sobre a peça. Quando existirem dúvidas quanto à vista a ser utilizada para a vista principal, deve ser usada a posição de serviço da peça, ou seja, a vista de frente dessa peça no desenho do conjunto de peças onde ela se localiza (**Figura 4.37**).
- O número de projeções a representar deve ser apenas o necessário e suficiente para definir completamente a peça em questão. Sempre que determinada vista não trouxer informação adicional em relação às restantes, não deve ser representada. Na **Figura 4.38** estão representadas duas peças para as quais são necessárias apenas a vista principal e uma vista lateral. A planta, nesses dois casos, não traz nenhuma informação adicional, devendo ser omitida. Note-se, no entanto, que se as vistas escolhidas tivessem sido a vista principal e a vista em planta, a peça não ficaria completamente definida.

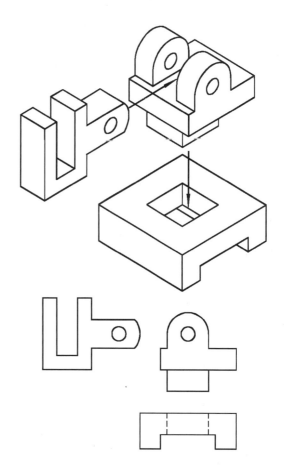

Vistas principais das peças
na posição de serviço

Figura 4.37 Escolha das vistas principais de peças de um conjunto.

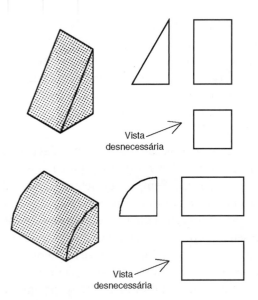

Figura 4.38 Peças com vista redundante.

- As projeções devem conter o menor número possível de linhas invisíveis (linhas a traço interrompido). Como tal, o conjunto de projeções necessárias e suficientes para a representação de uma peça deve conter o máximo de detalhes visíveis. Na **Figura 4.40** pode-se ver o conjunto de três projeções ortogonais, que mostra todos os detalhes importantes com menor número de linhas invisíveis. Nenhum detalhe deve ser invisível em todas as vistas.
- O espaçamento entre vistas deve ser constante, permitindo a correspondência entre pontos das diferentes vistas. A existência de projeções de diversas peças na mesma folha ficará também mais explícita se, dentro de um conjunto de projeções, os espaçamentos forem os mesmos.

- A escolha de vistas deve ser bem estudada, de modo que não surjam dúvidas quanto à peça representada. Por vezes, um conjunto de projeções mal escolhido pode representar peças diferentes, devendo por isso ser evitado. A **Figura 4.39** mostra conjuntos de projeções que ilustram este problema: o conjunto correto (à esquerda), e um conjunto duvidoso (à direita) que pode representar ambas as peças. O uso de uma terceira projeção no conjunto da direita esclareceria a representação, embora seja redundante no conjunto da esquerda.

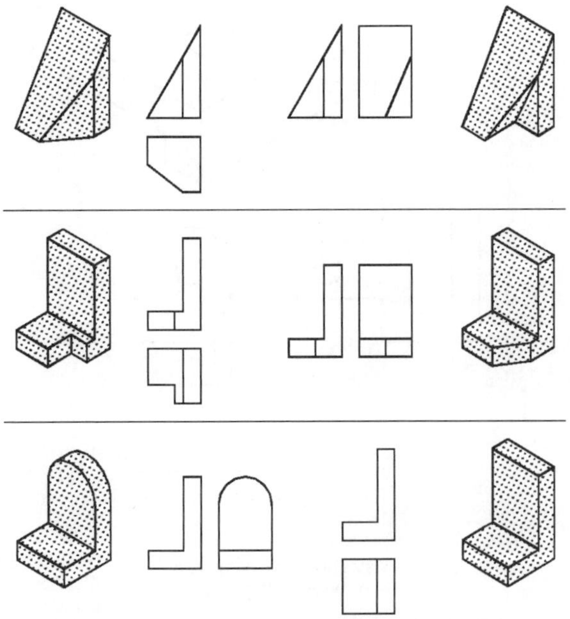

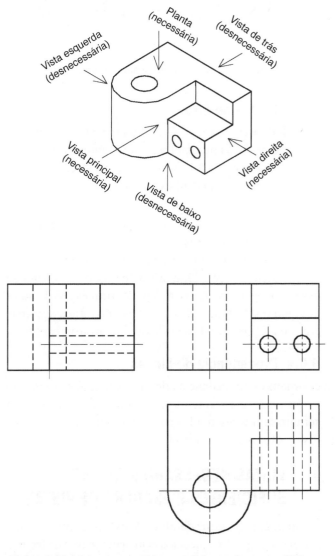

Figura 4.39 Representação duvidosa de alguns objetos.

Figura 4.40 Vistas necessárias e suficientes bem escolhidas.

Projeções Ortogonais

Na **Figura 4.41** podem-se ver alguns exemplos de projeções de peças onde são aplicadas as regras acima descritas.

4.8 VISTAS PARCIAIS, DESLOCADAS E INTERROMPIDAS

Em certas situações, não é necessária a representação da vista completa. Nestes casos, podem ser usados três tipos de vistas: parciais, locais ou interrompidas.

4.8.1 Vistas Parciais

Usa-se uma vista parcial quando a representação total da vista não fornece nenhum tipo de informação adicional. As vistas parciais são usadas sobretudo na representação de vistas auxiliares (Seção 4.9). A **Figura 4.50** mostra um exemplo onde a representação da vista total seria morosa e não traria nenhuma informação adicional. Ambas as vistas são delimitadas por uma linha de fratura. A **Figura 4.51** mostra outro exemplo de uma vista parcial.

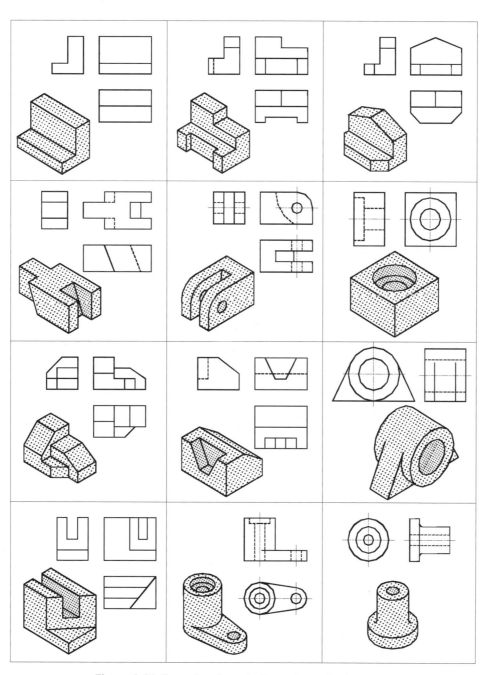

Figura 4.41 Exemplos de projeções ortogonais de peças.

4.8.2 Vistas Deslocadas

Existem casos em que, para tornar clara a projeção, se representa uma vista fora da sua posição correta. É então necessário assinalar o sentido da observação sobre uma projeção por uma flecha e uma letra maiúscula, acompanhadas, junto da vista deslocada, pela inscrição "Vista A", onde "A" é a letra maiúscula utilizada. Este tipo de representação de vistas pode ser observado na **Figura 4.42**. A vista A será então uma vista deslocada, libertando-se das regras gerais de colocação de vistas, podendo ocupar qualquer espaço na folha de papel.

As vistas deslocadas podem ser locais quando não houver interesse em representar toda a peça, e distinguem-se das vistas parciais por serem delimitadas por linhas de traço contínuo grosso. A **Figura 4.43** mostra dois exemplos de vistas deslocadas locais.

4.8.3 Vistas Interrompidas

A representação de um objeto longo, com características uniformes em todo o seu comprimento ou em pinos suficientemente longos, pode ser efetuada de duas formas distintas. A primeira, como se exemplifica na **Figura 4.44**, consiste na utilização de vistas interrompidas, representando apenas as extremidades de cada peça com características uniformes, não se desenhando a parte intermédia. A outra forma pode ser feita como mostrado na **Figura 4.45**.

Nas vistas interrompidas de peças compridas empregam-se linhas de fratura (**Figura 4.44** e **Figura 4.45**). A **Figura 4.45** apresenta linhas de fratura especiais, que permitem identificar determinados materiais ou configurações de peças.

4.8.4 Vistas de Detalhe

As vistas de detalhe são usadas para detalhar pequenas zonas de uma vista que não estão claramente representadas. A zona a ser detalhada é envolvida por círculo a traço contínuo fino e identificada por uma letra maiúscula. A vista ampliada é acompanhada da letra e da escala a que é representada (se necessário).

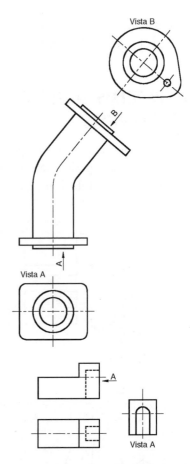

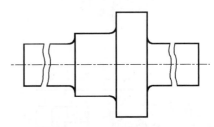

Figura 4.43 Vistas deslocadas locais.

Figura 4.44 Vistas interrompidas de peças compridas.

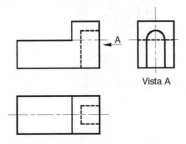

Figura 4.42 Vista deslocada.

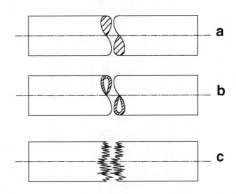

Figura 4.45 Linhas de fratura: a) barra metálica; b) tubo metálico e c) madeira.

Projeções Ortogonais

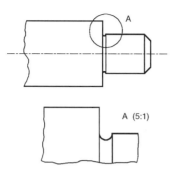

Figura 4.46 Vista de detalhe de uma peça.

4.9 VISTAS AUXILIARES

Quando existem detalhes a serem projetados que não são paralelos aos planos de projeção, a construção das vistas torna-se mais laboriosa, sendo estritamente necessária a construção simultânea das diferentes vistas (**Figura 4.47**), como no caso da determinação da linha de interseção entre duas superfícies quaisquer (**Figura 4.48**).

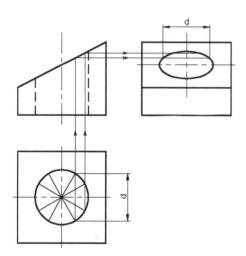

Figura 4.47 Projeção de uma circunferência em um plano inclinado (elipse).

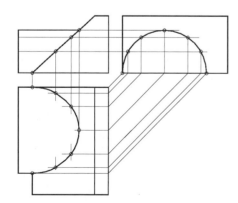

Figura 4.48 Determinação em projeções ortogonais da linha de interseção de duas faces, sendo uma delas uma superfície não plana.

Assim, para a determinação em projeções ortogonais da linha de interseção entre duas superfícies quaisquer, é inevitável a observação simultânea das duas ou três vistas necessárias e suficientes, identificando-se, pelo menos em duas dessas vistas, as projeções de cada um dos sucessivos pontos da linha de interseção a determinar. Por correspondência das projeções de pontos destas vistas com a terceira vista, identificam-se nesta a terceira projeção de cada um desses sucessivos pontos, que permitem determinar a configuração da projeção da linha de interseção das duas superfícies nessa vista.

Por vezes, em nenhuma das projeções ortogonais se consegue projetar a verdadeira grandeza de algum detalhe. Nestes casos, são usados, obrigatoriamente, planos auxiliares de projeção paralelos a esses detalhes, de modo a representá-los na sua verdadeira grandeza, como mostram a **Figura 4.49** e a **Figura 4.50**. Há peças que necessitam de dois planos auxiliares de projeção, visto que contêm detalhes oblíquos em relação aos três planos de projeção. É o caso da peça da **Figura 4.51**, onde se evidencia a utilização de dois planos auxiliares de projeção.

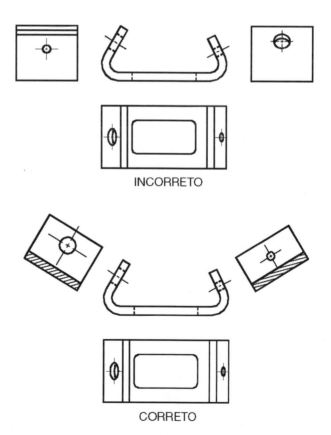

Figura 4.49 Representação incorreta (em cima) e correta (embaixo), fazendo uso de um plano auxiliar de projeção.

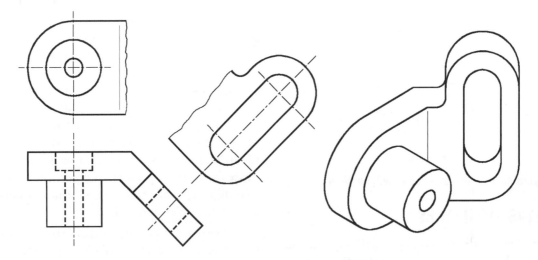

Figura 4.50 Representação de peças com um plano auxiliar de projeção.

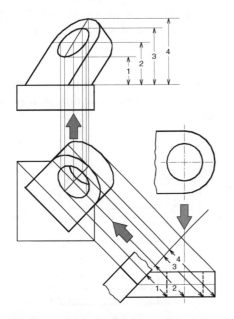

Figura 4.51 Peça com dois planos auxiliares de projeção.

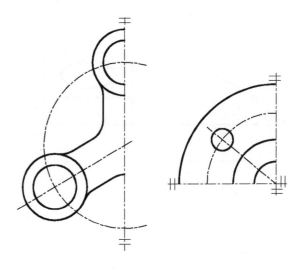

Figura 4.52 Exemplos de representações em vistas parciais.

4.10 REPRESENTAÇÕES CONVENCIONAIS E SIMPLIFICADAS

Para abreviar e facilitar a execução do desenho, recorre-se, por vezes, a convenções e simplificações de traçado. Em seguida, são apresentadas algumas das mais usadas.

4.10.1 Planos de Simetria

Se existirem planos de simetria nas peças, não é necessário representar totalmente determinadas vistas, desenhando-se apenas uma das partes do objeto.

Assim, uma vista com um eixo de simetria permite representar apenas meia vista. No caso de uma vista com dois eixos de simetria, pode-se representar apenas um quarto. Ambos os casos estão na **Figura 4.52**.

Na **Figura 4.53** representa-se em perspectiva uma peça com dois planos de simetria e ainda as vistas de frente completa e parcial. As extremidades dos eixos de simetria referenciam-se através de dois pequenos traços paralelos e perpendiculares ao eixo (**Figura 4.52** e **Figura 4.53**). A utilização de simetrias, embora muito usada em desenhos à mão livre e em prancheta, está caindo em desuso no desenho em sistemas de CAD, em vista das facilidades de manipulação de objetos nestes sistemas, sendo quase tão demorada a representação parcial como a representação total de uma peça.

Projeções Ortogonais

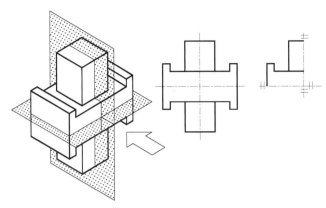

Figura 4.53 Perspectiva com planos de simetria, vista de frente e parte necessária à sua total compreensão.

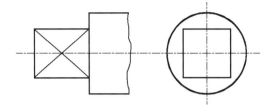

Figura 4.55 Representação convencional de faces planas.

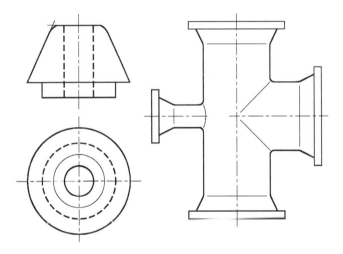

Figura 4.54 Representação convencional de arestas fictícias.

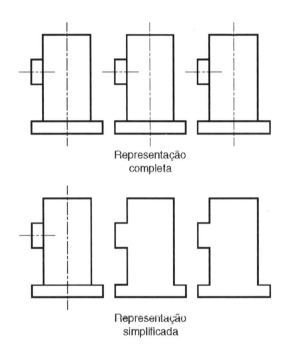

Figura 4.56 Peças repetidas.

4.10.2 Representação de Arestas Fictícias

Uma outra representação convencional, que se torna necessária para mais fácil compreensão dos desenhos, é a de arestas fictícias. Uma aresta fictícia é, como o próprio nome indica, uma aresta que não existe. Na realidade, corresponde a uma mudança suave de direção de duas superfícies. Este tipo de situação aparece com grande frequência em peças obtidas por fundição. As arestas fictícias são então representadas por uma linha contínua fina que não intercepta as linhas de contorno visível. A **Figura 4.54** dá alguns exemplos de representações convencionais de arestas fictícias. As arestas fictícias só são representadas quando são "visíveis".

4.10.3 Outras Representações

Para indicar que determinada área de uma vista corresponde a uma face plana, costuma-se traçar suas diagonais com linha contínua fina (**Figura 4.55**).

Quando se pretender representar peças repetidas, pode-se desenhar apenas uma delas completa e o contorno das restantes (**Figura 4.56**).

Em peças com múltiplos furos idênticos, como os da **Figura 4.57**, pode-se representar apenas um ou dois furos, e para os restantes definir unicamente os respectivos centros.

Existem outros elementos que podem também ser representados de uma forma simbólica, de acordo com regras normalizadas. Exemplos típicos de elementos que habitualmente se representam simbolicamente são: parafusos, rebites, soldaduras, rolamentos etc., os quais serão tratados em detalhes em outro capítulo.

Em sistemas CAD, este tipo de simplificação não se justifica, pela facilidade com que se repetem elementos do desenho.

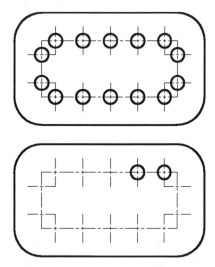

Figura 4.57 Peças com furos equidistantes.

4.11 DESENHO À MÃO LIVRE

Para o projetista, torna-se importante saber esboçar à mão livre determinado objeto. Esta capacidade é particularmente importante, por exemplo, quando é necessário transmitir uma ideia em uma oficina. Na fase inicial de um projeto, o engenheiro pode fazer esboços simplificados, muitas vezes à mão livre, que depois passa aos desenhistas para elaboração dos desenhos detalhados.

Para a representação de uma dada peça à mão livre, a utilização de algumas regras básicas pode ajudar muito na sua correta e rápida execução (**Figura 4.58**):

- Estudar convenientemente a combinação de vistas que melhor e mais simplesmente descrevem o objeto a representar. Estudar o posicionamento das vistas na folha de desenho, bem como a orientação de todo o conjunto, optando assim pelo formato da folha e orientação mais adequados;
- Imaginar o menor paralelepípedo que contém o objeto e desenhar com traço muito leve as figuras geométricas simples circunscritas às projeções (Fase 1);
- Desenhar, em todas as vistas onde existam, as linhas correspondentes às projeções que vão ser representadas (Fase 2);
- Detalhar as vistas, trabalhando simultaneamente em todas (Fase 3);
- Acentuar a traço definitivo (contínuo grosso) os contornos de cada vista (Fase 4);
- Com o mesmo traço, acentuar em cada projeção os detalhes visíveis;
- Desenhar as linhas de traço interrompido que representam os contornos invisíveis;
- Desenhar com traço próprio as linhas convencionais – linhas de eixo e de corte, tracejados etc. (Fase 5);
- Verificar a correção do desenho;
- Cotar o desenho.

4.12 EXEMPLOS DE APLICAÇÃO E DISCUSSÃO

A **Figura 4.59** mostra alguns exemplos de representação de peças. O leitor é convidado a refletir sobre estas representações e tentar compreender cada detalhe das peças através da interpretação das diferentes vistas, procurando ao mesmo tempo encontrar uma forma diferente de representar as peças. Ressalte-se que todas as representações foram executadas à mão livre.

4.13 APLICAÇÕES EM CAD

Todos os exemplos já descritos são simples de realizar em CAD 3D. Uma vez criado o modelo tridimensional, a obtenção das vistas necessárias e suficientes é quase automática, bem como qualquer vista auxiliar. Para a peça da **Figura 4.60**, desenhada a três dimensões, é fácil obter as vistas necessárias e suficientes para a sua compreensão. Um processo que seria moroso e complicado de fazer à mão ou em prancheta torna-se muito simples em CAD. A **Figura 4.61** mostra as vistas necessárias e suficientes para definir por completo esta peça, obtidas de modo automático. Note-se que haveria ainda algumas alterações a fazer para que o desenho estivesse totalmente correto, como, por exemplo, pôr as linhas de eixo no centro dos furos. O fato a reter é que, uma vez desenhado o objeto a três dimensões, qualquer vista ou perspectiva é obtida de forma automática e imediata, e qualquer alteração no modelo tridimensional irá refletir-se nas vistas.

A construção automática torna-se de grande utilidade, em especial para peças como as da **Figura 4.59** e da **Figura 4.60**, com necessidade de vistas auxiliares, de maior dificuldade de construção à mão, em prancheta, ou em CAD bidimensional.

Muitas das representações convencionais discutidas anteriormente foram criadas para reduzir o tempo de execução dos desenhos, sem lhe diminuir a legibilidade. A necessidade de algumas representações convencionais deixa de existir, uma vez que o tempo necessário para a execução de detalhes complicados foi drasticamente reduzido. A **Figura 4.62** mostra um dos poucos passos necessários à obtenção das vistas da **Figura 4.61**, onde se pode escolher as vistas pretendidas. A peça apresentada neste menu do programa é

Projeções Ortogonais

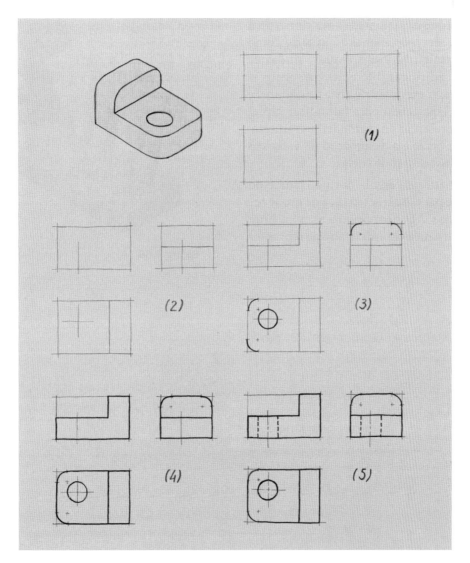

Figura 4.58 Fases de construção de um desenho à mão livre.

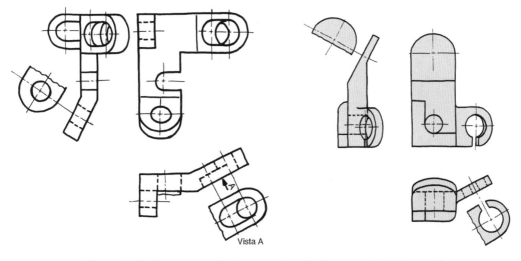

Figura 4.59 Representação de peças à mão livre usando vistas auxiliares.

uma peça genérica, que não tem nada a ver com a peça a ser representada, servindo apenas ao usuário como orientação para a escolha das vistas. Note-se ainda que é possível também adicionar diferentes perspectivas isométricas da peça. A execução de vistas auxiliares é igualmente simples, bastando para tal indicar o plano oblíquo a se representar em verdadeira grandeza. O sentido de observação e a designação da vista são automaticamente inscritos junto delas.

A seleção automática da escala normalizada e do formato da folha de papel é característica de quase todos os programas de CAD, bem como a escolha entre o método europeu e o método americano de representação de vistas.

Figura 4.60 Modelo tridimensional de um apoio.

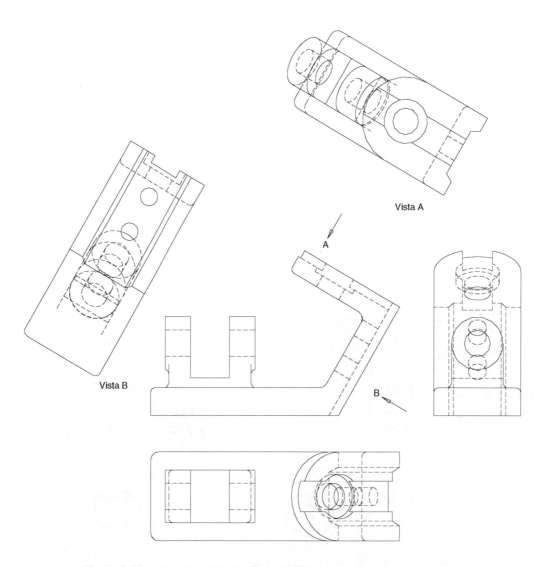

Figura 4.61 Vistas do apoio da **Figura 4.60**, obtidas de modo automático.

Projeções Ortogonais

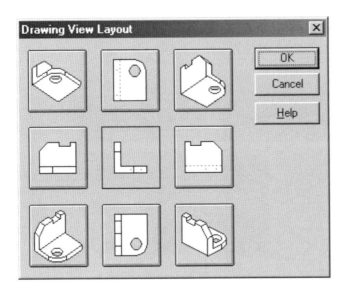

Figura 4.62 Menu de escolha de vistas do programa *Solid Edge*.

CONSULTAS RECOMENDADAS

- Bertoline, G.R., Wiebe, E.N., Miller, C.L. e Nasman, L.O., *Technical Graphics Communication*. Irwin Graphics Series, 1995.
- French, T.E., Vierck, C.J. e Foster, R.J., *Engineering Drawing and Graphic Technology*. McGraw-Hill, 14th Ed., 1993.
- Giesecke, F.E., Mitchell, A., Spencer, H.C., Hill, I.L., Dygdon, J.T. e Novak, J.E., *Technical Drawing*. Prentice Hall, 11th Ed., 1999.
- Morais, J.S., Desenho de Construções Mecânicas 3 – *Desenho Técnico Básico*. Porto Editora, 16ª Ed., 1990.
- Simmons, C. e Maguire, D., *Manual of Engineering Drawing*. Edward Arnold, 1995.
- ISO 128:1982 Technical drawings – General principles of presentation.
- NBR 10067 – Princípios gerais de representação em Desenho Técnico.

REVISÃO DE CONHECIMENTOS

1. Desenhe o símbolo que deve acompanhar os desenhos representados no método europeu, ou método do primeiro diedro.
2. Cada objeto tem três dimensões principais: largura, altura e profundidade. Quais destas dimensões são visíveis na vista principal? E na planta? E em uma das vistas laterais?
3. Qual o número máximo de vistas que um objeto pode ter?
4. Qual o número suficiente de vistas que, em geral, definem completamente um objeto?
5. Se na planta de um objeto se vir um furo passante, quantas linhas são necessárias, e de que tipo, para representar esse furo na vista principal?
6. Enumere duas convenções de representação em projeções ortogonais e desenhe dois objetos inventados por você, em múltiplas vistas, que as contenham.
7. Uma linha contínua a traço grosso pode ter três significados distintos. Quais são? Desenhe um objeto imaginado por si e identifique todas as linhas que compõem as suas projeções.
8. Porque é que se deve, em certos casos, representar arestas fictícias?
9. Quando e por que se deve recorrer a vistas auxiliares? E às vistas auxiliares deslocadas?

PALAVRAS-CHAVE	
aresta fictícia	plano de projeção
centro de projeção	ponto de vista
contornos invisíveis	precedência de linhas
contornos visíveis	projeção central
linhas de eixo	projeção paralela
linhas de fratura	rebatimento
linhas de projeção	vista auxiliar
linhas de simetria	vista de detalhe
método do primeiro diedro	vista deslocada
método do terceiro diedro	vista interrompida
plano auxiliar de projeção	vista parcial

EXERCÍCIOS PROPOSTOS

P4.1. Represente com três projeções ortogonais os cubos recortados apresentados na **Figura 4.63**. As quadrículas servem apenas para melhor visualização das dimensões de cada cubo. Desenhe cada cubo em uma folha separada, orientando e distribuindo as vistas na folha, de modo a ocuparem corretamente o espaço disponível.

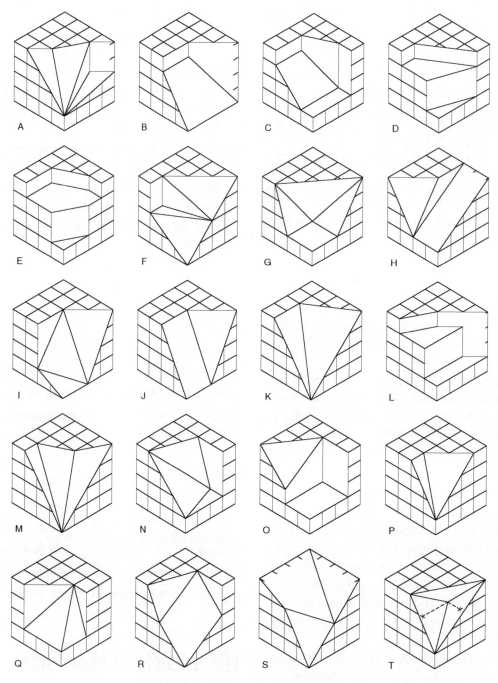

Figura 4.63 Cubos para efetuar projeções.

Projeções Ortogonais

P4.2. Represente, com as projeções ortogonais completas que considerar necessárias, as peças apresentadas na **Figura 4.64**. Comece da esquerda para a direita e de cima para baixo. Desenhe cada peça em uma folha separada, orientando e distribuindo as vistas na folha de modo a ocuparem corretamente o espaço disponível.

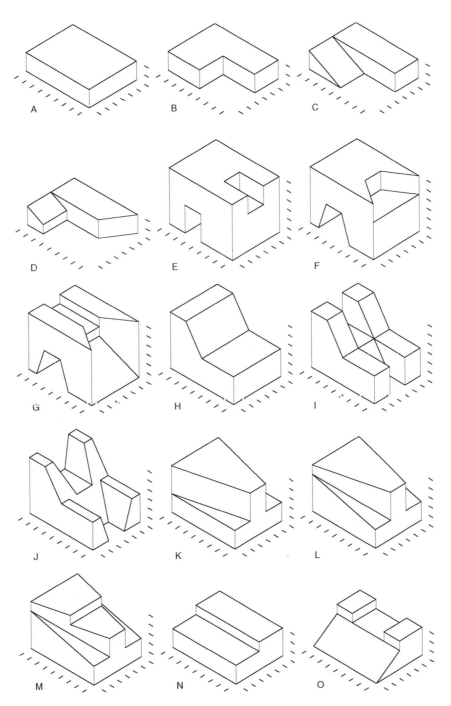

Figura 4.64 Exercícios de projeção de peças *(continua)*.

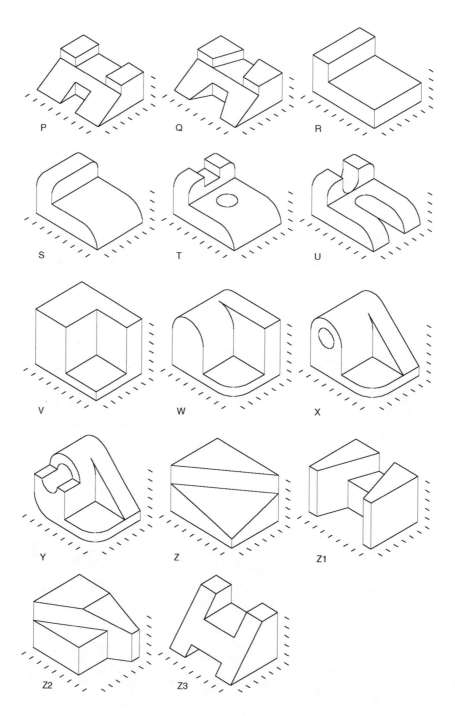

Figura 4.64 Exercícios de projeção de peças *(continuação)*.

Projeções Ortogonais

P4.3. Nas peças da **Figura 4.65** falta representar uma das vistas. Complete as projeções ortogonais de cada uma das peças, representando a vista em falta. No fim, copie cada uma das peças para uma folha de papel.

Figura 4.65 Exercícios para completar a terceira projeção *(continua)*.

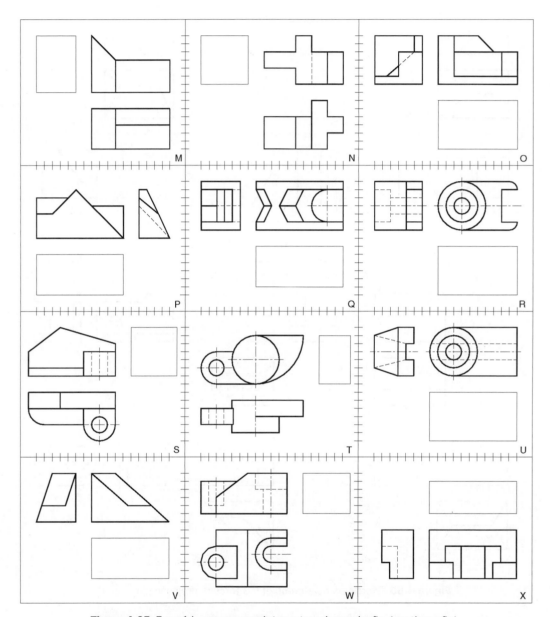

Figura 4.65 Exercícios para completar a terceira projeção *(continuação)*.

Projeções Ortogonais

P4.4. Represente em projeções ortogonais, com as vistas necessárias, as peças da **Figura 4.66**. Determine as dimensões de modo a obter peças proporcionais às da figura. Desenhe cada peça em uma folha separada, orientando e distribuindo as vistas na folha de modo a ocuparem corretamente o espaço disponível.

Figura 4.66 Exercícios de projeção de peças.

P4.5. Represente, em projeções ortogonais com as vistas necessárias, as peças da **Figura 4.67**, recorrendo a vistas auxiliares. Determine as dimensões de modo a obter peças proporcionais às da figura. Desenhe cada peça em uma folha separada, orientando e distribuindo as vistas na folha, de modo a ocuparem corretamente o espaço disponível.

Figura 4.67 Exercícios de projeções com vistas auxiliares

5 CORTES E SEÇÕES

OBJETIVOS

Após estudar este capítulo, o leitor deverá estar apto a:

- Decidir sobre a necessidade de recorrer a cortes ou seções para representar completamente uma peça em projeções ortogonais;
- Saber optar entre um corte e uma seção;
- Optando por um corte, selecionar o mais adequado;
- Efetuar corretamente a representação gráfica de cortes e seções, respeitando as representações convencionais.

5.1 INTRODUÇÃO

Neste capítulo, são apresentados os vários modos de efetuar um corte ou uma seção em um desenho, usando a simbologia adequada. A escolha dos planos de corte e as representações convencionais associadas aos cortes são expostas e explicadas em cada caso relevante. Os cortes totais, meios cortes, cortes parciais e cortes por planos sucessivos (paralelos e concorrentes), com ou sem rebatimento, são tratados em detalhe, com exemplos de cada um dos tipos estudados. O corte de conjuntos de peças é também abordado. As seções, nas suas várias formas de representação, são também objeto de estudo.

O recurso a cortes e seções em um desenho faz-se, em geral, quando a peça a ser representada apresenta uma forma interior complicada ou quando alguns detalhes importantes para a definição da peça não ficam totalmente definidos por uma projeção ortogonal em arestas visíveis. Quando isso acontece, recorre-se a cortes e/ou seções, que ajudam a esclarecer o desenho, evitando o uso de mais vistas. Os cortes e seções devem ser usados apenas quando trouxerem algo relevante à representação gráfica convencional. A representação de cortes obedece a determinadas regras de representação convencional, que devem ser seguidas para que o desenho seja legível.

5.2 MODOS DE CORTAR AS PEÇAS

Muitas peças podem ser representadas claramente através de projeções ortogonais simples: peças que não contenham vazios ou reentrâncias são exemplos disso. Não obstante, em certos casos, os vazios de peças, embora possam ser representados por linhas interrompidas, como no caso ilustrado na **Figura 5.1**, podem ter uma representação bastante confusa e de interpretação complexa. Nessas situações, empregam-se os cortes.

A representação em corte consiste em imaginar a peça cortada por um ou mais planos, sendo suprimida uma das suas partes. Depois, como ilustrado na **Figura 5.2**, faz-se a projeção da parte do objeto que ficou adotando

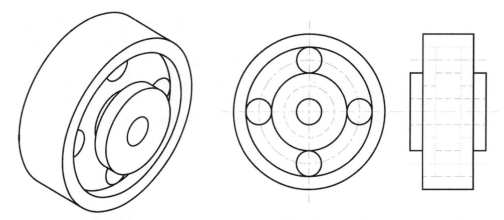

Figura 5.1 Vazios da peça representados por linhas interrompidas.

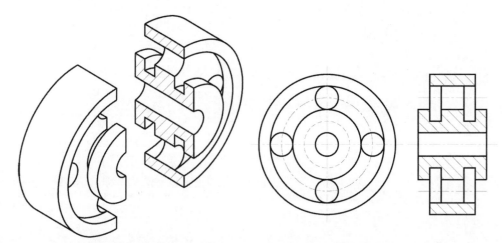

Figura 5.2 Corte da peça da **Figura 5.1**, evitando a representação de partes ocultas, demasiado confusa.

as regras gerais relativamente à disposição das vistas. Finalmente, executam-se as hachuras sobre as superfícies das partes da peça interceptadas pelo plano ou planos de corte. Esta projeção, chamada vista cortada ou corte, substitui quase sempre a vista normal correspondente. Como o corte é imaginário e a peça não está de fato cortada, as outras vistas (neste caso apenas a planta) são desenhadas normalmente como ilustrado na **Figura 5.2**. Note-se, todavia, que o uso dos cortes só se justifica quando favorece a leitura do desenho.

Os planos de corte são, em geral, paralelos aos planos de projeção e devem passar, preferencialmente, pelos planos de simetria e eixos de furos que eventualmente possam existir.

A hachura de corte, indicando as partes da peça interceptadas pelo plano de corte, é feita, sempre que possível, a 45° e com o espaçamento conveniente, conforme o tamanho do desenho, escala etc. A inclinação da hachura não deve nunca coincidir nem ser perpendicular com a orientação de um ou mais traços de contorno da peça. A hachura deve ser representada com linhas do tipo contínuo fino, como mostram os exemplos da **Figura 5.3**.

Embora se deva evitar, pode ser conveniente representar detalhes invisíveis em uma vista cortada, se isso poupar a representação de uma outra vista. No caso da **Figura 5.4**, a representação de detalhes invisíveis é redundante porque se adotam todos os furos iguais, já que a planta assim leva a crer.

Por outro lado, na **Figura 5.5** pode-se observar uma peça que, mesmo depois de cortada, necessita da representação de partes ocultas (embora desaconselhável) para definição de um detalhe escondido para além do plano de corte. Se não for desenhado o detalhe invisível, a peça não fica completamente definida, sendo então necessária uma terceira vista. Neste exemplo, pode-se usar um meio corte em vez de um corte completo, como se explica mais adiante.

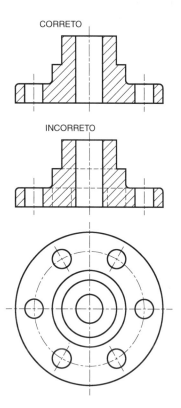

Figura 5.4 Exemplo de representação redundante de partes ocultas em um corte.

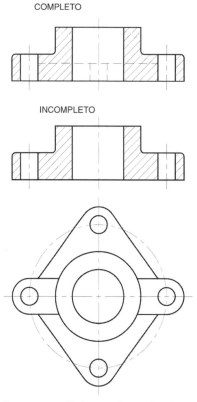

Figura 5.5 Representação conveniente de partes ocultas em corte.

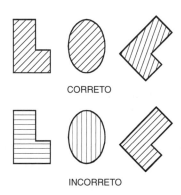

Figura 5.3 Hachuras corretas e incorretas.

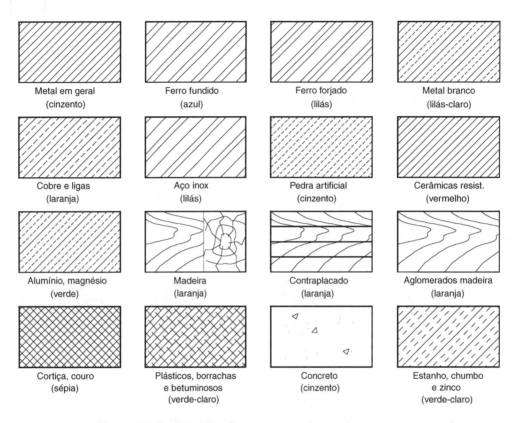

Figura 5.6 Hachuras de diferentes materiais – alguns exemplos.

O tipo de hachura pode ser usado para distinguir diferentes tipos de materiais constituintes das peças cortadas. A norma NBR 12298 trata da representação de materiais em corte e dá exemplos de diferentes hachuras. Note-se que uma hachura deste tipo pode não determinar precisamente a natureza do material cortado, sendo apenas indicativa. A **Figura 5.6** mostra algumas hachuras convencionais. O tipo de hachura pode ser usado simultaneamente com a cor, embora o uso de cor em Desenho Técnico seja desaconselhável. As normas ISO 128-40 e ISO 128-44 poderão introduzir algumas alterações a este tipo de figuração. Como visto nos casos anteriores, o plano secante (ou plano de corte) continua um eixo da peça e a cortava inteiramente. Este tipo de corte toma o nome de **corte total**. Existem ainda mais dois tipos de cortes: os **meios cortes** e os **cortes parciais**. A **Figura 5.7** ilustra os três tipos de cortes possíveis em uma mesma peça. Nesta figura, usa-se propositadamente a simbologia de corte para que se possa compreender a indicação correta de cada um dos cortes exemplificados, embora não fosse necessário fazê-lo, uma vez que os cortes efetuados são extremamente simples.

A simbologia do corte consiste em assinalar o plano de corte na vista onde esse mesmo plano se encontra de topo, sendo definido por uma linha de traço misto com grosso nas extremidades e mudanças de direção (linha tipo H na **Tabela 3.3**). Duas flechas, com uma ou mais letras identificadoras maiúsculas, definem o sentido do corte. Junto à vista cortada, acima ou abaixo, devem constar as letras identificadoras. Em um mesmo desenho, a indicação do corte deve ser uniforme. A indicação e a identificação do corte podem ser omitidas nos casos em que for evidente.

No meio corte da **Figura 5.7**, efetuado por dois planos concorrentes no eixo da peça, exemplifica-se o uso do traço reforçado na indicação do plano de corte. Na vista à esquerda, o plano de corte que se vê de topo (o plano horizontal) aparece mais uma vez em traço misto fino – os meios cortes são sempre delimitados por traços do tipo misto fino.

No corte parcial, não é usada qualquer simbologia de indicação e identificação de cortes. Nota-se apenas que, na vista onde o corte parcial é efetivamente visualizado, o corte é delimitado por uma linha contínua fina ondulada (tipo C na **Tabela 3.3**), pertencendo a parte tracejada, em geral, a um plano de simetria da peça.

Em peças simétricas (**Figura 5.8**), é preferível fazer um meio corte em vez de um corte completo. Nesta peça,

Cortes e Seções

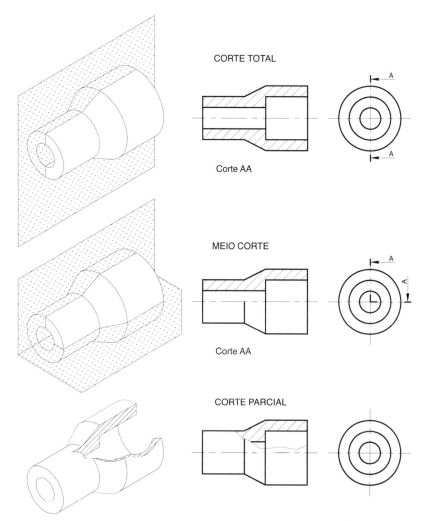

Figura 5.7 Possíveis cortes de uma mesma peça.

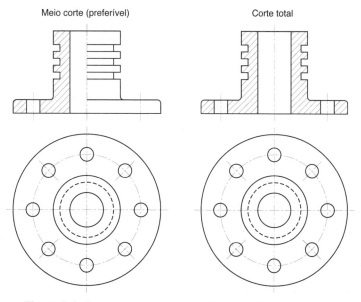

Figura 5.8 Corte total e meio corte (preferível) de uma peça.

o meio corte mostra não só o interior como também o exterior, que não fica totalmente claro com um corte completo, sendo o meio corte aquele que fornece mais informação.

O corte parcial deve ser usado em peças onde os detalhes de interesse a serem mostrados sejam restritos a uma zona da peça. Dois exemplos podem ser observados na **Figura 5.7** e na **Figura 5.9**, em que um corte parcial define completamente a cavidade interior. Em ambos os casos, as partes ocultas não são representadas, uma vez que esta representação seria redundante.

5.3 CORTE POR PLANOS PARALELOS OU CONCORRENTES

Quando os detalhes de interesse não estiverem alinhados uns com os outros ter-se-á de usar o número de planos – paralelos ou concorrentes – necessários à completa definição da peça.

Na **Figura 5.10**, exemplifica-se a representação de uma peça com o auxílio de cortes, utilizando-se planos paralelos. Chama-se novamente a atenção para o reforço efetuado nos extremos das linhas que representam os planos de corte e nas mudanças de plano de corte. Nas peças de revolução que apresentam alguns elementos que um só plano secante não esclarece, podem ser utilizados cortes por dois planos concorrentes no eixo da peça, conforme se exemplifica na **Figura 5.11** e na **Figura 5.12**. O plano (ou os planos) de corte que não é (são) paralelo(s) ao plano de projeção é (são) rebatido(s) sobre este em conjunto com a parte da peça por ele seccionada. No caso da **Figura 5.13**, existe mais de um par de planos concorrentes, mas o seu rebatimento faz-se do mesmo modo.

Por vezes, quando se utilizam cortes por planos paralelos, a passagem de um plano de corte para outro atravessa uma aresta da peça, sendo necessário representar essa mudança através de uma linha de eixo no corte, como mostra a **Figura 5.14**. Esta situação é semelhante à representação de meios cortes, sempre delimitados por uma linha de traço misto fino (plano de corte visto de topo).

Peças como a da **Figura 5.15** podem ser cortadas por planos sucessivos que vão acompanhando os elementos distintos da peça. Neste caso, não se procede ao rebatimento do plano de corte não paralelo aos planos de projeção. Assim, a largura da vista em corte será igual à largura da vista adjacente, tornando-se evidente da leitura do desenho que não se efetuou nenhum rebatimento.

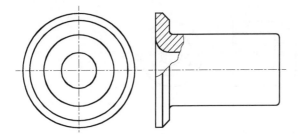

Figura 5.9 Corte parcial de uma peça longa.

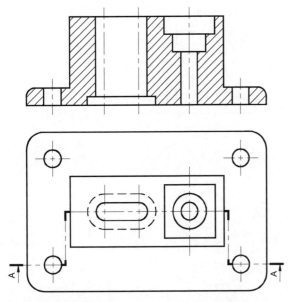

Figura 5.10 Cortes por planos paralelos.

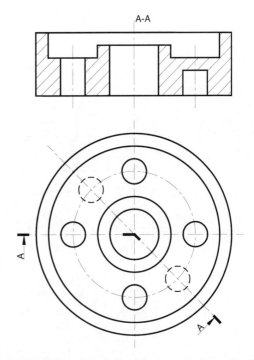

Figura 5.11 Corte por dois planos concorrentes e rebatimento.

Cortes e Seções

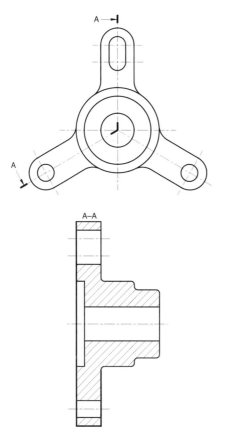

Figura 5.12 Corte e rebatimento por planos concorrentes.

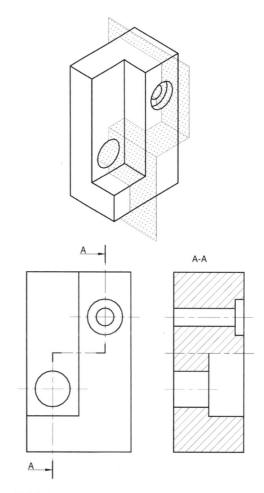

Figura 5.14 Caso particular do corte por planos paralelos.

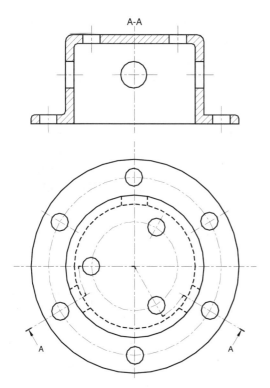

Figura 5.13 Corte e rebatimento por múltiplos planos concorrentes.

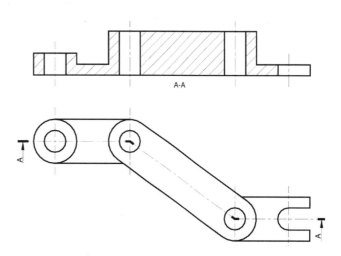

Figura 5.15 Corte por planos sucessivos sem rebatimento.

5.4 REGRAS GERAIS EM CORTES

Podem ser definidas algumas regras gerais para a representação de cortes:

1. A representação da vista cortada compreende a superfície obtida pelo plano de corte e tudo o que se vê para lá desse plano;
2. A porção da peça supostamente retirada não pode ser omitida em todas as vistas;
3. As zonas em que a peça foi cortada são assinaladas por meio de hachuras (traços oblíquos equidistantes, formando com o eixo da peça ou contornos principais ângulos de 45°, sempre que possível). A hachura em uma mesma peça deve ter sempre a mesma direção e o mesmo espaçamento, independentemente da vista em que ocorra;
4. Sempre que possível, os planos de corte devem passar pelos eixos de simetria da peça a ser cortada;
5. Na representação em corte, não devem ser usadas linhas de contorno invisível (traços interrompidos), se não trouxerem nada de fundamental à representação da peça;
6. As superfícies de corte são sempre delimitadas por linhas de contorno visível (traço contínuo grosso), por linhas a traço misto (p. ex., nos meios cortes), ou por linhas de fratura.

A **Figura 5.16** mostra alguns exemplos de um corte para uma peça simples correta e incorretamente representado. Os erros apresentados na figura são os mais frequentes na representação convencional de cortes. Pode-se verificar o tipo de erro cometido através das regras gerais enunciadas no parágrafo anterior. Assim, e da esquerda para a direita, o primeiro corte dito incorreto apresenta apenas a interseção do plano de corte com a peça, não mostrando tudo o que está para além do plano de corte (regra 1). O segundo corte mostra linhas invisíveis, que devem ser evitadas quando não trazem nada de novo à representação (regra 5).

O terceiro corte mostra os contornos interiores em linhas invisíveis, que o seriam se a peça não tivesse sido cortada – ao ser efetuado o corte, essas linhas tornam-se visíveis; portanto, devem ser representadas em traço contínuo grosso (regra 6). O quarto corte apresenta superfícies tracejadas com inclinações diferentes. Este erro é muito frequente em desenhos de CAD 2D (regra 3)! Por fim, o quinto corte incorreto mostra espaçamentos diferentes na hachura (regra 3).

Chama-se a atenção, por fim, para a colocação da vista cortada no desenho. Em geral, a vista cortada ocupa a posição da projeção ortogonal correspondente, mas não é obrigatório que assim seja. Se o corte não ocupar o lugar da projeção ortogonal correspondente, deve, no entanto, ser assinalado com a simbologia adequada, sendo a vista cortada acompanhada pela designação do corte e colocada em qualquer parte da folha de desenho, podendo ser considerada – apenas por analogia – uma vista deslocada.

5.5 ELEMENTOS QUE NÃO SÃO CORTADOS E REPRESENTAÇÕES CONVENCIONAIS

A representação em corte de peças maciças como eixos, parafusos, raios de roda, porcas, rebites, chavetas, elos de corrente, nervuras não é, em geral, mais esclarecedora. Por isso, quando estas peças forem interceptadas longitudinalmente pelo plano de corte, não devem ser tracejadas. No corte longitudinal de tambores e volantes, os braços não são representados em corte, como se exemplifica na **Figura 5.17**.

A **Figura 5.18** mostra a diferença entre o corte de uma peça com nervuras (à esquerda) e o corte de uma peça semelhante, maciça (à direita). Torna-se assim mais clara a diferença entre ambas as peças.

No caso de cortes por planos concorrentes, é usual rebater alguns detalhes que não são interceptados pelo plano de corte, como mostram a **Figura 5.19** e a **Figura 5.20**. Note-se que as nervuras não estão cortadas,

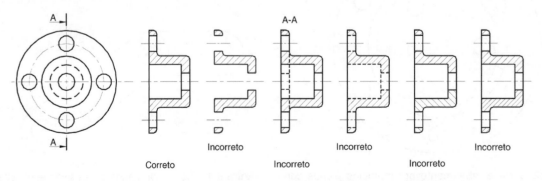

Figura 5.16 Representação correta e representações incorretas de um corte.

Cortes e Seções

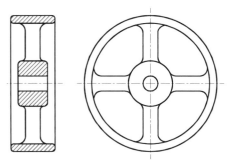

Figura 5.17 Representação de uma polia cortada longitudinalmente.

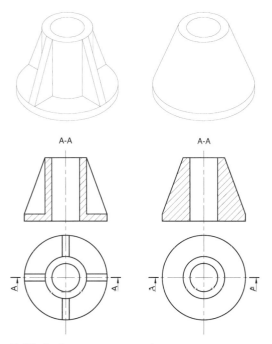

Figura 5.18 Cortes em peças maciças e peças com nervuras.

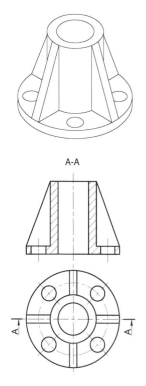

Figura 5.19 Rebatimento de detalhes não cortados.

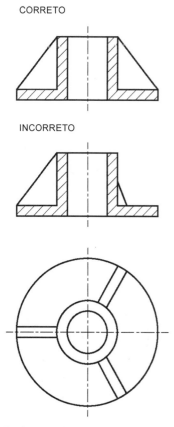

Figura 5.20 Rebatimento de nervuras quando não cortadas.

embora sejam interceptadas pelo plano de corte e os furos tenham sido rebatidos para o plano de projeção, apesar de não serem interceptados pelo plano de corte.

Considerar um dado elemento de uma peça como uma nervura pode não ser um processo totalmente claro, como se mostra na **Figura 5.21** e na **Figura 5.22**. Em geral, os programas de CAD 3D cortam e tracejam todos os elementos que, convencionalmente, não são cortados, devendo o usuário ter o cuidado de alterar essas representações.

Existem ainda alguns detalhes de peças que, quando em corte, tomam uma forma convencional que não corresponde à sua projeção real, mas que é adotada por simplicidade. Alguns desses detalhes podem ser observados na **Figura 5.23**, sendo mostrada a verdadeira projeção e a projeção convencional simplificada, preferível em relação à primeira. Em programas de CAD 3D, essas simplificações não são feitas, aparecendo as projeções reais.

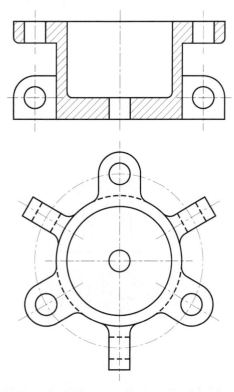

Figura 5.21 Distinção entre aba e nervura.

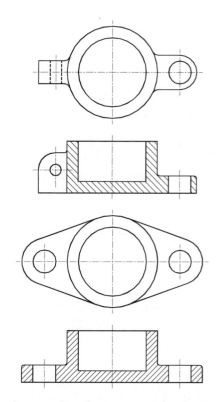

Figura 5.22 Nervuras duvidosas em corte.

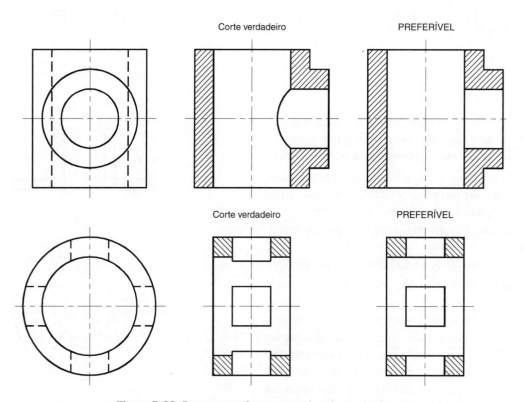

Figura 5.23 Representações convencionais em corte.

5.6 CORTES EM DESENHOS DE CONJUNTOS DE PEÇAS

Nos cortes de conjuntos de peças, as superfícies hachuradas que pertençam a peças diferentes deverão ter hachuras diferentes. Podem ser usadas diferentes orientações (preferencialmente a 30, 45 ou 60°) ou espaçamentos entre linhas, conforme se ilustra na **Figura 5.24**, de modo que seja perfeitamente claro que o corte foi feito através de peças distintas.

Quando se trata de um conjunto constituído por peças delgadas, como perfis metálicos, em vez da hachura das seções usa-se o preenchimento total em preto, sendo as peças contíguas ligeiramente separadas por um filete branco, como mostrado na **Figura 5.25**.

Na **Figura 5.26** mostram-se exemplos de elementos em conjuntos de peças que não devem ser cortados. Nesta figura, um conjunto de peças foi cortado, interceptando longitudinalmente um parafuso, uma porca e uma arruela. Seguindo a convenção, não devem ser cortados nem o parafuso nem a porca, como mostra essa mesma figura. Quanto à arruela, pode ou não ser representada em corte. O detalhe do rebite tem uma explicação idêntica.

Um outro caso prende-se com o corte longitudinal de um eixo, como o mostrado na **Figura 5.27**.

Aqui, como o eixo não deve ser cortado por ser interceptado longitudinalmente pelo plano de corte, é necessário fazer um corte parcial sobre o eixo para mostrar o detalhe do parafuso rosqueado na sua extremidade. Note-se, porém, que o corte parcial efetuado não corta o parafuso, sendo este mostrado por inteiro, assim como a chaveta.

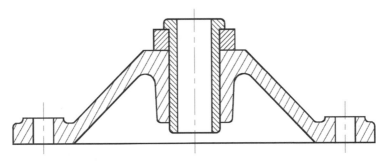

Figura 5.24 Hachura de conjuntos de peças.

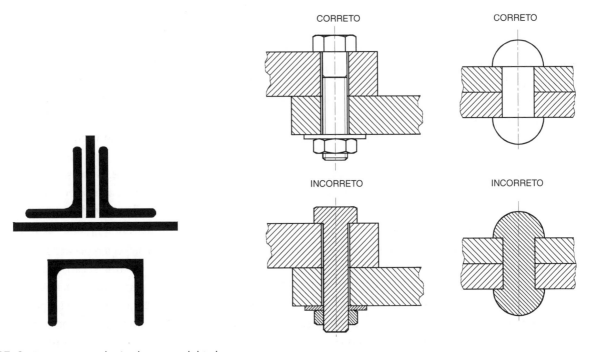

Figura 5.25 Corte em um conjunto de peças delgadas.

Figura 5.26 Corte atingindo parafusos, porcas, arruelas e rebites.

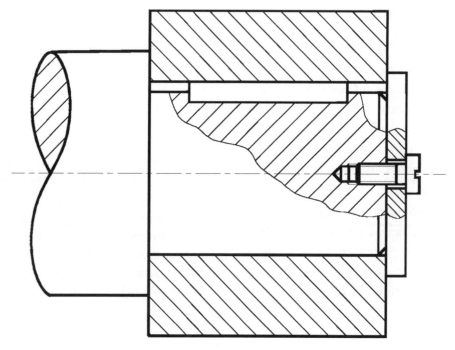

Figura 5.27 Corte longitudinal de um eixo com parafuso e chaveta.

5.7 SEÇÕES

As seções são objetivamente semelhantes aos cortes e, como estes, são utilizadas para trazer maior clareza ao desenho. Conceitualmente, uma seção é uma superfície resultante da interseção de um plano secante com um corpo (a peça a representar). São, em geral, usadas para definir o perfil externo de partes das peças como nervuras, braços de polias e volantes, perfis metálicos, peças prismáticas, peças de perfil variável etc. Distinguem-se rapidamente dos cortes por representarem somente a interseção do plano secante (de corte) com a peça, não englobando aquilo que se encontra além desse plano.

As seções são normalmente transversais, perpendiculares ao eixo principal da peça, sempre tracejadas e *nunca* contêm traços interrompidos. Na **Figura 5.28** ilustram-se algumas formas de realizar seções em um eixo com escalonamentos, contendo rasgos. Note-se nesta mesma figura que, nos casos em que a seção é representada fora dos limites da peça, seus contornos são a traço contínuo grosso, enquanto nos casos em que a seção é rebatida dentro da própria peça, seus contornos devem ser representados com traço contínuo fino.

Na **Figura 5.29** explica-se a obtenção de uma seção rebatida sobre a própria peça. Como se pode observar nessa figura, a seção (interseção do plano secante com a peça) é rodada até coincidir com o plano de projeção, através de um eixo de simetria da própria seção, que é também representado.

Em peças de perfil continuamente variável, é comum fazer seções rebatidas sucessivamente ao longo do perfil, como na **Figura 5.30**. Nesta figura, cada seção é tirada no ponto onde a linha de traço misto corta a peça e é puxada sobre essa mesma linha para fora da peça, sendo então rebatida. Este procedimento é muito usado na definição de perfis alares: asas de avião, pás de turbinas e hélices (**Figura 5.33**). Quando não for evidente a origem da seção, esta tem de ser identificada, como na **Figura 5.28**.

Na **Figura 5.31** pode-se verificar a diferença entre um corte e uma seção de uma mesma peça, efetuados pelo mesmo plano secante. Note-se, pela observação da figura, que, enquanto no corte se podem ser vistos todos os detalhes para além do plano de corte, na seção o resultado é apenas a interseção do plano secante com a peça.

No caso específico da peça representada na **Figura 5.31**, deve-se evitar o uso de uma seção, porque a seção dá a ideia errada de duas peças distintas serem interceptadas pelo plano secante, enquanto o corte, por mostrar tudo aquilo que está além do plano de corte, dá a sensação de união às duas porções da peça seccionadas, não restando dúvidas de que o corte representa apenas uma única peça.

Cortes e Seções

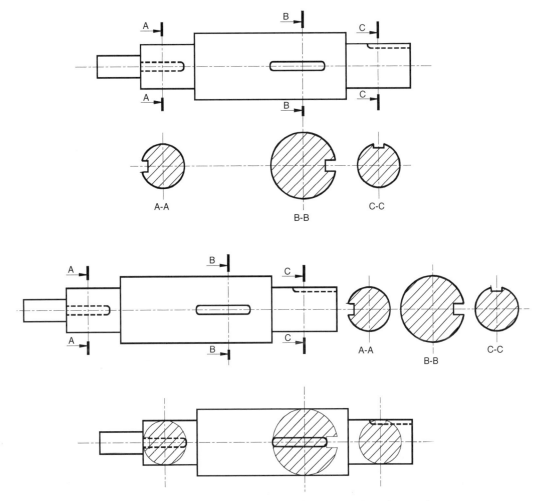

Figura 5.28 Três representações possíveis de seções de um eixo.

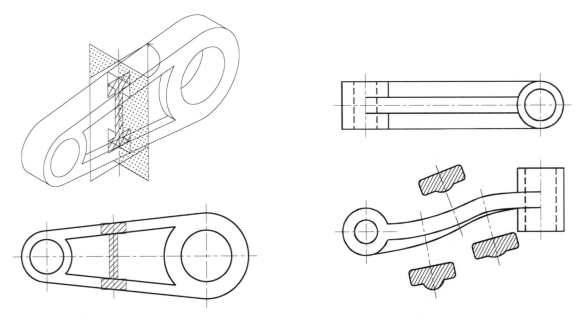

Figura 5.29 Seção rebatida de uma biela.

Figura 5.30 Seções sucessivas rebatidas fora da peça.

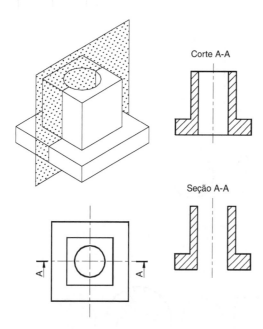

Figura 5.31 Seção e corte de uma peça.

5.8 EXEMPLOS DE APLICAÇÃO E DE DISCUSSÃO

Em seguida, são mostrados alguns exemplos de aplicação de cortes e seções a diferentes peças mais ou menos complicadas (**Figura 5.32** até **Figura 5.35**). O leitor é convidado a refletir sobre estas representações e tentar compreender cada detalhe das peças e dos cortes, procurando, ao mesmo tempo, encontrar uma forma diferente de representar as peças. Encontrada essa forma, deve executá-la em papel, ponderando os prós e os contras das diferentes representações.

5.9 APLICAÇÕES EM CAD

A execução de cortes em CAD bidimensional tem as vantagens que já se conhecem em relação ao desenho em prancheta. Porém, em CAD tridimensional, as vantagens são ainda maiores. A peça representada no capítulo anterior, no item "Aplicações em CAD", poderia ficar muito mais explícita com a inclusão de um corte no alçado principal. Para tal, basta definir o plano de corte, que pode ser qualquer dos planos de corte mencionados ao longo deste capítulo, e escolher o posicionamento da representação do corte no local adequado da folha de papel (**Figura 5.36**). Mais uma vez, a execução de um corte em uma peça tridimensional é uma operação imediata e automática, permitindo as alterações consideradas necessárias.

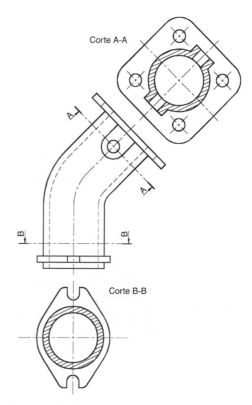

Figura 5.32 Vistas auxiliares com cortes.

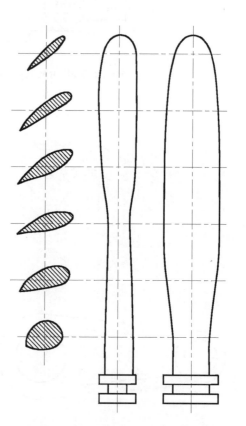

Figura 5.33 Seções de uma hélice.

Cortes e Seções

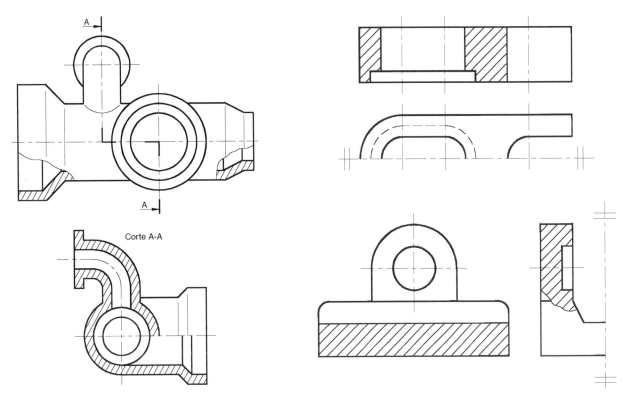

Figura 5.34 Dois tipos de corte em uma mesma peça.

Figura 5.35 Meias vistas em corte.

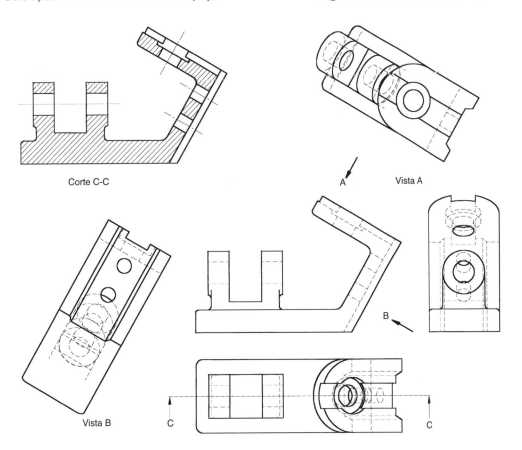

Figura 5.36 Peça tridimensional do capítulo anterior, com a adição de um corte automático.

A representação de convenções é muito difícil, se não virtualmente impossível, em modo automático de representação de vistas. A peça da **Figura 5.36** contém um pequeno detalhe que não seria representado assim, caso a vista não tivesse sido obtida de modo automático. Convida-se o leitor a encontrar este detalhe. De fato, as representações convencionais foram criadas para diminuir o tempo necessário à elaboração de um desenho, sem perda de informação, representando detalhes complicados de maneira simplificada. No caso de obtenção automática de vistas a partir do modelo tridimensional, deixou de fazer sentido a representação convencional de detalhes complicados, uma vez que o computador os processa de modo extremamente rápido, não havendo o problema do tempo de elaboração do desenho.

Um aspecto importante é o fato de os programas de CAD 3D nem sempre representarem os cortes seguindo todas as regras anteriormente referidas. Na **Figura 5.37** são apresentados exemplos destas situações *MERGEFORMAT. Convida-se o leitor a apreciar os erros e a confrontar com a representação correta apresentada neste capítulo.

Note-se que é possível, em quase todos os casos, alterar as projeções em corte de forma a eliminar estes erros.

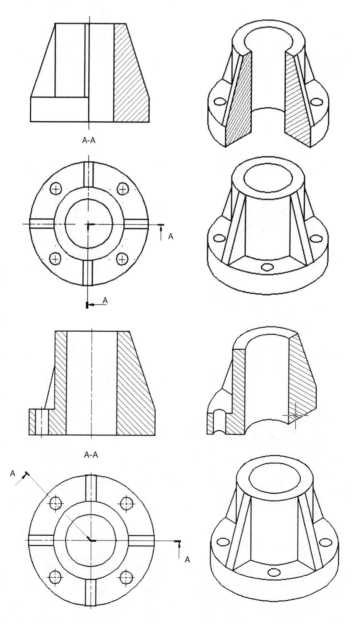

Figura 5.37 Erros frequentes nas vistas em corte a partir de programas CAD 3D.

REVISÃO DE CONHECIMENTOS

1. Por que se usam cortes em vez da representação com linhas invisíveis?

2. Que tipos de cortes você conhece? Descreva-os pormenorizadamente e diga como se escolhe o tipo de corte mais adequado em cada situação.

3. Como se indica um corte em uma vista não cortada?

4. Por que se omitem as linhas de arestas invisíveis em vistas cortadas?

5. Por que se rebatem detalhes como furos ou nervuras em cortes de peças de revolução?

6. Por que não se cortam nervuras?

7. Quando é que se usam seções em vez de cortes?

8. Quantos tipos de seções são conhecidos?

9. Quais as aplicações mais importantes das seções?

CONSULTAS RECOMENDADAS

- Bertoline, G.R., Wiebe, E.N., Miller, C.L. e Nasman, L.O., *Technical Graphics Communication*. Irwin Graphics Series, 1995.

- French, T.E., Vierck, C.J. e Foster, R.J., *Engineering Drawing and Graphic Technology*. McGraw-Hill, 14th Ed., 1993.

- Giesecke, F.E., Mitchell, A., Spencer, H.C., Hill, I.L., Dygdon, J.T., Novak, J.E. e Lockhart, S., *Modern Graphics Communication*. Prentice Hall, 1998.

- Morais, J.S., *Desenho de Construções Mecânicas 3 – Desenho Técnico Básico*. Porto Editora, 16ª Ed., 1990.

- Simmons, C. e Maguire, D., *Manual of Engineering Drawing*. Edward Arnold, 1995.

- NP 167:1966 Desenho Técnico: Figuração de materiais em corte.

- NP 328:1964 Desenho Técnico: Cortes e seções.

- ISO 128:1982 Technical drawings – General principles of presentation.

- NBR 12298 Representação de área de corte por meio de hachuras em Desenho Técnico.

PALAVRAS-CHAVE

corte de eixos	corte total
corte de parafusos	figuração de materiais em corte
corte de perfis metálicos	
corte de porcas	hachura
corte de rebites	meio corte
corte parcial	
corte por planos concorrentes	plano de corte
corte por planos paralelos	rebatimento de seção
	representações convencionais
corte por planos sucessivos	seção

EXERCÍCIOS PROPOSTOS

P5.1. Utilizando cortes, represente convenientemente as peças da **Figura 5.38**. Nas peças onde já estiver representado um corte, represente-o corretamente. Onde não for sugerido qualquer corte, decida sobre o corte a utilizar e represente-o corretamente. Considere que as peças são simétricas sempre que existirem detalhes escondidos.

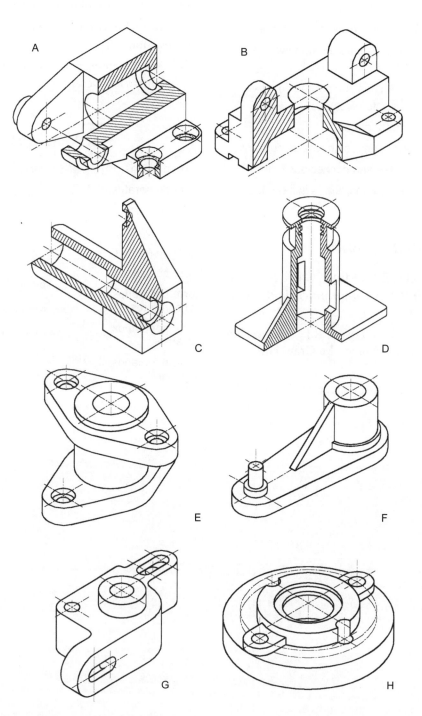

Figura 5.38 Exercícios de representação de peças com o auxílio de cortes *(continua)*.

Cortes e Seções

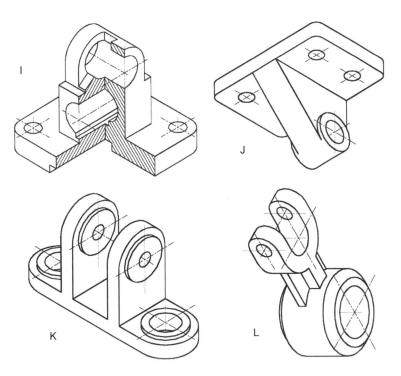

Figura 5.38 Exercícios de representação de peças com o auxílio de cortes *(continuação)*.

P5.2. Represente as projeções ortogonais das peças da **Figura 5.39** utilizando os cortes que considere necessários para a eliminação de partes ocultas.

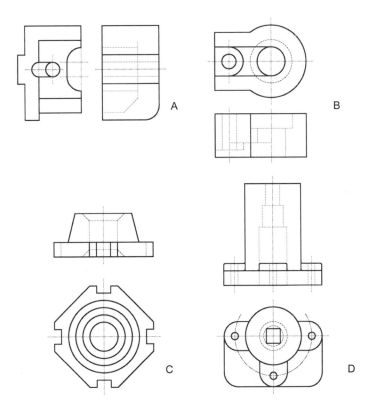

Figura 5.39 Representação de peças em corte partindo das projeções *(continua)*.

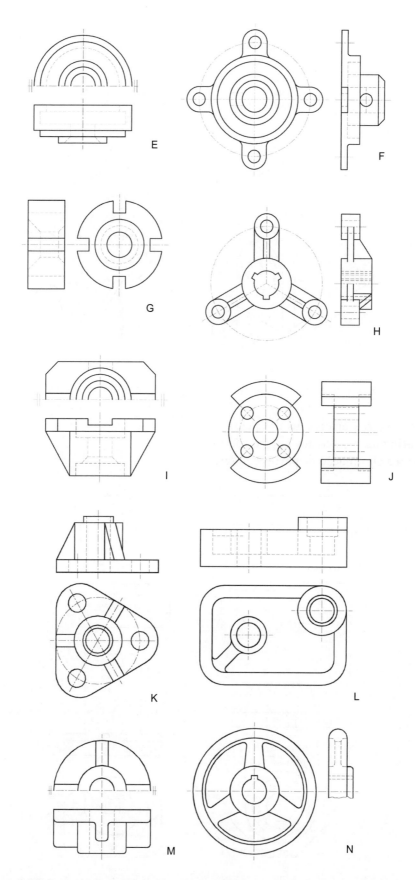

Figura 5.39 Representação de peças em corte partindo das projeções *(continuação)*.

Cortes e Seções

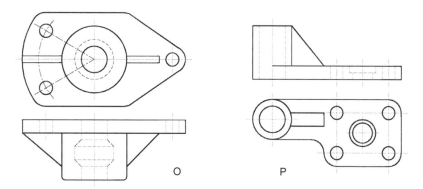

Figura 5.39 Representação de peças em corte partindo das projeções *(continuação)*.

P5.3. Para as peças da **Figura 5.40** e da **Figura 5.41**, desenhe a vista principal e modifique a vista lateral e a planta, representando os cortes indicados.

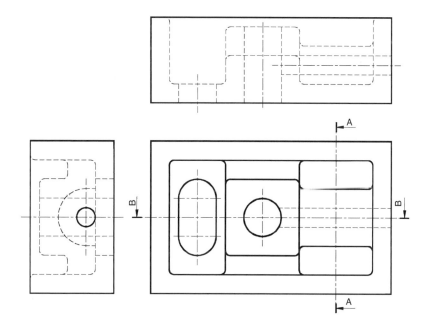

Figura 5.40 Exercício de cortes.

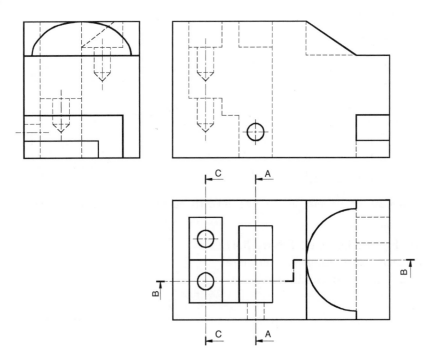

Figura 5.41 Exercício de cortes.

P5.4. Desenhe as peças da **Figura 5.42** com os cortes e o número de vistas necessários e suficientes à sua completa representação.

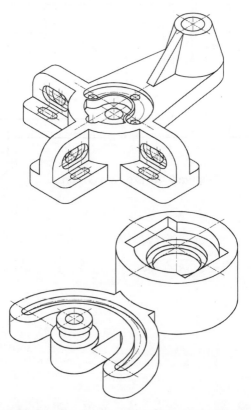

Figura 5.42 Escolha de planos de corte em peças complexas.

6 PERSPECTIVAS

OBJETIVOS

Após estudar este capítulo, o leitor deverá estar apto a:

- Descrever as diferenças, vantagens e desvantagens existentes entre a representação em vistas múltiplas, projeções oblíquas, perspectiva e projeções centrais;
- Representar planos inclinados e círculos em perspectivas isométricas;
- Desenhar rigorosamente a perspectiva ou projeção oblíqua de qualquer objeto;
- Desenhar a perspectiva de um objeto partindo da sua representação em vistas múltiplas;
- Esboçar à mão livre a perspectiva de um objeto.

6.1 INTRODUÇÃO

A perspectiva é uma representação gráfica de extrema utilidade para uma visão espacial de qualquer objeto. É particularmente usada em folhetos de divulgação de produtos e em publicidade. Atualmente, atendendo à facilidade da sua obtenção, usando sistemas de CAD 3D, a perspectiva deve acompanhar os desenhos em vistas múltiplas, pois sua inclusão facilita a compreensão da peça.

Em Desenho Técnico, por vezes pretende-se que a representação gráfica forneça uma imagem tanto quanto possível idêntica à que é obtida pelo observador na realidade. Quando tal sucede, escolhe-se um ponto de vista para observação e utiliza-se a perspectiva mais conveniente. Contudo, as perspectivas quase nunca permitem uma boa representação de todos os detalhes de uma peça. Por este motivo, não são usadas em desenhos de definição ou de fabricação por si sós, mas acompanham os desenhos de montagem, para maior clareza.

Algumas vezes, para facilidade de leitura do desenho, utiliza-se a perspectiva, que consiste em representar a peça dando ideia imediata do seu volume. De fato, quer se trate de uma projeção central ou paralela, oblíqua ou ortogonal, este tipo de representação tem uma forma parecida com a da sua fotografia, mais ou menos distorcida, conforme o tipo de projeção (**Figura 6.1**). A definição de todos esses termos associados às projeções já foi apresentada no Capítulo 4 e está identificada em destaque na **Figura 6.2**.

A perspectiva de uma peça é, portanto, um desenho simples de interpretar, embora nem sempre de fácil realização. Neste capítulo, abordam-se as perspectivas correntes em Desenho Técnico com algum detalhe, bem como as projeções paralelas oblíquas, e faz-se referência às projeções centrais. Note-se que é habitual designar todos esses tipos de projeções como perspectivas.

A **Figura 6.1** mostra claramente as diferenças entre os diversos tipos de projeção. Além do ângulo de incidência das linhas de projeção, também é importante a orientação do objeto a ser projetado em relação ao plano de projeção. Serve como resumo da explicação completa apresentada no Capítulo 4.

6.2 PROJEÇÃO PARALELA OU CILÍNDRICA (PERSPECTIVA RÁPIDA)

Posições do objeto em relação ao plano de projeção diferentes das posições que conduzem às projeções ortogonais múltiplas (vistas), isto é, com ângulos entre os eixos dos

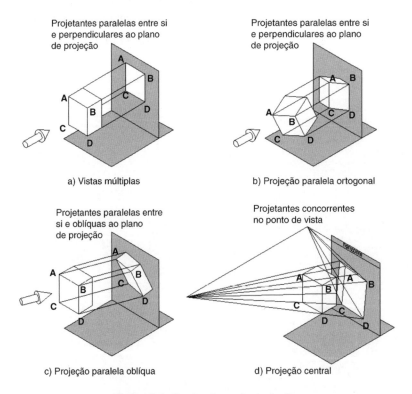

Figura 6.1 Quatro tipos de projeção.

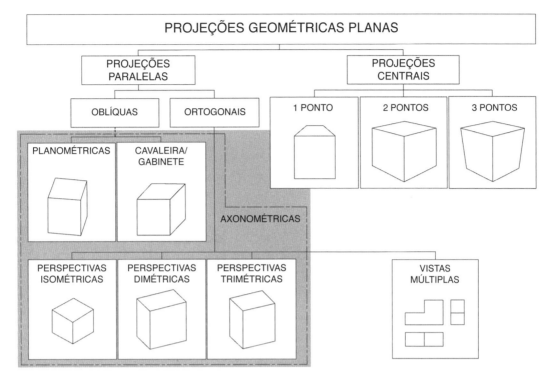

Figura 6.2 Identificação e localização das projeções paralelas.

referenciais associados ao objeto e ao plano de projeção diferentes de 0°, 90° ou 180°, conduzem a outros tipos de projeção paralela. Conforme a direção das projetantes, será assim ortogonal ou oblíqua e simulará em duas dimensões a percepção espacial dada pela visão.

Esta representação, por resultar de projetantes paralelas, corresponde, como se referiu, a uma situação irreal (observador a uma distância infinita do plano de projeção) mas inequívoca do ponto de vista técnico.

Estes modos de representação que permitem uma visualização global dos objetos, e a que corresponde apenas uma projeção e, consequentemente, um único plano de projeção, são comumente designados de perspectivas rápidas.

Esta designação deve-se à relativa facilidade e "rapidez" com que se obtêm, face à morosidade da perspectiva rigorosa (projeção central).

6.2.1 Oblíqua (Cavaleira, Gabinete e Militar)

Na projeção oblíqua (projeção cilíndrica de projetantes oblíquas ao plano de projeção), a face do objeto paralela ao plano de projeção (ângulos entre os eixos dos referenciais associados respectivamente ao objeto e ao plano de projeção de 0°) aparece sempre em verdadeira grandeza, qualquer que seja a direção das projetantes.

Na realidade, a perspectiva assim obtida resulta das projeções de três eixos, de modo a apresentarem dois ângulos de 135° e um ângulo de 90°, em que (**Figura 6.3**) as alturas e larguras são marcadas em verdadeira grandeza, sendo as profundidades afetadas de um coeficiente de redução r = 0,5: perspectiva de gabinete, e r = 1,0: perspectiva cavaleira.

Verifica-se que o prolongamento do eixo C coincide com o traçado da bissetriz do ângulo formado pelos outros dois e determina uma linha de 45°. A esta inclinação corresponde o designado **ângulo de fuga**, que pode assumir valores de 45°, 30° e 60°. Quanto ao coeficiente de redução r pode assumir valores de: 1, 0,75, 0,6, 0,5 ou 0,4. A relação ângulo de fuga 45° vs. coeficiente de redução 0,5 é a mais frequente, só sendo substituída quando se pretende criar algum efeito especial.

A utilização de outras relações fica reservada para situações de apresentação de casos particulares de alguma das faces relativamente às outras.

6.2.2 Ortogonal: Axonométrica (Trimétrica, Isométrica e Dimétrica)

Conforme referido, os diferentes tipos de projeção ortogonal axonométrica resultam, para um feixe de projetantes paralelo (observador a uma distância infinita do plano de

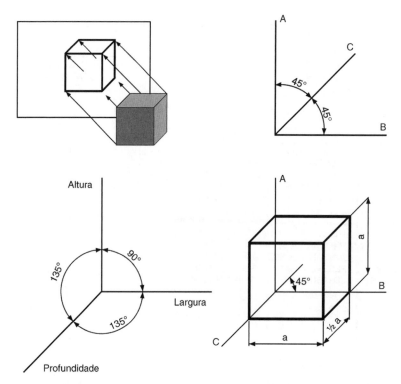

A - eixo das alturas; B - eixo das larguras; C - eixo das profundidades

Figura 6.3 Obtenção da perspectiva de gabinete.

projeção), das infinitas posições possíveis do objeto, isto é, dos diferentes ângulos possíveis de estabelecer entre os eixos dos referenciais associados, respectivamente ao objeto e ao plano de projeção.

São de considerar as situações já caracterizadas e às quais correspondem as perspectivas (projeção paralela ortogonal axonométrica) trimétrica, isométrica e dimétrica.

Trimétrica

Esta perspectiva resulta do fato de o objeto ter todas as faces contidas em planos oblíquos ao plano de projeção (**Figura 6.4**).

Os eixos com que esta perspectiva se apresenta formam entre si ângulos de valor variável conforme a projeção. Considera-se, no entanto, uma aresta em verdadeira grandeza correspondendo a uma das direções dos eixos (**Figura 6.5**).

Somente as alturas são representadas em verdadeira grandeza, sendo as outras dimensões sujeitas a coeficientes de redução. Os conjuntos mais comuns para os ângulos a e b e coeficientes de redução segundo A, B e C estão representados na **Figura 6.5**.

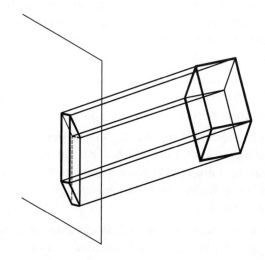

Figura 6.4 Posição possível do objeto para obtenção de perspectiva trimétrica.

Este tipo de perspectiva implica uma execução ainda algo morosa, dada a existência de três (tri) escalas (métricas) diferentes, razão pela qual o seu uso não é muito comum, preferindo-se dar primazia às dimétrica e isométrica, que se constituem em casos particulares da trimétrica.

Perspectivas

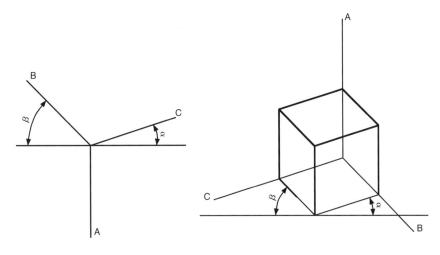

Ângulo α	Ângulo β	Eixo A	Eixo B	Eixo C
5° 10'	17° 50'	1	0,9	0,5
9° 50'	24° 30'	1	0,9	0,6
14° 30'	26° 40'	1	0,9	0,7
11° 50'	16°	1	0,9	0,7

Figura 6.5 Obtenção da perspectiva trimétrica.

Isométrica

Dentre as projeções axonométricas, a isométrica é a mais utilizada, principalmente porque não carece de coeficientes de redução (r = 1) e os ângulos de fuga são ambos de 30°, permitindo assim obter perspectivas "verdadeiramente rápidas" (**Figura 6.6**).

No entanto, é a que apresenta visualmente maior distorção em relação ao modelo real, e assim, caso se pretenda uma perspectiva mais próxima do modo como se "vê" o objeto real, deve-se optar por uma representação em dimetria.

No caso particular da isometria do cubo, visto que uma das suas diagonais é perpendicular ao plano de projeção, a sobreposição das arestas visíveis e invisíveis determina um ponto "ao centro" da figura obtida, que não é mais do que a coincidência dos extremos de um segmento de topo (a diagonal do cubo).

Sob o título de perspectiva isométrica existem ainda a perspectiva isométrica simplificada e a perspectiva isométrica real (ver **Figura 6.7**). A perspectiva isométrica real tem um fator de escala de 0,8 em relação à dimensão real da peça a representar, uma vez que a representação isométrica equivale a fazer uma inclinação do objeto em relação ao plano de projeção.

A perspectiva isométrica simplificada representa os objetos em escala real, dando, por isso, a aparência de que o objeto em perspectiva é ligeiramente maior que sua representação em vistas múltiplas. A perspectiva isométrica simplificada é a mais usada, pois é mais simples de executar.

As projeções das três arestas do cubo mais afastadas do plano vertical e que fazem entre si um ângulo de 120° são chamadas de eixos isométricos. Todas as direções não isométricas, isto é, todas as direções não paralelas aos eixos isométricos, têm representações com comprimentos deformados em relação ao real. Por isso mesmo, as medições na perspectiva isométrica só podem ser realizadas nas direções isométricas. A **Figura 6.8** mostra o modo como podem ser localizados detalhes e medidas distâncias em perspectiva. Note-se que estas medições são feitas segundo as direções isométricas, porque só estas são representadas em verdadeira grandeza.

Dimétrica

Neste tipo de perspectiva, utilizam-se dois coeficientes de redução: r = 1; portanto, dimensões em verdadeira grandeza nos eixos das alturas e larguras, e r = 0,6; portanto, redução de metade para a dimensão da profundidade (**Figura 6.9**).

O eixo B (das larguras) não sofre redução e apresenta um ângulo de pequeno valor com a horizontal, admitindo-se, no entanto, o coeficiente de redução r = 1. Na

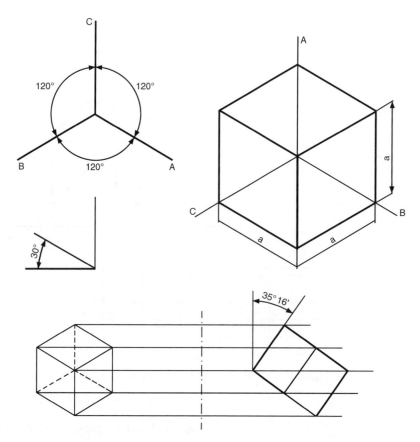

Figura 6.6 Obtenção de perspectiva isométrica.

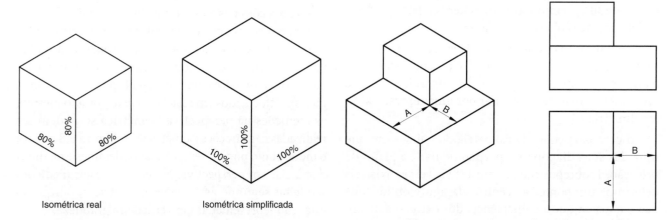

Figura 6.7 Perspectivas isométricas real e simplificada.

Figura 6.8 Medições em perspectiva.

Figura 6.9 apresenta-se uma tabela com ângulos de fuga e coeficientes de redução utilizados.

6.2.3 Desenho de Perspectivas Rápidas

Para a obtenção das perspectivas descritas, é fundamental a utilização de material de desenho adequado para perspectivas.

Assim, para o traçado de perspectivas cavaleiras, pode-se recorrer a réguas em T e esquadros de 45°, dado que o seu ângulo de fuga se estabelece normalmente com este valor.

As perspectivas dimétricas podem ser executadas usando um papel próprio, onde estão impressas linhas em forma de malha de módulo quadrangular formando com

Perspectivas

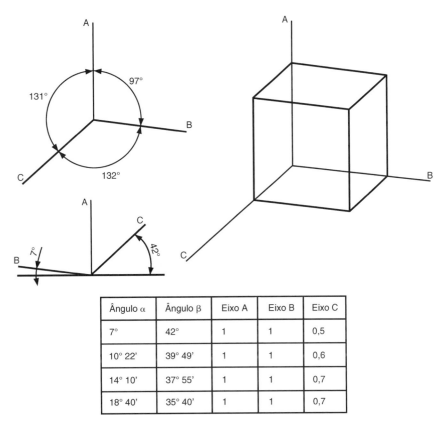

Ângulo α	Ângulo β	Eixo A	Eixo B	Eixo C
7°	42°	1	1	0,5
10° 22'	39° 49'	1	1	0,6
14° 10'	37° 55'	1	1	0,7
18° 40'	35° 40'	1	1	0,7

Figura 6.9 Obtenção de perspectiva dimétrica.

a horizontal ângulos iguais ao das direções dimétricas (papel reticulado dimétrico – **Figura 6.10a**). Ainda no âmbito da execução à mão livre, e na ausência de papel reticulado, podem ser estabelecidas relações trigonométricas, em geral baseadas na tangente (relação Y/X) do ângulo respectivo.

Na utilização de sistemas CAD em geral, é disponibilizada uma função que estabelece eixos de movimentação do cursor que determina o desenho interativo, segundo os eixos de axonometria.

Para o traçado das perspectivas isométricas, além do uso da régua T, utilizam-se esquadros de 30°, gabaritos isométricos, ou papel-base para o desenho de isometrias (papel reticulado isométrico – **Figura 6.10b**).

As próximas decisões a serem tomadas consistem na escolha da posição segundo a qual se representará o objeto em perspectiva e no tipo de perspectiva a usar para que se apresentem visíveis o maior número de detalhes possível.

Finalmente, um outro aspecto a considerar consiste no modo de obter a própria perspectiva em si. Tanto no desenho interativo em sistema CAD como à mão livre, os procedimentos são do mesmo tipo, para o que existem

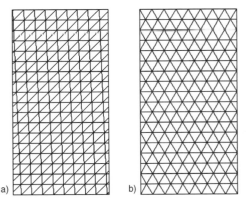

Figura 6.10 Papel reticulado (escala em que é comumente comercializado): a) Dimétrico; b) Isométrico.

basicamente dois métodos: o da envolvente (paralelepípedo circunscrito) e o das **coordenadas**.

O primeiro consiste em determinar, segundo as três dimensões, e construir o sólido perspectivado (sólido envolvente) com detalhes do objeto (**Figura 6.11** e **Figura 6.12**).

O segundo método consiste em se considerar um dos planos que contenha simultaneamente uma das faces do objeto e duas das direções axonométricas e construir toda

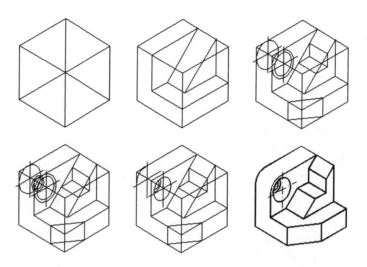

Figura 6.11 Sequência para a obtenção da representação em perspectiva de uma peça.

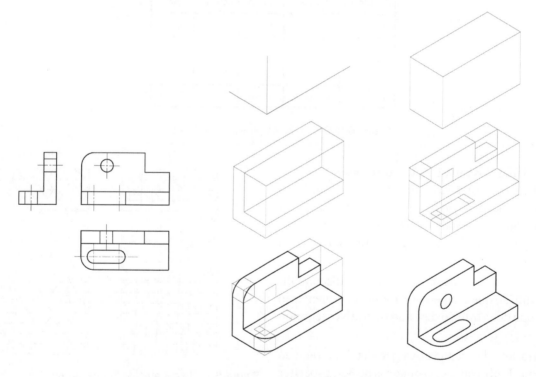

Figura 6.12 Fases de construção de uma perspectiva.

a perspectiva utilizando este plano como referência para marcação dos vértices da peça definidos por coordenadas em relação ao plano de referência considerado.

6.2.4 Construção de Peças em Perspectiva Isométrica

A construção de uma peça em perspectiva isométrica, partindo da sua representação em vistas múltiplas, é relativamente simples. Basta desenhar o paralelepípedo envolvente e depois as distâncias relativas entre os diversos detalhes existentes, medindo sempre estas distâncias ao longo das direções isométricas. A **Figura 6.13** mostra os passos a realizar na construção de uma peça em perspectiva, partindo da sua representação em vistas múltiplas.

O caso da **Figura 6.13** é bastante simples, uma vez que não existem planos inclinados nem planos oblíquos em relação aos planos de projeção. No caso de existir um

Perspectivas

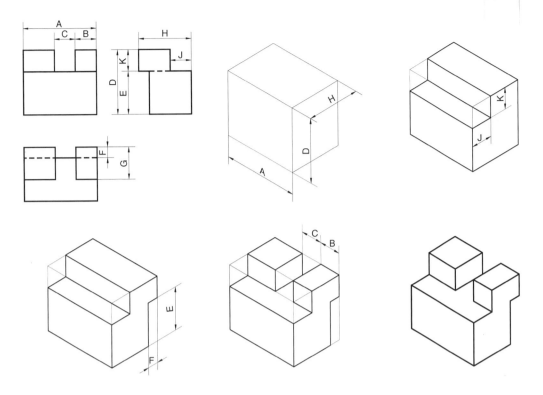

Figura 6.13 Construção de perspectivas.

plano inclinado, mais uma vez, as medições devem ser feitas ao longo das linhas isométricas. Deve-se traçar primeiro a interseção do plano inclinado com os planos do paralelepípedo envolvente da peça, só depois fazendo a interseção do plano inclinado com a peça propriamente dita, como mostra a **Figura 6.14**. A representação de um plano oblíquo é mais complexa, mas o princípio é o mesmo: achar primeiro a interseção do plano oblíquo com o paralelepípedo envolvente e só depois com a peça propriamente dita. Ressalte-se que duas linhas paralelas em um determinado plano serão paralelas sempre, qualquer que seja a orientação desse plano, sendo a construção facilitada, como na **Figura 6.15**.

6.2.5 Marcação de Ângulos

Os ângulos não podem ser marcados em perspectiva porque não são representados em verdadeira grandeza nos planos isométricos. Devem ser, por isso, transformados em medidas de catetos, dado que estas podem ser tratadas em verdadeira grandeza ao longo das linhas isométricas (**Figura 6.16**). Note-se que esta construção é em tudo semelhante à construção de um plano inclinado, mostrada na **Figura 6.14**.

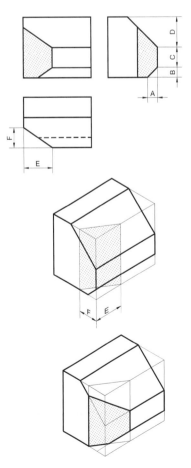

Figura 6.14 Representação de um plano inclinado.

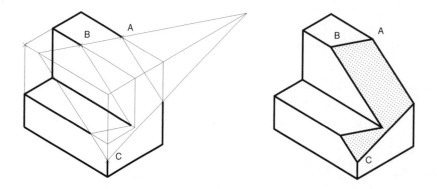

Figura 6.15 Representação de um plano oblíquo.

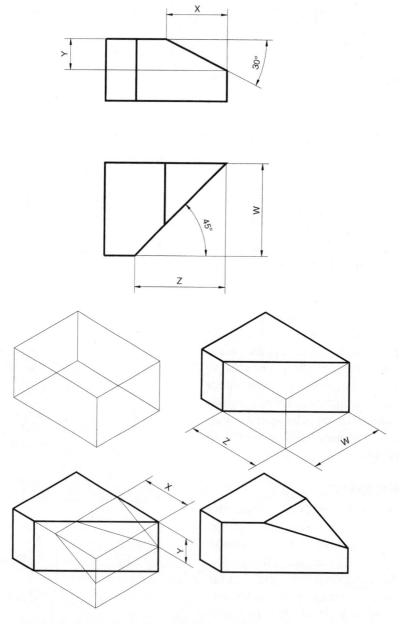

Figura 6.16 Marcação e construção de um ângulo em perspectiva.

6.3 DESENHO DE CIRCUNFERÊNCIAS EM UMA PERSPECTIVA QUALQUER

Note-se que as representações em perspectiva apresentadas revelam-se eficazes para a representação de objetos de arestas retilíneas.

A seguir, serão abordadas situações de representação à mão livre que incluam linhas curvas, em particular arcos de circunferência.

As circunferências em vistas múltiplas transformam-se em elipses em perspectiva isométrica. No entanto, usando uma técnica de aproximar a representação da elipse por quatro arcos de circunferência, sua construção não é muito difícil. Para a compreensão da construção de circunferências em perspectiva, a **Figura 6.17** é esclarecedora. Note-se, nesta figura, que uma circunferência, em qualquer dos planos isométricos, é composta por quatro arcos de circunferência, cada um deles com centro facilmente localizável. A **Figura 6.18** mostra a construção de várias elipses em uma peça em U. A sequência de construção pode ser enumerada na seguinte forma:

1. Constrói-se a perspectiva isométrica dos retângulos (losangos) que envolvem as figuras que compõem a base. De igual modo, representam-se os losangos que envolvem as elipses na perspectiva.
2. Por intermédio dos losangos, traçam-se os arcos de concordância necessários, seguindo o procedimento da **Figura 6.17**.
3. Dada a espessura da peça, estes centros e os arcos são transferidos, ao longo da linha isométrica vertical, para a face paralela inferior.
4. Desenhar a tangente vertical ao arco de circunferência.

Na perspectiva dimétrica, e não obstante a consideração de um coeficiente de redução significativo, existem construções geométricas que permitem a representação com bastante rigor, merecendo consideração duas situações:

a) Circunferência em faces definidas por direções com igual coeficiente de redução (**Figura 6.20a**). Esta construção é executada com base no traçado da oval. Considera-se o quadrado perspectivado que circunscreve a circunferência, e pelos pontos médios levantam-se perpendiculares cujos portos de cruzamento das diagonais definem os quatro centros da oval.

b) Circunferência em faces definidas por direções com coeficiente de redução diferente (**Figura 6.20b**). Nesta construção determinam-se os dois eixos da elipse,

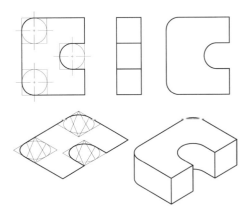

Figura 6.18 Perspectiva de uma peça em U.

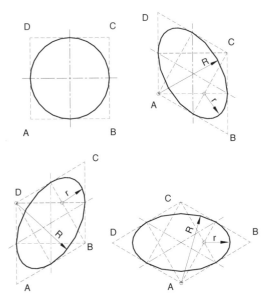

Figura 6.17 Desenho de circunferências nos três planos isométricos.

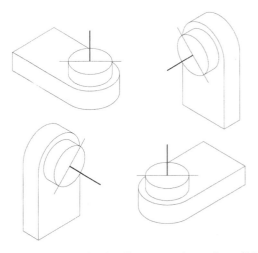

Figura 6.19 Construção de elipses em planos isométricos.

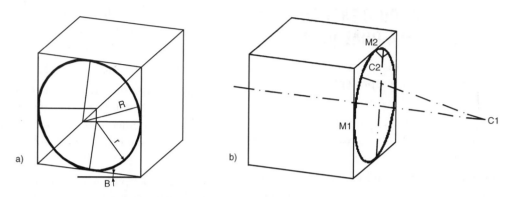

Figura 6.20 Traçado de circunferência em dimetria.

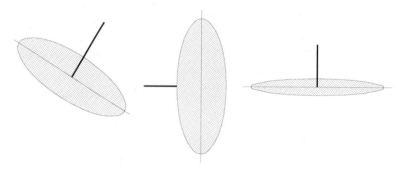

Figura 6.21 Construção de elipses em qualquer plano oblíquo.

inscrita em um quadrado perspectivado, e nas direções desses eixos faz-se centro para traçar os quatro arcos que formam a elipse cujos raios terão que ser determinados previamente: prolongando o eixo menor da elipse e fazendo centro no ponto médio M1, como mostra a figura, traça-se um raio R, cuja relação com o diâmetro da circunferência inscrita é de A = 1,228 D (relação calculada para o caso mais comum de dimetria) e que irá determinar o ponto C1, ou seja, o primeiro centro. Deve-se proceder da mesma para determinar o centro C2, com base no ponto M2 e no raio R = 0,086D.

Na perspectiva cavaleira existe uma face que se encontra na sua totalidade em verdadeira grandeza. A representação de arcos de circunferência neste plano é imediata; nas restantes situações, em faces onde se aplicam coeficientes de redução, esses mesmos arcos tomam configurações elípticas cujo rigor de representação é apenas aproximado, convindo evitar sempre que possível.

Na perspectiva trimétrica, e perante os coeficientes de redução considerados, torna-se desaconselhável a representação de objetos contendo linhas curvas.

A construção de uma circunferência em um plano oblíquo, em geral, é morosa, mas existe um fato que pode ajudar bastante na visualização das elipses derivadas das circunferências em planos oblíquos: o eixo maior da elipse é sempre perpendicular ao eixo de rotação da circunferência que lhe deu origem.

A **Figura 6.19** e a **Figura 6.21** mostram claramente este aspecto. Além disso, a construção do losango que as envolve facilita o seu desenho, pois a elipse deve ser tangente ao losango no ponto médio de cada aresta.

6.4 LINHAS INVISÍVEIS, LINHAS DE EIXO E CORTES EM PERSPECTIVAS

Em geral, não se representam linhas invisíveis em perspectiva, exceto quando são estritamente necessárias para a compreensão da peça representada.

As linhas de eixo também devem ser evitadas em perspectiva, exceto quando for necessário cotar o centro de um furo, por exemplo, devendo-se então representar o centro do furo com um par de linhas de eixo, tal como em vistas múltiplas, e o seu eixo longitudinal.

Os cortes em perspectivas são raros, mas são usados, em especial, quando existem detalhes interiores que não podem ser claramente visualizados. O tracejado deve ser feito de tal maneira que a inclinação dos traços seja a oposta, em faces perpendiculares da peça, no caso dos meios cortes. A **Figura 6.22** mostra esta particularidade: note-se a inclinação dos tracejados de cada lado do corte. O tracejado é feito de tal modo que, ao se "fechar" a peça sobre o corte, os tracejados coincidam.

6.5 INTERSEÇÃO DE SUPERFÍCIES

Nos casos em que alguma, ou algumas, das faces do objeto de cuja perspectiva se pretende obter uma projeção axonométrica é um plano oblíquo ou é uma superfície não plana, a determinação da linha de interseção – reta oblíqua no caso de pelo menos uma das faces ser um plano oblíquo, ou linha não retilínea no caso de uma das faces ser uma superfície não plana – não é imediata.

Nesse caso, é necessário recorrer ao método geral da interseção de superfícies, nos termos da geometria clássica, e proceder à sua aplicação no âmbito do desenho da perspectiva.

6.5.1 Método Geral da Interseção de Superfícies

O método geral da interseção de superfícies dadas (faces do objeto cuja interseção se pretende obter) consiste em considerar um plano qualquer e, por conseguinte, um plano conveniente do ponto de vista da facilidade de representação, em geral um plano de tipo projetante (plano de nível, plano de frente, plano vertical ou plano de topo), e determinar a sua interseção com uma das superfícies dadas. A interseção de um plano de tipo projetante com uma superfície qualquer é fácil de determinar, sobretudo porque a linha de interseção está contida,

necessariamente, na superfície dada, mas também no plano projetante escolhido.

Em seguida esse mesmo plano deverá interceptar a outra superfície dada, de que resulta outra linha também contida no plano auxiliar. Na medida em que essas linhas estão contidas em um mesmo plano – o plano auxiliar –, sua interseção existe e é um ponto pertencente a ambas as linhas e, por conseguinte, simultaneamente, a ambas as superfícies dadas. É, pois, um ponto da interseção entre as duas superfícies dadas. Sabendo que a interseção das superfícies dadas deve resultar em uma reta – situação em que ambas as superfícies dadas são planas –, bastará considerar outro plano auxiliar de tipo projetante, podendo inclusivamente ser paralelo e a uma distância qualquer do plano auxiliar inicial, e determinar, de forma análoga, outro ponto da interseção pretendida. No caso de as superfícies dadas não serem planas, deverão ser considerados sucessivamente vários planos auxiliares, determinando-se através de cada um deles um ponto da interseção entre as duas superfícies dadas.

6.5.2 Aplicação do Método Geral da Interseção de Superfícies na Representação em Perspectiva

Para o exemplo do objeto representado em projeções ortogonais múltiplas na **Figura 4.48**, e que está representado em projeção axonométrica isométrica na **Figura 6.23**, é necessário determinar a linha de interseção entre a superfície semicilíndrica α e o plano de rampa β. Para tal foram considerados como planos auxiliares os planos projetantes 1, 2, 3, 4 e 5 (planos de frente). Cada um

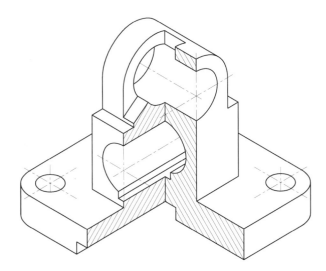

Figura 6.22 Figuração do tracejado em meios cortes em perspectivas.

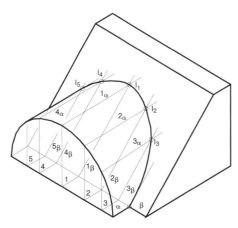

Figura 6.23 Determinação da interseção de duas faces sendo uma delas uma superfície não plana.

desses planos intercepta cada uma das superfícies dadas segundo duas linhas, 1_α e 1_β, no caso do plano 1, e cuja interseção dá origem ao ponto I_1, e assim sucessivamente, para a obtenção dos pontos I_2, I_3, I_4 e I_5. Estes pontos são pontos da interseção pretendida entre as superfícies α e β dadas, pelo que a linha que os contém constitui-se como a linha de interseção dessas superfícies e, portanto, como interseção dessas duas faces do objeto.

Quanto maior for o número de planos auxiliares, maior o número de pontos obtidos para o traçado da linha de interseção e, portanto, maior precisão no seu traçado, mas também mais tempo e trabalho de execução. Como em quase todas as situações, o melhor compromisso possível determinado pelo melhor bom senso.

O estabelecimento de um algoritmo para este procedimento é relativamente simples e, por isso, quando da utilização dos sistemas CAD, o processo de interseção de superfícies constitui em geral uma funcionalidade para a qual o usuário se limita quase a identificar as superfícies, a interseção e a precisão desejada, isto é, implicitamente, o número de planos auxiliares a considerar.

6.6 COTAGEM EM PERSPECTIVAS

As perspectivas, em geral, não são cotadas, uma vez que existem detalhes que nunca são mostrados na sua verdadeira grandeza. Contudo, pode-se cotar uma perspectiva, desde que sejam seguidas as regras de cotagem descritas no capítulo seguinte.

Existem formas aceitáveis e outras desaconselháveis de cotar uma peça em perspectiva. A **Figura 6.24** mostra os vários modos de cotar.

6.7 METODOLOGIA PARA LEITURA DE PROJEÇÕES ORTOGONAIS (VISTAS)

O problema da leitura de projeções ortogonais (vistas), identifica-se logicamente com o próprio conceito de projeções ortogonais. Encontra-se neste capítulo do livro por ser necessário fazer a leitura e a interpretação da representação em vistas para fazer a representação em perspectiva.

De um modo resumido, e dado o propósito de este assunto ser aqui tratado na sua essência, importa recordar os aspectos fundamentais da leitura de projeções ortogonais. É, em suma, o processo que contribui para o desenvolvimento da capacidade de percepção espacial das formas, vulgo "visão no espaço", a partir da sua representação plana.

Assim, interessa ter sob atenção a observação simultânea de todas as vistas necessárias e suficientes apresentadas e plena consciência do modo como se estabelece a relação observador-objeto-plano de projeção perante a observação de uma dada vista. Isto é, olhar a planta significa ver o objeto de cima.

Caso, entretanto, se pretenda observar o objeto de frente para, por exemplo, saber como se estabelece a continuidade de uma aresta que se vê de cima com a "frente" do objeto, é importante saber que é à vista principal que se passa a prestar atenção e ter plena noção de que a esta corresponde a "leitura" do objeto, de frente.

Assim, para o objeto que se apresenta na **Figura 6.25** interessa, de início, identificar a vista principal (vista de frente), a planta (vista de cima) e a vista lateral esquerda (vista do lado esquerdo).

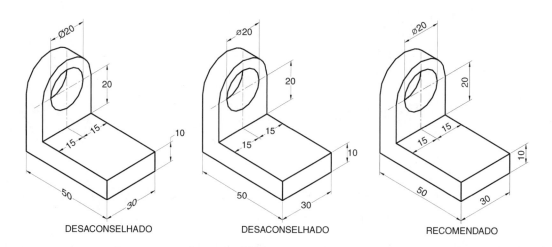

Figura 6.24 Cotagem em perspectiva.

Perspectivas

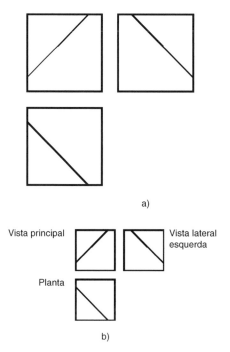

Figura 6.25 Vistas necessárias e suficientes de uma peça (a) e sua identificação (b).

Por observação da vista principal, a observação de uma aresta significa obrigatoriamente a existência de (pelo menos e de início) dois planos distintos, "separados" pela aresta em referência. Nada se pode concluir de momento em termos da relação entre os dois planos, até que se observe o objeto de cima.

Toda a atenção deverá centrar-se então na leitura da planta em que, de novo, se verifica a diferenciação entre dois planos.

Será a mesma aresta, isto é, serão duas projeções de uma mesma aresta os segmentos observados no "interior" das vistas?

A resposta virá não da leitura independente, como até agora, da vista principal e da planta, mas de uma leitura conjunta (**Figura 6.26**).

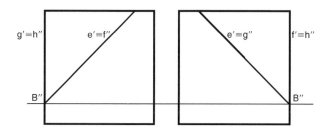

Figura 6.26 Vista principal e vista lateral esquerda da peça da **Figura 6.25**.

A possibilidade de identificar por correspondência duas projeções de um mesmo vértice designado A, embora possa induzir a ideia de existir uma aresta a de projeções a' e a" (**Figura 6.27**), pode igualmente induzir a ideia de uma aresta h, definida por b' e b", ou mesmo a aresta e definida por o e o", ou ainda na aresta d definida por d' e d".

É fundamental observar a peça de "lado", e toda a atenção deve concentrar-se na leitura da vista lateral esquerda. Aqui também se verifica a existência de uma aresta delimitando dois planos distintos.

Não é, no entanto, ainda possível conhecer nada de concreto. É imprescindível o relacionamento das vistas duas a duas e em conjunto.

Assim, o relacionamento da vista lateral e da vista principal permite identificar, por correspondência, o vértice B a partir das projeções B' e B''' (**Figura 6.28**).

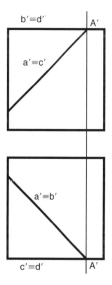

Figura 6.27 Vista principal e plana da peça da **Figura 6.25**.

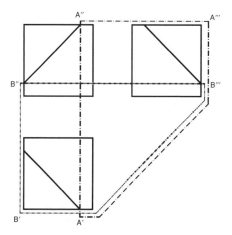

Figura 6.28 Identificação de dois vértices em projeções ortogonais.

De modo análogo, poder-se-ia induzir a existência das arestas definidas pelas projeções e', e''', f'' f'''.

Do relacionamento duas a duas das vistas apresentadas foi possível constatar apenas a existência de dois planos diferentes, visíveis a partir de cada uma das vistas. Foi ainda possível (o que apesar de tudo nem sempre acontece por excesso de hipóteses) identificar duas projeções dos vértices A e B.

Repare-se, no entanto, que, destes vértices, a necessidade de conhecer três projeções (duas vistas e, portanto, duas projeções não são suficientes) implica obrigatoriamente o relacionamento e, por conseguinte, a leitura conjunta das três projeções. É desse relacionamento (**Figura 6.28**) que resulta uma completa identificação (três projeções) das vistas A e B. A identificação de uma aresta é então imediata (**Figura 6.29**).

A identificação por processo análogo (e, neste caso, mais simples) dos restantes vértices e arestas (**Figura 6.31**) permite, finalmente, uma leitura e visualização inequívoca da peça (**Figura 6.30**).

A execução de perspectivas à mão livre é também de extrema importância para o engenheiro, tanto na transmissão de ideias rápidas como na visualização de objetos na fase de projeto. Por este fato, o treino de perspectivas é recomendado.

6.8 PROJEÇÕES CENTRAIS

As projeções centrais ou cônicas (**Figura 6.32**) são principalmente usadas em desenho de Arquitetura. A norma ISO 10209-2:1933 designa estas projeções como perspectivas.

Estas perspectivas têm a vantagem de mostrar o objeto conforme ele aparece aos olhos do observador, mas apresentam a desvantagem de não nos informar sobre as suas dimensões, uma vez que, no caso geral, nenhuma das dimensões estará representada em verdadeira grandeza.

Alguns programas de CAD 3D permitem a representação em projeção central mediante a definição da localização do observador (ou câmara), direção de observação e ângulo de visão (**Figura 6.33**). A combinação

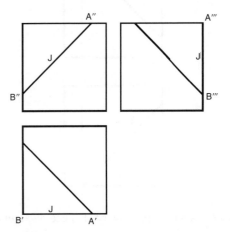

Figura 6.29 Identificação de uma aresta.

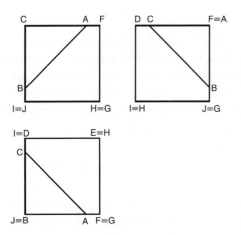

Figura 6.31 Identificação de vértices.

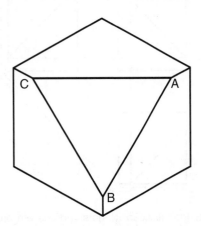

Figura 6.30 Visualização da peça da **Figura 6.25**.

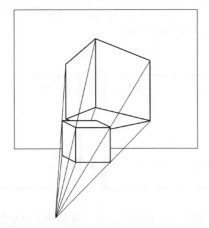

Figura 6.32 Projeção central de um cubo.

Perspectivas

destes três parâmetros, tal como em fotografia, faz variar a distorção dos objetos.

6.9 A PERSPECTIVA EXPLODIDA

A perspectiva explodida é muito usada em desenhos de montagem de conjuntos, uma vez que dá uma boa ideia da forma e da ordem segundo a qual se montam as peças. Muitas vezes evita o uso de cortes para mostrar detalhes interiores do conjunto, já que, nesta representação, todas as peças estão visíveis. Aparece, sobretudo pelo seu aspecto visual, em catálogos e apresentações publicitárias de produtos. A **Figura 6.34** mostra um exemplo muito simples de uma perspectiva explodida. A **Figura 6.35** mostra uma perspectiva explodida de um conjunto biela-pistão, com sombreado fotorrealista.

6.10 APLICAÇÕES EM CAD

O uso de CAD é, como sempre, vantajoso na construção de perspectivas. Alguns programas de CAD permitem construir perspectivas isométricas a duas dimensões usando algumas ferramentas de ajuda para os ângulos isométricos, como o paralelismo ou a perpendicularidade ao longo dos eixos isométricos. Podem ainda ajudar muito na construção de círculos em perspectiva isométrica, desenhando automaticamente o círculo projetado como elipse no plano isométrico que se pretende, bastando para isso fornecer o centro do círculo e seu raio ou diâmetro. Contudo, como o desenho é bidimensional, a perspectiva fica "estática", não se podendo rodar para ser visualizada de outros ângulos.

Muito mais interessante é a construção de modelos tridimensionais que, depois de construídos, podem ser rodados em qualquer eixo, mostrando a perspectiva mais conveniente.

A maior parte dos programas dá ainda a possibilidade de construir o modelo em estrutura de arame e, posteriormente, fazer uma representação fotorrealista desse modelo, acrescentando-lhe cor, texturas, luz e sombras. A **Figura 6.36** mostra alguns dos vários modos de representar um objeto tridimensional em perspectiva.

A obtenção de perspectivas explodidas é também automática em conjuntos de peças modelados e montados a três dimensões.

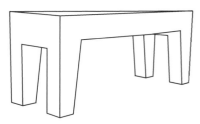

Figura 6.33 Projeção central com 3 pontos de fuga em CAD 3D.

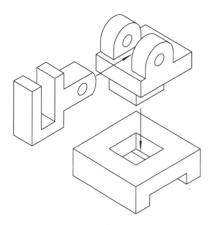

Figura 6.34 Perspectiva explodida de um conjunto de três peças.

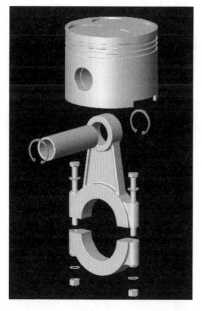

Figura 6.35 Perspectiva explodida de um conjunto biela-pistão.

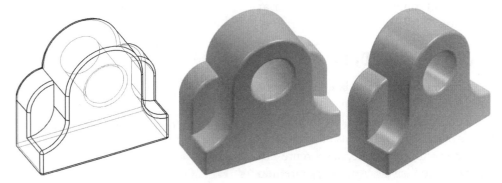

Figura 6.36 Várias representações tridimensionais de um objeto: estrutura de arame, usando sombras e texturas, e perspectiva isométrica.

REVISÃO DE CONHECIMENTOS

1. Quais são as diferenças entre projeções oblíquas, ortogonais e centrais?
2. Por que a perspectiva isométrica é mais usada em desenho técnico de Engenharia que a perspectiva central?
3. Um círculo é representado, em perspectiva isométrica, por quantos arcos de circunferência? Escolha um plano isométrico e desenhe nele um círculo em perspectiva.
4. Qual é o ângulo formado entre os eixos isométricos?
5. Qual é a diferença entre as perspectivas isométricas real e simplificada?
6. Como se deve medir e representar ângulos em perspectiva isométrica?
7. Qual é a diferença entre a projeção cavaleira e a projeção de gabinete?
8. Por que são as projeções ortogonais preferidas em relação às projeções oblíquas?

CONSULTAS RECOMENDADAS

- French, T.E., Vierck, C.J. e Foster, R.J., *Engineering Drawing and Graphic Technology*. McGraw-Hill, 14th Ed., 1993.
- Giesecke, F.E., Mitchell, A., Spencer, H.C., Hill, I.L., Dygdon, J.T., Novak, J.E. e Lockhart, S., *Modern Graphics Communication*. Prentice Hall, 1998.
- ISO 5456-1:1996, Technical drawings – Projection Methods: Synopsis.
- ISO 5456-2:1996, Technical drawings – Projection Methods: Orthographic Representations.
- ISO 5456-3:1996, Technical drawings – Projection Methods: Axonometric Representations.
- ISO 5456-4:1996, Technical drawings – Projection Methods: Central Projection.
- ISO 10209-2:1993, Technical product documentation – Vocabulary: Terms Relating to Projection Methods.
- Endereço eletrônico da revista *Machine Design*, com um *link*, CYBERCAD, onde podem ser vistos desenhos de elementos de máquinas – www.machinedesign.com/

PALAVRAS-CHAVE	
construção	perspectiva trimétrica
cortes em perspectiva	perspectiva explodida
cotagem de perspectivas	projeção cavaleira
eixos isométricos	projeção central
isométrica	projeção de gabinete
perspectiva bimétrica	

EXERCÍCIOS PROPOSTOS

P6.1. Construa a perspectiva isométrica e a perspectiva cavaleira dos objetos representados por três projeções ortogonais na **Figura 6.37**.

Perspectivas

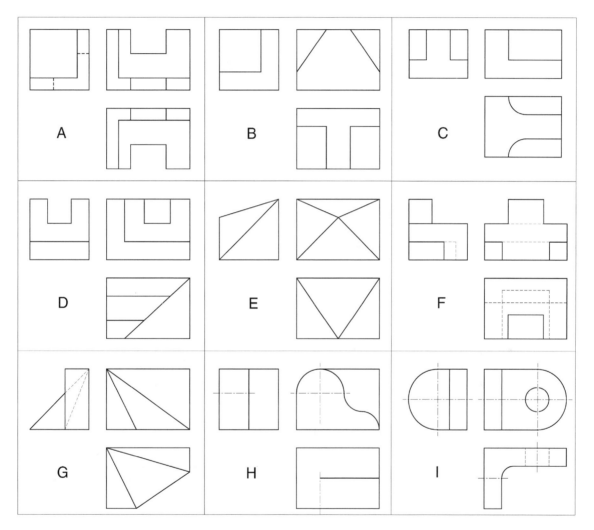

Figura 6.37 Exercício de representação de perspectivas isométrica e cavaleira.

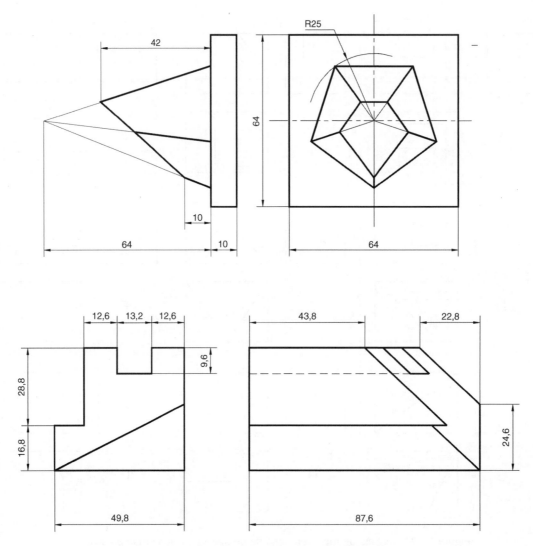

Figura 6.38 Exercícios de representação de perspectivas.

Perspectivas

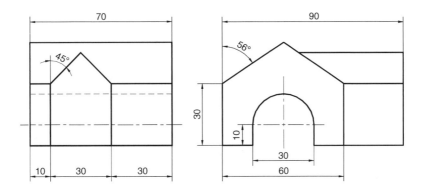

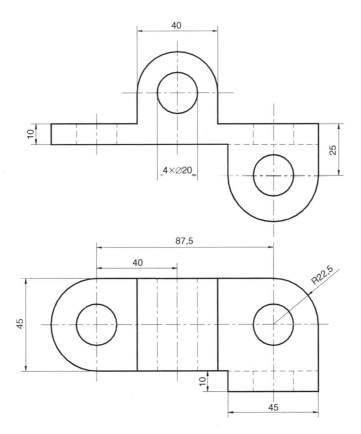

Figura 6.39 Exercícios de representação de perspectivas.

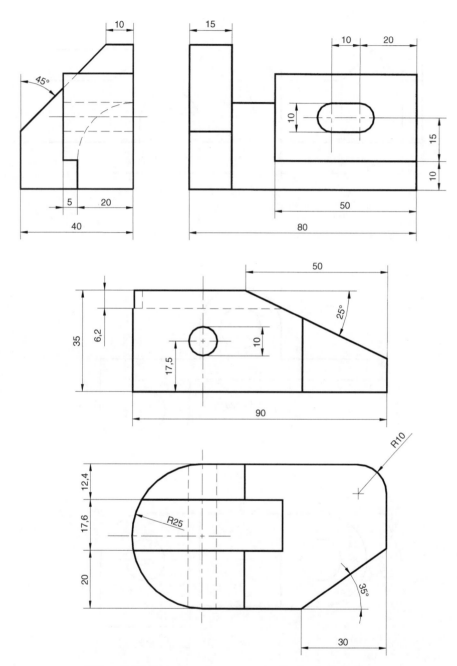

Figura 6.40 Exercícios de representação de perspectivas.

Perspectivas

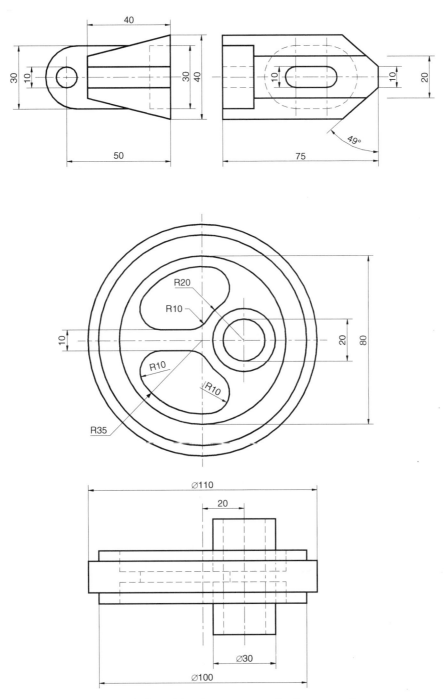

Figura 6.41 Exercícios de representação de perspectivas.

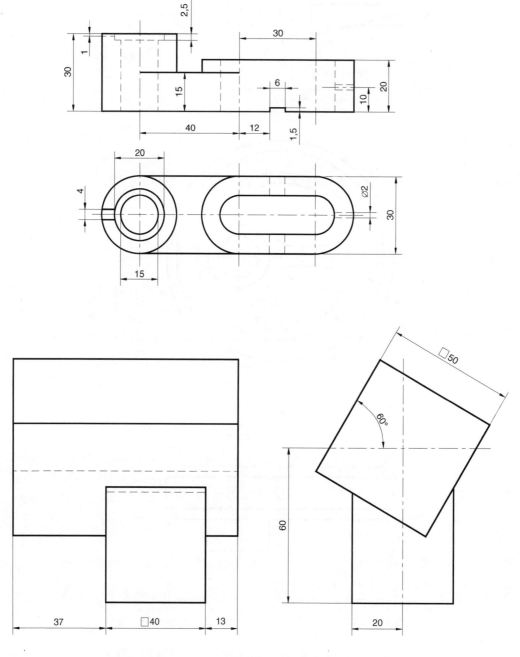

Figura 6.42 Exercícios de representação de perspectivas.

7 COTAGEM

OBJETIVOS

Após estudar este capítulo, o leitor deverá estar apto a:

- Usar a cotagem para indicar a forma e a localização dos elementos de uma peça;
- Selecionar criteriosamente as cotas a serem inscritas no desenho, tendo em conta as funções da peça e os processos de fabricação;
- Escolher adequadamente a vista onde a cota deve ser inscrita, assim como sua orientação;
- Cotar desenhos com representações e aplicações diversas, tais como: vistas múltiplas, desenhos de conjunto e perspectivas;
- Aplicar as técnicas da cotagem a peças de geometria e complexidade diversas, de modo a garantir legibilidade, simplicidade e clareza do desenho.

7.1 INTRODUÇÃO

Nos capítulos anteriores foram descritas pormenorizadamente técnicas, convenções e princípios de representação da *forma* dos objetos ou peças em desenho. Do ponto de vista geométrico, o leitor sabe agora representar com exatidão e rigor peças complexas. Todavia, a correta representação geométrica não é suficiente para a fabricação das peças. Além da representação da forma, é necessário quantificá-la, isto é, definir com exatidão as dimensões e a posição dos diferentes elementos na peça. Esta informação é chamada de cotagem.

Saber cotar é muito mais do que colocar as dimensões nos desenhos. A cotagem requer conhecimentos de normas, técnicas e princípios a ela associados, além dos processos de fabricação e das funções da peça ou dos elementos que a constituem. Uma cotagem incorreta ou ambígua pode causar grandes prejuízos na fabricação do produto.

7.2 ASPECTOS GERAIS DA COTAGEM

A cotagem requer a aprendizagem de um conjunto de regras e princípios, os quais, cumpridos, permitem uma fácil e correta interpretação da peça, sendo imprescindíveis para sua definição, fabricação e controle. A aprendizagem da cotagem pode ser subdividida em três aspectos fundamentais:

- elementos da cotagem;
- seleção das cotas a serem inscritas nos desenhos. As cotas devem ter em conta a função dos elementos ou das peças. Os processos de fabricação e controle desempenham também um papel importante na seleção das cotas;
- posicionamento das cotas. As cotas devem ser posicionadas no desenho de maneira a definirem rigorosamente os objetos cotados, facilitando a sua leitura e interpretação.

7.3 ELEMENTOS DA COTAGEM

Os elementos da cotagem, necessários para a inscrição das cotas nos desenhos, são representados na **Figura 7.1**.

Cotas – São números que indicam as dimensões lineares ou angulares do elemento. A unidade das cotas lineares é o milímetro, usada nos países que adotaram o Sistema Internacional (SI) de unidades, na área da Engenharia Mecânica. Se houver dúvidas em relação às unidades usadas, ou se forem usadas outras unidades que não o milímetro, estas devem ser obrigatoriamente indicadas no campo apropriado da legenda (ver Capítulo 3). A unidade das cotas angulares é o grau (°), independentemente da unidade usada nas cotas lineares.

Linhas de chamada – São linhas a traço contínuo fino, normalmente perpendiculares à linha de cota, que a ultrapassam ligeiramente, e que têm origem no elemento a cotar.

Linhas de cota – São linhas retas ou arcos, normalmente com setas nas extremidades, a traço contínuo fino, paralelas ao contorno do elemento cuja dimensão definem.

Setas – As setas (ou flechas) como são normalmente chamadas, não são mais do que as terminações da linha de cota. De acordo com a norma ISO 129:1985, as terminações podem ser dos tipos indicados na **Figura 7.2**. Em Engenharia Mecânica, devem ser usadas preferencialmente setas cheias (primeiro caso), enquanto em Engenharia Civil se adotam os traços ou os pontos (dois últimos casos). Em situações em que o espaço disponível não seja suficiente para a colocação das setas ou traços, usam-se pontos (último caso).

As setas (normalmente duas) apontam da cota, colocada entre as linhas de chamada, para fora, de acordo com a **Figura 7.3** (cota de 18 mm). Quando o espaço é reduzido, de tal modo que não é possível aplicar a regra anterior, as setas podem passar para fora dos limites das linhas

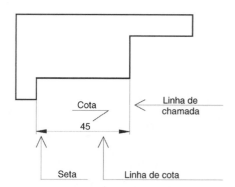

Figura 7.1 Elementos da cotagem.

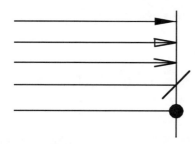

Figura 7.2 Terminações da linha de cota.

Cotagem

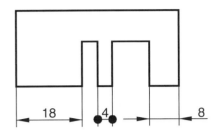

Figura 7.3 Cotagem: setas e pontos.

de chamada (cota de 8 mm na **Figura 7.3**). Note-se que esta cota pode ser colocada entre as linhas de chamada, de acordo com as normas em vigor, apesar de a posição indicada na figura ser a recomendada. No caso da cota de 4 mm, em que não é possível utilizar nenhuma das alternativas anteriores, as setas devem ser substituídas por pontos. Por uma questão de simplicidade, neste capítulo o termo seta é usado para designar terminações das linhas de cota em geral.

Símbolos – Em cotagem, existe um conjunto de símbolos, denominados símbolos complementares de cotagem, que permitem identificar diretamente a forma de alguns elementos, melhorando a interpretação do desenho. Na **Figura 7.4** é apresentado um exemplo, em que surgem os símbolos a seguir:

- ∅ – Diâmetro
- R – Raio
- □ – Quadrado
- SR – Raio esférico
- S∅ – Diâmetro esférico.

A norma brasileira que trata da cotagem em Desenho Técnico é a NBR 10126.

7.4 INSCRIÇÃO DAS COTAS NOS DESENHOS

A inscrição das cotas nos desenhos obedece a um conjunto de regras que visam facilitar a leitura e a interpretação do desenho.

Ao longo deste e do próximo capítulo, o termo elemento será usado para descrever uma característica ou detalhe individual da peça, tal como uma superfície, uma reentrância, um furo ou uma linha de eixo.

As regras gerais relacionadas com a inscrição das cotas nos desenhos são as seguintes:

1. As cotas indicadas nos desenhos são sempre as cotas reais do objeto, independentemente da escala usada no desenho.

2. Cor dos caracteres. Tal como para a representação em geral, os elementos da cotagem devem ser apresentados em preto.

3. Dimensão dos caracteres. As cotas devem ser apresentadas em caracteres de dimensão adequada à sua legibilidade. Note-se que nos modernos programas de CAD estas dimensões são escolhidas automaticamente, em função do formato da folha de papel. Os algarismos das cotas devem obrigatoriamente ter sempre à mesma dimensão em um desenho. No esboço a mão livre, esta regra também deve ser respeitada.

4. Não pode ser omitida nenhuma cota necessária para a definição da peça.

5. Os elementos devem ser cotados preferencialmente na vista que dá mais informação em relação à sua forma ou à sua localização (**Figura 7.5**).

6. Devem ser evitados, sempre que possível, cruzamentos de linhas de cota entre si ou com outro tipo de linhas,

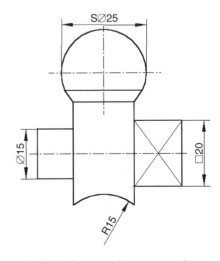

Figura 7.4 Símbolos complementares de cotagem.

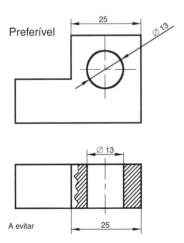

Figura 7.5 Seleção da vista mais adequada para a inscrição de uma cota.

sobretudo linhas de chamada ou arestas (**Figura 7.6**). Note-se ainda que as arestas podem ser usadas como linhas de chamada, mas nunca como linhas de cota.

7. As cotas devem ser localizadas preferencialmente fora do contorno das peças, tal como indicado na **Figura 7.7**. Todavia, por questões de clareza e legibilidade, estas podem ser colocadas no interior das vistas, como na cotagem do furo indicado.

8. As cotas devem ser localizadas o mais próximo possível do detalhe a cotar, embora respeitando todas as regras e recomendações anteriores (**Figura 7.8**).

9. Cada elemento deve ser cotado apenas uma vez, independentemente do número de vistas da peça (**Figura 7.9**).

10. Em casos especiais, principalmente em fases intermediárias de fabricação, podem ser inscritas cotas auxiliares, entre parênteses (ver seção 7.6.5).

11. As cotas devem ser posicionadas sobre a linha de cota, paralelas a esta e, preferencialmente, no ponto médio da linha, de acordo com a **Figura 7.10**. A norma ISO 129 também permite o posicionamento das cotas sempre na horizontal, de tal modo que sejam lidas da margem inferior da folha de desenho. Na **Figura 7.11**, apresenta-se a peça da **Figura 7.10** cotada com esta técnica, a qual obriga à interrupção da linha de cota. Em um desenho, deve ser usada apenas uma das duas técnicas, sendo recomendada a primeira.

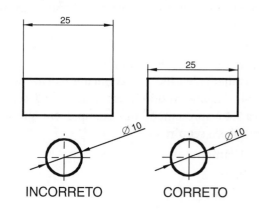

Figura 7.8 Localização das cotas em relação às vistas.

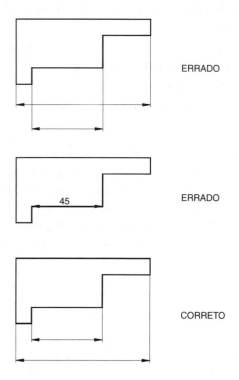

Figura 7.6 Algumas regras para as linhas de cota.

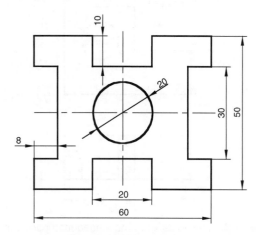

Figura 7.7 Cotas nas vistas.

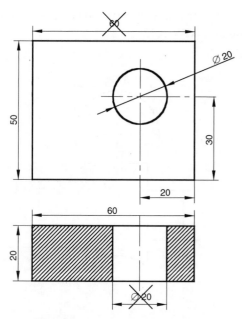

Figura 7.9 Cotas redundantes.

Cotagem

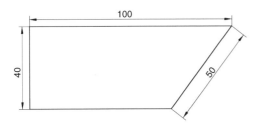

Figura 7.10 Inscrição das cotas nos desenhos paralelas às linhas de cota.

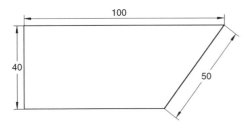

Figura 7.11 Inscrição das cotas nos desenhos na horizontal.

12. Os algarismos da cota não devem ficar sobrepostos ou separados com nenhum outro detalhe do desenho, sejam arestas, eixos etc. Esta situação é comum, por exemplo, quando as linhas de eixo separam os algarismos da cota (**Figura 7.12**), sendo contornada "puxando-se" os algarismos para a esquerda ou para a direita da linha.
13. Em um desenho, devem ser usadas sempre as mesmas unidades, em geral milímetros. As unidades não são indicadas nas cotas, podendo ser indicadas no campo apropriado da legenda, de modo a evitar más interpretações. Quando for necessário indicar outro tipo de unidades, por exemplo, um binário ou pressão, as unidades devem, obrigatoriamente, ser indicadas.
14. As cotas podem ser indicadas junto a uma das setas e a linha de cota interrompida, de modo a evitar linhas de cota longas, ou eventuais cruzamentos de linhas (**Figura 7.13**).
15. Quando o espaço necessário para a cota não for suficiente sequer para serem colocados pontos, a cota pode ser posicionada abaixo da linha de cota e ligada à linha de cota por meio de uma pequena linha de referência, de acordo com a **Figura 7.14**.

7.4.1 Orientação das Cotas

As cotas devem ser orientadas sempre em relação à legenda da folha de desenho (**Figura 7.15**), de tal modo que sejam lidas em duas direções perpendiculares entre si, a partir do canto inferior direito da folha.

Os valores de cotas oblíquas devem ser indicados de acordo com a **Figura 7.16**. Na zona sombreada, embora permitido pela norma ISO 129, não é recomendado colocar cotas.

As cotas angulares devem ser orientadas de acordo com a **Figura 7.17**.

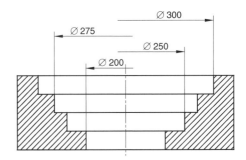

Figura 7.13 Cotagem com linhas de cota parciais.

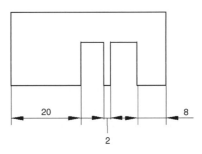

Figura 7.14 Cotas abaixo da linha de cota.

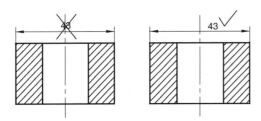

Figura 7.12 Cotas: separação de caracteres.

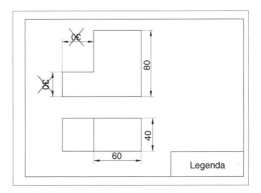

Figura 7.15 Orientação das cotas em relação à legenda.

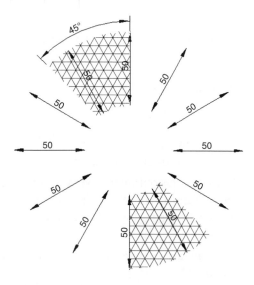

Figura 7.16 Orientação de cotas oblíquas.

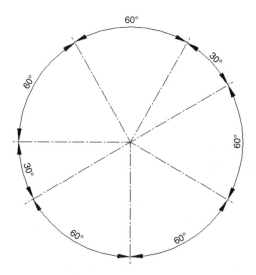

Figura 7.17 Orientação de cotas angulares.

7.5 COTAGEM DOS ELEMENTOS

A cotagem dos elementos é fundamental para a definição, quer da sua forma, quer da sua posição. Uma peça, por mais complicada que seja, pode ser considerada como um conjunto de elementos básicos, para os quais existem regras de cotagem bem definidas, apresentadas nesta seção. Alguns dos elementos básicos são: prismas, cilindros, cones, pirâmides, esferas etc., exteriores ou interiores. Por exemplo, um eixo é um elemento exterior; um furo é um elemento interior.

7.5.1 Cotagem de Forma

A cotagem de forma diz respeito às dimensões dos elementos nas peças. Na **Figura 7.18**, apresenta-se a cotagem de um prisma retangular. Note-se que uma cota que diz respeito a um detalhe que é visível em duas ou mais vistas deve localizar-se, preferencialmente, entre essas vistas. As cotas totais das peças devem localizar-se preferencialmente do mesmo lado.

Na **Figura 7.19** apresenta-se um exemplo da cotagem de forma de um cilindro. Note-se que, na vista em que é indicado o diâmetro, o respectivo símbolo pode ser omitido por ser evidente que é uma circunferência. A norma ISO 129 é omissa neste aspecto. No caso de o diâmetro ser indicado na outra vista, então é obrigatória sua indicação.

Os furos devem ser sempre cotados utilizando-se o valor do diâmetro e não o do raio. Uma das razões para tal é que as brocas são catalogadas de acordo com seus diâmetros (p. ex., broca 6 mm, em que 6 é o valor do diâmetro).

Na **Figura 7.20** ilustra-se a cotagem de elementos de forma piramidal e cônica.

Na cotagem de arcos, apenas é usada uma seta que toca o arco a ser cotado. A linha de cota deve estar orientada segundo a direção que liga ao seu centro, partindo ou não do centro. Quando o centro está a uma distância relativamente curta do arco, a linha de cota parte do centro e liga-se à superfície. Quando o centro está a uma distância grande, a linha de cota aponta na direção do centro fictício. O centro do arco só deve ser indicado se for imprescindível na construção do arco. Na **Figura 7.21** apresentam-se algumas situações de cotagem de arcos.

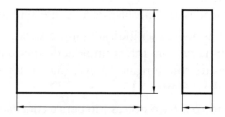

Figura 7.18 Cotagem de forma de prismas retangulares.

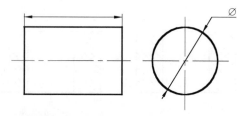

Figura 7.19 Cotagem de forma de cilindros.

Cotagem

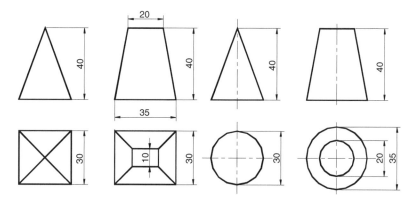

Figura 7.20 Cotagem de forma de elementos piramidais e cônicos.

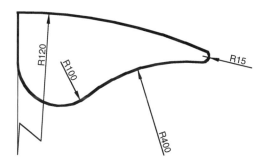

Figura 7.21 Cotagem de arcos.

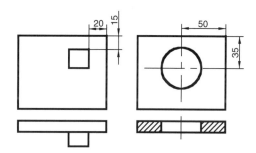

Figura 7.22 Cotagem de posição.

7.5.2 Cotagem de Posição

A cotagem de posição diz respeito à localização dos diferentes elementos na peça, sendo essencial para a fabricação. Deve ser sempre indicada relativamente a detalhes, elementos ou arestas de referência, a partir dos quais as dimensões ou distâncias possam ser medidas. Na **Figura 7.22** apresentam-se exemplos da cotagem de posição de elementos.

7.5.3 Boleados e Concordâncias

Quando uma peça tem as arestas e concordâncias arredondadas, o que pode ser devido, por exemplo, ao processo de fabricação (como a fundição), pode-se colocar junto à legenda uma indicação geral do tipo

Boleados e concordâncias r2

significando que todos os boleados (arestas arredondadas) e concordâncias têm raio 2, com exceção dos indicados explicitamente nos desenhos.

7.6 CRITÉRIOS DE COTAGEM

A organização das cotas em um desenho está intimamente ligada à finalidade do desenho e aos métodos de fabricação e controle utilizados.

7.6.1 Cotagem em Série

Na **Figura 7.23** apresenta-se um exemplo de cotagem em série, na qual as cotas são dispostas em sucessão.

7.6.2 Cotagem em Paralelo

Esta técnica é usada quando determinado número de cotas, com a mesma direção, é definido em relação a uma origem comum. Na cotagem em paralelo, as diferentes cotas são posicionadas com as linhas de cota paralelas umas às outras, tal como na **Figura 7.24**.

Na cotagem em paralelo, pode ser preferível, em algumas situações, por uma questão de clareza e legibilidade, não colocar as cotas ao meio da linha de cota (**Figura 7.25**).

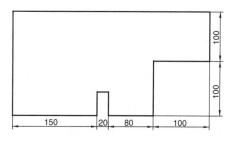

Figura 7.23 Cotagem em série.

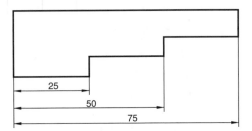

Figura 7.24 Cotagem em paralelo.

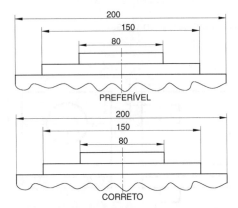

Figura 7.25 Cotagem em paralelo com cotas defasadas.

7.6.3 Cotagem em Paralelo com Linhas de Cota Sobrepostas

Uma variante da cotagem em paralelo, e que pode ser considerada uma simplificação desta, é a cotagem com linhas de cota sobrepostas. É usada sobretudo por limitações de espaço e quando sua aplicação não provoca problemas de compreensão e legibilidade. Na **Figura 7.26** apresenta-se um exemplo de aplicação desta técnica, para a mesma situação apresentada na cotagem em paralelo.

Nesta forma de cotagem, as cotas podem ser orientadas na vertical ou na horizontal.

A cotagem com linhas de cota sobrepostas também pode ser útil em situações de cotagem em duas direções, tal como apresentado na **Figura 7.27**.

7.6.4 Cotagem por Coordenadas

A cotagem por coordenadas é usada quando na peça existem diversos elementos de forma e/ou dimensões idênticas. Neste critério de cotagem, constrói-se uma tabela com as cotas de posição dos elementos e respectivas dimensões, tal como indicado na **Figura 7.28**.

Note-se que este tipo de cotagem, que no desenho a mão livre pode ser demorado, é fácil quando são usados

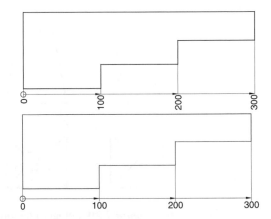

Figura 7.26 Cotagem em paralelo com linhas de cota sobrepostas.

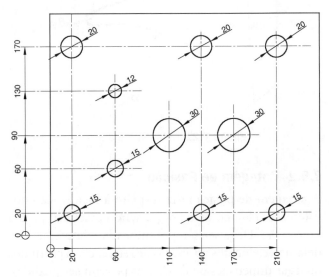

Figura 7.27 Cotagem com linhas de cota sobrepostas em duas direções.

programas de CAD paramétricos. Para a definição da posição dos elementos é necessário indicar um referencial.

7.6.5 Cotagem de Elementos Equidistantes

Quando as peças contêm elementos equidistantes ou uniformemente distribuídos, a sua cotagem pode ser simplificada de acordo com a **Figura 7.29**.

Quando puder ocorrer má interpretação entre o espaçamento e o número de elementos, então deve-se cotar um dos espaços (**Figura 7.30**).

Do mesmo modo, podem ser cotados espaçamentos angulares (**Figura 7.31**).

Nas situações em que o espaçamento é evidente, este pode ser omitido. Note-se que nessas situações é recomendada a indicação do número de elementos (**Figura 7.32**).

Cotagem

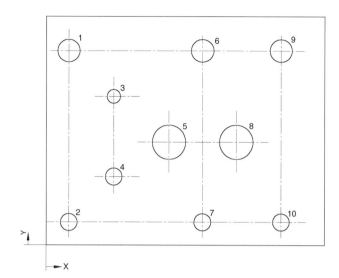

Furo N°.	X	Y	Diâmetro
1	20	170	20
2	20	20	15
3	60	130	12
4	60	60	15
5	110	90	30
6	140	170	20
7	140	20	15
8	170	90	30
9	210	170	20
10	210	20	15

Figura 7.28 Cotagem por coordenadas.

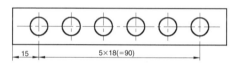

Figura 7.29 Cotagem de elementos lineares equidistantes.

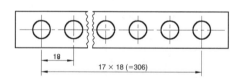

Figura 7.30 Cotagem de elementos lineares equidistantes com cotagem de um dos espaços.

7.6.6 Cotagem de Elementos Repetidos

Quando uma peça contém vários elementos iguais, basta cotar um deles e indicar a quantidade, tal como no exemplo da **Figura 7.33**, nas quatro formas alternativas permitidas pela norma ISO 129. Visando evitar ambiguidades, recomenda-se a utilização de um dos dois métodos do lado esquerdo. Nos casos à direita na mesma figura, a seta deve, obrigatoriamente, apontar para o centro do furo.

A mesma técnica pode ser usada para elementos dispostos radialmente, tal como no exemplo da **Figura 7.34**.

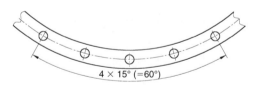

Figura 7.31 Cotagem de elementos angulares equidistantes.

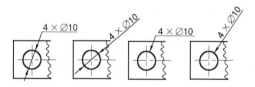

Figura 7.33 Cotagem de elementos repetidos em uma direção.

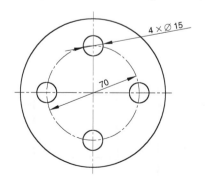

Figura 7.32 Cotagem simplificada de elementos angulares equidistantes.

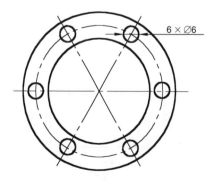

Figura 7.34 Cotagem de elementos repetidos dispostos radialmente.

Quando se repetem elementos em uma peça, mas de maneira não uniforme ou progressiva, pode ser usada uma técnica de identificação dos elementos, designada por cotagem de elementos repetidos por referência (**Figura 7.35**). Na vista, os elementos são identificados por uma letra maiúscula, e junto a esta ou em uma tabela adjacente são indicadas as suas características. Note-se que as linhas de referência podem ser omitidas.

7.6.7 Cotagem de Chanfros e Furos Escareados

A cotagem de chanfros pode ser feita de acordo com a **Figura 7.36**. Quando o ângulo do chanfro for de 45 graus, a representação pode ser simplificada (**Figura 7.37**). Para a cotagem de chanfros interiores, a técnica é a mesma.

Furos escareados são cotados tal como indicado na **Figura 7.38**.

7.6.8 Cotas Fora de Escala

Em algumas situações, após a realização dos desenhos, é necessário alterar dimensões. Quando a simples alteração da cota não provoca na geometria do elemento alterações que possam pôr em causa sua clareza, então a cota é simplesmente alterada para o novo valor, sendo sublinhada (**Figura 7.39**).

7.6.9 Cotas para Inspeção

As cotas para as quais seja necessária inspeção de controle devem ser explicitamente indicadas nos desenhos. Esta indicação é realizada envolvendo-se a cota como na **Figura 7.40**.

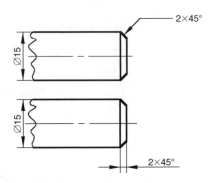

Figura 7.37 Cotagem simplificada de chanfros.

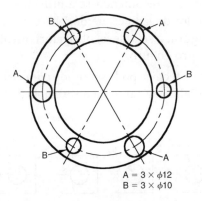

Figura 7.35 Cotagem por referência de elementos repetidos.

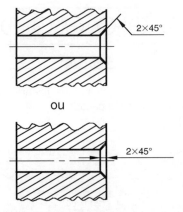

Figura 7.38 Cotagem de furos escareados.

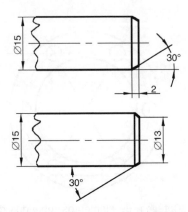

Figura 7.36 Cotagem de chanfros.

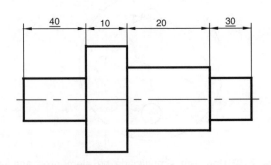

Figura 7.39 Cotas fora de escala.

Cotagem

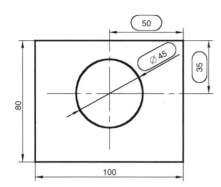

Figura 7.40 Cotas para inspeção.

7.7 COTAGEM DE REPRESENTAÇÕES ESPECIAIS

7.7.1 Cotagem de Meias Vistas

Para a cotagem de meias vistas, as linhas de cota são interrompidas e devem prolongar-se um pouco além dos eixos de simetria, tal como indicado na **Figura 7.41**. As cotas a serem inscritas são sempre as cotas totais.

7.7.2 Cotagem de Vistas Parciais e Interrompidas

Na cotagem de vistas parciais ou locais, a linha de cota pode ser interrompida, de acordo com a **Figura 7.42**. Neste exemplo, a cota 100 é a distância até a extremidade direita da peça.

Em uma vista interrompida, a linha de cota nunca é interrompida (**Figura 7.43**).

7.7.3 Cotagem de Contornos Invisíveis

A representação por linhas invisíveis, tal como foi descrito no Capítulo 4, é uma representação pouco clara e que pode gerar ambiguidades.

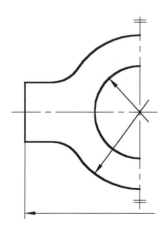

Figura 7.41 Cotas em meias vistas.

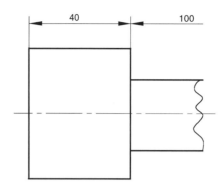

Figura 7.42 Cotagem em vistas parciais ou locais.

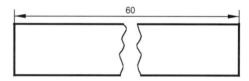

Figura 7.43 Cotagem em vistas interrompidas.

As linhas invisíveis não devem ser cotadas, exceto se não existir outra alternativa mais clara para a cotagem do elemento. Na maior parte das situações, as linhas invisíveis podem ser eliminadas efetuando-se cortes nas vistas, tal como indicado na **Figura 7.44**.

7.7.4 Cotagem de Desenhos de Conjunto

Em desenhos de conjunto, normalmente apenas são cotadas as dimensões totais e as dimensões de atravancamento (dimensões da forma geométrica que circunscreve o conjunto). Também devem ser indicadas as cotas de montagem, que correspondem à inserção do subconjunto em outro conjunto. Quando, em outras situações, for necessário indicar todas as cotas das peças que fazem

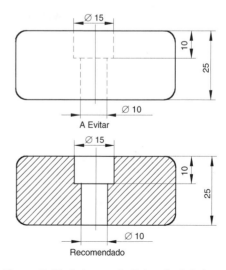

Figura 7.44 Cotagem de linhas invisíveis.

parte do conjunto, as cotas relacionadas com cada uma das peças individuais devem ser separadas o mais possível das cotas das outras peças, tal como no exemplo apresentado na **Figura 7.45**.

7.7.5 Cotagem de Perspectivas

As perspectivas, em geral, não são cotadas, uma vez que existem detalhes que nunca são mostrados na sua verdadeira grandeza. A **Figura 7.46** mostra os vários modos de cotar uma perspectiva. As cotas devem aparecer alinhadas com a linha de cota, seguindo as regras da cotagem em geral.

7.7.6 Cotagem de Ajustamentos ou Montagens

Quando uma peça ou subconjunto é cotado, sua montagem no conjunto deve ser levada em conta. Considere-se o motor de modelismo indicado na **Figura 7.47**, em particular a montagem da tampa no bloco (**Figura 7.48**). Para o "encaixe" correto dessas duas peças, existe um conjunto de cotas que devem ser escolhidas adequadamente. Essas cotas estão indicadas na **Figura 7.49**, para o caso da tampa, designando-se por cotas de ajustamento, isto é, as cotas que são comuns às duas peças a serem montadas e que definem o tipo de ajustamento.

7.7.7 Linhas de Referência e Anotações

As linhas de referência são linhas auxiliares usadas na cotagem que permitem inscrever anotações, ou os números de referência, no caso de desenhos de conjunto. Na **Figura 7.50**, apresenta-se um exemplo da sua aplicação. Quando a linha de referência termina no contorno da peça, usa-se como terminação da linha uma seta; quando termina no interior da peça, usa-se um ponto.

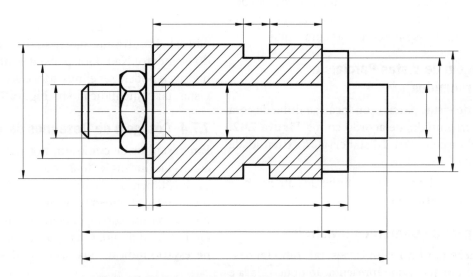

Figura 7.45 Cotagem de desenhos de conjunto.

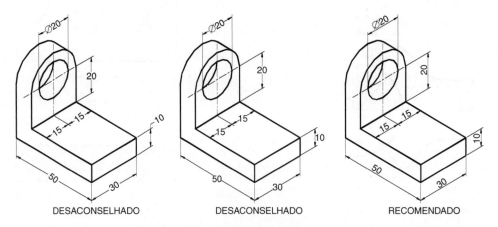

Figura 7.46 Cotagem de perspectivas.

Cotagem

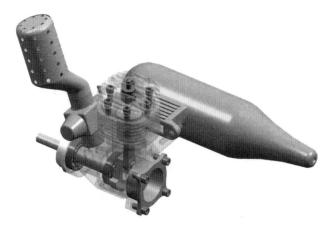

Figura 7.47 Motor de modelismo.

Figura 7.48 Motor de modelismo: montagem da tampa no bloco.

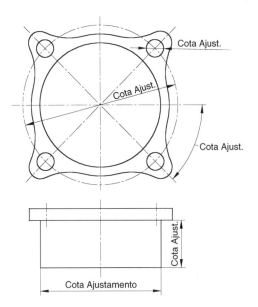

Figura 7.49 Cotas de ajustamento ou montagem.

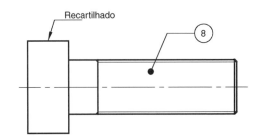

Figura 7.50 Linhas de referência ou de anotação.

7.8 SELEÇÃO DAS COTAS

Os processos de fabricação desempenham um papel importante na seleção das cotas a serem inscritas em um desenho. Um desenho enviado para a produção mostra a peça na sua forma final e deve conter, obrigatoriamente, toda a informação necessária, e sem ambiguidades, para a sua fabricação. Assim sendo, durante o projeto e a elaboração dos desenhos, o projetista e o desenhista devem ter em mente os processos de fabricação a serem usados e a função da peça no conjunto onde vai ser montada. Não faz sentido definir cotas em relação a superfícies às quais o trabalhador não consegue ter acesso, ou tendo acesso não consegue medir as distâncias com rigor e exatidão.

No entanto, o papel crucial na seleção das cotas está relacionado com a função das peças, isto é, a cotagem funcional.

7.8.1 Cotagem Funcional

Uma cota denomina-se funcional se for essencial para a função da peça (**Figura 7.51**). Quando uma cota não for essencial para a função da peça denomina-se cota não funcional.

As cotas funcionais devem, sempre que possível, ser indicadas diretamente nos desenhos. Por vezes é necessário, ou justifica-se, indicá-las indiretamente (**Figura 7.52**).

7.9 APLICAÇÕES EM CAD

Os programas de CAD 3D paramétricos permitem importar diretamente para os desenhos muitas das cotas usadas na modelação sólida. Todavia, nem sempre as cotas usadas para a construção dos sólidos são as cotas necessárias à fabricação das peças, devendo o projetista ter todo o cuidado neste aspecto particular.

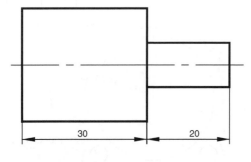

Figura 7.51 Cotas funcionais.

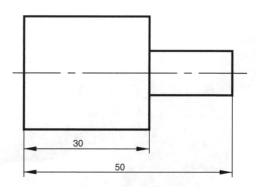

Figura 7.52 Indicação indireta de cotas funcionais.

Na **Figura 7.53**, apresenta-se o desenho de conjunto do motor de modelismo que foi apresentado na **Figura 7.47**, executado em *Solid Edge*. Na **Figura 7.54** apresenta-se a cotagem do bloco do motor.

Outra das grandes vantagens dos programas de CAD 3D é que qualquer alteração do modelo sólido, durante as sucessivas iterações do projeto, conduz à alteração automática, quer da geometria, quer das cotas das peças. Na **Figura 7.55** indica-se um exemplo do respectivo aviso no programa *Solid Edge*.

7.10 EXEMPLO DE APLICAÇÃO E DISCUSSÃO

Na **Figura 7.56** apresenta-se um exemplo no qual são cometidos alguns erros típicos em cotagem. Estes erros, identificados por balões, são os seguintes:

A. Os elementos devem ser cotados, preferencialmente, na vista em que é visível sua forma, ou sua localização. Eventualmente, e de modo a evitar uma excessiva concentração de cotas em algumas vistas, estas situações podem ser aceitáveis.

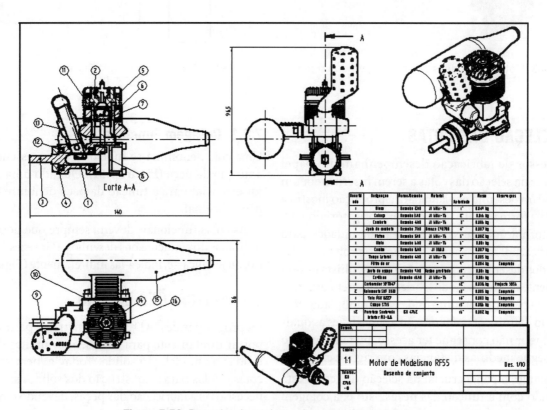

Figura 7.53 Desenho de conjunto do motor de modelismo.

Cotagem

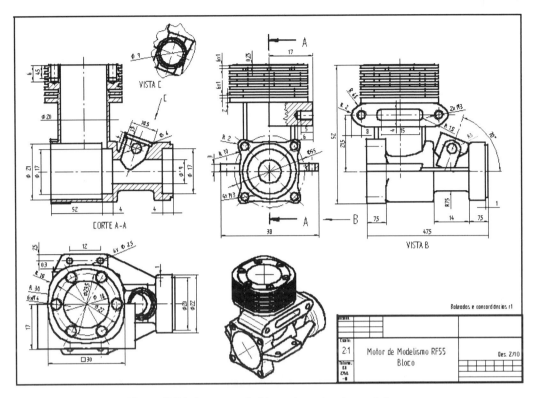

Figura 7.54 Cotagem do bloco do motor de modelismo.

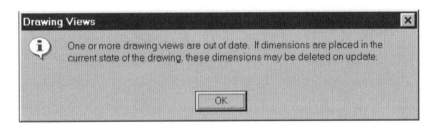

Figura 7.55 Atualização das vistas e cotagem em *Solid Edge*.

B. Na cotagem em série, estando especificada a cota total (o que é essencial), deve-se omitir uma das cotas parciais.

C. Na cotagem de elementos repetidos, apenas um deles é cotado, sendo indicada a quantidade antes da cota. Note-se que, no caso de arcos, quando não houver ambiguidade é usual omitir a quantidade.

D. As cotas são normalmente algarismos inteiros. A precisão da cota é definida pela tolerância e nunca pelo valor da cota. Este é um erro típico em CAD, que resulta de o programa, por omissão, usar valores decimais nas cotas.

E. Deve-se evitar a cotagem de linhas invisíveis.

F. A cotagem de furos deve ser feita em relação ao seu eixo. Por outro lado, o controle dimensional da peça acabada é feito relativamente ao seu contorno.

G. O símbolo de diâmetro só é obrigatório nas vistas em que não seja clara a simetria axial do elemento cotado.

H. A posição do arco fica definida a partir das cotas totais da peça.

I. Quando um furo e um arco têm um centro comum, não é necessária a cotagem de posição do furo, ficando esta definida pelo raio do arco.

J. Cota redundante. A posição dos furos está definida em relação às extremidades.

K. Furos ou elementos circulares devem ser cotados como diâmetros e não como raios.

Na **Figura 7.57** apresenta-se a peça da **Figura 7.56** corretamente cotada.

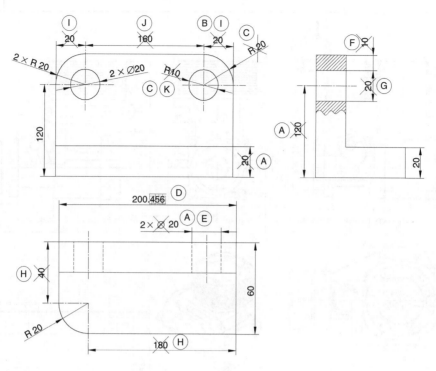

Figura 7.56 Exemplo de aplicação e discussão: cotagem com incorreções.

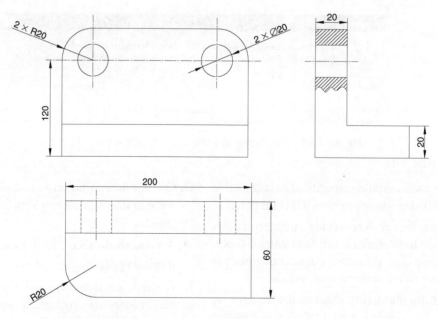

Figura 7.57 Exemplo de aplicação e discussão: cotagem correta.

Cotagem

REVISÃO DE CONHECIMENTOS

1. Podem ser usados traços a 45° como terminações das linhas de cota?
2. Qual a diferença entre cotagem de forma e cotagem de posição?
3. Quais as principais regras para a escolha da vista onde deve ser cotado um elemento ou detalhe da peça?
4. Em uma vista interrompida, as linhas de cota são interrompidas?
5. O valor da cota depende da escala do desenho?
6. O que você entende por cota funcional?
7. Na cotagem de furos ou de elementos de seção circular é obrigatória a indicação do símbolo de diâmetro?
8. Em que situações podem ocorrer cruzamentos de linhas de cota e de chamada?
9. As cotas podem não ser paralelas à linha de cota?
10. O que você entende por cotagem em série? E por cotagem em paralelo?
11. Diga em que situações é recomendada a cotagem por coordenadas.
12. Como se indicam cotas fora de escala?

CONSULTAS RECOMENDADAS

- Bertoline, G.R., Wiebe, E.N., Miller, C.L. e Nasman, L.O., *Technical Graphics Communication*. Irwin Graphics Series, 1995.
- Giesecke, F.E., Mitchell, A., Spencer, H.C., Hill, I.L., Dygdon, J.T. e Novak, J.E., *Technical Drawing*. Prentice Hall, 11th Ed., 1999.
- ISO 129:1985 Technical drawings – Dimensioning: General principles, definitions, methods of execution and special indications.
- ISO/CD 129-2 Technical drawings – Dimensioning – Part 2: Mechanical engineering.
- ISO 1119:1998 Geometrical Product Specifications (GPS) – Series of conical tapers and taper angles.
- ISO 1660:1987 Technical drawings – Dimensioning and tolerancing of profiles.
- ISO 3040:1990 Technical drawings – Dimensioning and tolerancing: Cones.
- ISO 10579:1993 Technical drawings – Dimensioning and tolerancing: Non-rigid parts.

- NBR 10126 Cotagem em Desenho Técnico
- Endereço eletrônico do Instituto Português da Qualidade (IPQ)–www.ipq.pt/
- Endereço eletrônico da International Organization for Standardization (ISO)–www.iso.ch

PALAVRAS-CHAVE

anotações	cotagem por coordenadas
cota	elemento
cotagem de forma	escala
cotagem de posição	formas básicas
cotagem em paralelo	linha de chamada
cotagem em série	linha de cota
cotagem funcional	números de referência
	processo de fabricação

EXERCÍCIOS PROPOSTOS

P7.1. Usando o formato A4, cote as peças indicadas na **Figura 7.58** em uma escala adequada. Obtenha as dimensões das peças usando uma régua e com base na escala lateral indicada.

P7.2. Cote as peças indicadas na **Figura 4.64** em uma escala adequada à sua representação em papel de formato A4 ou A3.

P7.3. Cote as peças indicadas na **Figura 4.65** usando a escala da figura.

P7.4. Cote as peças indicadas na **Figura 5.39** usando uma escala adequada à sua representação em papel de formato A4.

P7.5. Represente e cote convenientemente as peças da **Figura 7.59**.

P7.6. Na **Figura 7.60** há uma representação ERRADA de um eixo. O eixo é simétrico e as medidas apresentadas são apenas indicativas dos "comprimentos das linhas". Pretende-se que seja representado o desenho correto do eixo incluindo sua cotagem e detalhes relevantes (detalhes, seções etc.).

P7.7. A **Figura 7.61** representa a cotagem ERRADA da linha média de um tubo de 15 mm de diâmetro exterior e 1 mm de espessura de parede. Realize o desenho correto do tubo.

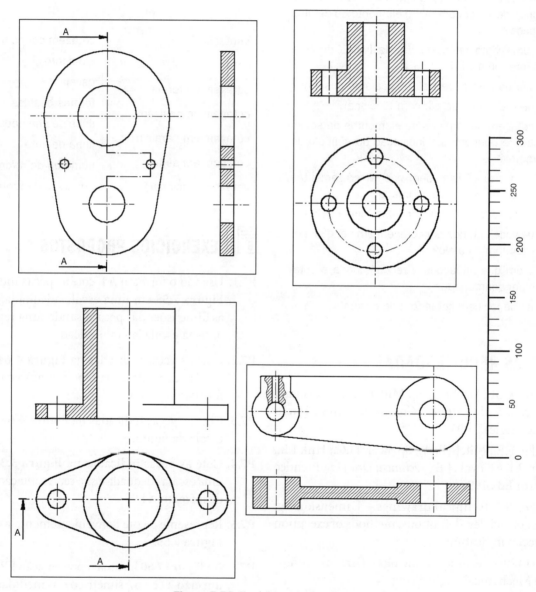

Figura 7.58 Exercícios de cotagem.

Cotagem

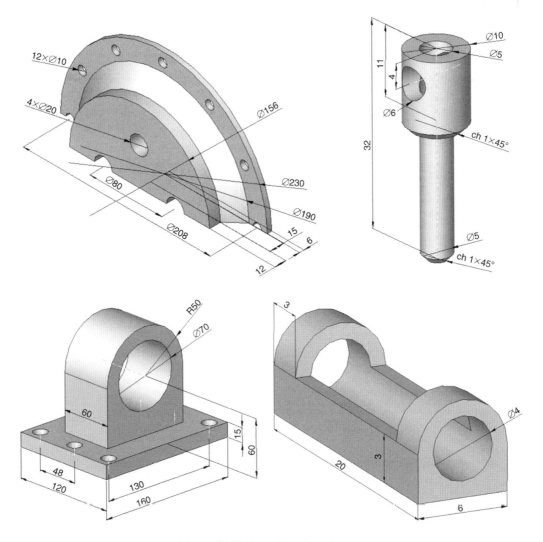

Figura 7.59 Exercícios de cotagem.

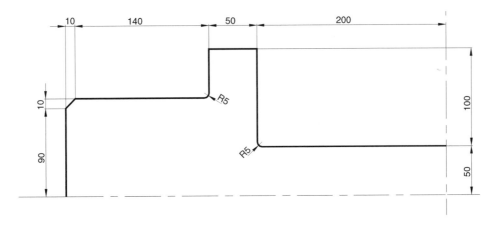

Figura 7.60 Exercício de cotagem.

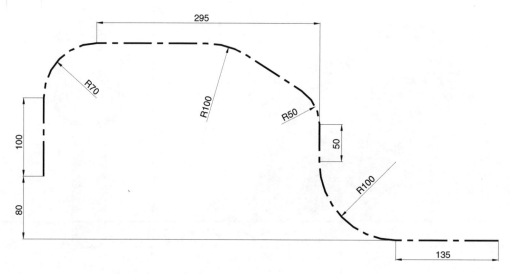

Figura 7.61 Representação da linha média de um tubo.

8 TOLERÂNCIA DIMENSIONAL E ESTADOS DE SUPERFÍCIE

OBJETIVOS

Após estudar este capítulo, o leitor deverá estar apto a:

- Compreender a importância da tolerância dimensional para a fabricação;
- Usar o sistema ISO de desvios e ajustes, determinar o tipo de ajuste mais adequado em cada situação e caracterizá-lo;
- Ler e inscrever cotas com tolerâncias nos desenhos;
- Conhecer a interação da tolerância com os processos de fabricação e de verificação;
- Especificar o acabamento superficial das peças e indicá-lo nos desenhos.

8.1 INTRODUÇÃO

As exigências da moderna indústria metal-mecânica, onde se incluem as indústrias automobilística e aeronáutica, têm conduzido a que os equipamentos e as peças funcionem cada vez a velocidades mais elevadas, com maiores cargas e com menores tolerâncias. Considere-se, por exemplo, o caso dos motores dos automóveis: ao longo dos tempos, tem havido uma redução do consumo e aumento da confiabilidade, potência e durabilidade. Isto só é possível do ponto de vista da fabricação das peças, reduzindo as folgas e o atrito, ou seja, com uma fabricação muito mais cuidadosa em termos de tolerâncias e acabamentos superficiais.

A montagem correta das peças em conjuntos é outro dos aspectos que condiciona a sua fabricação e as tolerâncias a especificar. Consideremos, por exemplo, o caso da indústria automobilística, em que as fábricas de automóveis hoje em dia não são mais do que "empresas de montagem", que compram parte dos componentes de empresas externas e depois efetuam a sua montagem. Existem, por exemplo, fabricantes especializados em anéis de segmentos para motores e outros especializados em pistons. Garantir que os anéis de segmentos podem ser montados corretamente nos pistons implica uma especificação rigorosa das tolerâncias de fabricação para cada um destes componentes.

As tolerâncias e estados de superfície estão interligados. Quando são especificados valores baixos para as tolerâncias, isso obriga a ter bons acabamentos superficiais. Note-se que o inverso não é válido.

A tolerância é uma extensão da cotagem, que fornece informação adicional acerca da forma, dimensão e posição dos elementos. A tolerância fornece ainda informações essenciais para a fabricação, pois as tolerâncias especificadas podem condicionar o processo de fabricação a ser usado e vice-versa. A tolerância destina-se a limitar os erros de fabricação das peças, sejam eles geométricos ou dimensionais. Neste capítulo, é abordada apenas a tolerância dimensional. A tolerância geométrica será estudada no capítulo seguinte.

8.2 TOLERÂNCIA DIMENSIONAL

A tolerância dimensional destina-se a limitar os erros dimensionais de fabricação das peças. Quando na cotagem se especifica, por exemplo, uma cota de 20 mm, isto na prática significa que a peça vai ser fabricada com aproximadamente 20 mm e não que a peça vai ser fabricada com 20,0000000... mm. Quando a peça é fabricada, pode apresentar dimensões díspares que, com arredondamento simétrico às unidades, correspondem a 20 mm, como, por exemplo, 19,65; 20,18; 20,42; 20,001. Dependendo da função da peça ou do elemento, algumas destas dimensões podem não satisfazer os requisitos funcionais.

O custo de fabricação é condicionado pela precisão requerida para as peças. Quanto maior a precisão exigida, maior o custo, sendo normalmente esta variação do tipo não linear, tal como indicado na **Figura 8.1**.

Fabricar uma peça com a dimensão exata é impossível, mas, mesmo que não o fosse, o custo seria proibitivo. Na prática, dimensões exatas não são possíveis nem necessárias: o que é necessário é limitar cuidadosamente os erros de fabricação, de acordo com as funções do elemento cotado. Assim, é esperado que as dimensões das peças móveis de um motor (p. ex., cilindro, pistom e segmentos) tenham uma fabricação mais cuidada e tolerâncias menores que o quadro de uma bicicleta. É claro que o fabricante de bicicletas poderia fabricá-las com tolerâncias idênticas às do motor, mas ninguém estaria disposto a pagar o preço final da bicicleta. Além disso, não existe nenhuma exigência funcional para esses valores de tolerâncias.

As tolerâncias dimensionais a serem usadas em peças individuais ou em montagens (ajustes) estão normalizadas de acordo com um conjunto de classes de qualidade e de posição. O sistema ISO de desvios e ajustes é uma ferramenta fundamental na fabricação das peças.

Os programas de CAD atuais permitem, de uma forma rápida e eficiente, inscrever a tolerância nos desenhos, pois têm os símbolos e as diferentes opções usadas na tolerância.

8.2.1 Definições

Nesta seção são apresentados os principais termos e convenções usados na tolerância dimensional, alguns dos quais serão mais explicados e compreendidos ao longo deste capítulo:

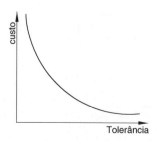

Figura 8.1 Dependência do custo de fabricação em função da tolerância.

Elemento – Uma característica ou detalhe individual da peça, tal como uma superfície, uma reentrância, um cilindro, um furo ou uma linha de eixo.

Eixo – Elemento interno que, em uma montagem, vai estar contido em outro elemento. É o caso de um eixo, embora esta definição seja válida para qualquer tipo de elemento interno não necessariamente cilíndrico. Para os termos relacionados com os eixos são usados caracteres minúsculos, como: es, ei, $c_{máx}$, $c_{mín}$, c_n, t.

Furo – Elemento externo que, em uma montagem, vai conter outro elemento. É o caso de um furo ou de um elemento de secção não circular, como, por exemplo, um rasgo. Para os termos relacionados com os furos são usadas letras maiúsculas, ES, EI, $C_{MÁX}$, $C_{MÍN}$, C_N, T. Na **Figura 10.2** são apresentados exemplos genéricos de conjuntos furo/eixo.

Tolerância (T) – É a quantidade que uma dimensão especificada pode variar. A tolerância corresponde à diferença entre a cota máxima e a cota mínima.

$$T = C_{MÁX} - C_{MÍN}$$

Zona de tolerância – Zona compreendida entre a cota máxima e a cota mínima, que define a magnitude da tolerância e a sua posição em relação à linha de zero (**Figura 10.3**).

Tolerância fundamental (IT) – Classe de qualidade de acordo com o sistema ISO de desvios e ajustes.

Desvio fundamental – É a posição da zona de tolerância em relação à linha de zero. A norma ISO 286-1:1988 define 28 desvios fundamentais para eixos e igual número para furos.

Classe da tolerância – Termo usado para designar a combinação de uma tolerância fundamental com um desvio fundamental, como por exemplo h8 ou G10.

Cotas-limite – As cotas-limite correspondem à cota máxima e à cota mínima.

Cota máxima ($C_{MÁX}$, $c_{máx}$) – Dimensão máxima permitida ao elemento.

Cota mínima ($C_{MÍN}$, $c_{mín}$) – Dimensão mínima permitida ao elemento.

Cota nominal (C_N, c_n) – Cota sem tolerância inscrita nos desenhos.

Dimensão atual – A cota atual corresponde à cota física da peça, em um dado instante da fabricação, obtida por medição direta. Para respeitar as tolerâncias, o seu valor deve estar compreendido entre as cotas-limite.

Desvio superior (ES, es) – Diferença entre a cota máxima e a cota nominal:

$$ES = C_{MÁX} - C_N$$

Desvio inferior (EI, ei) – Diferença entre a cota mínima e a cota nominal:

$$EI = C_{MÍN} - C_N$$

Linha de zero – É uma linha que, na representação gráfica dos desvios e ajustes, representa a cota nominal e em relação à qual os desvios são definidos.

Na **Figura 8.3** são ilustradas algumas das definições apresentadas (note-se que a cota nominal pode não estar compreendida entre a cota mínima e a cota máxima, como se poderia pensar inicialmente).

8.3 SISTEMA ISO DE TOLERÂNCIAS LINEARES

Genericamente, o valor da tolerância depende de três fatores:

1. Cota nominal;
2. Qualidade (seção 8.3.1);
3. Posição da zona de tolerância em relação à linha de zero (seção 8.3.2).

Figura 8.2 Exemplos de eixos e furos.

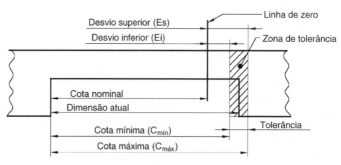

Figura 8.3 Representação gráfica dos desvios, cotas-limite e tolerância.

8.3.1 Classes de Qualidade IT

A norma ISO 286-1 define 20 classes de tolerâncias fundamentais, também designadas classes de qualidade, representadas pelas letras IT seguidas de um número de ordem:

IT01, IT0, IT1, ...IT18.

Por exemplo, todas as cotas pertencentes à classe IT8 têm o mesmo grau de precisão, independentemente da cota nominal.

A imposição de determinada cota nominal de uma dada tolerância fundamental implica a imposição de um certo grau de qualidade. A utilização geral de cada uma das tolerâncias fundamentais referidas é indicada na **Tabela 8.1**.

O processo de fabricação utilizado condiciona a gama de tolerâncias obtida para o produto final. Por outro lado, a especificação de tolerâncias menores pode obrigar à utilização de um processo de fabricação ou de acabamento adicional.

Para o projetista ter uma ideia das tolerâncias obtidas, apresentam-se, na **Tabela 8.2**, as relações típicas entre alguns processos de fabricação e as classes de tolerâncias fundamentais, de acordo com a norma ANSI B4.2:1994.

Os valores das tolerâncias para cada uma das classes de qualidade são indicados na **Tabela 8.3**. Como se pode verificar nessa tabela, o valor da tolerância depende da cota nominal e da classe de qualidade especificada. Essa tabela permite obter o valor das tolerâncias para cotas nominais até 3150 mm, que cobre a gama de cotas nominais mais usuais. Para cotas nominais superiores a 3150 mm, a norma ISO 286-1 define as regras para a determinação da respectiva tolerância.

8.3.2 Desvios Fundamentais

Para dar tolerância a uma cota não funcional (cota não relacionada com a função da peça), podem ser considerados desvios simétricos, os quais podem ser determinados a partir do valor da tolerância obtido na **Tabela 8.3**. Todavia, no caso geral esta informação não é suficiente. É necessário especificar a posição da zona de tolerância em relação à linha de zero. Note-se que, para os mesmos valores da tolerância para um conjunto furo/eixo, a escolha de diferentes posições pode conduzir a situações de folga ou aperto.

A norma ISO 286-1 define 28 classes de desvios fundamentais (posições do campo de tolerâncias) para furos e outras 28 classes para eixos, representadas graficamente na **Figura 8.4** e que são:

Furos – A B C CD D E EF F FG G H J JS K M N P R S T U V X Y Z ZA ZB ZC

Tabela 8.1 Utilização das classes de tolerância fundamentais

Classe de qualidade	Utilização
1 a 4	Instrumentos de verificação (calibres, padrões etc.)
5 e 6	Construção mecânica de grande precisão
7 e 8	Construção mecânica cuidadosa
9 a 11	Construção mecânica corrente
12 a 18	Construção mecânica grosseira (laminação, estampagem, fundição, forjamento)

Tabela 8.2 Relação entre alguns processos de fabricação e as classes de tolerância fundamentais

Processo	Qualidade IT							
	4	5	6	7	8	9	10	11
Polimento								
Rasqueteamento								
Torneamento para acabamento								
Retificação								
Brochamento								
Mandrilamento								
Torneamento								
Aplainamento								
Fresamento								
Furação								
Fundição injetada								

Eixos – a b c cd d e ef f fg g h j js k m n p r s t u v x y z za zb zc

Na **Tabela 8.4** apresentam-se os desvios para eixos para as posições a-j. As restantes posições são indicadas na **Tabela 8.5**.

Os desvios fundamentais para furos são indicados na **Tabela 8.6** para as classes A-N, e na **Tabela 8.7** para as restantes classes.

Para facilidade de consulta, estas tabelas estão repetidas no Anexo.

O cálculo das cotas-limite obriga à determinação dos dois desvios (inferior e superior), o que, de acordo com as tabelas apresentadas, requer a determinação de um dos desvios nas tabelas dos desvios fundamentais e, a partir do valor da tolerância, obter o outro desvio. Ao desvio obtido nas tabelas é usual chamar-se desvio de referência. A norma ISO 286-2 apresenta tabelas para as quais os dois desvios podem ser lidos diretamente.

Tolerância Dimensional e Estados de Superfície

Tabela 8.3 Valores das tolerâncias para as classes de qualidade mais usuais

Cota nominal (mm)		CLASSES DE QUALIDADE																	
		IT1	IT2	IT3	IT4	IT5	IT6	IT7	IT8	IT9	IT10	IT11	IT12	IT13	IT14	IT15	IT16	IT17	IT18
De	Até	Tolerância																	
>	≤	µm											mm						
1	3	0,8	1,2	2	3	4	6	10	14	25	40	60	0,1	0,14	0,25	0,4	0,6	1	1,4
3	6	1	1,5	2,5	4	5	8	12	18	30	48	75	0,12	0,18	0,3	0,48	0,75	1,2	1,8
6	10	1	1,5	2,5	4	6	9	15	22	36	58	90	0,15	0,22	0,36	0,58	0,9	1,5	2,2
10	18	1,2	2	3	5	8	11	18	27	43	70	110	0,18	0,27	0,43	0,7	1,1	1,8	2,7
18	30	1,5	2,5	4	6	9	13	21	33	52	84	130	0,21	0,33	0,52	0,84	1,3	2,1	3,3
30	50	1,5	2,5	4	7	11	16	25	39	62	100	160	0,25	0,39	0,62	1	1,6	2,5	3,9
50	80	2	3	5	8	13	19	30	46	74	120	190	0,3	0,46	0,74	1,2	1,9	3	4,6
80	120	2,5	4	6	10	15	22	35	54	87	140	220	0,35	0,54	0,87	1,4	2,2	3,5	5,4
120	180	3,5	5	8	12	18	25	40	63	100	160	250	0,4	0,63	1	1,6	2,5	4	6,3
180	250	4,5	7	10	14	20	29	46	72	115	185	290	0,46	0,72	1,15	1,85	2,9	4,6	7,2
250	315	6	8	12	16	23	32	52	81	130	210	320	0,52	0,81	1,3	2,1	3,2	5,2	8,1
315	400	7	9	13	18	25	36	57	89	140	230	360	0,57	0,89	1,4	2,3	3,6	5,7	8,9
400	500	8	10	15	20	27	40	63	97	155	250	400	0,63	0,97	1,55	2,5	4	6,3	9,7
500	630	9	11	16	22	32	44	70	110	175	280	440	0,7	1,1	1,75	2,8	4,4	7	11
630	800	10	13	18	25	36	50	80	125	200	320	500	0,8	1,25	2	3,2	5	8	12,5
800	1000	11	15	21	28	40	56	90	140	230	360	560	0,9	1,4	2,3	3,6	5,6	9	14
1000	1250	13	18	24	33	47	66	105	165	260	420	660	1,05	1,65	2,6	4,2	6,6	10,5	16,5
1250	1600	15	21	29	39	55	78	125	195	310	500	780	1,25	1,95	3,1	5	7,8	12,5	19,5
1600	2000	18	25	35	46	65	92	150	230	370	600	920	1,5	2.3	3,7	6	9,2	15	23
2000	2500	22	30	41	55	78	110	175	280	440	700	1100	1,75	2,8	4,4	7	11	17,5	28
2500	3150	26	36	50	68	96	135	210	330	540	860	1350	2,1	3,3	5,4	8,6	13,5	21	33

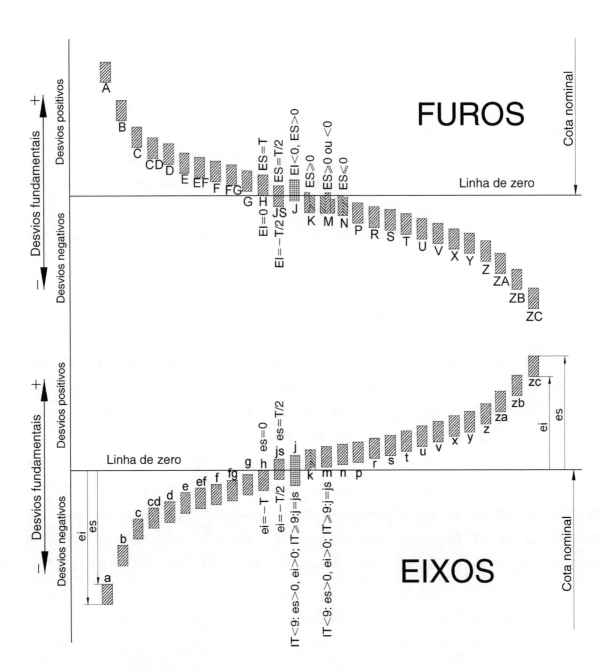

Figura 8.4 Posição dos desvios fundamentais para furos e eixos.

Tolerância Dimensional e Estados de Superfície

Tabela 8.4 Desvios fundamentais para eixos: posições *a-js*

Cota nominal (mm)		Desvio superior es (Valores em µm)											
De >	Até ≤	a	b	c	cd	d	e	ef	f	fg	g	h	js
		Todas as classes de qualidade											
—	3	−270	−140	−60	−34	−20	−14	−10	−6	−4	−2	0	
3	6	−270	−140	−70	−46	−30	−20	−14	−10	−6	−4	0	
6	10	−280	−150	−80	−56	−40	−25	−18	−13	−8	−5	0	
10	14	−290	−150	−95		−50	−32		−16		−6	0	
14	18												
18	24	−300	−160	−110		−65	−40		−20		−7	0	
24	30												
30	40	−310	−170	−120		−80	−50		−25		−9	0	
40	50	−320	−180	−130									
50	65	−340	−190	−140		−100	−60		−30		−10	0	
65	80	−360	−200	−150									
80	100	−380	−220	−170		−120	−72		−36		−12	0	
100	120	−410	−240	−180									
120	140	−460	−260	−200		−145	−85		−43		−14	0	
140	160	−520	−280	−210									
160	180	−580	−310	−230									
180	200	−660	−340	−240		−170	−100		−50		−15	0	
200	225	−740	−380	−260									
225	250	−820	−420	−280									
250	280	−920	−480	−300		−190	−110		−56		−17	0	
280	315	−1050	−540	−330									
315	355	−1200	−600	360		−210	−125		−62		−18	0	
355	400	−1350	−680	−400									
400	450	−1500	−760	−440		−230	−135		−68		−20	0	
450	500	−1650	−840	−480									
500	560					−260	−145		−76		−22	0	
560	630												
630	710					−290	−160		−80		−24	0	
710	800												
800	900					−320	−170		−86		−26	0	
900	1000												
1000	1120					−350	−195		−98		−28	0	
1120	1250												
1250	1400					−390	−220		−110		−30	0	
1400	1600												
1600	1800					−430	−240		−120		−32	0	
1800	2000												
2000	2240					−480	−260		−130		−34	0	
2240	2500												
2500	2800					−520	−290		−145		−38	0	
2800	3150												

Desvios simétr cos: ei = −IT/2   es = IT/2

Tabela 8.5 Desvios fundamentais para eixos: posições *j-zc*

Cota (mm) De >	Até ≤	j IT5 IT6	j IT7	j IT8	k IT4 a IT7	k ≤IT3 >IT7	m	n	p	r	s	t	u	v	x	y	z	za	zb	zc
										Desvio inferior ei (Valores em μm) — Todas as classes de qualidade										
—	3	−2	−4	−6	0	0	+2	+4	+6	+10	+14		+18		+20		+26	+32	+40	+60
3	6	−2	−4		+1	0	+4	+8	+12	+15	+19		+23		+28		+35	+42	+50	+80
6	10	−2	−5		+1	0	+6	+10	+15	+19	+23		+28		+34		+42	+52	+67	+97
10	14	−3	−6		+1	0	+7	+12	+18	+23	+28		+33		+40		+50	+64	+90	+130
14	18	−3	−6		+1	0	+7	+12	+18	+23	+28		+33	+39	+45		+60	+77	+108	+150
18	24	−4	−8		+2	0	+8	+15	+22	+28	+35		+41	+47	+54	+63	+73	+98	+136	+188
24	30	−4	−8		+2	0	+8	+15	+22	+28	+35	+41	+48	+55	+64	+75	+88	+118	+160	+218
30	40	−5	−10		+2	0	+9	+17	+26	+34	+43	+48	+60	+68	+80	+94	+112	+148	+200	+274
40	50	−5	−10		+2	0	+9	+17	+26	+34	+43	+54	+70	+81	+97	+114	+136	+180	+242	+325
50	65	−7	−12		+2	0	+11	+20	+32	+41	+53	+66	+87	+102	+122	+144	+172	+226	+300	+405
65	80	−7	−12		+2	0	+11	+20	+32	+43	+59	+75	+102	+120	+146	+174	+210	+274	+360	+480
80	100	−9	−15		+3	0	+13	+23	+37	+51	+71	+91	+124	+146	+178	+214	+258	+335	+445	+585
100	120	−9	−15		+3	0	+13	+23	+37	+54	+79	+104	+144	+172	+210	+254	+310	+400	+525	+690
120	140	−11	−18		+3	0	+15	+27	+43	+63	+92	+122	+170	+202	+248	+300	+365	+470	+620	+800
140	160	−11	−18		+3	0	+15	+27	+43	+65	+100	+134	+190	+228	+280	+340	+415	+535	+700	+900
160	180	−11	−18		+3	0	+15	+27	+43	+68	+108	+146	+210	+252	+310	+380	+465	+600	+780	+1000
180	200	−13	−21		+4	0	+17	+31	+50	+77	+122	+166	+236	+284	+350	+425	+520	+670	+880	+1150
200	225	−13	−21		+4	0	+17	+31	+50	+80	+130	+180	+258	+310	+385	+470	+575	+740	+960	+1250
225	250	−13	−21		+4	0	+17	+31	+50	+84	+140	+196	+284	+340	+425	+520	+640	+820	+1050	+1350
250	280	−16	−26		+4	0	+20	+34	+56	+94	+158	+218	+315	+385	+475	+580	+710	+920	+1200	+1550
280	315	−16	−26		+4	0	+20	+34	+56	+98	+170	+240	+350	+425	+525	+650	+790	+1000	+1300	+1700
315	355	−18	−28		+4	0	+21	+37	+62	+108	+190	+268	+390	+475	+590	+730	+900	+1150	+1500	+1900
355	400	−18	−28		+4	0	+21	+37	+62	+114	+208	+294	+435	+530	+660	+820	+1000	+1300	+1650	+2100
400	450	−20	−32		+5	0	+23	+40	+68	+126	+232	+330	+490	+595	+740	+920	+1100	+1450	+1850	+2400
450	500	−20	−32		+5	0	+23	+40	+68	+132	+252	+360	+540	+660	+820	+1000	+1250	+1600	+2100	+2600
500	560				0	0	+26	+44	+78	+150	+280	+400	+600							
560	630				0	0	+26	+44	+78	+155	+310	+450	+660							
630	710				0	0	+30	+50	+88	+175	+340	+500	+740							
710	800				0	0	+30	+50	+88	+185	+380	+560	+840							
800	900				0	0	+34	+56	+100	+210	+430	+620	+940							
900	1000				0	0	+34	+56	+100	+220	+470	+680	+1050							
1000	1120				0	0	+40	+66	+120	+250	+520	+780	+1150							
1120	1250				0	0	+40	+66	+120	+260	+580	+840	+1300							
1250	1400				0	0	+48	+78	+140	+300	+640	+960	+1450							
1400	1600				0	0	+48	+78	+140	+330	+720	+1050	+1600							
1600	1800				0	0	+58	+92	+170	+370	+820	+1200	+1850							
1800	2000				0	0	+58	+92	+170	+400	+920	+1350	+2000							
2000	2240				0	0	+68	+110	+195	+440	+1000	+1500	+2300							
2240	2500				0	0	+68	+110	+195	+460	+1100	+1650	+2500							
2500	2800				0	0	+76	+135	+240	+550	+1250	+1900	+2900							
2800	3150				0	0	+76	+135	+240	+580	+1400	+2100	+3200							

Tabela 8.6 Desvios fundamentais para furos: posições A-N

Cota Nominal (mm) De >	Até ≤	A	B	C	CD	D	E	EF	F	FG	G	H	JS	J IT6	J IT7	J IT8	K* ≤IT8	K* >IT8	M* ≤IT8	M* >IT8	N* ≤IT8	N* >IT8
						Todas as classes de qualidade								IT6	IT7	IT8	≤IT8	>IT8	≤IT8	>IT8	≤IT8	>IT8
−	3	+270	+140	+60	+34	+20	+14	+10	+6	+4	+2	0		+2	+4	+6	0	0	−2	−2	−4	−4
3	6	+270	+140	+70	+46	+30	+20	+14	+10	+6	+4	0		+5	+6	+10	−1+Δ		−4+Δ	−4	−8+Δ	0
6	10	+280	+150	+80	+56	+40	+25	+18	+13	+8	+5	0		+5	+8	+12	−1+Δ		−6+Δ	−6	−10+Δ	0
10	14	+290	+150	+95		+50	+32		+16		+6	0		+6	+10	+15	−1+Δ		−7+Δ	−7	−12+Δ	0
14	18	+290	+150	+95		+50	+32		+16		+6	0		+6	+10	+15	−1+Δ		−7+Δ	−7	−12+Δ	0
18	24	+300	+160	+110		+65	+40		+20		+7	0		+8	+12	+20	−2+Δ		−8+Δ	−8	−15+Δ	0
24	30	+300	+160	+110		+65	+40		+20		+7	0		+8	+12	+20	−2+Δ		−8+Δ	−8	−15+Δ	0
30	40	+310	+170	+120		+80	+50		+25		+9	0		+10	+14	+24	−2+Δ		−9+Δ	−9	−17+Δ	0
40	50	+320	+180	+130		+80	+50		+25		+9	0		+10	+14	+24	−2+Δ		−9+Δ	−9	−17+Δ	0
50	65	+340	+190	+140		+100	+60		+30		+10	0		+13	+18	+28	−2+Δ		−11+Δ	−11	−20+Δ	0
65	80	+360	+200	+150		+100	+60		+30		+10	0		+13	+18	+28	−2+Δ		−11+Δ	−11	−20+Δ	0
80	100	+380	+220	+170		+120	+72		+36		+12	0		+16	+22	+34	−3+Δ		−13+Δ	−13	−23+Δ	0
100	120	+410	+240	+180		+120	+72		+36		+12	0		+16	+22	+34	−3+Δ		−13+Δ	−13	−23+Δ	0
120	140	+460	+260	+200		+145	+85		+43		+14	0		+18	+26	+41	−3+Δ		−15+Δ	−15	−27+Δ	0
140	160	+520	+280	+210		+145	+85		+43		+14	0		+18	+26	+41	−3+Δ		−15+Δ	−15	−27+Δ	0
160	180	+580	+310	+230		+145	+85		+43		+14	0		+18	+26	+41	−3+Δ		−15+Δ	−15	−27+Δ	0
180	200	+660	+340	+240		+170	+100		+50		+15	0		+22	+30	+47	−4+Δ		−17+Δ	−17	−31+Δ	0
200	225	+740	+380	+260		+170	+100		+50		+15	0		+22	+30	+47	−4+Δ		−17+Δ	−17	−31+Δ	0
225	250	+820	+420	+280		+170	+100		+50		+15	0		+22	+30	+47	−4+Δ		−17+Δ	−17	−31+Δ	0
250	280	+920	+480	+300		+190	+110		+56		+17	0		+25	+36	+55	−4+Δ		−20+Δ	−20	−34+Δ	0
280	315	+1050	+540	+330		+190	+110		+56		+17	0		+25	+36	+55	−4+Δ		−20+Δ	−20	−34+Δ	0
315	355	+1200	+600	+360		+210	+125		+62		+18	0		+29	+39	+60	−4+Δ		−21+Δ	−21	−37+Δ	0
355	400	+1350	+680	+400		+210	+125		+62		+18	0		+29	+39	+60	−4+Δ		−21+Δ	−21	−37+Δ	0
400	450	+1500	+760	+440		+230	+135		+68		+20	0		+33	+43	+66	−5+Δ		−23+Δ	−23	−40+Δ	0
450	500	+1650	+840	+480		+230	+135		+68		+20	0		+33	+43	+66	−5+Δ		−23+Δ	−23	−40+Δ	0
500	560					+260	+145		+76		+22	0					0		−26		−44	
560	630					+260	+145		+76		+22	0					0		−26		−44	
630	710					+290	+160		+80		+24	0					0		−30		−50	
710	800					+290	+160		+80		+24	0					0		−30		−50	
800	900					+320	+170		+86		+26	0					0		−34		−56	
900	1000					+320	+170		+86		+26	0					0		−34		−56	
1000	1120					+350	+195		+98		+28	0					0		−40		−66	
1120	1250					+350	+195		+98		+28	0					0		−40		−66	
1250	1400					+390	+220		+110		+30	0					0		−48		−78	
1400	1600					+390	+220		+110		+30	0					0		−48		−78	
1600	1800					+430	+240		+120		+32	0					0		−58		−92	
1800	2000					+430	+240		+120		+32	0					0		−58		−92	
2000	2240					+480	+260		+130		+34	0					0		−68		−110	
2240	2500					+480	+260		+130		+34	0					0		−68		−110	
2500	2800					+520	+290		+145		+38	0					0		−76		−135	
2800	3150					+520	+290		+145		+38	0					0		−76		−135	

Coluna JS — Desvios simétricos: EI = −IT/2; ES = IT/2

*Os valores de Δ encontram-se na **Tabela 8.7** nas colunas à direita.

Tabela 8.7 Desvios fundamentais para furos: posições *P-ZC*

Coluna "P a ZC (≤ IT7)": *Valores para a mesma classe de desvio na qualidade > IT7 adicionados de Δ*

Cota nominal (mm)		Desvio superior ES (Valores em µm)												Valores para Δ (µm)					
De >	Até ≤	P	R	S	T	U	V	X	Y	Z	ZA	ZB	ZC	IT3	IT4	IT5	IT6	IT7	IT8
					Classes de qualidade > IT 7									Classes de qualidade					
3	6	−12	−15	−19		−23		−28		−35	−42	−50	−80	1	1.5	1	3	4	6
6	10	−15	−19	−23		−28		−34		−42	−52	−67	−97	1	1.5	2	3	6	7
10	14	−18	−23	−28		−33		−40		−50	−64	−90	−130	1	2	3	3	7	9
14	18	−18	−23	−28		−33	−39	−45		−60	−77	−108	−150	1	2	3	3	7	9
18	24	−22	−28	−35		−41	−47	−54	−63	−73	−98	−136	−188	1.5	2	3	4	8	12
24	30	−22	−28	−35	−41	−48	−55	−64	−75	−88	−118	−160	−218	1.5	2	3	4	8	12
30	40	−26	−34	−43	−48	−60	−68	−80	−94	−112	−148	−200	−274	1.5	3	4	5	9	14
40	50	−26	−34	−43	−54	−70	−81	−97	−114	−136	−180	−242	−325	1.5	3	4	5	9	14
50	65	−32	−41	−53	−66	−87	−102	−122	−144	−172	−226	−300	−405	2	3	5	6	11	16
65	80	−32	−43	−59	−75	−102	−120	−146	−174	−210	−274	−360	−480	2	3	5	6	11	16
80	100	−37	−51	−71	−91	−124	−146	−178	−214	−258	−335	−445	−585	2	4	5	7	13	19
100	120	−37	−54	−79	−104	−144	−172	−210	−254	−310	−400	−525	−690	2	4	5	7	13	19
120	140	−43	−63	−92	−122	−170	−202	−248	−300	−365	−470	−620	−800	3	4	6	7	15	23
140	160	−43	−65	−100	−134	−190	−228	−280	−340	−415	−535	−700	−900	3	4	6	7	15	23
160	180	−43	−68	−108	−146	−210	−252	−310	−380	−465	−600	−780	−1000	3	4	6	7	15	23
180	200	−50	−77	−122	−166	−236	−284	−350	−425	−520	−670	−880	−1150	3	4	6	9	17	26
200	225	−50	−80	−130	−180	−258	−310	−385	−470	−575	−740	−960	−1250	3	4	6	9	17	26
225	250	−50	−84	−140	−196	−284	−340	−425	−520	−640	−820	−1050	−1350	3	4	6	9	17	26
250	280	−56	−94	−158	−218	−315	−385	−475	−580	−710	−920	−1200	−1550	4	4	7	9	20	29
280	315	−56	−98	−170	−240	−350	−425	−525	−650	−790	−1000	−1300	−1700	4	4	7	9	20	29
315	355	−62	−108	−190	−268	−390	−475	−590	−730	−900	−1150	−1500	−1900	4	5	7	11	21	32
355	400	−62	−114	−208	−294	−435	−530	−660	−820	−1000	−1300	−1650	−2100	4	5	7	11	21	32
400	450	−68	−126	−232	−330	−490	−595	−740	−920	−1100	−1450	−1850	−2400	5	5	7	13	23	34
450	500	−68	−132	−252	−360	−540	−660	−820	−1000	−1250	−1600	−2100	−2600	5	5	7	13	23	34
500	560	−78	−150	−280	−400	−600													
560	630	−78	−155	−310	−450	−660													
630	710	−88	−175	−340	−500	−740													
710	800	−88	−185	−380	−560	−840													
800	900	−100	−210	−430	−620	−940													
900	1000	−100	−220	−470	−680	−1050													
1000	1120	−120	−250	−520	−780	−1150													
1120	1250	−120	−260	−580	−840	−1300													
1250	1400	−140	−300	−640	−960	−1450													
1400	1600	−140	−330	−720	−1050	−1600													
1600	1800	−170	−370	−820	−1200	−1850													
1800	2000	−170	−400	−920	−1350	−2000													
2000	2240	−195	−440	−1000	−1500	−2300													
2240	2500	−195	−460	−1100	−1650	−2500													
2500	2800	−240	−550	−1250	−1900	−2900													
2800	3150	−240	−580	−1400	−2100	−3200													

8.4 SISTEMA ISO DE TOLERÂNCIAS ANGULARES

Quando as peças apresentam superfícies planas ou cônicas com pequena inclinação, as suas dimensões angulares podem ter tolerâncias usando o sistema ISO para tolerâncias angulares. As normas ISO 1947:1973 e ISO 5166:1982 estabelecem o sistema ISO de tolerâncias angulares. Existem 12 classes de qualidade representadas pelas siglas AT1 a AT12, cujos valores são apresentados na **Tabela 8.8**. Esta tabela deve ser usada apenas a título informativo, pois atualmente essas duas normas foram retiradas. A única norma em vigor relacionada com a tolerância angular é a ISO 3040:1990, que indica que os cones devem ter tolerâncias geométricas, o que será apresentado no próximo capítulo.

8.5 INSCRIÇÃO DAS TOLERÂNCIAS NOS DESENHOS

Existem várias formas alternativas de indicar as tolerâncias dimensionais em um desenho. Merecem referência desde já duas regras importantes:

1. Os desvios, ou a tolerância, devem obrigatoriamente ser indicados no mesmo sistema de unidades da cota, normalmente milímetros. Note-se que, em algumas situações, as tabelas das quais são extraídos os desvios ou a tolerância surgem em μm.

2. Quando são indicados os dois desvios, estes devem ter obrigatoriamente o mesmo número de casas decimais, exceto se um dos desvios for zero. Também na indicação da cota máxima e mínima ambas as cotas devem ser indicadas com o mesmo número de casas decimais.

8.5.1 Indicação de Tolerâncias Lineares

A simbologia ISO é muito usada, em especial na fase de projeto, e corresponde à indicação da cota seguida da letra que indica a posição e a respectiva qualidade (**Figura 8.5**). Apenas como referência, a simbologia ISO pode ser indicada seguida dos desvios (**Figura 8.6**) ou das cotas-limite (**Figura 8.7**), não se recomendando estas formas de indicação das tolerâncias.

$$\vdash \quad 30\ f7 \quad \dashv$$

Figura 8.5 Simbologia ISO.

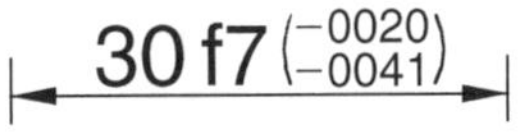

$$\vdash \quad 30\ f7\ \binom{-0020}{-0041} \quad \dashv$$

Figura 8.6 Simbologia ISO e desvios.

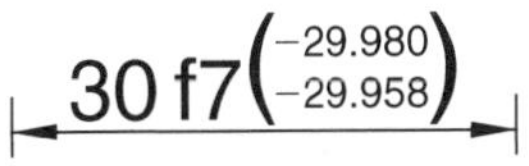

$$\vdash \quad 30\ f7\ \binom{-29.980}{-29.958} \quad \dashv$$

Figura 8.7 Simbologia ISO e cotas-limite.

Tabela 8.8 Valores das tolerâncias do sistema ISO de tolerância angular

Comprimento		Classes de qualidade de tolerâncias angulares											
$L_{min} >$	$L_{máx} \leq$	AT1	AT2	AT3	AT4	AT5	AT6	AT7	AT8	AT9	AT10	AT11	AT12
		Tolerância (mrad)											
6	10	50	80	125	200	315	500	800	1250	2000	3150	5000	8000
10	16	40	63	100	160	250	400	630	1000	1600	2500	4000	6300
16	25	31.5	50	80	125	200	315	500	800	1250	2000	3150	5000
25	40	25	40	63	100	160	250	400	630	1000	1600	2500	4000
40	63	20	31.5	50	80	125	200	315	500	800	1250	2000	3150
63	100	16	25	40	63	100	160	250	400	630	1000	1600	2500
100	160	12.5	20	31.5	50	80	125	200	315	500	800	1250	2000
160	250	10	16	25	40	63	100	160	250	400	630	1000	1600
250	400	8	12.5	20	31.5	50	80	125	200	315	500	800	1250
400	630	6.3	10	16	25	40	63	100	160	250	400	630	1000

μrad − microrradiano = 1×10^{-6} rad.

Os limites podem ser indicados diretamente em seguida à cota (**Figura 8.8**). Quando um dos limites for zero, não se apresentam nem o sinal nem as casas decimais (**Figura 8.9**). Quando a tolerância for simétrica em relação à linha de zero, apenas o valor de um dos desvios é indicado precedido pelo sinal ± (**Figura 8.10**).

As cotas-limite são, em geral, indicadas pela cota máxima sobre a cota mínima (**Figura 8.11**). Quando a dimensão do elemento for apenas limitada em uma direção, a cota máxima ou mínima é indicada seguida da designação "máx." ou "mín." (**Figura 8.12**) de acordo com a norma ISO 406:1987.

8.5.2 Indicação de Tolerâncias em Desenhos de Conjunto

Em desenhos de conjunto ou desenhos de montagem, por vezes é necessário indicar as tolerâncias, simultaneamente para furos e para eixos. A forma de indicação nestes casos é idêntica à usada nas peças individuais, sendo a distinção furo/eixo fornecida pela já mencionada utilização de caracteres maiúsculos ou minúsculos. A simbologia ISO pode ser indicada de duas formas alternativas (**Figura 8.13**). Pode-se ainda indicar como referência os desvios após a simbologia ISO (**Figura 8.14**).

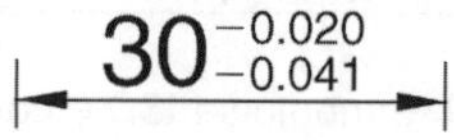

Figura 8.8 Cota nominal e os desvios.

Figura 8.9 Cota nominal e desvios com desvio nulo.

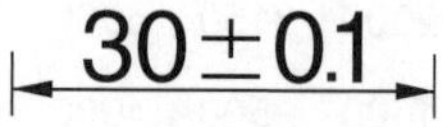

Figura 8.10 Cota nominal e desvios simétricos.

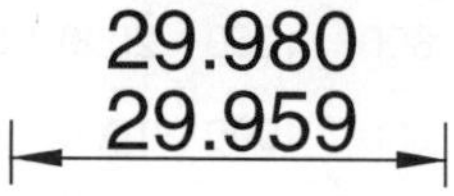

Figura 8.11 Cotas-limite.

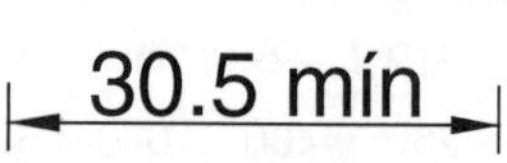

Figura 8.12 Cota-limite em uma direção.

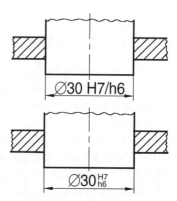

Figura 8.13 Simbologia ISO em desenhos de conjunto.

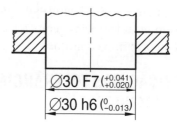

Figura 8.14 Simbologia ISO e desvios em desenhos de conjunto.

8.5.3 Indicação de Tolerâncias Angulares

As regras para a indicação das tolerâncias lineares podem também ser aplicadas na inscrição das tolerâncias angulares, com a exceção de que, para as tolerâncias angulares as unidades devem obrigatoriamente ser indicadas. Quando os desvios são expressos em minutos ou em segundos, o seu valor deve ser precedido por 0° ou por 0°0', respectivamente. Na **Figura 10.15** apresentam-se várias formas alternativas de aplicar tolerâncias em ângulos.

8.6 AJUSTES

O sistema ISO de desvios e ajustes é essencial para se garantir a montagem correta de duas peças. A escolha adequada e simultânea das classes de tolerância para o furo e para o eixo é um ponto essencial.

8.6.1 Tipos de Ajustes

Na montagem de um eixo em um furo, três situações podem ocorrer: folga, aperto e ajuste incerto. Para a compreensão e estudo adequado destas situações, introduzem-se, desde já, algumas definições e conceitos:

Ajuste – É a relação obtida da diferença, antes da montagem, das dimensões das duas peças ou elementos. Note-se que, quando duas peças ou elementos são montados um no outro (furo e eixo) têm, necessariamente, a mesma cota nominal.

Tolerância Dimensional e Estados de Superfície

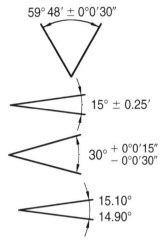

Figura 8.15 Tolerância de cotas angulares

Ajuste com folga (F) – Ocorre quando a dimensão real do eixo, antes da montagem, é menor que a dimensão real do furo. É garantida em termos de tolerância quando a cota mínima do furo é maior que a cota máxima do eixo. Esta condição pode ser escrita como:

$$\text{Folga} \to C_{MÍN} > c_{máx}$$

sendo ilustrada na **Figura 8.16**.

Folga máxima ($F_{máx}$) – É a máxima folga, resultante das tolerâncias impostas para furo e eixo, que pode ocorrer na montagem. Ocorre quando a dimensão real do eixo coincide com a sua cota mínima e a dimensão real do furo coincide com a sua cota máxima, podendo esta relação ser escrita:

$$F_{máx} = C_{MÁX} - c_{mín} = ES\text{-}ei$$

Folga mínima ($F_{mín}$) – Ocorre na situação inversa da folga máxima, isto é, quando a dimensão real do eixo corresponde à cota máxima e a dimensão real do furo coincide com a cota mínima, de acordo com:

$$F_{mín} = C_{MÍN} - c_{máx} = EI\text{-}es$$

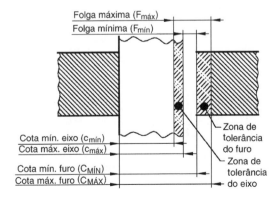

Figura 8.16 Ajuste com folga.

Ajuste com aperto (A) – Ocorre quando a dimensão real do eixo, antes da montagem, é maior que a dimensão real do furo. É garantida em termos de tolerância quando a cota máxima do furo é menor que a cota mínima do eixo. Esta condição pode ser escrita como:

$$\text{Aperto} \to C_{MÁX} < c_{mín}$$

sendo ilustrada na **Figura 8.17**.

Aperto máximo ($A_{máx}$) – Corresponde à interferência máxima entre furo e eixo que pode ocorrer na montagem. Ocorre quando a dimensão real do eixo coincide com a cota máxima e a dimensão real do furo coincide com a cota mínima:

$$A_{máx} = c_{máx} - C_{MÍN} = es\text{-}EI$$

Aperto mínimo ($A_{mín}$) – Corresponde à interferência mínima entre furo e eixo que pode ocorrer na montagem. Ocorre quando a dimensão real do eixo coincide com a cota mínima e a dimensão real do furo coincide com a cota máxima:

$$A_{mín} = c_{mín} - C_{MÁX} = ei\text{-}ES$$

Ajuste incerto – Ocorre quando a dimensão real do furo possa ser menor ou maior que a dimensão real do eixo. Nesta situação, tanto pode ocorrer aperto como folga na montagem, e o ajuste é incerto. Para este tipo de ajuste pode-se calcular a folga máxima e o aperto máximo, não fazendo sentido falar de folga e aperto mínimos. Este tipo de ajuste é ilustrado na **Figura 8.18**.

Tolerância do ajuste (T_{aj}) – É definida como a soma algébrica das tolerâncias dos dois elementos. Alternativamente, pode ser obtida a partir das folgas e dos apertos de acordo com:

$$T_{aj} = t + T$$
$$T_{aj} = F_{máx} - F_{mín}$$
$$T_{aj} = A_{máx} - A_{mín}$$

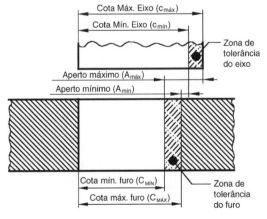

Figura 8.17 Ajuste com aperto.

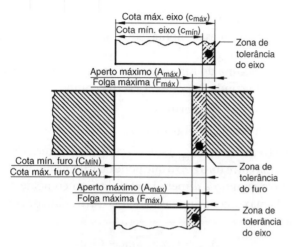

Figura 8.18 Ajuste incerto.

Classe do ajuste – Resulta da combinação de uma classe de tolerâncias para furos com uma classe de tolerância para eixos (p. ex., H7/u6).

8.6.2 Ajustes Recomendados

A partir das 20 classes de qualidade e das 28 classes de desvios fundamentais, obtém-se um número de combinações muito elevado. Nos ajustes em que se combina a classe de tolerância de um furo e de um eixo, pode-se obter um número de combinações possíveis na casa das centenas de milhar.

As classes de ajuste devem ser limitadas de modo a reduzir a multiplicidade de ferramentas e calibres de verificação. Por outro lado, muitas das classes de ajuste possíveis conduzem a tipos de ajuste sensivelmente idênticos. As classes de tolerância recomendadas para furos e eixos, de acordo com a norma ISO 1829, são indicadas na **Figura 10.19**. Como primeira opção devem ser escolhidas as classes de tolerância circunscritas por um retângulo.

Para simplificar ainda mais o processo de escolha do ajuste, seleciona-se um conjunto de classes de tolerância com o mesmo desvio fundamental (p. ex., H) e algumas classes de qualidade (IT6, IT7, ...), para o furo, que depois são combinadas com as classes de tolerância recomendadas para o eixo, por exemplo, H11/c11, H7/k6, H7/s6. Existem dois sistemas normalizados para a realização destas combinações:

Sistema de furo base – Baseado em um furo com desvio fundamental na posição H.

Sistema de eixo base – Baseado em um eixo com desvio fundamental na posição h.

O sistema de furo base é o sistema mais utilizado. O sistema de eixo base deve ser usado apenas quando daí advêm vantagens econômicas, como, por exemplo, quando é necessário montar em um mesmo eixo diferentes peças contendo furos com diferentes desvios.

Os desvios e as tolerâncias devem ser escolhidos de modo a fornecerem as folgas ou apertos requeridos pelas condições funcionais. Convém citar mais uma vez que as tolerâncias devem ser as mais elevadas possíveis, mas sem prejudicar os requisitos funcionais. Por outro lado, como em geral o furo é o elemento mais difícil de fabricar, deve ser escolhida uma qualidade inferior ou igual à do eixo, por exemplo H8/f7.

A escolha da classe de ajuste mais adequada a cada aplicação é influenciada por outros parâmetros, tais como o acabamento das superfícies, a necessidade ou não de lubrificação no contato e qual a viscosidade do lubrificante usado, as variações de temperatura, entre outros.

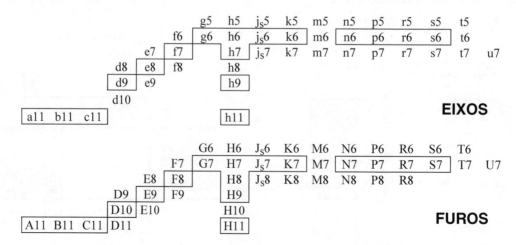

Figura 8.19 Classes de tolerância recomendadas em ajustes.

Tolerância Dimensional e Estados de Superfície

Na **Tabela 8.9** são indicados alguns dos ajustes recomendados para o sistema de furo base, respectivas aplicações e tipo de montagem. Estas recomendações são baseadas nas normas ISO 1829 e ANSI B4.2. Na **Figura 8.20** estão representadas graficamente as classes de ajuste recomendadas. As classes de qualidade apresentadas são apenas indicativas para construção mecânica corrente, podendo o projetista selecionar uma classe de qualidade superior ou inferior.

8.7 VERIFICAÇÃO DAS TOLERÂNCIAS

Após a fabricação das peças, as tolerâncias especificadas precisam ser controladas. Nesta seção são abordados os aspectos relacionados com a verificação da tolerância dimensional após a fabricação das peças. Apresenta-se a interpretação correta do significado das tolerâncias inscritas nos desenhos, alguns aspectos do controle de qualidade e, ainda, alguns equipamentos usados.

8.7.1 Interpretação das Tolerâncias Dimensionais

Quando uma tolerância, ou, mais concretamente, uma classe de tolerância é especificada, importa saber como interpretar e verificar na prática a dimensão com tolerância.

A primeira questão importante é saber se o desenho está ou não de acordo com a norma ISO 8015:1985.

Esta norma define os princípios gerais da tolerância e aplica-se genericamente à tolerância dimensional linear e angular e à tolerância geométrica. Introduz o *princípio da independência*, que define que requisitos dimensionais (tolerâncias dimensionais) e geométricos (tolerâncias geométricas) devem ser verificados independentemente, exceto se alguma indicação em contrário for dada nos desenhos, obrigando a uma interdependência entre dimensão e geometria. Esta interdependência está relacionada com o requisito de envolvente e com o princípio de máximo material, que são apresentados no capítulo seguinte.

Quando o princípio da independência for aplicável, os desenhos devem conter, junto à legenda ou dentro desta, a seguinte inscrição:

Tolerância ISO 8015

sendo as tolerâncias dimensionais interpretadas do seguinte modo: uma tolerância dimensional linear apenas controla as dimensões locais (medidas entre dois pontos), mas não os desvios de forma dos elementos, por exemplo circularidade ou retilineidade, que são conceitos geométricos apresentados no próximo capítulo. Não existe qualquer controle da inter-relação de erros geométricos e erros dimensionais.

Quando a norma ISO 8015 não se aplicar, então a interpretação é a seguinte:

Tabela 8.9 Classes de ajuste recomendadas para o sistema de furo base

Tipo de ajuste	Classes	Características	Montagem	Aplicações
Livre	H11-c11	Grande folga, precisão muito fraca, permite grandes velocidades	À mão	Parafusos, eixos
Rotativo	H9-d9	Para movimentos rápidos, permite grandes variações de temperatura e lubrificantes de elevada viscosidade		Casquilhos, pistons
Rotativo justo	H8-f7	Boa precisão garantindo folga, permite velocidades moderadas e lubrificação com lubrificantes de baixa viscosidade		
Deslizante	H7-g6	Permite deslocamentos e rotações com precisão		Guias
Deslizante justo	H7-h6	Folga mínima nula, permite uma montagem precisa dos eixos, podendo estes, no entanto, ser facilmente desmontados	À mão sob pressão	Rodas dentadas
Ligeiramente preso	H7-k6	Para montagens que necessitam de uma fixação suficientemente rígida, mas que permita a desmontagem	Com madeira	Rolamentos, chavetas
Bloqueado	H7-n6		Com martelo	Engrenagens, rolamentos, uniões
Apertado a frio	H7-p6	Para peças que necessitam ser alinhadas e montadas rigidamente e com precisão. Não permite a desmontagem	Prensa a frio	Pinhões em eixos motores
Apertado a quente	H7-s6	Para conjuntos cuja função é transmitir grandes esforços	Prensa a quente	Rotores de motores

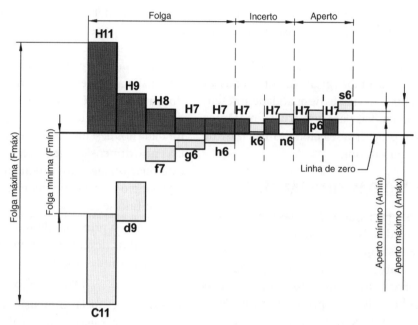

Figura 8.20 Ajustes recomendados: posição das zonas de tolerância.

- Furos (cilíndricos) – O maior diâmetro possível do cilindro imaginário perfeito que circunscreve o furo e que apenas o toca nos pontos mais "altos" da sua superfície não deve ser inferior à cota mínima. O diâmetro máximo para qualquer posição ao longo do furo não deve ser superior à cota máxima.

- Eixos (cilíndricos) – O menor diâmetro possível do cilindro imaginário perfeito que circunscreve o eixo e que apenas o toca nos pontos mais "altos" da sua superfície não deve ser superior à cota máxima. O diâmetro mínimo para qualquer posição ao longo do eixo não deve ser inferior à cota mínima.

A interpretação apresentada para furos/eixos significa que se o elemento está em todos os pontos na cota mínima/máxima, então deve ser um cilindro perfeitamente circular e reto, ou seja, um cilindro perfeito. Todas as interpretações apresentadas são discutidas e esclarecidas em mais detalhes no capítulo seguinte, onde, por exemplo, para as interpretações para furos e eixos será introduzida a condição de máximo material, mas que está inter-relacionada com as imperfeições geométricas.

8.7.2 Controle de Qualidade e Verificação Dimensional

Um primeiro aspecto importante relacionado com a verificação dimensional tem a ver com a temperatura. As dimensões reais das peças variam com a temperatura. Particularmente em peças de grande qualidade e com grande precisão dimensional, a temperatura sob a qual é realizado o controle dimensional não pode ser arbitrária. A norma ISO 1:1975 estabelece que o sistema ISO de desvios e ajustes é definido para uma temperatura de 20°C.

O controle de qualidade das peças e, em particular, da tolerância dimensional é um processo por vezes complexo e sofisticado, que requer alguns cuidados na interpretação dos resultados e na própria execução do controle de qualidade. A recomendação ISO/R 1938:1971 indica alguns métodos e técnicas a serem usados. Note-se que, apesar de a designação desta recomendação ser em tudo idêntica à de uma norma ISO, trata-se apenas de uma "recomendação" e não de uma norma.

8.7.3 Equipamentos

O controle de qualidade é realizado nas modernas unidades industriais, com base em sofisticados equipamentos que usam métodos como os ultrassons, *laser*, entre outros. No entanto, continuam a ser usadas técnicas de verificação de tolerâncias mais baratas e menos sofisticadas, mas igualmente precisas para as qualidades correntes, como as que são em seguida indicadas.

Na recomendação ISO/R 1938, especifica-se, por exemplo, que os instrumentos de verificação podem ser do tipo "calibre fixo" ou instrumentos de medição (como o caso dos paquímetros), cada um deles com as suas vantagens e inconvenientes. Atualmente, atendendo a sofisticação, resolução e precisão cada vez maiores dos instrumentos de medida, estes últimos têm substituído gradualmente os calibres fixos.

Tolerância Dimensional e Estados de Superfície

Os calibres fixos, alguns deles indicados na **Figura 8.21**, são instrumentos manuais não reguláveis que permitem verificar uma gama de dimensões. Os calibres passa/não passa são muito usados para furos ou eixos. Outro tipo de equipamento muito usado, principalmente para a verificação de ângulos, raios ou concordâncias, são os gabaritos (**Figura 8.22**). Os paquímetros analógicos ou digitais (**Figura 8.23**) são instrumentos de medição, manuais e reguláveis, muito úteis. Os paquímetros têm a vantagem de poder ser usados para ler cotas exteriores, interiores ou profundidades. Atualmente existem modelos digitais, mais precisos ($\approx 0,01$ mm) do que os tradicionais paquímetros analógicos (precisão $\approx 0,05$ mm) e que podem ser ligados diretamente a um computador (fazendo o registro para controle estatístico, por exemplo).

Outro equipamento idêntico aos paquímetros, mas que permite, geralmente, uma precisão superior ($\approx 0,001$ mm) é o micrômetro (**Figura 8.24**). Note-se que a precisão dos equipamentos depende da tecnologia usada pelo fabricante, com as consequentes implicações em termos de preço. Na **Figura 8.25** apresentam-se alguns equipamentos mais gerais e sofisticados e com os quais é possível obter uma precisão até 0,00001 mm.

Outros equipamentos mais sofisticados, usados sobretudo para verificação das tolerâncias geométricas, mas que também podem ser usados na verificação das tolerâncias dimensionais, são apresentados no capítulo seguinte.

Considerando os equipamentos não reguláveis referidos, demonstra-se, mais uma vez, a importância de

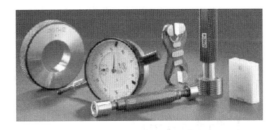

Figura 8.21 Exemplo de calibres (cortesia da Mahr GmBh).

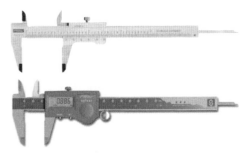

Figura 8.23 Paquímetros (cortesia da Fred Fowler Co.).

Figura 8.22 Gabaritos (cortesia da Fred Fowler Co.).

Figura 8.24 Micrômetros (cortesia da Fred Fowler Co.).

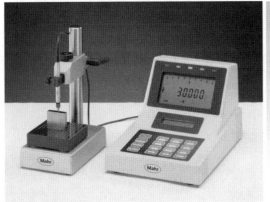

Figura 8.25 Instrumentos de medição sofisticados e muito precisos (cortesia da Mahr e Fred Fowler Co.).

Tabela 8.10 Desvios admissíveis para cotas lineares excluindo boleados e concordâncias

Classe de tolerância		Desvios (mm)							
Designação	Descrição	> 0,5 a 3*	> 3 a 6	> 6 a 30	> 30 a 120	> 120 a 400	> 400 a 1000	> 1000 a 2000	> 2000 a 4000
f	Fina	±0,05	±0,05	±0,1	±0,15	±0,2	±0,3	±0,5	–
m	Média	±0,1	±0,1	±0,2	±0,3	±0,5	±0,8	±1,2	±2
c	Grosseira	±0,2	±0,3	±0,5	±0,8	±1,2	62	±3	±4
v	Muito grosseira	–	±0,5	±1	±1,5	±2,5	64	66	±8

*Para cotas nominais inferiores a 0,5 mm, os desvios devem ser indicados junto às cotas.

selecionar classes de tolerância ou de ajuste normalizadas, particularmente as recomendadas.

Existe um conjunto de normas internacionais relacionadas com os instrumentos usados na verificação da tolerância dimensional, por exemplo, as normas ISO/R 463:1965 para calibres, as normas ISO 3599:1976 e ISO 6906:1984 para paquímetros, ISO 3611:1978 e ISO 7863:1984 para micrômetros, assim como outras normas mais gerais relacionadas não só com os equipamentos, mas também com os procedimentos de verificação das tolerâncias, como sejam as normas ISO 14253-1:1998 e ISO/TS 14253-2:1999.

8.8 TOLERÂNCIA DIMENSIONAL GERAL

A indicação da tolerância dimensional nos desenhos pode por vezes ser simplificada quando a classe de tolerância é a mesma para todas as dimensões lineares ou angulares. Note-se, todavia, que quando para determinada cota é aplicada uma classe diferente, então esta deve ser indicada diretamente na cota. Existem quatro classes de tolerância geral de acordo com a norma ISO 2768-1:1989. Também para a tolerância geométrica que será abordada no próximo capítulo existe um conjunto de classes gerais.

A classe de tolerância geral a ser selecionada depende dos requisitos exigidos da peça. Os princípios gerais para a sua seleção são os mesmos aplicados na escolha de uma tolerância particular: os valores das tolerâncias devem ser os maiores possíveis, mas sem prejudicar a função e os requisitos das peças. A indicação de classes de tolerância gerais nos desenhos apresenta algumas vantagens:

1. Os desenhos tornam-se mais fáceis de ler.
2. O projetista e o desenhista economizam tempo ao eliminarem a necessidade do cálculo das tolerâncias, fazendo-o apenas para as tolerâncias que são indicadas diretamente nas cotas.
3. Com base nas tolerâncias gerais é mais fácil determinar os processos de fabricação a serem usados e se com

estes será possível cumprir as tolerâncias especificadas. As tolerâncias indicadas diretamente nas cotas são normalmente aquelas que requerem processos de fabricação mais rigorosos e um controle mais rígido.

4. Em operações de subcontratação (peças encomendadas a outras empresas), torna-se mais fácil definir preços e eliminar o problema relacionado com as cotas sem tolerâncias diretas.

A menos que seja explicitamente especificado no projeto, cotas não conformes com a tolerância geral não devem ser automaticamente rejeitadas.

8.8.1 Tolerâncias Gerais

As tolerâncias gerais para as cotas lineares, excluindo boleados e concordâncias, são indicadas na **Tabela 8.10**. Para boleados e concordâncias, as tolerâncias gerais são indicadas na **Tabela 8.11**. Finalmente, as tolerâncias gerais para cotas angulares são indicadas na **Tabela 8.12**.

8.8.2 Indicação nos Desenhos

Quando são aplicadas tolerâncias gerais, deve obrigatoriamente ser indicada no campo apropriado da legenda, ou junto dela, a seguinte indicação:

ISO 2768

Tabela 8.11 Desvios admissíveis para boleados e concordâncias

Classe de tolerância		Desvios (mm)		
Designação	Descrição	> 0,5 a 3*	> 3 a 6	> 6
f	Fina	±0,2	±0,5	±1
m	Média			
c	Grosseira	±0,4	±1	±2
v	Muito grosseira			

*Para cotas nominais inferiores a 0,5 mm, os desvios devem ser indicados junto às cotas.

Tolerância Dimensional e Estados de Superfície

Tabela 8.12 Desvios admissíveis para cotas angulares

Classe de tolerância		Desvios (mm) para o lado mais curto do ângulo				
Designação	Descrição	≤ 10	> 10 a 50	> 50 a 120	120 a 400	≤ 400
f	Fina	±1°	±0°30'	±0°20'	±0°10'	±0°5'
m	Média					
c	Grosseira	±1°30'	±1°	±0°30'	±0°15'	±0°10'
v	Muito grosseira	±3°	±2°	±1°	±0°30'	±0°20'

seguida pela classe de tolerâncias de acordo com a norma ISO 2768-1.

Por exemplo, para uma classe de tolerâncias média:

ISO 2768-m

8.9 TOLERÂNCIA DE PEÇAS ESPECIAIS

Genericamente, o sistema ISO de tolerância dimensional só se aplica a peças usinadas ou obtidas a partir de processos de conformação de chapa. Para peças ou elementos especiais, ou peças obtidas por outros processos de fabricação, existe um conjunto de normas que poderão ser bastante úteis para a determinação da sua tolerância.

Por outro lado, alguns aspectos da tolerância foram abordados de forma pouco aprofundada, sobretudo no que diz respeito à tolerância de ângulos. O objetivo desta seção é abordar, de uma forma geral, aspectos não focados até agora e redirecionar o leitor para essas normas.

A norma ISO 3040:1990 aborda a cotagem e tolerância de cones, dando realce à tolerância geométrica. Existe um conjunto de conicidades normalizadas, as quais se encontram na norma ISO 1119:1998.

A fundição de ligas metálicas é um dos processos de fabricação mais importante em engenharia mecânica. A norma ISO 8062:1994 estabelece um conjunto de classes de tolerância para as peças obtidas por este processo, designadas CT1 a CT16. São definidas ainda classes de tolerância gerais a serem usadas em fundição, classes de desvios permitido para moldes, entre outros aspectos.

A solda é outro processo de fabricação importante em construção mecânica. Em capítulo posterior será indicada a forma de representar as soldas em Desenho Técnico. Na norma ISO 13920:1996, é apresentada a maneira de aplicar tolerâncias, dimensional e angularmente, a forma e a posição dos elementos soldados.

Por vezes (especialmente no caso de empresas multinacionais) é necessário converter as cotas e tolerâncias do sistema internacional para unidades do sistema inglês e vice-versa. A norma ISO 370:1975 define as regras gerais a aplicar nesta situação, em particular no que respeita à truncagem dos valores da tolerância.

Finalmente, merece referência o relatório técnico ISO/TR 14638:1995. Este relatório cobre a especificação geométrica do produto (GPS), assim como a especificação dos processos de fabricação, e ainda o desenvolvimento do produto. Em relação à tolerância, este relatório apresenta um conjunto de tabelas referenciado como matriz GPS, no qual são indicadas as normas relacionadas com cada uma das características geométricas do produto. Indica ainda as normas relacionadas com a verificação ou o controle de qualidade dessa característica geométrica.

8.10 ESTADOS DE SUPERFÍCIE

Os acabamentos superficiais e estados de superfície estão relacionados com o grau de qualidade do acabamento exigido para as superfícies. Tal como acontece com as tolerâncias, a exigência de um melhor acabamento para as superfícies conduz ao aumento do custo de fabricação. Produzir peças com superfícies geometricamente perfeitas não é exequível ou é extremamente caro. Pode-se afirmar que, do ponto de vista da fabricação, a superfície ideal é aquela que, tendo pior acabamento, cumpre a sua função satisfatoriamente. As exigências de acabamento, por exemplo, para um calibre, são diferentes das exigidas para o cilindro de um motor, que, por sua vez, são diferentes das exigidas para a superfície exterior do bloco do motor. O grau de acabamento superficial tem influência no desgaste, nas características do contato, na lubrificação, no escorregamento, na resistência à fadiga e à corrosão etc.

Outra questão muito importante relacionada com os estados de superfície é a sua relação com as tolerâncias. Quando são especificados valores baixos para as tolerâncias, isso obriga a ter bons acabamentos superficiais. Note-se que o inverso não é verdadeiro.

A indicação dos acabamentos superficiais nos desenhos é efetuada de acordo com a norma ISO 1302:1992.

8.10.1 Definições

Apresentam-se desde já algumas das mais importantes definições que serão usadas ao longo desta seção.

Rugosidade – Medida das irregularidades que constituem a superfície.

Grau de acabamento – Indica a maior ou menor dimensão do conjunto de irregularidades superficiais resultantes da fabricação da peça. O valor da rugosidade é indicativo do grau de acabamento superficial.

Estrias – São os sulcos deixados na superfície pelas ferramentas durante a fabricação. Estes sulcos podem ter orientações bem definidas, podendo inclusivamente ser especificadas nos desenhos.

Perfil da superfície – Resulta da interseção da superfície real com um plano especificado, que lhe é perpendicular.

8.10.2 Simbologia dos Estados de Superfície

Os estados de superfície são indicados usando-se os símbolos da **Tabela 8.13**. O símbolo básico isolado não tem qualquer significado. O símbolo deve ser desenhado de acordo com as proporções e dimensões indicadas na **Figura 8.26** e na **Tabela 8.14**. Os caracteres a serem inscritos junto do símbolo devem estar de acordo com a norma ISO 3098, tal como exposto no Capítulo 3.

A especificação completa do estado da superfície e dos acabamentos superficiais é indicada junto ao símbolo nas posições da **Figura 8.27**. Quando são indicados outros parâmetros além do valor da rugosidade (a), o símbolo deve ter obrigatoriamente a linha horizontal. O significado das letras indicadas na **Figura 8.27** é o seguinte:

a Rugosidade. Os valores que caracterizam a rugosidade da superfície no estado final de acabamento são inscritos no local assinalado por *a*, podendo ser indicados usando-se as unidades da rugosidade (micrômetros ou micropolegadas no sistema inglês) ou a classe de rugosidade. Nos casos em que for necessário considerar um limite superior a_1 e um limite inferior a_2 da rugosidade, devem ser assinalados esses dois valores, um sobre o outro, na posição indicada por *a*.

b Características especiais do estado de superfície. No local da letra *b* são especificadas exigências especiais, como o processo de trabalho utilizado para a obtenção da superfície, tratamento térmico, revestimento etc. Deve-se notar que o valor da rugosidade indicada em *a* se refere ao estado da superfície depois de trabalhada, tratada ou revestida, como indicado em *b*.

c Comprimento de base. O comprimento de base (ver **Figura 8.35**) é o comprimento da seção da superfície escolhido para avaliar a rugosidade superficial, sem consideração de outros tipos de irregularidades, e indica-se na posição *c*.

d Orientação das estrias. A direção das estrias resultante da forma como são trabalhadas as superfícies é representada, quando necessário, pelos símbolos da

Tabela 8.13 Símbolos usados na indicação dos estados de superfície

Símbolo	Significado
∨	Símbolo básico
∇	Requerida remoção de material (por usinagem)
⌀∨	Proibida a remoção de material

Tabela 8.14 Dimensões dos símbolos do acabamento superficial

Característica	Dimensões (mm)					
Altura das letras maiúsculas	3,5	5	7	10	14	20
Espessura de linha dos símbolos (*d'*)	0,35	0,5	0,7	1	1,4	2
Altura (H_1)	5	7	10	14	20	28
Altura (H_2)	10	14	20	28	40	56

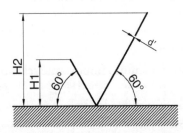

Figura 8.26 Proporções e dimensões do símbolo.

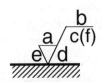

Figura 8.27 Especificação dos estados de superfície.

Tolerância Dimensional e Estados de Superfície

Tabela 8.16, indicados no desenho junto do símbolo-base, na zona assinalada por *d*.

e **Sobre-espessura para acabamento.** O valor da sobre-espessura para acabamento (em mm) só é representado quando necessário. É inscrito na posição da letra *e*. Note-se que o valor da sobre-espessura necessária para trabalhar a superfície de uma peça é, em geral, da responsabilidade do executante.

f **Outros parâmetros da rugosidade.** Estes valores ou parâmetros, quando indicados, são sempre apresentados entre parênteses, na posição da letra *f*.

Em alguns desenhos mais antigos, ainda é possível encontrar a antiga simbologia dos estados de superfície. Esta simbologia já não se encontra em vigor, sendo apresentada apenas a título informativo na **Tabela 8.15**.

8.10.3 Inscrição nos Desenhos

Tal como na cotagem, os símbolos devem ser posicionados nos desenhos de modo a serem lidos a partir do canto inferior direito da folha, de acordo com a **Figura 8.28**. Quando necessário, o símbolo pode ser ligado à superfície por uma linha de referência. O símbolo deve ser colocado fora dos contornos da peça, sobre a linha que representa a superfície ou no prolongamento desta.

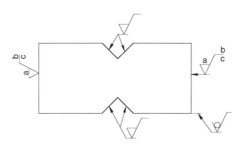

Figura 8.28 Orientação dos símbolos de acabamento de acordo com a orientação da folha de desenho.

Tabela 8.15 Antigos símbolos dos estados de superfície

Símbolo antigo	Estado de superfície	Símbolo moderno
∩	Superfície em bruto	–
∇	Superfície desbastada	125/
∇∇	Superfície usinada	32/
∇∇∇	Superfície polida	0,8/

Tabela 8.16 Símbolo para a indicação da orientação das estrias

Símbolo	Descrição	Exemplo
=	Estrias paralelas ao plano de projeção da vista	
⊥	Estrias perpendiculares ao plano de projeção da vista	
X	Estrias cruzadas em duas direções oblíquas em relação ao plano de projeção da vista	
M	Estrias multidirecionais	
X	Estrias aproximadamente circulares	
R	Estrias aproximadamente radiais	

Quando não é possível adotar a regra geral anterior, o símbolo pode ser desenhado em qualquer posição (**Figura 8.29**), mas somente nos casos em que os campos *b-f* não forem indicados. Note-se que, neste caso, o valor da rugosidade deve ser escrito de acordo com a regra geral, isto é, de modo a ser lido do canto inferior direito da folha de desenho (conforme esta mesma figura).

Para uma dada superfície, o símbolo deve ser usado uma única vez e posicionado de acordo com os princípios gerais da cotagem. Sempre que possível, o símbolo deve ser posicionado na vista que contém a cota que define a posição e a dimensão da superfície (**Figura 8.30**).

Quando o estado de superfície for o mesmo para todas as superfícies da peça, então o símbolo deve ser indicado no canto superior esquerdo do desenho. No caso de desenhos peça a peça, o símbolo deve ser inscrito após o número de referência da peça. Ambas as situações são indicadas na **Figura 8.31**.

Quando um estado de superfície é aplicado na maioria das superfícies, e apenas para algumas são aplicados estados diferentes, a sua indicação é feita do seguinte modo (**Figura 8.32**):

a) Indicação do estado geral após a indicação da referência da peça.
b) Indicação, após o estado geral, dos símbolos dos outros estados entre parênteses.

Quando for necessário indicar um estado de superfície cuja simbologia apresente alguma complexidade em várias superfícies da peça, a sua inscrição pode ser simplificada indicando-se apenas nas superfícies um símbolo simplificado, identificado por uma letra, e, junto da vista, a especificação completa, tal como mostra a **Figura 8.33**.

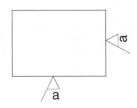

Figura 8.29 Orientação dos símbolos de acabamento em casos especiais.

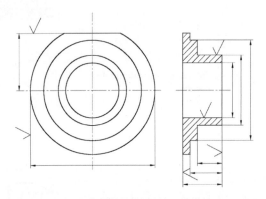

Figura 8.30 Inscrição dos símbolos de acabamento superficial nos desenhos.

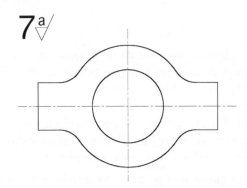

Figura 8.31 Indicação de um estado de superfície geral para a peça.

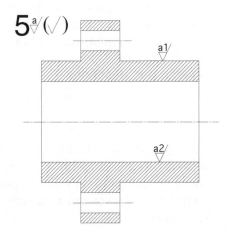

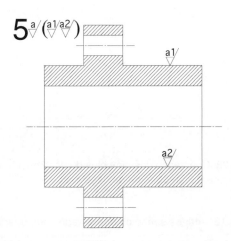

Figura 8.32 Indicação dos estados de superfície quando um tipo de estado é preponderante.

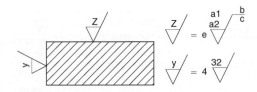

Figura 8.33 Indicação simplificada dos estados de superfície.

Assinale-se ainda que a indicação do estado de superfície é desnecessária quando os processos de fabricação usados garantem, por si mesmos, o acabamento pretendido.

A indicação do estado de superfície apenas deve ser feita para as superfícies nas quais são necessários ajustes ou contato com outras superfícies.

8.10.4 Valores da Rugosidade

Para indicação nos desenhos, a norma ISO 1302 estabelece as 12 classes de rugosidade média, designadas pelas letras R_a, indicadas na **Tabela 8.17**. Essas 12 classes são designadas pelas letras N1 a N12. Nos desenhos, as rugosidades podem ser indicadas usando-se as classes ou o valor da rugosidade. Na possibilidade de haver ambiguidade quanto às unidades utilizadas no valor da rugosidade, as respectivas unidades devem ser inscritas junto à legenda.

Dependendo do processo de fabricação utilizado, as peças apresentam maiores ou menores irregularidades superficiais. Uma peça obtida por fundição ou forjamento apresenta, em geral, pior acabamento superficial do que uma peça obtida por usinagem.

As irregularidades superficiais podem ser de diferentes tipos: defeitos de forma, superfícies onduladas e superfícies rugosas. Os defeitos de forma estão no âmbito da tolerância geométrica, que será analisado no próximo capítulo.

Os valores típicos da rugosidade, obtidos com os processos de fabricação mais comuns, são apresentados na **Tabela 10.18**.

8.10.5 Parâmetros da Rugosidade

A definição do estado de superfície é um processo por vezes complicado, pois são inúmeros os parâmetros envolvidos. Nesta seção, faz-se uma abordagem das definições e parâmetros mais importantes, sendo o leitor remetido para as normas internacionais em vigor no caso de pretender informação mais detalhada.

Considere-se a peça indicada na **Figura 8.34** e o perfil da superfície indicado na **Figura 8.35**, resultante da interseção da superfície real com um plano especificado. O termo perfil é aqui definido de uma forma genérica, embora nas normas ISO 3274:1996 e 4287:1997 existam definições mais detalhadas como: perfil de referência, perfil primário, filtros do perfil etc.

A partir das irregularidades do perfil (**Figura 8.35**) é definido um conjunto de parâmetros:

- **Rugosidade média R_a**, definida como a média aritmética dos valores absolutos das coordenadas do perfil

$$R_a = \frac{1}{c}\int_0^c |Z(x)|dx$$

em que c é o comprimento de base.

- **Rugosidade média quadrática R_q**, definida como a raiz quadrada da média aritmética dos valores quadráticos das coordenadas do perfil

$$R_q = \sqrt{\frac{1}{c}\int_0^c Z^2(x)dx}$$

Tabela 8.17 Classes de rugosidade

Classe de rugosidade	Valores da rugosidade R_a	
	µm	µin
N12	50	2000
N11	25	1000
N10	12,5	500
N9	6,3	250
N8	3,2	125
N7	1,6	63
N6	0,8	32
N5	0,4	16
N4	0,2	8
N3	0,1	4
N2	0,05	2
N1	0,025	1

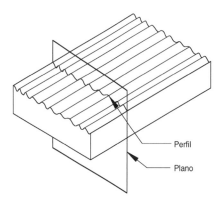

Figura 8.34 Perfil da superfície.

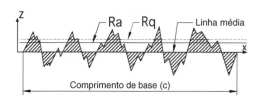

Figura 8.35 Parâmetros da rugosidade.

Tabela 8.18 Rugosidades típicas obtidas pelos processos de fabricação mais comuns

Operação/processo de fabricação	Rugosidade média R_a (µm)												
	50	25	12,5	6,3	3,2	1,6	0,8	0,4	0,2	0,1	0,05	0,025	0,012
Corte por chama													
Corte com serra													
Limar, aplainar													
Furação (broca helicoidal)													
Mandrilar													
Escarear													
Fresar													
Tornear													
Corte por *laser*													
Retificar													
Afiar (pedra)													
Esmerilar													
Polimento													
Superacabamento													
Fundição em molde de areia													
Laminação a quente													
Forjamento													
Fundição em molde permanente													
Extrusão													
Laminação, Estampagem													
Fundição injetada													

■ Gama de rugosidades frequente ▨ Gama de rugosidades menos frequente

Os comprimentos de base, de acordo com a norma ISO 4288:1996, para os quais são medidas as rugosidades, são indicados na **Tabela 8.19**.

Nas normas ISO 4287 e 4288, são definidos ainda outros parâmetros, como mínima e máxima profundidades da rugosidade, assimetria da rugosidade etc.

Tabela 8.19 Comprimentos de base normalizados

R_a (µm)	Comprimento de base (mm)	Distância entre medições (mm)
>0,006 ≤0,02	0,08	0,4
>0,02; ≤0.1	0,25	1,25
>0.1; ≤2	0,8	4
>2; ≤10	2,5	12,5
>10; ≤80	8	40

8.10.6 Medição das Rugosidades

Existem várias técnicas e equipamentos para a medição da rugosidade das superfícies. A mais simples, mas que requer pessoal especializado, é o tato. Consiste em "passar o dedo" pela superfície e comparar depois com uma escala de rugosidades normalizadas (**Figura 8.36**). Existem equipamentos mais precisos, designados por rugosímetros, que permitem não só determinar o valor da rugosidade, como também obter seus diferentes parâmetros. Esses equipamentos podem ser manuais (**Figura 8.37**) ou montados em uma base fixa, sendo o movimento do rugosímetro controlado a partir de um computador no qual se podem programar os pontos ou trajetórias em que as rugosidades são medidas (**Figura 8.38**).

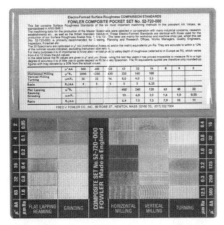

Figura 8.36 Escala de rugosidades normalizadas (cortesia da Fred Fowler Co.).

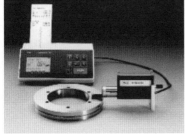

Figura 8.37 Rugosímetros manuais (cortesia da Mahr GmBh).

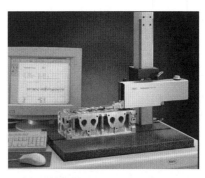

Figura 8.38 Rugosímetro estacionário (cortesia da Mahr GmBh).

A medição das rugosidades e ondulações das superfícies deve ser efetuada nas direções que fornecem os valores mais elevados. Em geral, a menos que algo seja especificado, na direção das estrias.

Para a calibração dos equipamentos é importante a consulta da norma ISO 5436:1985. A norma ISO 11562:1996 estabelece os tipos de filtros e suas características para a medição dos perfis das superfícies.

8.11 EXEMPLOS DE APLICAÇÃO E DISCUSSÃO

Em primeiro lugar, resumem-se as principais expressões usadas na tolerância dimensional:

Tolerância: $\quad T = C_{MÁX} - C_{MÍN} \quad (1)$

$\quad T = ES-EI \quad (2)$

Cota máxima: $\quad C_{MÁX} = C_N + ES \quad (3)$

Cota mínima: $\quad C_{MÍN} = C_N + EI \quad (4)$

Tolerância de ajuste: $\quad T_{aj} = t + T \quad (5)$

Folga máxima: $\quad F_{máx} = C_{MÁX} - c_{mín} = ES-ei \quad (6)$

Folga mínima: $\quad F_{mín} = C_{MÍN} - c_{máx} = EI-es \quad (7)$

Aperto máximo: $\quad A_{máx} = c_{máx} - C_{mín} = es-EI \quad (8)$

Aperto mínimo: $\quad A_{mín} = c_{mín} - C_{máx} = ei-ES \quad (9)$

EXEMPLO 1 – Determinação das cotas-limite para um eixo de diâmetro 40 e classe de tolerância g11. Cotar usando a simbologia ISO, a simbologia ISO e os desvios e usando as cotas máxima e mínima.

A partir da **Tabela 8.3** obtém-se o valor da tolerância, na linha 30 a 50 mm e para a classe de qualidade IT11.

$t = 160\ \mu m = 160 \times 10^{-6}\ m = 0{,}160\ mm.$

O desvio fundamental é obtido na **Tabela 8.4** para eixos (neste caso, desvio superior) e para a classe de tolerância de posição g.

$es = -9\ \mu m = -9 \times 10^{-6}\ m = -0{,}009\ mm.$

O desvio inferior é calculado a partir dos valores da tolerância e do desvio superior, de acordo com a equação (2)

ei = es − t = −9 − 160 μm = −169 μm = −0,169 mm.

As cotas máxima e mínima são obtidas a partir das equações (3) e (4), respectivamente

$c_{máx} = c_n + es = 40 − 0,009 = 39,991$ mm.

$c_{mín} = c_n + ei = 40 − 0,169 = 39,831$ mm.

A cotagem nas formas requeridas é apresentada na **Figura 8.39**. Note-se que as diferentes formas são alternativas.

EXEMPLO 2 − Determinação das cotas-limite para um furo de diâmetro 130 e classe de tolerância N4. Cotar usando a simbologia ISO, os desvios, e usando as cotas máxima e mínima.

O valor da tolerância é obtido na **Tabela 8.3**, na linha 120 a 180 mm e para a classe de qualidade IT4:

T = 12 μm = 12 × 10^{-6} m = 0,012 mm.

O desvio fundamental é obtido na **Tabela 8.6** para furos (neste caso desvio superior) e para a classe de tolerância de posição N (Coluna ≤ IT8): ES = −27 + Δ.

O valor de Δ é obtido na **Tabela 8.7** para a classe de qualidade IT4: Δ = 4 μm = 0,004 mm

ES = −27 + Δ = −27 + 4 μm = −23 μm = −0,023 mm.

O desvio inferior é calculado a partir dos valores da tolerância e do desvio superior de acordo com a equação (2)

EI = ES − T = −23 − 12 μm = −35 μm = −0,035 mm.

As cotas máxima e mínima são obtidas a partir das equações (3) e (4), respectivamente

$C_{MÁX} = C_N + ES = 130 − 0,023$ mm = 129,977 mm

$C_{MÍN} = C_N + EI = 130 − 0,035$ mm = 129,965 mm

A cotagem nas formas requeridas é indicada na **Figura 8.40**.

EXEMPLO 3 − Considere-se o ajuste entre um pistom de um motor e a respectiva camisa. A cota nominal é de 50 mm. Escolha uma classe de ajustes adequada e determine as cotas máximas e mínimas para o pistom e o cilindro. A partir destas cotas, verifique se existe folga e determine as folgas máxima, mínima e a tolerância do ajuste.

Na **Tabela 8.9** são indicadas as classes de ajuste recomendadas. Em um pistom existe lubrificação, pelo que o tipo de ajuste mais indicado é o rotativo. Para o ajuste rotativo, temos uma classe recomendada H9-d9.

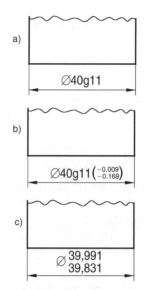

Figura 8.39 Exemplo 1.

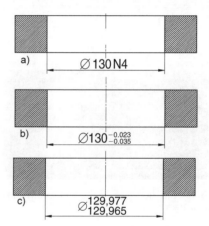

Figura 8.40 Exemplo 2.

Furo − Camisa: H9. A partir da **Tabela 8.3**, para a linha 30 − 50 mm e para a classe de qualidade IT9, obtém-se o valor da tolerância

T = 62 μm = 0,062 mm

O desvio de referência é obtido na **Tabela 8.6**. Note-se que a classe H apresenta um desvio inferior nulo (ver **Figura 8.4**)

EI = 0; ES = T = 62 μm = 0,062 mm

A partir das expressões (3-4) podem ser determinadas as cotas máxima e mínima

$C_{MÁX} = C_N + ES = 50 + 0,062 = 50,062$ mm

$C_{MÍN} = C_N + EI = 50 + 0 = 50,000$ mm

Eixo − Pistom: d9. Uma vez que a classe de qualidade é a mesma para o furo e para o eixo (IT9), o valor da tolerância é o mesmo do furo

t = 62 μm = 0,062 mm

O desvio fundamental é obtido na **Tabela 8.4**, correspondendo ao desvio superior

$$es = -80\ \mu m = -0{,}08\ mm$$

A partir da expressão (2) pode calcular-se o desvio inferior

$$ei = es - t = -80 - 62 = -142\ \mu m = -0{,}142\ mm$$

As cotas máxima e mínima obtidas a partir das expressões (3-4) são

$$c_{máx} = c_n + es = 50 - 0{,}08 = 49{,}920\ mm$$
$$c_{mín} = c_n + ei = 50 - 0{,}142 = 49{,}858\ mm$$

A condição para verificar a existência de folga é Folga $\rightarrow C_{MÍN} > c_{máx}$.

Como a cota mínima do furo $C_{MÍN} = 50{,}000\ mm$ é superior à cota máxima do eixo $c_{máx} = 49{,}920\ mm$, verifica-se que de fato existe folga. As folgas máxima e mínima são calculadas a partir das expressões (6-7)

$$F_{máx} = C_{MÁX} - c_{mín} = ES - ei = 62 - (-142) =$$
$$204\ \mu m = 0{,}204\ mm$$

$$F_{mín} = C_{MÍN} - c_{máx} = EI - es = 0 - (-80) =$$
$$80\ \mu m = 0{,}08\ mm$$

A tolerância do ajuste é calculada de acordo com a expressão (5)

$$T_a = t + T = 62 + 62\ \mu m = 124\ \mu m = 0{,}124\ mm$$

Notas finais:

É obrigatório indicar sempre o sinal dos desvios. Para a tolerância e cotas-limite, o sinal não é indicado, pois, por definição, são sempre valores positivos.

Note-se que, como a cota máxima tem um valor sempre superior à cota mínima, o desvio superior é sempre maior que o desvio inferior.

8.12 APLICAÇÕES EM CAD

Tal como a cotagem, a indicação da tolerância dimensional nos desenhos em CAD é bastante simples. As diferentes opções de inscrição das cotas com tolerâncias (simbologia ISO, desvios, cotas-limite etc.) podem ser inscritas de uma forma simples nos desenhos. Na **Figura 8.41** apresenta-se um exemplo de introdução de tolerâncias dimensionais em *Solid Edge*. Neste caso o projetista/desenhista tem de conhecer os valores dos desvios e introduzi-los nos campos da tolerância. O cálculo das cotas máxima e mínima é automático. Existem programas, como o *Mechanical Desktop*, que contam com uma base de dados do sistema ISO de desvios e ajustes, bastando ao usuário introduzir a classe de tolerância: a determinação dos desvios e cotas máxima e mínima é automática. Na **Figura 8.42** apresenta-se um exemplo dos campos de introdução da tolerância dimensional em *Mechanical Desktop*.

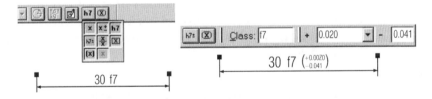

Figura 8.41 Tolerância dimensional em *Solid Edge*.

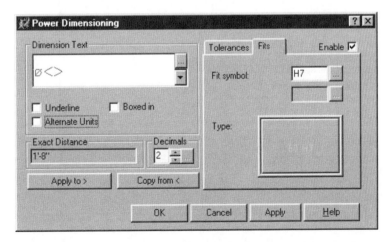

Figura 8.42 Tolerância dimensional em *Mechanical Desktop (continua)*.

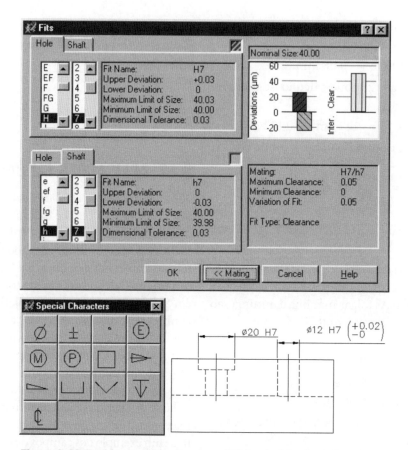

Figura 8.42 Tolerância dimensional em *Mechanical Desktop (continua)*.

Tal como para a tolerância dimensional, a inscrição dos acabamentos superficiais e dos estados de superfície é fácil usando sistemas de CAD. Na **Figura 8.43** é indicado o menu para o programa *Solid Edge*, e na **Figura 8.44** para o programa *Autodesk Inventor*. É possível, inclusive, colocar diretamente os estados de superfície nos sólidos tridimensionais.

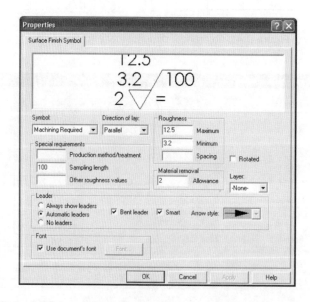

Figura 8.43 Inscrição dos estados de superfície em *Solid Works*.

Tolerância Dimensional e Estados de Superfície

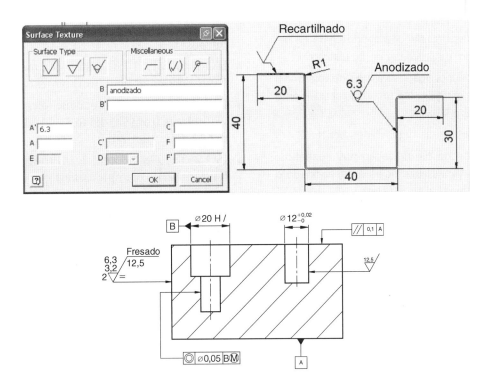

Figura 8.44 Inscrição dos estados de superfície em *Autodesk Inventor*.

REVISÃO DE CONHECIMENTOS

1. Qual a relação entre o valor da tolerância e o custo de fabricação de uma peça?
2. Diga o que você entende por eixo? E por furo?
3. O que é uma tolerância fundamental? Quantas classes existem?
4. O que você entende por cota nominal? Qual o significado físico dos desvios?
5. Que fatores condicionam o valor da tolerância?
6. Qual o significado de dois números reais colocados um por cima do outro sobre a mesma linha de cota?
7. Quais as diferentes formas de indicar uma cota com tolerâncias?
8. O sinal dos desvios deve ser indicado nos desenhos? E para as cotas-limite?
9. As classes de qualidade IT01 a IT2 podem ser escolhidas para peças correntes?
10. O valor da tolerância especificada para determinada cota pode condicionar o processo de fabricação?
11. O que é um desvio fundamental? Por que razão existe?
12. Como se calculam as tolerâncias para ângulos? Que cuidados devem ser tomados em conta?
13. O que entende por ajuste? Quais os tipos de ajuste existentes?
14. Para um ajuste, é possível escolher quaisquer classes de tolerância para furos e eixos? Justifique.
15. Por que razão o sistema de ajustes de furo base é mais usado do que o sistema de eixo base?
16. Dê um exemplo de uma situação em que ocorra um ajuste deslizante. E para um ajuste rotativo?
17. Quais os equipamentos mais usados para a verificação das tolerâncias?
18. O que significa a inscrição ISO 2768-f no campo da tolerância da legenda?
19. É possível usar o sistema ISO de desvios e ajustes para peças fabricadas usando solda ou fundição?
20. É possível em CAD, especificando apenas a classe de tolerâncias, obter automaticamente desvios e cotas-limite?

21. Os valores das rugosidades obtidos para as peças dependem do processo de fabricação?

22. Quando são especificados valores de tolerância baixos, isso obriga a ter um bom acabamento superficial? E o inverso?

23. É possível verificar as rugosidades por tato?

24. Como se procede na indicação nos desenhos, quando para várias superfícies é especificado o mesmo acabamento superficial?

CONSULTAS RECOMENDADAS

- Bertoline, G.R., Wiebe, E.N., Miller, C.L. e Nasman, L.O., *Technical Graphics Communication*. Irwin Graphics Series, 1995.
- Giesecke, F.E., Mitchell, A., Spencer, H.C., Hill, I.L., Dygdon, J.T. e Novak, J.E., *Technical Drawing*, Prentice Hall, 11th Ed., 1999.
- Morais, J. S., *Desenho Técnico Básico*, Porto Editora, 16ª Ed., 1990.

Normas relacionadas com a tolerância dimensional:

- ISO 1:1975 Standard reference temperature for industrial length measurements.
- ISO 129:1985 Technical drawings – Dimensioning – General principles, definitions, methods of execution and special indications.
- ISO 286-1:1988 ISO system of limits and fits - Part 1: Bases of tolerances, deviations and fits.
- ISO 286-2:1988 ISO system of limits and fits – Part 2: Tables of standard tolerance grades and limit deviations for holes and shafts.
- ISO 370:1975 Toleranced dimensions – Conversion from inches into millimeters and vice versa.
- ISO 406:1987 Technical drawings – Tolerancing of linear and angular dimensions.
- ISO/R 463:1965 Dial gauges reading in 0.01 mm, 0.001 in and 0.0001 in.
- ISO 1101:1983 Technical drawings – Geometrical tolerancing – Tolerancing of form, orientation, location and run-out – Generalities, definitions, symbols, indications on drawings.
- ISO 1119:1998 Geometrical Product Specifications (GPS) – Series of conical tapers and taper angles.
- ISO 1660:1987 Technical drawings – Dimensioning and tolerancing of profiles.

- ISO 1829:1975 Selection of tolerance zones for general purposes.
- ISO/R 1938:1971 ISO system of limits and fits – Part II: Inspection of plain workpieces.
- ISO 1947:1973 System of cone tolerances for conical workpieces from C 5 1:3 to 1:500 and lengths from 6 to 630 mm. (Retirada)
- ISO 2538:1998 Geometrical Product Specifications (GPS) – Series of angles and slopes on prisms.
- ISO 2768-1:1989 General tolerances – Part 1: Tolerances for linear and angular dimensions without individual tolerance indications.
- ISO 2768-2:1989 General tolerances – Part 2: Geometrical tolerances for features without individual tolerance indications.
- ISO 3040:1990 Technical drawings – Dimensioning and tolerancing – Cones.
- ISO 3599:1976 Vernier callipers reading to 0,1 and 0,05 mm.
- ISO 3611:1978 Micrometer callipers for external measurement.
- ISO 5166:1982 System of cone fits for cones from C = 1:3 to 1: 500, lengths from 6 to 630 mm and diameters up to 500 mm. (Retirada)
- ISO 6906:1984 Vernier callipers reading to 0,02 mm.
- ISO 7863:1984 Height setting micrometers and riser blocks.
- ISO 8015:1985 Technical drawings – Fundamental tolerancing principle.
- ISO 8062:1994 Castings – System of dimensional tolerances and machining allowances.
- ISO 10579:1993 Technical drawings – Dimensioning and tolerancing – Non-rigid parts.
- ISO 13920:1996 Welding – General tolerances for welded constructions –Dimensions for lengths and angles – Shape and position.
- ISO 14253-1:1998 Geometrical Product Specifications (GPS) – Inspection by measurement of workpieces and measuring equipment – Part 1: Decision rules for proving conformance or non-conformance with specifications.
- ISO/TS 14253-2:1999 Geometrical Product Specifications (GPS) – Inspection by measurement of workpieces and measuring equipment – Part 2: Guide to the estimation of uncertainty in GPS measurement, in calibration of measuring equipment and in product verification.

- ISO/TR 14638:1995 Geometrical product specification (GPS) – Masterplan.
- ANSI/ASME B4.2:1994 Preferred metric limits and fits.

Normas relacionadas com os estados de superfície:

- ISO 1302:1992 Technical drawings – Method of indicating surface texture.
- ISO 3274:1996 Geometrical Product Specifications (GPS) – Surface texture: Profile method – Nominal characteristics of contact (stylus) instruments.
- ISO 4287:1997 Geometrical Product Specifications (GPS) – Surface texture: Profile method – Terms, definitions and surface texture parameters.
- ISO 4288:1996 Geometrical Product Specifications (GPS) – Surface texture: Profile method – Rules and procedures for the assessment of surface texture.
- ISO 5436:1985 Calibration specimens – Stylus instruments – Types, calibration and use of specimens.
- ISO 6318:1985 Measurement of roundness – Terms, definitions and parameters of roundness.
- ISO 8785:1998 Geometrical Product Specification (GPS) – Surface imperfections – Terms, definitions and parameters.
- ISO 11562:1996 Geometrical Product Specifications (GPS) – Surface texture: Profile method – Metrological characteristics of phase correct filters.
- ISO 12085:1996 Geometrical Product Specification (GPS) – Surface texture: Profile method – Motif parameters.
- ISO 13565-1:1996 Geometrical Product Specification (GPS) – Surface texture: Profile method; Surfaces having stratified functional properties – Part 1: Filtering and general measurement conditions.
- ISO 13565-2:1996 Geometrical Product Specification (GPS) – Surface texture: Profile method; Surfaces having stratified functional properties – Part 2: Height characterization using the linear material ratio curve.
- NBR 6371 Tolerâncias Gerais de Dimensões Lineares e Angulares
- NBR 8404 Indicação do Estado de Superfície em Desenhos Técnicos

Endereços eletrônicos de Institutos de normalização, controle de qualidade e outros relacionados com tolerância:

- International Organization for Standardization (ISO) – www.iso.ch
- Instituto Português da Qualidade (IPQ) – www.ipq.pt
- American National Standards Institute (ANSI) – www.ansi.org
- American Society of Mechanical Engineers (ASME) – www.asme.org
- American Productivity and Quality Center - www.apqc.org
- American Society for Quality www.asq.org
- American Society for Testing and Materials - www.astm.org
- Association for Manufacturing Technology - www.mfgtech.org
- International Society for Measurement and Control – www.isa.org

Endereços eletrônicos de interesse sobre tolerância, metrologia e controle de qualidade:

- Metalworking Digest www.metalwdigest.com
- Metrology World www.metrologyworld.com
- Modern Machine Shop www.mmsonline.com
- Quality On-Line www.qualitymag.com
- Quality Progress On-Line www.qualitydigest.com
- Quality Today www.qualitytoday.com

Endereços eletrônicos de equipamento para verificação das tolerâncias:

- Mahr GmBh www.mahr.com (Representante em Portugal – www.izasa.com)
- Mitutoyo www.mitutoyo.com

PALAVRAS-CHAVE	
acabamento superficial	instrumentos de verificação
ajuste	montagem
ajuste com aperto	parâmetros da rugosidade
ajuste com folga	processo de fabricação
ajuste incerto	qualidade
ajuste recomendado	rugosidade
classes de qualidade IT	rugosímetro
classes de rugosidade	símbolos
controle de qualidade	sistema de eixo base
cota máxima	sistema de furo base
cota mínima	sistema ISO de desvios e ajustes
cota nominal	tolerância
cotas-limite	tolerância do ajuste
custo	tolerância dimensional
desvio de referência	tolerância dimensional em CAD
desvio fundamental	tolerância dimensional geral
desvio inferior	tolerância fundamental
desvio superior	verificação das tolerâncias
desvios	
estrias	
grau de acabamento	

EXERCÍCIOS PROPOSTOS

P8.1. Complete a seguinte tabela (cotas em mm e desvios em μ)

Cota	C_N	ES	EI	T	$C_{MÁX}$	$C_{MÍN}$
6fg6						
_E_				20		200.1
_H7	310					
			−500	1000	149.5	
_K8	500					
23P9						
120z6						
_ZA8	8					

P8.2. Considere a montagem da tampa do motor de modelismo indicada no capítulo anterior. Escolha uma classe de ajuste adequada, caracterize a montagem e calcule as cotas máximas e mínimas para o "furo" (diâmetro da cavidade do bloco) e para o "eixo" (diâmetro da tampa).

P8.3. Pretende-se montar um rolamento em um eixo de 30 mm de diâmetro. Escolha uma classe de ajuste adequada, caracterize a montagem e calcule as cotas máximas e mínimas para o eixo e para o "furo" do rolamento.

9 TOLERÂNCIA GEOMÉTRICA

OBJETIVOS

Após estudar este capítulo, o leitor deverá estar apto a:

- Identificar os símbolos geométricos e aplicá-los convenientemente na tolerância das peças;
- Compreender as vantagens da utilização da tolerância geométrica, em conjunto com a dimensional;
- Conhecer os princípios gerais da tolerância e as vantagens da sua aplicação na tolerância das peças.

9.1 INTRODUÇÃO

A tolerância geométrica é uma linguagem normalizada internacionalmente, da qual fazem parte símbolos, convenções, definições e princípios, que são apresentados ao longo deste capítulo. Esta linguagem permite indicar de modo rigoroso tolerâncias na forma, orientação e localização dos elementos ou partes de uma peça.

Por outro lado, a tolerância geométrica permite melhores especificação e interpretação dos desenhos, e intermutabilidade na transmissão de dados entre o projeto, a fabricação e o controle de qualidade. Na fabricação, torna-se mais fácil definir quais os processos a serem usados, e no controle de qualidade está definida com rigor a forma de realizar a verificação.

A tolerância geométrica é também uma filosofia de projeto, que permite definir e dar tolerância às relações geométricas, com base na função dos elementos da peça no conjunto. Este tipo de tolerância permite valores maiores, garantindo a mesma funcionalidade. As tolerâncias geométricas são definidas para um dado elemento com base nos requisitos funcionais, isto é, na função dos elementos das peças, no conjunto.

A tolerância geométrica limita os erros geométricos cometidos na fabricação das peças, impondo variações admissíveis na forma e localização dos diferentes elementos ou partes de uma peça. Estas variações admissíveis são estabelecidas a partir da forma ou posição geometricamente perfeita.

Uma tolerância geométrica aplicada a um elemento define uma zona de tolerância na qual o elemento (superfície, eixo ou plano) deve estar contido. As tolerâncias geométricas só devem ser especificadas nos elementos para os quais são essenciais, tendo em conta requisitos funcionais e de intermutabilidade. A especificação de tolerâncias geométricas não obriga à utilização de nenhum meio particular de produção ou de medida. Tal como para a tolerância dimensional, existe uma tolerância geométrica geral, que facilita a especificação das tolerâncias para os elementos não funcionais.

9.2 TOLERÂNCIA DIMENSIONAL *VERSUS* TOLERÂNCIA GEOMÉTRICA

No capítulo anterior, foi estudada a tolerância dimensional. A tolerância dimensional limita os erros de fabricação ao impor limites admissíveis de variação para as dimensões das peças. Uma questão se coloca: será que limitando a variação dimensional das peças estas satisfazem, nestas circunstâncias, as funções para as quais foram projetadas? Considere-se uma peça de geometria cilíndrica, cuja extremidade é montada em um furo existente em uma chapa. As peças com tolerâncias dimensionais são apresentadas na **Figura 9.1**. Da análise das tolerâncias dimensionais indicadas, verifica-se que a montagem do conjunto será efetuada com folga. No entanto, a folga só poderá ser garantida se os erros geométricos forem mínimos ou as peças geometricamente perfeitas (o conceito *geometricamente perfeito* será abordado mais adiante).

Como se pode observar na **Figura 9.2**, verificando as tolerâncias dimensionais, a montagem sequer pode ser possível se as imperfeições geométricas forem muito grandes. Note-se que as dimensões do eixo verificam as tolerâncias dimensionais especificadas. Neste exemplo, e através de observação, é possível avançar algumas noções relacionadas com a forma ou geometria da peça, as quais, caso se verificassem, permitiriam a montagem. São noções como, por exemplo, circularidade (cada uma das seções transversais do eixo ter uma forma aproximadamente circular) ou retilineidade do eixo (o eixo ser aproximadamente reto). O termo "aproximadamente" surge aqui no sentido de tolerância.

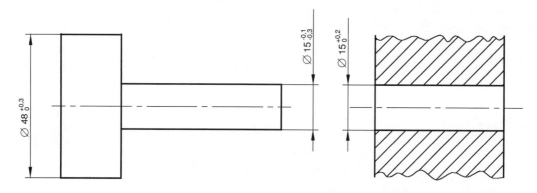

Figura 9.1 Conjunto eixo-furo com tolerância dimensional.

Tolerância Geométrica

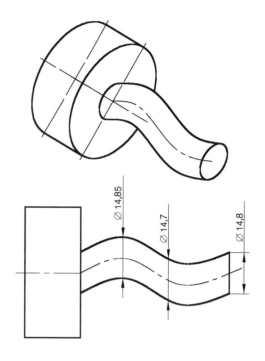

Figura 9.2 Eixo com imperfeições geométricas.

Para ilustrar de uma forma mais clara as diferenças entre tolerância dimensional e tolerância geométrica, considere-se o exemplo apresentado na **Figura 9.3**, em que a mesma peça recebe tolerâncias usando as duas formas de tolerância (note-se que a tolerância geométrica não "elimina" todas as tolerâncias dimensionais). Recomenda-se ao leitor que reveja este exemplo quando forem apresentados todos os conceitos e definições que compõem a linguagem da tolerância geométrica. Apresentam-se, a seguir, algumas das vantagens da tolerância geométrica com relação à tolerância dimensional:

1. Uma das grandes diferenças entre a tolerância dimensional e a tolerância geométrica está relacionada com a forma da zona de tolerância, por exemplo, na localização de furos. A zona de tolerância no caso da tolerância dimensional é uma zona retangular, enquanto na tolerância geométrica de posição esta zona é circular. Uma zona de tolerância circular corresponde a mais 57% de área relativamente a uma zona quadrada (**Figura 9.4**).

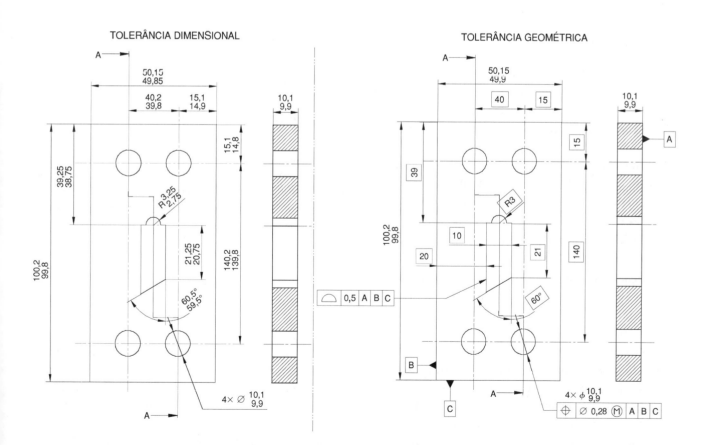

Figura 9.3 Exemplo de peça com tolerância dimensional e geométrica.

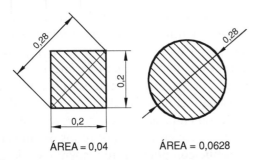

Figura 9.4 Zonas de tolerância.

2. Em certas circunstâncias, na tolerância geométrica pode existir uma tolerância de bônus (a ser definida mais adiante) que se obtém quando se aplicam modificadores, como o de máximo material.
3. Na tolerância geométrica, o controle de qualidade e inspeção das peças é facilitado pela definição dos referenciais.

Nas seções seguintes são definidos todos os tipos de tolerâncias geométricas usadas em Desenho Técnico, com o objetivo de limitar os erros geométricos ou dimensionais resultantes da fabricação, os quais podem inviabilizar o fim para o qual as peças foram projetadas.

9.3 DEFINIÇÕES

As definições apresentadas têm por objetivo uniformizar e facilitar o estabelecimento de princípios e conceitos relacionados com a tolerância geométrica.

Condição de máximo material – Quando um elemento dimensional contém a máxima quantidade possível de material. Por exemplo, quando um eixo está na cota máxima, ou um furo está na cota mínima, está-se na situação de máximo material. A sua descrição detalhada é apresentada na seção 9.7.3.

Condição de mínimo material – Definição idêntica à anterior, mas para a mínima quantidade de material.

Condição virtual (CV) – Corresponde à fronteira limite de um elemento geometricamente perfeito, obtida a partir das cotas e tolerâncias inscritas no desenho. Esta condição é obtida a partir das condições de máximo material e das tolerâncias geométricas.

Cota de ajustamento para um elemento externo – É a cota mínima do elemento geometricamente perfeito, que circunscreve o elemento considerado, tendo contato com este apenas nos pontos extremos.

Cota de ajustamento para um elemento interno – É a cota máxima do elemento geometricamente perfeito que circunscreve o elemento considerado, tendo contato com este apenas nos pontos extremos.

Cota de localização – É uma cota dimensional que permite localizar um elemento em relação a outro, como, por exemplo, a localização de um furo relativamente a uma superfície.

Cota de máximo material (CMM) – Cota definida pela aplicação do princípio de máximo material a um elemento.

Cota de mínimo material (CmM) – Cota definida pela aplicação do princípio do mínimo material a um elemento.

Cota local atual – Qualquer distância em uma seção transversal de um elemento, isto é, a cota medida entre dois pontos opostos.

Cota nominal – Cota dimensional, sem tolerância, inscrita em um desenho.

Cota teoricamente exata – Cota considerada exata, a partir da qual uma tolerância geométrica é aplicada.

Cotagem funcional – Filosofia de cotagem dimensional baseada na função da peça.

Elemento – Termo geral aplicado a uma porção física da peça, tal como uma superfície ou um furo.

Elemento dimensional – Corresponde a uma cota associada a um elemento ou conjunto de elementos.

Elemento interno – Elemento que, em uma montagem, vai estar contido em outro elemento. É o caso de um eixo.

Elemento externo – Elemento que, em uma montagem, vai conter outro elemento. É o caso de um furo.

Modificador – É um símbolo especial, que pode ser incluído no quadro da tolerância geométrica e que significa a aplicação de um princípio ou condição a essa tolerância. Os modificadores são representados, em geral, por letras maiúsculas colocadas no interior de um círculo (seção 9.5.5).

Referencial – Muitas das tolerâncias geométricas aplicadas aos elementos ou aos elementos dimensionais são definidas relativamente a outros elementos (referenciais). É o caso da perpendicularidade de uma superfície, a qual só pode ser definida relativamente a uma outra. Neste caso, na superfície relativamente à qual é definida a perpendicularidade, deve ser colocado um símbolo especial (ver seção 11.5.3), e no quadro da tolerância é indicada a letra maiúscula que identifica esse referencial.

Zona de tolerância – Área ou volume definida pelos valores das tolerâncias geométricas inscritas no desenho.

9.4 SÍMBOLOS GEOMÉTRICOS

Os símbolos geométricos indicam o tipo de relação a ser aplicada entre elementos. Estes símbolos encontram-se normalizados de acordo com a norma ISO 1101:1983, sendo apresentados na **Tabela 9.1**, agrupados por classes. Alguns destes símbolos são também usados na construção das peças em sistemas de CAD paramétricos. As dimensões e proporções dos símbolos encontram-se normalizadas de acordo com a norma ISO 7083:1983.

O conceito de referencial está associado à definição de uma propriedade geométrica de um elemento relativamente a outro (referencial), sendo discutido em detalhe na seção 9.5.3.

9.5 ASPECTOS GERAIS DA TOLERÂNCIA GEOMÉTRICA

Além dos conceitos de símbolo geométrico e de referencial, existe para a tolerância geométrica um conjunto adicional de conceitos e procedimentos a ser considerado, apresentado em seguida.

9.5.1 Inscrição das Tolerâncias Geométricas nos Desenhos

As tolerâncias geométricas são inscritas em quadros de acordo com a **Figura 9.5**, com a seguinte ordem:

1. Retângulo com o símbolo da característica geométrica a ser tolerada (**Tabela 9.1**).

2. Retângulo com o valor da tolerância em milímetros. Pode incluir modificadores.

3. Um ou mais retângulos que indicam os referenciais. Pode incluir modificadores.

9.5.2 Tolerância Geométrica de Elementos

O quadro da tolerância geométrica é ligado ao elemento com tolerância por intermédio de uma linha de cota. Podem ocorrer três situações:

1. Quando o elemento com tolerância é uma aresta ou superfície, a seta aponta diretamente para o elemento ou para uma linha de chamada no prolongamento do elemento (não devendo ficar no prolongamento da linha de cota), tal como indicado na **Figura 9.6**.

Tabela 9.1 Símbolos usados na tolerância geométrica

Classe	Símbolo	Característica da tolerância	Indicação do referencial
FORMA	—	Retilineidade	NUNCA
	▱	Planeza	
	○	Circularidade	
	⌀	Cilindricidade	
	⌒	Forma de um contorno	PODEM USAR
	◠	Forma de uma superfície	
ORIENTAÇÃO	//	Paralelismo	SEMPRE
	⊥	Perpendicularidade	
	∠	Inclinação	
LOCALIZAÇÃO	⊕	Posição	SEMPRE
	◎	Concentricidade ou coaxialidade	
	⩵	Simetria	
BATIMENTO	↗	Batimento circular	SEMPRE
	⤯	Batimento total	

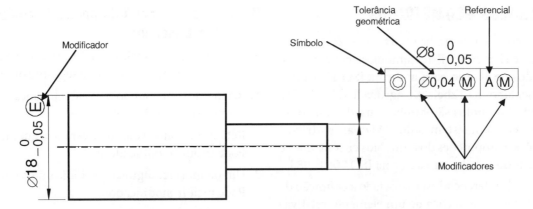

Figura 9.5 Indicação das tolerâncias geométricas nos desenhos.

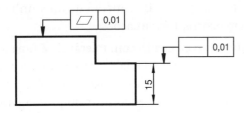

Figura 9.6 Tolerância de arestas ou superfícies.

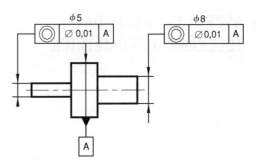

Figura 9.7 Tolerância geométrica de eixos e linhas de centro (método indireto).

2. Quando o elemento com tolerância é um eixo ou plano médio, a linha de cota da tolerância posiciona-se no prolongamento da linha de cota, de acordo com a **Figura 9.7**. Note-se que a cota (ϕ5) pode também ser colocada no prolongamento da linha de cota.

3. Alternativamente ao caso 2 anterior, a tolerância pode ser posicionada com a seta apontando diretamente para o eixo, tal como indicado na **Figura 9.8**. Vale dizer que as regras gerais da cotagem, sobretudo o cruzamento de linhas, continuam a ser válidas neste caso.

9.5.3 Referenciais

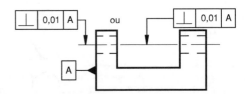

Figura 9.8 Tolerância geométrica de eixos e linhas de centro (método direto).

De acordo com a **Tabela 9.1**, existem relações geométricas que requerem a indicação de um referencial. Por exemplo, as relações geométricas de paralelismo ou de perpendicularidade são definidas para um elemento e relativamente a outro. Isto requer a colocação do referencial no segundo elemento.

O referencial pode ser indicado de duas formas, direta ou por intermédio de letra, de acordo com a norma ISO 5459:1981:

1. **Direta**: neste caso o quadro da tolerância é ligado diretamente ao elemento que serve de referencial por intermédio de uma linha de chamada, como indicado na **Figura 9.9**. Note-se que, no exemplo apresentado,

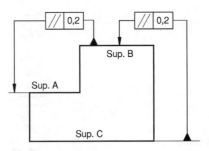

Figura 9.9 Indicação direta do referencial.

Tolerância Geométrica

para a tolerância geométrica do lado esquerdo, a superfície com tolerância é a superfície A, correspondendo o referencial à superfície B, enquanto no exemplo do lado direito a superfície com tolerância é a superfície B, correspondendo o referencial à superfície C.

2. **Por intermédio de uma letra**: este é o modo mais usual de indicar o referencial (**Figura 9.10**). Neste caso, o referencial é identificado por intermédio de uma letra maiúscula, colocada dentro de um quadro, quadro esse ligado ao elemento que serve de referencial, por intermédio de um triângulo, a cheio (à esquerda na figura) ou não preenchido (lado direito da figura).

9.5.4 Referenciais Múltiplos

Na situação apresentada na **Figura 9.10**, apenas existe um único referencial para cada tolerância geométrica. Todavia, no caso de tolerâncias mais complexas, podem ser necessários vários referenciais. Podem ocorrer as quatro diferentes situações, indicadas na **Figura 9.11**. Um *referencial singular* é indicado por uma letra maiúscula, como no caso (a). No caso de um *referencial composto*, constituído por dois elementos diferentes, é indicado por duas letras diferentes separadas por um traço, caso (b).

Se a ordem dos referenciais for importante, cada uma das letras deve ser colocada em um compartimento diferente, e a ordem de prioridade é da esquerda para a direita (caso c). Neste caso, o referencial mais importante (B) é designado por referencial primário, o seguinte (C) por referencial secundário, e o último (A) por referencial terciário.

No caso da indicação de uma sequência de referenciais, se a ordem dos referenciais não for importante, então as diferentes letras correspondentes aos elementos referenciados são colocadas no mesmo compartimento do quadro da tolerância (caso d).

O resultado obtido pode diferir consideravelmente consoante a ordem dos referenciais escolhida. Considere-se o exemplo apresentado na **Figura 9.12**, em que no caso (a) o referencial secundário é o referencial A e no caso (b) é o referencial B. O resultado obtido é ilustrado na **Figura 9.13**, para os referenciais secundário e terciário, de uma forma um tanto exagerada, de modo a tornar o conceito mais claro. A localização do furo na placa será diferente em ambos os casos, podendo prejudicar a funcionalidade da peça.

Os referenciais servem para definir, de forma inequívoca, como se posiciona a peça no espaço em relação a

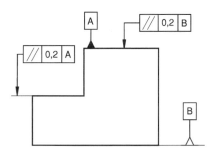

Figura 9.10 Indicação do referencial por intermédio de uma letra.

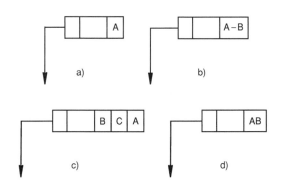

Figura 9.11 Indicação no quadro da tolerância de vários referenciais.

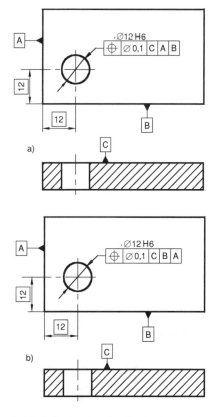

Figura 9.12 Seleção da sequência dos referenciais.

três planos, de modo a serem executadas com precisão as operações de usinagem ou medição.

O plano primário está em contato com a peça em pelo menos *três pontos*, de acordo com a **Figura 9.14**, que corresponde ao caso (b) da **Figura 9.12**. Isto significa que a peça, uma vez em contato com este plano, ainda pode ter movimentos de translação e rotação sobre este mesmo plano.

O plano do referencial secundário é o plano ao qual a peça encosta completamente depois de assentada no plano primário. A peça fica em contato com o plano secundário em pelo menos *dois pontos*. Nestas circunstâncias, a peça pode ainda ter movimento de translação paralelamente ao plano secundário.

O plano terciário é o plano ao qual a peça encosta depois de estar em contato com os planos primário e secundário. A peça fica em contato com o plano terciário em pelo menos *um ponto*.

9.5.5 Modificadores

Os modificadores são símbolos complementares aos símbolos geométricos e que, excetuando o modificador de diâmetro (⌀), estão associados a conceitos importantes, que serão abordados mais adiante. Os principais modificadores são indicados na **Tabela 9.2**. Em geral, os modificadores podem ser aplicados ao valor da tolerância, ao referencial, ou a ambos, como será discutido em detalhes nas seções seguintes. Além dos modificadores apresentados, existe ainda um tipo de modificador especial, o qual é aplicado às cotas nominais, designado por cota teoricamente exata e que é incluído na próxima seção.

9.5.6 Cotas Teoricamente Exatas

Quando as tolerâncias de posição ou de inclinação são definidas para um dado elemento, as cotas que definem a posição ou ângulos teoricamente exatos, respectivamente, não devem ter tolerâncias. As cotas teoricamente exatas

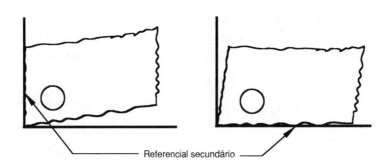

Figura 9.13 Seleção do referencial secundário.

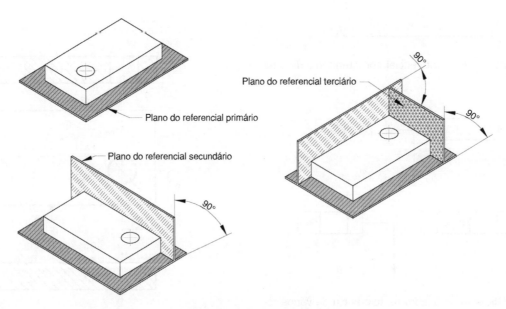

Figura 9.14 Referenciais.

Tolerância Geométrica

Tabela 9.2 Modificadores usados na tolerância geométrica

Termo	Símbolo	Norma	Significado
Princípio do máximo material	Ⓜ	ISO 2692	Ver seção 9.7.3
Princípio do mínimo material	Ⓛ	ISO 2692-Amd. 1	Ver seção 9.7.3
Envolvente	Ⓔ	ISO 8015	Ver seção 9.7.7
Zona de tolerância projetada	Ⓟ	ISO 1101 | ISO 10758	Ver seção 9.5.7
Diâmetro	∅		O símbolo de diâmetro é um modificador especial, o único que não é circunscrito por um círculo

são inscritas em um retângulo, tal como no exemplo apresentado na **Figura 9.15**. Nesta situação, se as cotas de localização do furo estivessem com tolerâncias dimensionais, então a tolerância geométrica de localização não faria qualquer sentido, pois estaria em conflito com a tolerância dimensional.

9.5.7 Zona de Tolerância Projetada

Em certos casos, as tolerâncias geométricas de localização e orientação não são aplicadas diretamente ao elemento, como é usual, mas sim a uma zona de projeção externa do mesmo. Estas zonas são identificadas pelo modificador Ⓟ indicado na **Tabela 9.2**. Na **Figura 9.16** apresenta-se um exemplo do conceito de tolerância projetada.

A importância da especificação da zona de tolerância projetada tem a ver, por exemplo, com o fato de que variações de perpendicularidade na montagem de parafusos ou pinos em furos podem provocar interferência das peças, tornando a montagem impossível. A interpretação deste conceito, para um pino que é montado em um dos furos indicados na **Figura 9.16**, é apresentada na **Figura 9.17**.

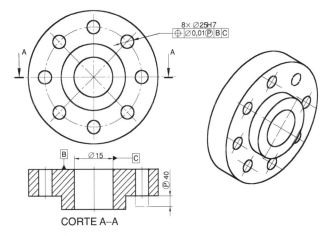

Figura 9.16 Zona de tolerância projetada.

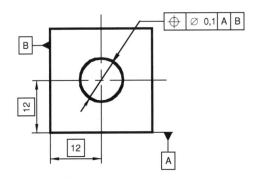

Figura 9.15 Cotas teoricamente exatas.

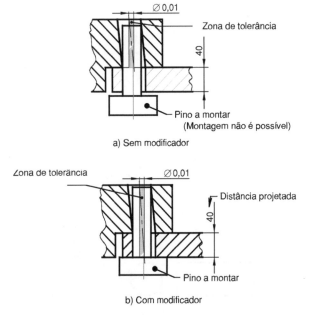

Figura 9.17 Interpretação do conceito de tolerância projetada.

SÍMBOLO	TOLERÂNCIA
—	RETILINEIDADE

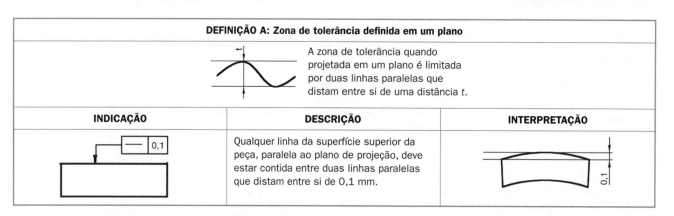

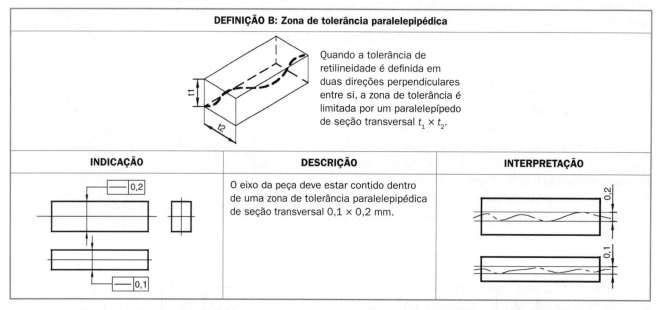

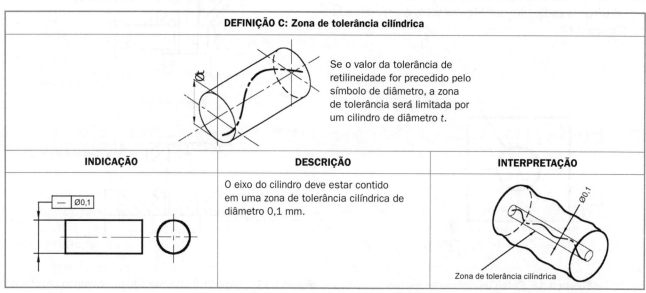

Tolerância Geométrica

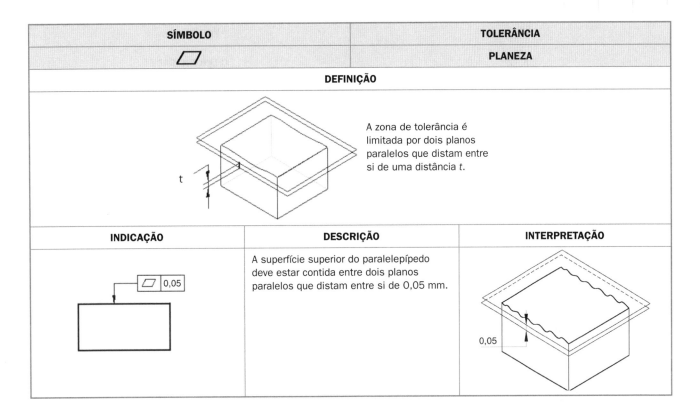

SÍMBOLO	TOLERÂNCIA
⟋⟍	PLANEZA

DEFINIÇÃO

A zona de tolerância é limitada por dois planos paralelos que distam entre si de uma distância t.

INDICAÇÃO	DESCRIÇÃO	INTERPRETAÇÃO
⟋⟍ 0,05	A superfície superior do paralelepípedo deve estar contida entre dois planos paralelos que distam entre si de 0,05 mm.	0,05

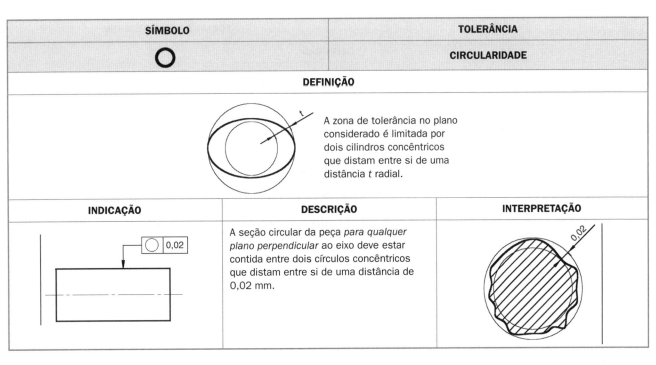

SÍMBOLO	TOLERÂNCIA
◯	CIRCULARIDADE

DEFINIÇÃO

A zona de tolerância no plano considerado é limitada por dois cilindros concêntricos que distam entre si de uma distância t radial.

INDICAÇÃO	DESCRIÇÃO	INTERPRETAÇÃO
◯ 0,02	A seção circular da peça *para qualquer plano perpendicular* ao eixo deve estar contida entre dois círculos concêntricos que distam entre si de uma distância de 0,02 mm.	0,02

SÍMBOLO	TOLERÂNCIA
⌭	CILINDRICIDADE |</br>

DEFINIÇÃO

A zona de tolerância é limitada por dois cilindros coaxiais que distam entre si de uma distância t.

INDICAÇÃO	DESCRIÇÃO	INTERPRETAÇÃO
⌭ 0,1	A superfície exterior do cilindro deve estar contida entre dois cilindros coaxiais que distam entre si de 0,1 mm.	

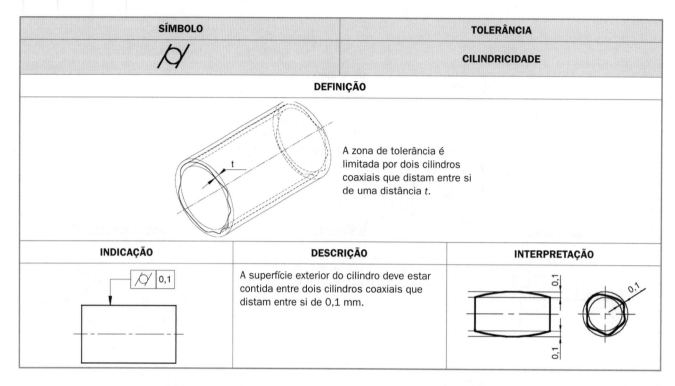

SÍMBOLO	TOLERÂNCIA
⌒	FORMA DE UM CONTORNO

DEFINIÇÃO

A zona de tolerância é limitada por duas linhas tangentes a círculos de diâmetro t. O centro dos círculos localiza-se ao longo da linha que corresponde à forma geometricamente perfeita.

INDICAÇÃO	DESCRIÇÃO	INTERPRETAÇÃO
⌒ 0,02	Para cada uma das seções, paralelas ao plano de projeção, o contorno considerado deve estar contido entre duas linhas tangentes a círculos de diâmetro 0,02 mm, cujo centro se localiza sobre a linha correspondente à forma geometricamente perfeita do contorno.	Linha de contorno real / Linhas que delimitam a zona de tolerância / Linha de contorno geometricamente perfeita

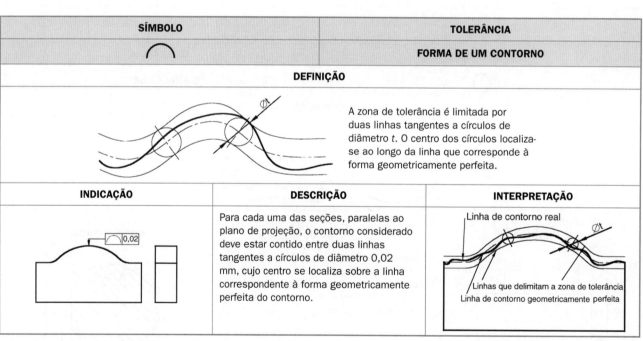

Tolerância Geométrica

SÍMBOLO	TOLERÂNCIA
⌒	FORMA DE UMA SUPERFÍCIE

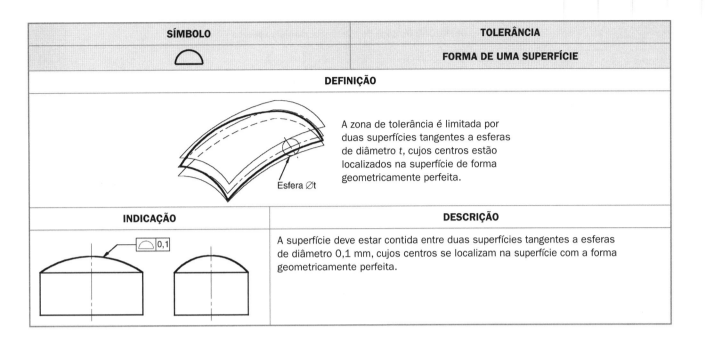

DEFINIÇÃO

A zona de tolerância é limitada por duas superfícies tangentes a esferas de diâmetro t, cujos centros estão localizados na superfície de forma geometricamente perfeita.

INDICAÇÃO / **DESCRIÇÃO**

A superfície deve estar contida entre duas superfícies tangentes a esferas de diâmetro 0,1 mm, cujos centros se localizam na superfície com a forma geometricamente perfeita.

SÍMBOLO	TOLERÂNCIA
//	PARALELISMO

DEFINIÇÃO A: Zona de tolerância definida em um plano

Quando projetada em um plano, a zona de tolerância é limitada por duas linhas paralelas entre si separadas de uma distância t e que são paralelas a uma linha de referência.

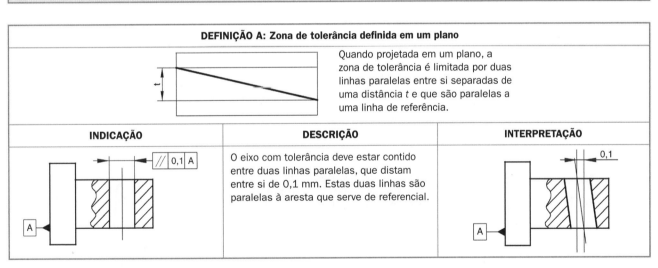

INDICAÇÃO / **DESCRIÇÃO** / **INTERPRETAÇÃO**

O eixo com tolerância deve estar contido entre duas linhas paralelas, que distam entre si de 0,1 mm. Estas duas linhas são paralelas à aresta que serve de referencial.

DEFINIÇÃO B: Zona de tolerância paralelepipédica	
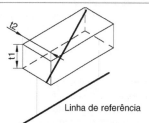	Quando indicada em dois planos perpendiculares, a zona de tolerância é limitada por um paralelepípedo de seção $t_1 \times t_2$ e paralela à linha do referencial quando a tolerância é especificada em dois planos perpendiculares entre si.

INDICAÇÃO	DESCRIÇÃO	INTERPRETAÇÃO
	O eixo com tolerância deve estar contido em uma zona de tolerância paralelepipédica de largura 0,2 mm na direção horizontal e 0,1 mm na direção vertical em que são paralelas ao eixo do referencial.	

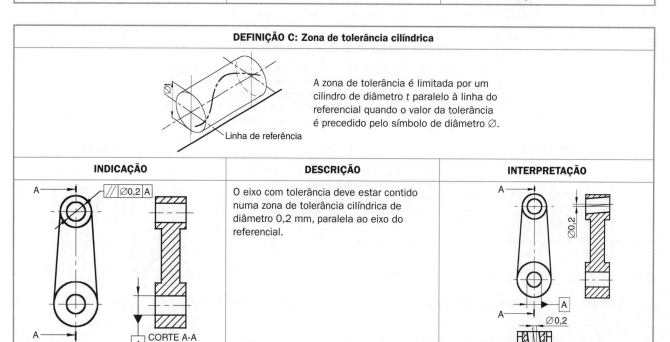

Tolerância Geométrica

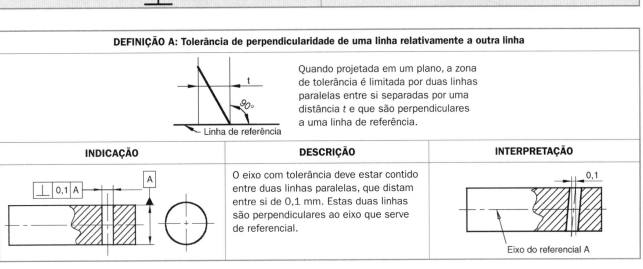

DEFINIÇÃO B: Tolerância de perpendicularidade de uma linha relativamente a uma superfície

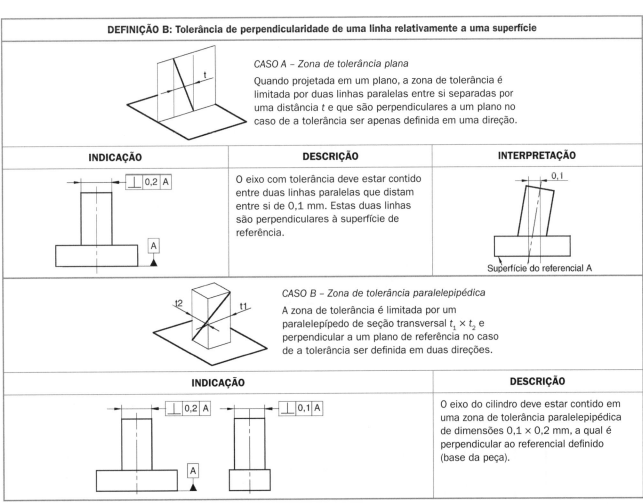

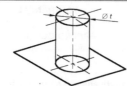

CASO C – Zona de tolerância cilíndrica

A zona de tolerância é limitada por um cilindro de diâmetro t (se o valor da tolerância for precedido pelo símbolo de diâmetro ⌀), perpendicular a um plano de referência.

INDICAÇÃO	DESCRIÇÃO	INTERPRETAÇÃO
⊥ ⌀0,1 A	O eixo do cilindro deve estar contido em uma zona de tolerância cilíndrica de diâmetro 0,1 mm perpendicular ao referencial.	Zona de tolerância, 90°

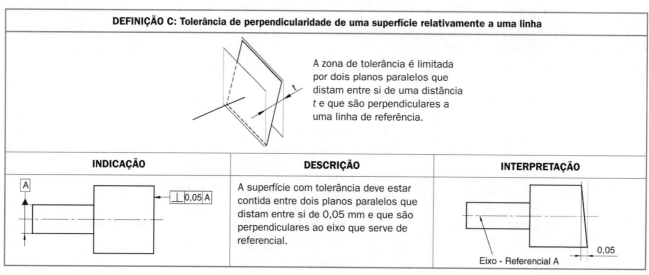

DEFINIÇÃO C: Tolerância de perpendicularidade de uma superfície relativamente a uma linha

A zona de tolerância é limitada por dois planos paralelos que distam entre si de uma distância t e que são perpendiculares a uma linha de referência.

INDICAÇÃO	DESCRIÇÃO	INTERPRETAÇÃO
⊥ 0,05 A	A superfície com tolerância deve estar contida entre dois planos paralelos que distam entre si de 0,05 mm e que são perpendiculares ao eixo que serve de referencial.	Eixo - Referencial A, 0,05

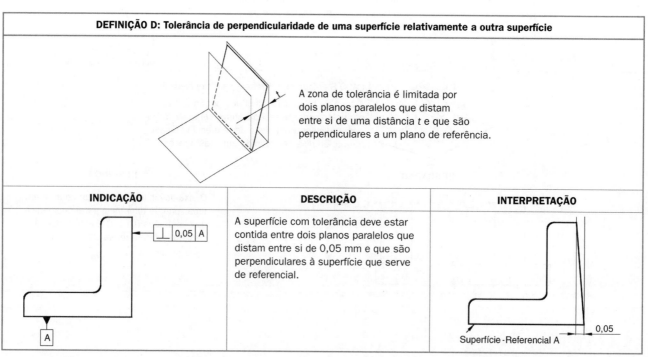

DEFINIÇÃO D: Tolerância de perpendicularidade de uma superfície relativamente a outra superfície

A zona de tolerância é limitada por dois planos paralelos que distam entre si de uma distância t e que são perpendiculares a um plano de referência.

INDICAÇÃO	DESCRIÇÃO	INTERPRETAÇÃO
⊥ 0,05 A	A superfície com tolerância deve estar contida entre dois planos paralelos que distam entre si de 0,05 mm e que são perpendiculares à superfície que serve de referencial.	Superfície - Referencial A, 0,05

Tolerância Geométrica

SÍMBOLO	TOLERÂNCIA
∠	INCLINAÇÃO

DEFINIÇÃO A: Tolerância de inclinação de uma linha relativamente a outra linha

CASO A – Linha considerada e linha de referência no mesmo plano

Quando projetada em um plano, a zona de tolerância é limitada por duas linhas paralelas entre si separadas de uma distância t e que se encontram inclinadas de um ângulo α relativamente à linha de referência.

INDICAÇÃO	DESCRIÇÃO	INTERPRETAÇÃO
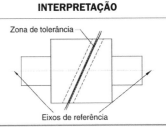	O eixo do furo deve estar contido entre duas linhas paralelas, distanciadas de 0,08 mm, que estão inclinadas 60° relativamente ao eixo A-B.	

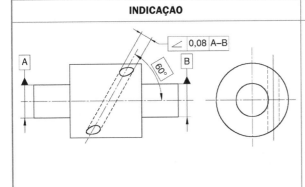

CASO B – Linha considerada e linha de referência em planos diferentes

Neste caso, a zona de tolerância é aplicada à projeção da linha considerada, no plano que contém a linha de referência e que é paralelo à linha considerada.

INDICAÇÃO	DESCRIÇÃO	INTERPRETAÇÃO
	O eixo do furo, projetado no plano definido pelo eixo da peça, deve estar contido entre duas linhas paralelas entre si e afastadas de 0,08 mm, as quais estão inclinadas 60° relativamente ao eixo da peça (Referencial A-B).	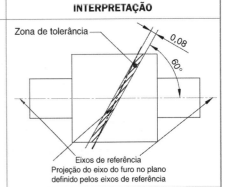

DEFINIÇÃO B: Tolerância de inclinação de uma linha relativamente a uma superfície	
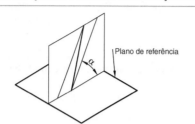	Quando projetada em um plano, a zona de tolerância é limitada por duas linhas paralelas entre si, que distam de uma distância t e que se encontram inclinadas de um ângulo α relativamente à superfície de referência.

INDICAÇÃO	DESCRIÇÃO	INTERPRETAÇÃO
	Mesma descrição do caso anterior, mas neste caso o referencial é uma superfície.	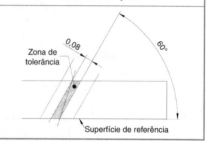

DEFINIÇÃO C: Tolerância de inclinação de uma superfície relativamente a uma linha	
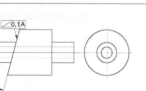	A zona de tolerância é limitada por dois planos paralelos entre si, que distam de uma distância t e que se encontram inclinados de um ângulo α relativamente a uma linha de referência.

INDICAÇÃO	DESCRIÇÃO	INTERPRETAÇÃO
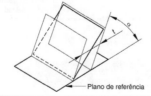	A superfície inclinada deve estar contida entre dois planos paralelos afastados de 0,1 mm, os quais estão inclinados 75° relativamente ao eixo de referência.	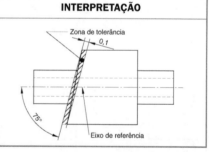

DEFINIÇÃO D: Tolerância de inclinação de uma superfície relativamente a outra superfície	
	A zona de tolerância é limitada por dois planos paralelos entre si, que distam de uma distância t e que se encontram inclinados de um ângulo α relativamente a um plano de referência.

INDICAÇÃO	DESCRIÇÃO	INTERPRETAÇÃO
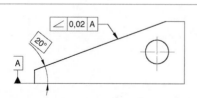	A superfície inclinada deve estar contida entre dois planos paralelos afastados de 0,02 mm e que fazem um ângulo de 20° com a superfície de referência.	

Tolerância Geométrica

SÍMBOLO	TOLERÂNCIA
⊕	POSIÇÃO

DEFINIÇÃO A: Tolerância de posição de um ponto

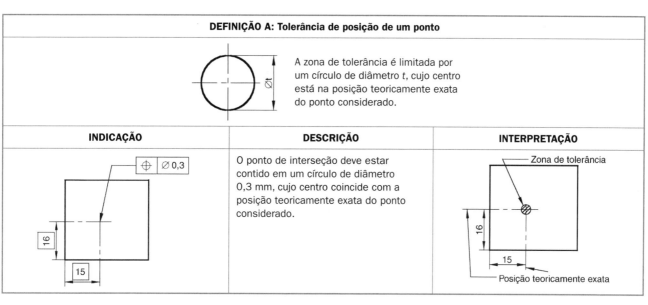

A zona de tolerância é limitada por um círculo de diâmetro t, cujo centro está na posição teoricamente exata do ponto considerado.

INDICAÇÃO	DESCRIÇÃO	INTERPRETAÇÃO
	O ponto de interseção deve estar contido em um círculo de diâmetro 0,3 mm, cujo centro coincide com a posição teoricamente exata do ponto considerado.	

DEFINIÇÃO B: Tolerância de posição de uma linha

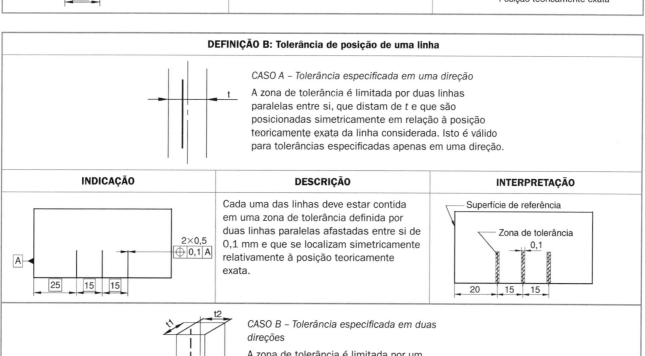

CASO A – Tolerância especificada em uma direção

A zona de tolerância é limitada por duas linhas paralelas entre si, que distam de t e que são posicionadas simetricamente em relação à posição teoricamente exata da linha considerada. Isto é válido para tolerâncias especificadas apenas em uma direção.

INDICAÇÃO	DESCRIÇÃO	INTERPRETAÇÃO
	Cada uma das linhas deve estar contida em uma zona de tolerância definida por duas linhas paralelas afastadas entre si de 0,1 mm e que se localizam simetricamente relativamente à posição teoricamente exata.	

CASO B – Tolerância especificada em duas direções

A zona de tolerância é limitada por um paralelepípedo de dimensões $t_1 \times t_2$, posicionado simetricamente em relação à posição teoricamente exata da linha considerada.

INDICAÇÃO	DESCRIÇÃO	INTERPRETAÇÃO
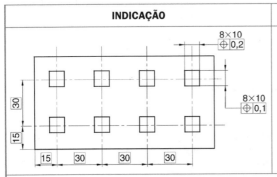	O eixo de cada furo deve localizar-se dentro da zona de tolerância retangular de dimensões 0,2 × 0,1 mm, em que os eixos da zona de tolerância são posicionados a partir das cotas teoricamente exatas.	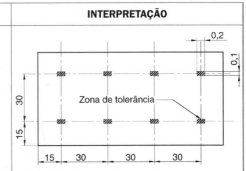

CASO C – Zona de tolerância circular

A zona de tolerância é limitada por um cilindro de diâmetro t cujo eixo coincide com a interseção dos dois eixos definidos a partir das posições teoricamente exatas da linha considerada.

INDICAÇÃO	DESCRIÇÃO	INTERPRETAÇÃO
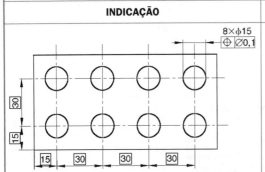	O eixo de cada furo deve localizar-se dentro da zona de tolerância circular de diâmetro 0,1 mm, em que os eixos da zona de tolerância são posicionados nos locais correspondentes às cotas teoricamente exatas.	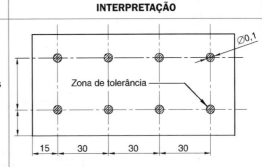

DEFINIÇÃO C: Tolerância de posição de uma superfície plana ou plano médio

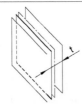

A zona de tolerância é limitada por dois planos paralelos a uma distância t entre si e posicionados simetricamente em relação à posição teoricamente exata da superfície considerada.

INDICAÇÃO	DESCRIÇÃO	INTERPRETAÇÃO
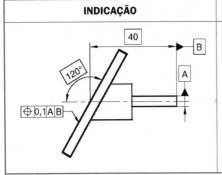	A superfície inclinada deve estar contida entre dois planos afastados entre si de 0,1 mm, que se localizam simetricamente em relação às posições teoricamente exatas da superfície considerada e em relação aos referenciais definidos.	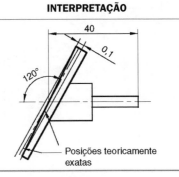

Tolerância Geométrica

SÍMBOLO	TOLERÂNCIA
◎	CONCENTRICIDADE OU COAXIALIDADE

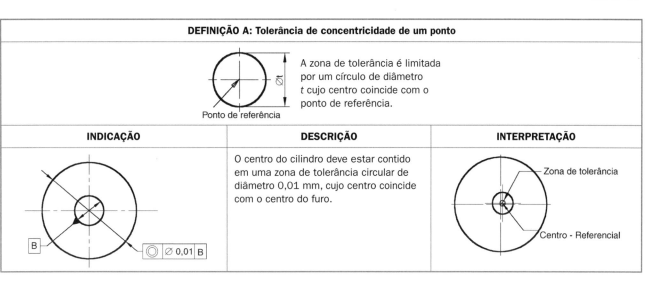

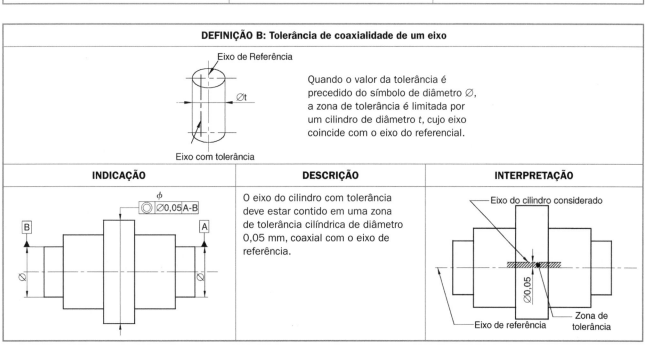

SÍMBOLO	TOLERÂNCIA
=	SIMETRIA

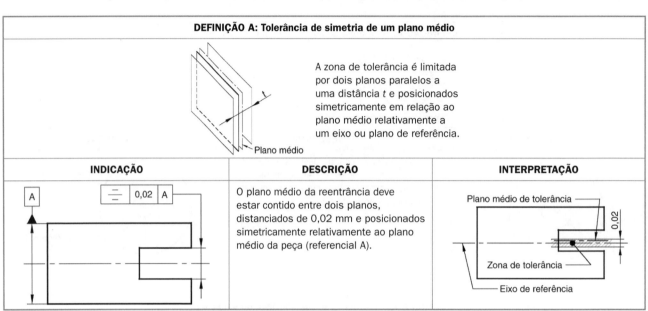

DEFINIÇÃO A: Tolerância de simetria de um plano médio

A zona de tolerância é limitada por dois planos paralelos a uma distância t e posicionados simetricamente em relação ao plano médio relativamente a um eixo ou plano de referência.

INDICAÇÃO	DESCRIÇÃO	INTERPRETAÇÃO
	O plano médio da reentrância deve estar contido entre dois planos, distanciados de 0,02 mm e posicionados simetricamente relativamente ao plano médio da peça (referencial A).	

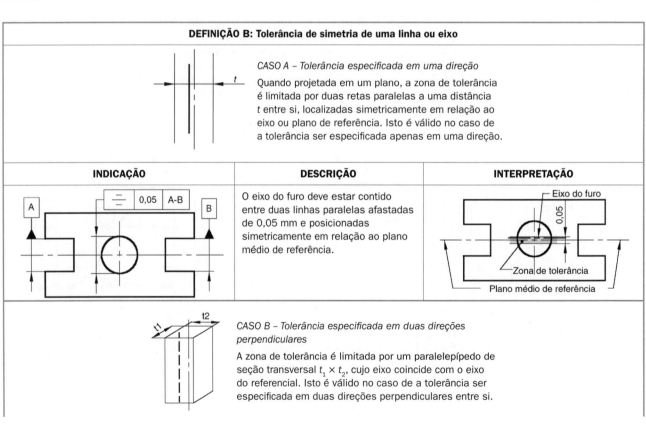

DEFINIÇÃO B: Tolerância de simetria de uma linha ou eixo

CASO A – Tolerância especificada em uma direção

Quando projetada em um plano, a zona de tolerância é limitada por duas retas paralelas a uma distância t entre si, localizadas simetricamente em relação ao eixo ou plano de referência. Isto é válido no caso de a tolerância ser especificada apenas em uma direção.

INDICAÇÃO	DESCRIÇÃO	INTERPRETAÇÃO
	O eixo do furo deve estar contido entre duas linhas paralelas afastadas de 0,05 mm e posicionadas simetricamente em relação ao plano médio de referência.	

CASO B – Tolerância especificada em duas direções perpendiculares

A zona de tolerância é limitada por um paralelepípedo de seção transversal $t_1 \times t_2$, cujo eixo coincide com o eixo do referencial. Isto é válido no caso de a tolerância ser especificada em duas direções perpendiculares entre si.

Tolerância Geométrica

INDICAÇÃO	DESCRIÇÃO	INTERPRETAÇÃO
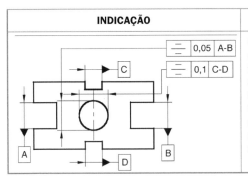	O centro do furo deve estar contido em uma zona de tolerância paralelepipédica de dimensões 0,1 × 0,05 mm. As zonas de tolerância são definidas simetricamente em relação aos planos médios de referência.	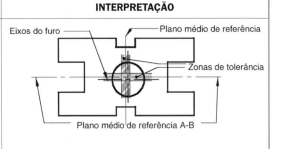

SÍMBOLO	TOLERÂNCIA
↗	BATIMENTO CIRCULAR

As tolerâncias de batimento são "medidas" dinamicamente, isto é, implicam rotações completas das peças em torno de eixos, o que limita a sua aplicação a peças de revolução. O batimento é um tipo especial de tolerância geométrica que controla simultaneamente a forma e a localização dos elementos em relação aos referenciais.

DEFINIÇÃO A: Tolerância de batimento circular – Radial

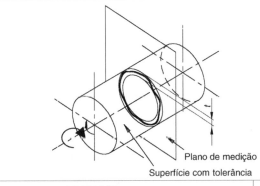

A zona de tolerância é limitada (em qualquer plano de medição perpendicular ao eixo) por dois círculos concêntricos a uma distância t entre si, e cujo centro coincide com o eixo de referência.

Note-se que no batimento circular as medições são efetuadas independentemente em cada um dos planos de medição.

INDICAÇÃO	INTERPRETAÇÃO
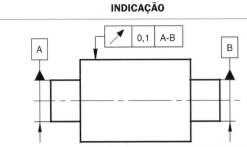	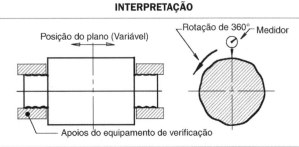

DESCRIÇÃO

O batimento radial não deve ser superior a 0,1 mm durante 1 rotação completa da peça, e para qualquer um dos planos correspondentes a cada uma das seções transversais da peça. Cada um dos planos deve ser verificado autonomamente. O procedimento prático corresponde a colocar um medidor óptico, mecânico ou outro sobre a superfície da peça, em seguida rodar a peça 360° e anotar o valor máximo do desvio medido para cada um dos planos. Se o valor máximo medido para todos os planos não exceder o valor máximo da tolerância geométrica especificada, então a forma geométrica da peça verifica a tolerância geométrica de batimento. Note-se, mais uma vez, que o batimento é uma tolerância geométrica "dinâmica", e que, neste caso, por exemplo, cilindricidade e coaxialidade estão sendo verificadas simultaneamente.

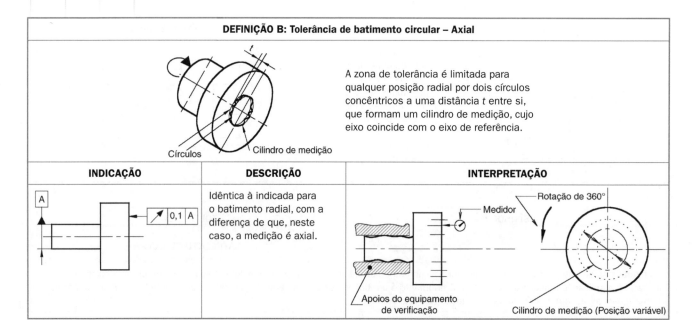

DEFINIÇÃO B: Tolerância de batimento circular – Axial

A zona de tolerância é limitada para qualquer posição radial por dois círculos concêntricos a uma distância t entre si, que formam um cilindro de medição, cujo eixo coincide com o eixo de referência.

INDICAÇÃO	DESCRIÇÃO	INTERPRETAÇÃO
	Idêntica à indicada para o batimento radial, com a diferença de que, neste caso, a medição é axial.	

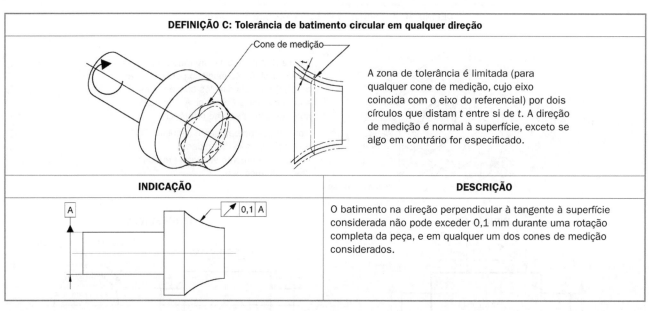

DEFINIÇÃO C: Tolerância de batimento circular em qualquer direção

A zona de tolerância é limitada (para qualquer cone de medição, cujo eixo coincida com o eixo do referencial) por dois círculos que distam t entre si de t. A direção de medição é normal à superfície, exceto se algo em contrário for especificado.

INDICAÇÃO	DESCRIÇÃO
	O batimento na direção perpendicular à tangente à superfície considerada não pode exceder 0,1 mm durante uma rotação completa da peça, e em qualquer um dos cones de medição considerados.

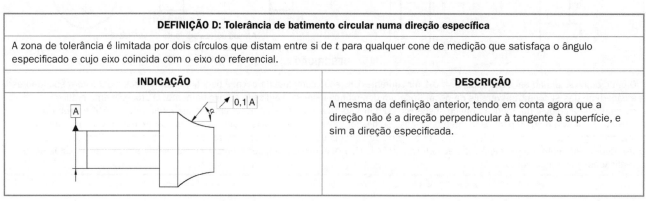

DEFINIÇÃO D: Tolerância de batimento circular numa direção específica

A zona de tolerância é limitada por dois círculos que distam entre si de t para qualquer cone de medição que satisfaça o ângulo especificado e cujo eixo coincida com o eixo do referencial.

INDICAÇÃO	DESCRIÇÃO
	A mesma da definição anterior, tendo em conta agora que a direção não é a direção perpendicular à tangente à superfície, e sim a direção especificada.

Tolerância Geométrica

SÍMBOLO	TOLERÂNCIA
	SIMETRIA

A diferença entre batimento total e o batimento é que, enquanto o batimento é verificado para cada uma das superfícies independentemente, o batimento total é verificado simultaneamente para todas as superfícies. O batimento total continua a ser uma tolerância geométrica composta que afeta simultaneamente a forma e a posição.

DEFINIÇÃO A: Tolerância de batimento total – Radial

A zona de tolerância é limitada por dois cilindros coaxiais que distam entre si de t e cujos eixos coincidem com o eixo de referência.

Note-se, neste caso, que a tolerância de batimento total permite controlar simultaneamente a circularidade e a cilindricidade (forma) e a coaxialidade (posição).

INDICAÇÃO	DESCRIÇÃO	INTERPRETAÇÃO
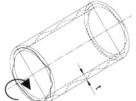	O batimento total não deve exceder 0,1 mm para qualquer ponto da superfície especificada durante várias rotações em torno do eixo A-B e com movimento axial do instrumento de medida. A linha ao longo da qual o instrumento de medida é deslocado e o eixo do cilindro em torno do qual se faz o movimento de rotação correspondem às posições e formas teoricamente exatas, isto é, a um cilindro geometricamente perfeito.	Rotação de 360° + Translação — Medidor

DEFINIÇÃO B: Tolerância de batimento total – Axial

A zona de tolerância é limitada por dois planos paralelos a uma distância t entre si, e perpendiculares ao eixo de referência.

Enquanto no batimento circular axial o batimento é medido autonomamente em cada círculo da superfície do cilindro, no caso do batimento total axial este é medido em toda a superfície.

INDICAÇÃO	DESCRIÇÃO	INTERPRETAÇÃO
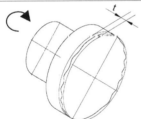	O batimento total radial não deve exceder 0,1 mm, para qualquer ponto da superfície considerada, durante várias voltas completas em torno do eixo de referência e com movimentos radiais do instrumento de medida. Tanto o movimento de rotação da peça como o movimento radial realizam-se ao longo de linhas que correspondem à forma teoricamente perfeita da peça considerada.	Instrumento de medição — Zona de tolerância

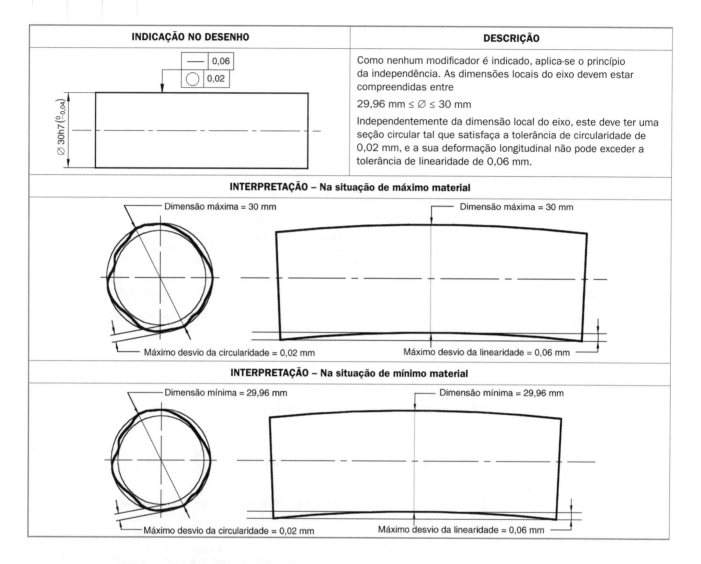

9.6 APLICAÇÃO E INTERPRETAÇÃO DAS TOLERÂNCIAS GEOMÉTRICAS

Os símbolos geométricos foram apresentados na **Tabela 9.1**. Para uma definição mais rigorosa e uma correta aplicação de cada um dos símbolos, foram apresentadas em seguida e para cada um deles as definições, modo de indicação nos desenhos e respectiva interpretação.

9.7 PRINCÍPIOS FUNDAMENTAIS DA TOLERÂNCIA

Os princípios fundamentais da tolerância estão relacionados com a dependência ou independência entre tolerância dimensional (linear e angular) e geométrica.

9.7.1 Princípio da Independência

O princípio da independência estabelece que, quando requisitos dimensionais e geométricos são especificados simultaneamente em um desenho, estes devem ser verificados independentemente, exceto se alguma relação particular for definida, como seja o caso dos modificadores de máximo material e da envolvente, que serão discutidos mais adiante. Ou seja, se a tolerância geométrica não contiver os referidos modificadores, as tolerâncias geométricas são verificadas independentemente das dimensões dos elementos.

Apresenta-se em seguida um exemplo em que o princípio da independência é aplicado. Independentemente das dimensões locais do eixo, os desvios geométricos devem ser verificados, isto é, devem estar contidos nas zonas de tolerância definidas (desvio máximo de circularidade de 0,02 mm e desvio máximo de linearidade de 0,06 mm).

Quando o princípio da independência for aplicado, os desenhos deverão conter, junto à legenda ou dentro dela, a seguinte inscrição:

Tolerância ISO 8015

9.7.2 Interdependência entre Geometria e Dimensão

Uma tolerância dimensional permite apenas controlar a dimensão local de um elemento (distância entre dois pontos), mas não os desvios de forma que podem ocorrer. Os desvios de forma são controlados por intermédio da tolerância geométrica.

A tolerância geométrica, por sua vez, apenas permite controlar os desvios de forma, orientação e localização de um elemento relativamente aos parâmetros teoricamente exatos, independentemente das dimensões. As tolerâncias geométricas, e de acordo com o princípio da independência, são verificadas independentemente da dimensão atual dos elementos.

9.7.3 Princípio do Máximo Material

Quando aplicada a um elemento, a condição de máximo material significa que o elemento ou o produto acabado contém o máximo possível de material permitido pela tolerância dimensional. De acordo com esta condição, a dimensão de elementos externos, tais como eixos ou chavetas, está na cota máxima, e elementos internos, tais como furos ou rasgos, estão na cota mínima.

No caso da montagem de um eixo em um furo, quando ambos estão na condição de máximo material, significa que ocorre a folga mínima. Isto é válido quando os erros geométricos são máximos. A montagem de peças, notadamente no que diz respeito a folga ou aperto, depende das relações entre as cotas e os erros geométricos. Do exposto, pode-se concluir que, se as cotas da peça a ser montada não estão na condição de máximo material, os erros geométricos podem ser aumentados sem prejudicar a funcionalidade da peça.

O princípio do máximo material é indicado nos desenhos com o modificador Ⓜ. A sua aplicação facilita a fabricação sem perturbar a montagem dos elementos, para os quais existe uma dependência entre geometria e dimensão.

O princípio do máximo material é um princípio da tolerância, o qual requer que a condição virtual (ver definição na seção 9.3) aplicada aos elementos e, se indicada, a condição de máximo material não devem ser violadas. Este princípio pode ser aplicado aos elementos com tolerância, aos referenciais ou a ambos. O princípio do máximo material encontra-se definido na norma ISO 2692:1988.

9.7.4 Princípio do Máximo Material Aplicado aos Elementos com Tolerância

Na **Figura 9.18** é apresentado um exemplo de aplicação do princípio de máximo material aos elementos e a sua interpretação de acordo com o princípio da independência. Na **Figura 9.19** é indicado o respectivo calibre. Quando o princípio do máximo material é aplicado aos elementos, a condição de máximo material permite

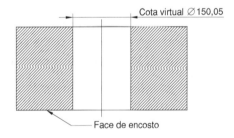

Figura 9.19 Calibre para verificação geométrica da peça da **Figura 9.18**.

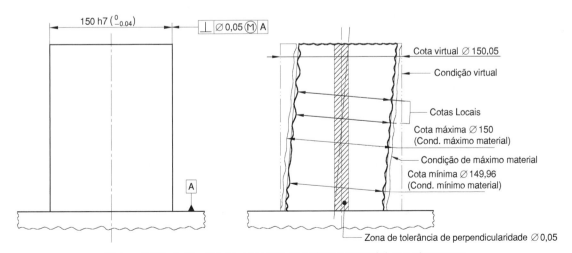

Figura 9.18 Aplicação do princípio de máximo material aos elementos.

incrementar a tolerância geométrica especificada, desde que o elemento com tolerância não viole a condição virtual. Isto será demonstrado nos exemplos apresentados ao longo das próximas seções.

A cota virtual é obtida a partir da soma da cota máxima (150) com o valor da tolerância geométrica de perpendicularidade (0,05). Este conceito pode ser interpretado como a cota que um calibre de verificação geométrica deve ter. Todas as outras definições foram apresentadas na seção 9.3. Note-se que na **Figura 9.18**, apesar da existência do modificador de máximo material, o princípio da independência para a cota de máximo material não requer que a peça seja geometricamente perfeita.

Para ilustrar a importância da aplicação do princípio do máximo material, apresenta-se na **Figura 9.20** um exemplo envolvendo a tolerância geométrica de perpendicularidade. A tolerância dimensional especificada (**Figura 9.20a**) conduz a que todas as cotas locais do elemento com tolerância (A1, ..., A4, na **Figura 9.20b**) devem estar compreendidas entre a cota mínima (19,9 mm) e a cota máxima (20 mm).

O elemento com tolerância não pode violar a condição virtual (**Figura 9.20c**), isto é, não pode exceder a cota virtual (ϕ = 20,2 mm), a qual é obtida do somatório da dimensão do elemento na situação de máximo material (20 mm) e da tolerância geométrica de perpendicularidade (0,2 mm).

Quando o elemento com tolerância está na situação de mínimo material (**Figura 9.20d**), isto é, sua dimensão é igual à cota mínima, e devido à existência do modificador de máximo material, o erro geométrico de perpendicularidade pode aumentar sem prejudicar os requisitos funcionais.

Outra das aplicações importantes do princípio do máximo material ocorre na tolerância de posição de furos. Considerem-se as duas peças indicadas na **Figura 9.21**, as quais são montadas uma na outra, assim como a tolerância de posição dos furos e dos pinos. O objetivo é minimizar os custos de fabricação sem prejudicar a montagem das peças.

Note-se que, neste caso, a tolerância geométrica de posição não inclui referenciais, pois a posição do furo/pino com tolerância é definida a partir das cotas de localização teoricamente exatas dos mesmos. No caso geral, a tolerância geométrica de posição pode incluir referenciais.

Descreve-se, em seguida, a interpretação da tolerância indicada. Convém citar que existe uma norma específica para a tolerância geométrica de posição, que é a norma ISO 5458: 1987.

A zona da tolerância de localização do centro de cada furo e pino é, neste caso, uma área circular de 0,1 mm de diâmetro, tal como indicado na **Figura 9.22**. Para garantir folga, as cotas virtuais dos furos e pinos são ambas de 8 mm, obtidas do seguinte modo:

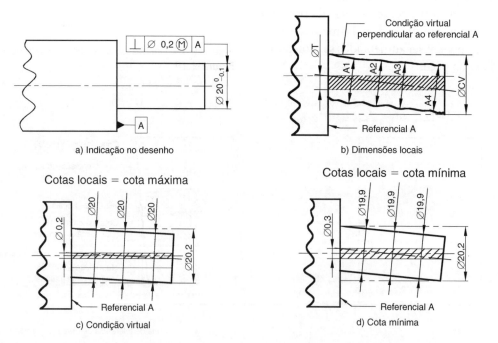

Figura 9.20 Exemplo de tolerância geométrica de perpendicularidade com aplicação do princípio do máximo material.

Tolerância Geométrica

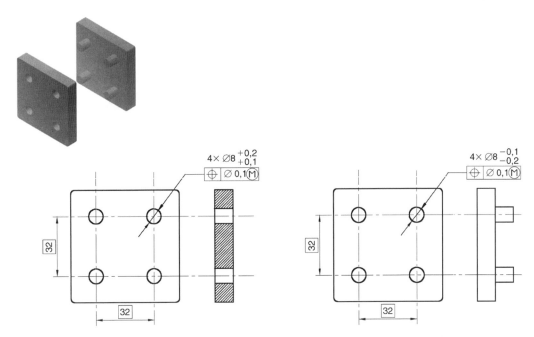

Figura 9.21 Exemplo de tolerância de posição de elementos com aplicação do princípio do máximo material.

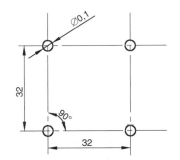

Figura 9.22 Zona de tolerância.

Furos:

CV = ϕ_{furo}(CMM) − Tol. L. = 8,1 − 0,1 = 8 mm

Pinos:

CV = ϕ_{furo}(CMM) − Tol. L. = 7,9 + 0,1 = 8 mm

De acordo com as tolerâncias dimensionais acima indicadas, a cota mínima dos furos é de 8,1 mm e a cota máxima dos pinos é de 7,9 mm, que correspondem à condição de máximo material. Nestas circunstâncias existirá sempre folga entre os pinos e os furos se a localização de ambos for exata. Na fabricação da peça ocorrerão erros na localização de pinos e furos, erros esses que terão de ser limitados de modo a garantir a referida folga.

O valor máximo da tolerância geométrica de localização dos furos e dos pinos é igual ao valor da folga mínima, isto é, 8,1 − 7,9 = 0,2 mm. O valor desta tolerância deve ser dividido pelos dois elementos, por exemplo, uniformemente, como neste caso: 0,1 mm para os furos e 0,1 mm para os pinos.

As tolerâncias geométricas de localização só fazem sentido se forem estabelecidas relativamente às cotas teoricamente exatas (seção 9.5.6).

Para permitir maiores erros de fabricação sem prejudicar a montagem (neste caso garantindo folga) o modificador de máximo material é aplicado aos elementos dimensionais com tolerâncias.

Para se obter a cota virtual, os eixos dos círculos correspondentes à situação de máximo material localizam-se nos limites da zona de tolerância, tal como na **Figura 9.23** para o caso dos furos. Nos pinos, o raciocínio é idêntico.

Quando os furos e os pinos têm uma dimensão diferente da dimensão definida pela condição de máximo material (**Figura 9.24**), isto é, o furo tem uma dimensão superior à cota mínima e o pino tem uma dimensão inferior à cota máxima, então o diâmetro da zona de tolerância de localização aumenta.

As tolerâncias de localização são máximas quando furos e pinos estão na situação de mínimo material, isto é, quando a dimensão do furo é igual à cota máxima e a dimensão do pino é igual à cota mínima. Registre-se que o incremento da tolerância geométrica de localização facilita a fabricação sem perturbar a montagem. A cota virtual é igual para furos e pinos. No caso de os limites dos elementos tocarem o círculo definido pela cota virtual, isto corresponde a folga nula, o que só ocorre, tal como foi discutido, para ambos os elementos na situação

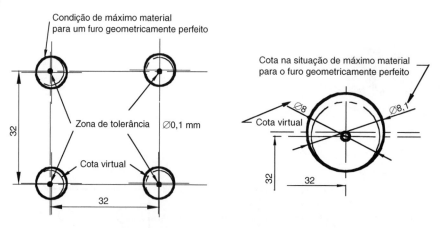

Figura 9.23 Condição virtual: furos.

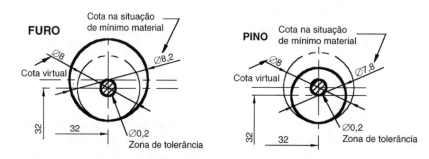

Figura 9.24 Furos e pinos.

de máximo material e máximos erros geométricos. Em todas as outras situações, a cota virtual nunca é violada. De acordo com a interpretação anterior, verifica-se que a montagem das duas peças com folga é possível mesmo nas condições de fabricação mais desfavoráveis.

9.7.5 Princípio do Máximo Material Aplicado aos Referenciais

O modificador de máximo material pode também ser aplicado aos referenciais. Apresenta-se no quadro a seguir um exemplo desta situação.

9.7.6 Zona de Tolerância Geométrica Nula

Em geral, a tolerância total de um elemento é distribuída pelas tolerâncias dimensional e geométrica inscritas no desenho. Em casos extremos, todavia, o valor da tolerância pode ser apenas distribuído pela tolerância dimensional. No entanto, para permitir erros geométricos, a tolerância geométrica é inscrita no desenho, mas com um valor da tolerância nulo, como no exemplo da **Figura 9.25**.

Note-se que este tipo particular de tolerância geométrica só faz sentido se existir interdependência entre

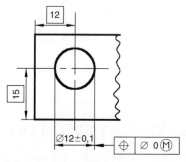

Figura 9.25 Zona de tolerância geométrica nula.

dimensão e geometria, isto é, se for aplicável o princípio do máximo material ou da envolvente. Para o exemplo apresentado, a tolerância de posição varia entre 0 (na situação de máximo material) e 0,2 mm (na situação de mínimo material).

9.7.7 Princípio da Envolvente

O princípio da envolvente aplica-se a elementos individuais, tais como uma superfície cilíndrica ou um elemento definido por duas superfícies planas paralelas (elemento dimensional). A partir da aplicação deste princípio, a envolvente do elemento que corresponde à

Tolerância Geométrica

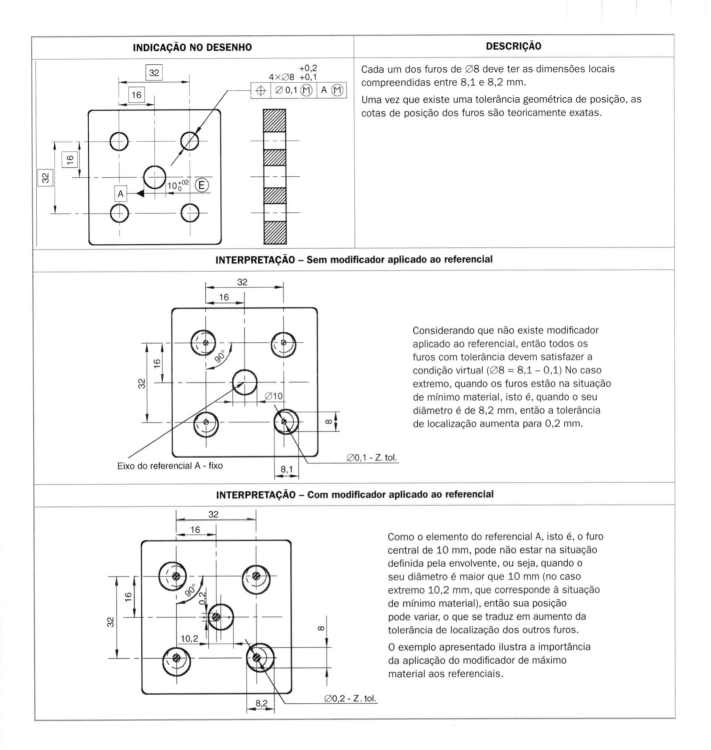

forma geometricamente perfeita ou exata na situação de máximo material não deve ser violada.

A aplicação deste princípio é indicada nos desenhos por intermédio do modificador Ⓔ colocado após a tolerância dimensional, ou por referência a uma norma em que o princípio da envolvente seja definido ou requerido, tal como a norma ISO 8015. Apresenta-se, em seguida, um exemplo de aplicação do princípio da envolvente.

9.7.8 Tolerância de Bônus

Valores de tolerâncias mais elevados correspondem a maior facilidade de fabricação e menores custos. Tal como referido na seção 9.7.3, a aplicação do princípio do máximo material permite aumentar o valor das tolerâncias geométricas que a peça deve verificar. No entanto, é importante não confundir este valor da tolerância com o valor da tolerância geométrica inscrita

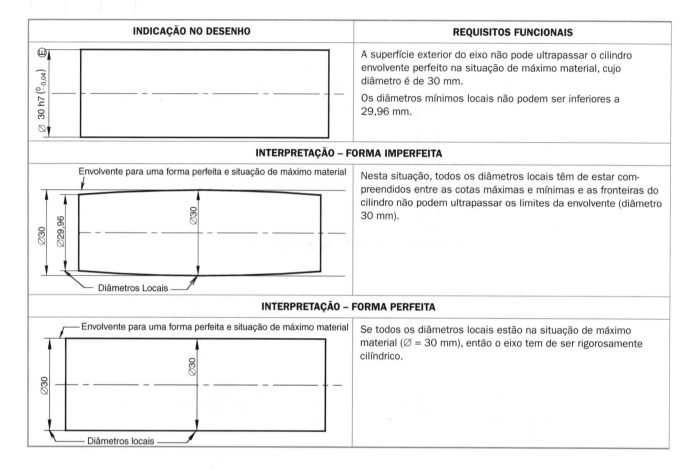

no desenho. Embora não normalizado, introduz-se aqui o conceito de tolerância de bônus como sendo a tolerância adicional que se obtém da condição de máximo material. Considere-se o exemplo indicado na **Figura 9.26**.

A interpretação do conceito de tolerância de bônus é indicada na **Figura 9.27**, sendo exemplificado na **Tabela 9.3**.

Apesar de a cota máxima ser de 15,2 mm, verifica-se que, na condição de máximo material, existe uma tolerância adicional de 0,2 mm. Ou seja, como a tolerância de retilineidade é definida para a situação de máximo material, então, se a dimensão da peça for inferior à dimensão definida na situação de máximo material, surge uma tolerância adicional de bônus, a qual é máxima na situação de mínimo material. Note-se que o modificador de máximo material só pode ser usado na tolerância geométrica de retilineidade quando, tal como neste caso, é aplicado a um elemento dimensional (cota), não podendo ser aplicado no caso de um elemento (por exemplo, uma aresta). Em uma situação em que não existisse modificador de máximo material, a tolerância total seria sempre de 0,2 mm, de acordo com o princípio da independência.

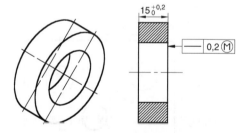

Figura 9.26 Tolerância de bônus.

Figura 9.27 Interpretação do conceito de tolerância de bônus.

Tabela 9.3 Tolerância de bônus

Dimensão real (mm)	Tolerância de retilineidade	Tolerância de bônus	Tolerância total
15,2 (máximo material)	0,2	0	0,2
15,1	0,2	0,1	0,3
15,0 (mínimo material)	0,2	0,2	0,4

9.8 REGRAS E PASSOS PARA A APLICAÇÃO DA TOLERÂNCIA GEOMÉTRICA

A seguir são indicados alguns conceitos e princípios para a aplicação da tolerância geométrica:

Precisão: Tal como descrito ao longo das seções anteriores, a tolerância geométrica é uma filosofia de projeto que permite especificar peças e elementos de uma forma mais precisa e rigorosa.

Montagem de peças em conjuntos: A aplicação da tolerância geométrica é fundamental para a montagem de conjuntos de peças em que, sem prejudicar a montagem e requisitos funcionais, se pretendem tolerâncias mais elevadas de modo a reduzir os custos de fabricação das peças.

Peças ou elementos a serem aplicados: A tolerância geométrica não deve ser aplicada indiscriminadamente, sendo requerida apenas para peças e elementos que satisfaçam os critérios anteriormente definidos. Como exemplos práticos, veja-se que, para o chassi de um trem de ferro, é necessário indicar nos desenhos muito poucas tolerâncias geométricas (podem ser remetidas para tolerâncias gerais inscritas na legenda), enquanto, por exemplo, no caso do motor de um automóvel, é necessário especificar, com grande rigor, as tolerâncias geométricas para as peças ou elementos móveis, como cilindros, pistons, válvulas, árvores de camos etc.

Processo de fabricação: As tolerâncias especificadas não obrigam, em princípio, à utilização de um processo específico de fabricação; no entanto, os valores especificados para a tolerância podem condicionar os métodos de fabricação ou de acabamento a serem utilizados, em função da precisão requerida.

Controle de qualidade e inspeção: A utilização dos princípios da tolerância geométrica, além de permitir a fabricação de peças de uma forma mais rigorosa e econômica, também facilita a inspeção ou o controle de qualidade das mesmas.

9.8.1 Passos Fundamentais

Existe um conjunto de 5 passos fundamentais para a correta especificação das tolerâncias geométricas no projeto:

1. Isolar cada um dos elementos/peças e definir a função ou funções na peça/conjunto. As funções definidas devem ser funções específicas e simples e não funções gerais. Por exemplo, a válvula de um motor tem como funções fazer a vedação do cilindro, não permitindo a passagem dos gases quando fechada, e executar o movimento imposto da árvore de camos.

2. Listar as funções por ordem de prioridade.

3. Identificar os referenciais. Estes devem ser baseados na lista de prioridades das funções da peça, podendo um referencial ser usado na especificação da tolerância relacionado com várias funções da peça.

4. Especificar os controles geométricos a usar. Na maioria dos casos, são necessários vários tipos de tolerâncias geométricas. Deve-se começar da tolerância geométrica menos restritiva para a mais restritiva (por exemplo, a circularidade é menos restritiva do que a cilindricidade). Nesta fase, algumas das tolerâncias geométricas que o projetista a princípio tinha em mente podem ser eliminadas pela utilização de outros tipos de tolerâncias mais restritivas.

5. Especificação dos valores das tolerâncias. Aplicar modificadores onde for necessário.

9.9 PRINCÍPIOS, MÉTODOS E TÉCNICAS DE VERIFICAÇÃO

Nesta seção são abordados, de uma forma geral, os princípios e métodos de verificação da tolerância geométrica, assim como alguns dos equipamentos típicos.

Um guia muito importante para os princípios, métodos e técnicas usados para a verificação da tolerância geométrica é o relatório técnico ISO/TR 5460.

Vários tipos de equipamentos são usados para a verificação da tolerância geométrica. Estes equipamentos têm diferentes sensores (mecânicos, acústicos e ópticos).

Na **Figura 9.28**, apresenta-se um equipamento relativamente simples, usado para medição dos erros geométricos de circularidade e coaxialidade de peças. Este tipo de equipamento usa sensores mecânicos para detectar os erros geométricos das peças.

Existe um conjunto de equipamentos mais sofisticados que permitem verificar uma gama maior de tipos de erros geométricos. Estes equipamentos permitem, quando ligados a um computador e com o *software* apropriado, determinar, de uma forma bastante rápida e eficiente, os erros de fabricação. Na **Figura 9.29** apresenta-se um equipamento deste tipo, sendo ainda apresentado, de forma esquemática, o princípio de funcionamento para verificar, por exemplo, a circularidade.

Na **Figura 9.30** apresentam-se exemplos da utilização do *software* para a análise e verificação dos erros geométricos.

Existe ainda um conjunto de equipamentos para peças de maior dimensão e com funcionalidades tridimensionais (**Figura 9.31**). Em muitos dos casos, estes equipamentos usam sensores ópticos e *laser* (**Figura 9.32**).

9.10 TOLERÂNCIA GEOMÉTRICA GERAL

Tal como para a tolerância dimensional, a indicação da tolerância geométrica nos desenhos pode, por vezes, ser simplificada quando a classe de tolerância é a mesma para todas as características geométricas com tolerâncias. De acordo com a norma ISO 2768-2:1989, existem 3 classes gerais de tolerância geométrica (designadas pelas letras maiúsculas H, K, L) Esta norma se aplica apenas a elementos ou peças que são fabricados com remoção de material. Estas classes correspondem a diferentes graus de precisão na fabricação.

A classe de tolerâncias geral a ser selecionada depende dos requisitos exigidos à peça ou aos elementos. Os princípios gerais para a sua seleção são os mesmos que se aplicam à escolha de uma tolerância particular para uma dada cota. Ou seja, os valores das tolerâncias devem ser os maiores possíveis, mas sem prejudicar a função e requisitos das peças.

Se, para algumas características geométricas, for necessário indicar tolerâncias menores, ou se, por razões

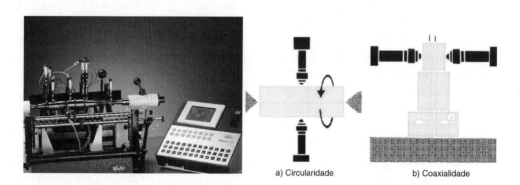

Figura 9.28 Equipamento para verificação de erros geométricos de circularidade e coaxialidade. (Cortesia da Mahr GmBh.)

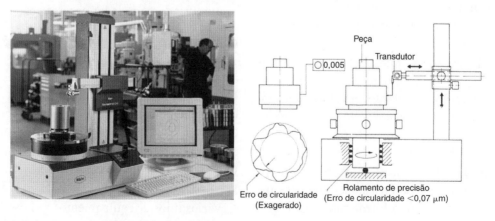

Figura 9.29 Equipamento para verificação de erros geométricos bidimensionais e princípio de funcionamento na verificação da circularidade. (Cortesia da Mahr GmBh.)

Tolerância Geométrica

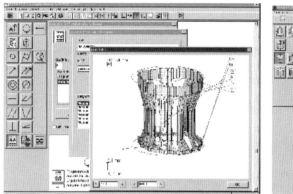
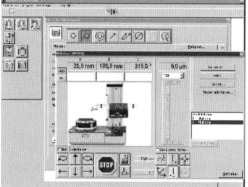

Figura 9.30 *Software* de análise e verificação de erros geométricos. (Cortesia da Mahr GmBh.)

Figura 9.31 Equipamento para verificação tridimensional de erros geométricos. (Cortesia da Mahr GmBh.)

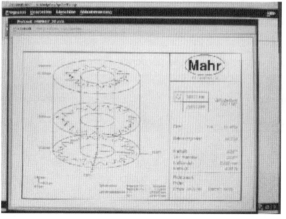

Figura 9.32 Equipamento com sensores ópticos para verificação geométrica tridimensional. (Cortesia da Mahr GmBh.)

econômicas ou funcionais, forem permitidas tolerâncias maiores, estas devem ser indicadas diretamente nos desenhos, de acordo com o anteriormente exposto.

A indicação de classes de tolerância geométrica gerais nos desenhos apresenta as mesmas vantagens referidas para a tolerância dimensional geral.

9.10.1 Tolerâncias Geométricas Gerais

As tolerâncias geométricas gerais são aplicáveis a todas as características geométricas dos elementos ou das peças, com exceção da cilindricidade, do contorno de linhas e de superfícies, da inclinação, da coaxialidade, da tolerância de posição e do batimento total.

Retilineidade e planeza

Na **Tabela 9.4** apresentam-se as tolerâncias gerais para a tolerância geométrica de retilineidade e planeza. A tolerância deve ser selecionada com base no comprimento do elemento. No caso da planeza, quando esta diz respeito a uma superfície retangular, por exemplo, o comprimento é o do lado maior do retângulo.

Circularidade

Os valores da tolerância geral de circularidade são iguais aos valores da tolerância dimensional geral para o diâmetro indicados no capítulo anterior. Todavia, o valor da tolerância não deve ser superior ao valor da tolerância de batimento circular indicada na **Tabela 9.7**.

Cilindricidade

Não se especificam tolerâncias gerais para a cilindricidade. No entanto, existem tolerâncias gerais para o batimento (**Tabela 9.7**).

Paralelismo

A tolerância geral para o paralelismo é igual ao maior dos valores: da tolerância dimensional ou da tolerância de retilineidade/planeza. O maior dos dois elementos deve ser considerado o referencial.

Perpendicularidade

As tolerâncias gerais para a perpendicularidade são indicadas na **Tabela 9.5**. O mais longo dos dois lados é considerado o referencial, sendo o valor da tolerância determinado para o comprimento nominal do lado mais curto.

Simetria

As tolerâncias gerais para a simetria são indicadas na **Tabela 9.6**. O elemento mais longo é o referencial, sendo os valores da tolerância obtidos para o comprimento mais curto. As tolerâncias gerais de simetria são aplicáveis quando pelo menos um dos elementos tem um plano médio ou os eixos dos dois elementos são perpendiculares entre si.

Tabela 9.4 Tolerâncias gerais de retilineidade e planeza

Classe de tolerância	Tolerância geral de retilineidade e planeza para a gama de comprimentos nominais (mm)					
Designação	≤ 10	> 10 a 30	> 30 a 100	> 100 a 300	> 300 a 1000	> 1000 a 3000
H	0,02	0,05	0,1	0,2	0,3	0,4
K	0,05	0,1	0,2	0,4	0,6	0,8
L	0,1	0,2	0,4	0,8	1,2	1,6

Tabela 9.5 Tolerâncias gerais de perpendicularidade

Classe de tolerância	Tolerância geral de perpendicularidade para a gama de comprimentos nominais do lado mais curto (mm)			
Designação	≤ 100	> 100 a 300	> 300 a 1000	> 1000 a 3000
H	0,2	0,3	0,4	0,5
K	0,4	0,6	0,8	1
L	0,6	1	1,5	2

Tabela 9.6 Tolerâncias gerais de simetria

Classe de tolerância	Tolerância geral de simetria para a gama de comprimentos nominais do lado mais curto (mm)			
Designação	≤ 100	> 100 a 300	> 300 a 1000	>1000 a 3000
H	0,5			
K	0,6		0,8	1
L	0,6	1	1,5	2

Coaxialidade

Não se especificam tolerâncias gerais para a coaxialidade. Note-se que os erros de coaxialidade podem, em condições extremas, ser superiores às tolerâncias de batimento circular, pois estas incorporam desvios de coaxialidade e de circularidade.

Batimento circular

As tolerâncias gerais de batimento são indicadas na **Tabela 9.7**. As superfícies de apoio da peça devem ser escolhidas como referenciais se for indicado ou se for claro quais as superfícies. Em caso contrário, o mais longo dos dois elementos deve ser considerado o referencial.

Batimento total

Não se especificam tolerâncias gerais para o batimento total.

9.10.2 Indicação nos Desenhos

Quando forem aplicadas tolerâncias gerais, deverá obrigatoriamente ser indicada no campo apropriado da legenda (ou junto) a indicação:

a) ISO 2768.
b) A classe de tolerâncias dimensionais de acordo com a norma ISO 2768-1.
c) A classe de tolerâncias geométricas de acordo com a norma ISO 2768 2.

Por exemplo, para classes de tolerâncias média:

ISO 2768-mK

Note-se que a classe de tolerância dimensional é sempre designada por uma letra minúscula e a classe de tolerância geométrica por uma letra maiúscula.

Se a classe de tolerância dimensional não for aplicável, a letra respectiva pode ser omitida no desenho:

ISO 2768-K

Em situações em que se aplique de forma geral o princípio da envolvente Ⓔ para todos os elementos dimensionais, a letra maiúscula "E" deve ser adicionada à inscrição geral;

ISO 2768-mK-E

Tabela 9.7 Tolerâncias gerais de batimento.

Classe de tolerância	Tolerância geral de batimento (mm)
H	0,5
K	1
L	2

9.10.3 Controle de Qualidade das Peças

A menos que explicitamente especificado no projeto, cotas que excedem a tolerância geral não devem ser automaticamente rejeitadas, exceto se essa cota for uma cota funcional, cuja tolerância a ser excedida implique a inadequação da peça para o fim a que se destina.

9.11 EXEMPLOS DE APLICAÇÃO E DISCUSSÃO

Para ilustrar a aplicação e a interpretação da tolerância geométrica, são apresentados dois exemplos.

9.11.1 Exemplo 1

Na **Figura 9.33** indica-se um exemplo de um eixo com tolerâncias dimensionais e geométricas e que envolve o princípio de máximo material aplicado aos elementos com tolerâncias e aos referenciais e o princípio da envolvente.

Os requisitos funcionais, estabelecidos pelas tolerâncias inscritas no desenho são, neste caso:

1. Todas as cotas locais do elemento com tolerância devem estar contidas na zona definida pela tolerância dimensional (0,05 mm), isto é $11,95 \leq \varnothing \leq 12$.
2. O elemento cujo eixo é o referencial do elemento com tolerância deve ter um diâmetro entre $24,95 \leq \varnothing \leq 25$.
3. O princípio de máximo material é aplicado ao elemento com tolerância e ao referencial.

Para a interpretação da tolerância inscrita considere-se, em primeiro lugar, o elemento (eixo) da direita deformado geometricamente de acordo com a **Figura 9.34**.

A cota virtual ($\varnothing$ 12,04) é definida pela soma do diâmetro do elemento na situação de máximo material ($\varnothing$ 12) + valor da tolerância de concentricidade ($\varnothing$ 0,04). Note-se que, estando o referencial na situação de máximo material, a zona de tolerância para o eixo do elemento da esquerda (referencial) é zero.

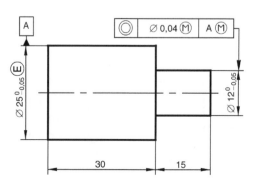

Figura 9.33 Eixo com tolerâncias dimensional e geométrica.

A máxima inclinação do eixo do elemento da direita ocorre quando este se encontra na situação de mínimo material (∅ 11,95, **Figura 9.35**). Neste caso, a zona de tolerância do eixo tem a dimensão (∅ 0,09), permitindo, portanto, maiores erros na fabricação sem prejudicar a montagem. Quando o diâmetro do elemento da esquerda tiver uma dimensão intermédia (11,95 ≤ ∅ ≤ 12), então o diâmetro da zona de tolerância do eixo será inferior.

A zona de tolerância para o elemento do lado esquerdo é máxima para a situação de mínimo material (∅ 24,95, **Figura 9.36**). Note-se, neste caso, que os erros de fabricação permitidos são máximos quando ambos os elementos "rodam" em sentidos opostos. O eixo do elemento do lado esquerdo deve estar contido na zona de tolerância (∅ 0,05).

O desvio coaxial (**Figura 9.37**) é dado por:

$$\text{Desvio coaxial} = 2\left(\frac{t+\Delta d_2}{2} + \frac{\Delta d_1}{2} + \Delta d_1 \frac{l_1}{l_2}\right)$$

com:

d_1 – Cota de máximo material para o elemento de referência

d_2 – Cota virtual do elemento com tolerância

t – Tolerância geométrica

Δd_1 – (d_1: Cota de ajustamento do elemento referenciado)

$t + \Delta d_2$ – (d_2: Cota de ajustamento do elemento referenciado)

O desvio coaxial máximo, é dado por:

Desvio coaxial máximo =

$$2\left(\frac{0,04+0,05}{2} + \frac{0,025}{2} + 0,05\frac{15}{30}\right) = 0,19\text{mm}$$

A condição de envolvente e a condição virtual representam o calibre para verificação geométrica, indicado na **Figura 9.38**.

9.11.2 Exemplo 2

Na **Figura 9.39** é indicada a tolerância geral de uma peça. As classes de tolerância geral são: m para o dimensional e H para o geométrico. Na **Figura 9.40**, é apresentada a interpretação da tolerância indicada. Note-se que algumas tolerâncias geométricas gerais possíveis estão inter-relacionadas com outras das indicadas. As tolerâncias dimensionais gerais foram obtidas a partir das **Tabelas 9.9** a **9.12** e as geométricas a partir das **Tabelas 9.4** a **9.7**.

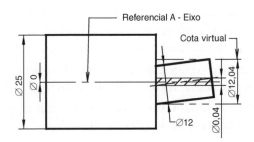

Figura 9.34 Exemplo 1: Cota virtual.

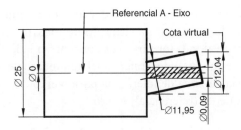

Figura 9.35 Exemplo 1: Cota de mínimo material.

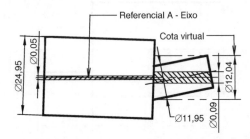

Figura 9.36 Exemplo 1: Erros de fabricação máximos.

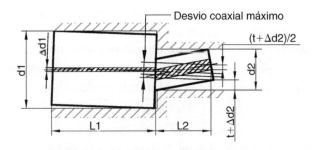

Figura 9.37 Exemplo 1: Desvio coaxial.

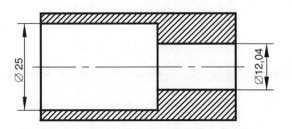

Figura 9.38 Exemplo 1: Calibre geométrico.

Tolerância Geométrica

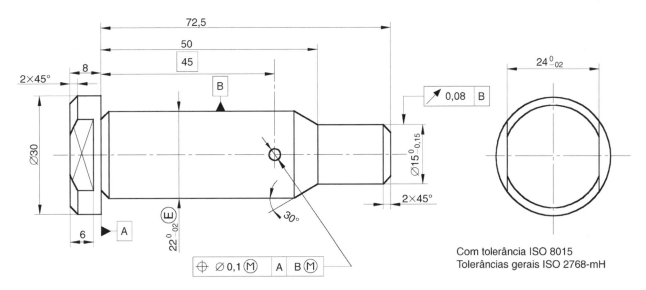

Figura 9.39 Exemplo sobre tolerância geral: Indicação no desenho.

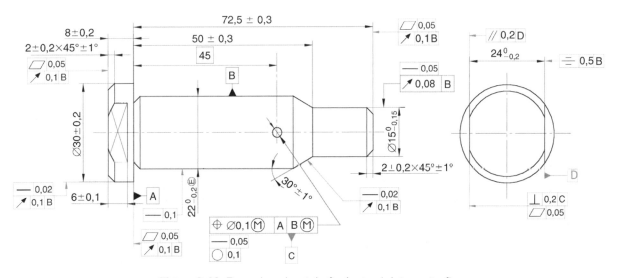

Figura 9.40 Exemplo sobre tolerância geral: Interpretação.

9.12 APLICAÇÕES EM CAD

Ao conceber determinada peça, o projetista tem em mente uma série de relações geométricas a aplicar aos diferentes elementos. Os modernos programas de CAD paramétricos, tais como Autodesk Inventor, Mechanical Desktop, Solid Edge, Solid Works, ou ProEngineer, permitem, durante a realização dos desenhos, definir as relações geométricas entre elementos, muitos deles sugerindo mesmo relações geométricas que podem ser aplicadas, bastando ao projetista aceitar ou recusar a relação geométrica proposta pelo programa. As relações geométricas são fundamentais para a definição rigorosa da geometria das peças, tendo uma importância acrescida, no caso de as peças serem fabricadas por equipamentos automáticos, os quais, com as interfaces adequadas, permitem importar diretamente a informação relativa à geometria das peças.

A tolerância geométrica pode ser inscrita diretamente nos desenhos (**Figura 9.41**) ou indiretamente nos sólidos tridimensionais (**Figura 9.42**). Atualmente, a maioria dos programas paramétricos tridimensionais permite a inscrição da tolerância geométrica diretamente nos sólidos, o que apresenta grandes vantagens para a fabricação, quando são usados diretamente equipamentos automáticos, e para o controle e verificação, quando são usados equipamentos mais sofisticados, como os anteriormente apresentados.

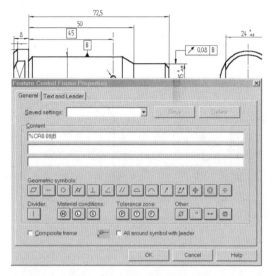

Figura 9.41 Inscrição da tolerância geométrica nos desenhos em Solid Edge.

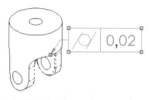

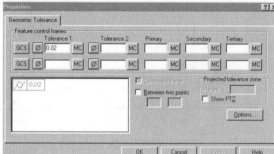

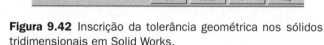

Figura 9.42 Inscrição da tolerância geométrica nos sólidos tridimensionais em Solid Works.

REVISÃO DE CONHECIMENTOS

1. É possível indicar referencial na tolerância de forma?
2. Enumere as vantagens da utilização da tolerância geométrica em relação à dimensional.
3. O que você entende por tolerância de bônus?
4. Em que circunstâncias o valor da tolerância geométrica pode ser nulo? Qual o significado disso?
5. O que define a cota virtual?
6. O que é a envolvente?
7. Quais os principais passos para a especificação da tolerância geométrica?
8. Descreva o que entende por batimento.
9. É possível colocar as tolerâncias geométricas em CAD 3D diretamente no modelo de sólidos?
10. Quais as vantagens da definição dos referenciais para o controle de qualidade e inspeção das peças?

CONSULTAS RECOMENDADAS

- Giesecke, F.E., Mitchell, A., Spencer, H.C., Hill, I.L., Dygdon, J.T. e Novak, J.E., *Technical Drawing*. Prentice Hall, 11ª Edição, 1999.
- Gooldy, G., *Dimensioning, Tolerancing and Gaging Applied*. Prentice Hall, 1ª Edição, 1998.
- Krulikowsky, A., *Fundamentals of Geometric Dimensioning and Tolerancing*. Delmar Publishers, 2ª Edição, 1997.
- Puncochar, D. E., *Interpretation of Geometric Dimensioning & Tolerancing*. Industrial Press, 2ª Edição, 1997.
- ISO 129:1985 Technical drawings – Dimensioning – General principles, definitions, methods of execution and special indications.
- ISO 286-1:1988 ISO system of limits and fits – Part 1: Bases of tolerances, deviations and fits.
- ISO 1101:1983 Technical drawings – Geometrical tolerancing – Tolerancing of form, orientation, location and run-out – Generalities, definitions, symbols, indications on drawings.
- ISO 1660:1987 Technical drawings – Dimensioning and tolerancing of profiles.
- ISO 2692:1988 Technical drawings – Geometrical tolerancing - Maximum material principle.
- ISO 2692:1988 Amd 1:1992 Least Material Requirement.
- ISO 2768-1:1989 General tolerances – Part 1: Tolerances for linear and angular dimensions without individual tolerance indications.
- ISO 2768-2:1989 General tolerances – Part 2: Geometrical tolerances for features without individual tolerance indications.
- ISO 4291:1985 Methods for the assessment of departure from roundness – Measurement of variations in radius.

Tolerância Geométrica

- ISO 4292:1985 Methods for the assessment of departure from roundness – Measurement by two and three-point methods.
- ISO 5458:1998 Geometrical Product Specifications (GPS) – Geometrical tolerancing – Positional tolerancing.
- ISO 5459:1981 Technical drawings – Geometrical tolerancing Datums and datum-systems for geometrical tolerances.
- ISO/TR 5460:1985 Technical drawings – Geometrical tolerancing – Tolerancing of form, orientation, location and run-out – Verification principles and methods – Guidelines.
- ISO 7083:1983 Technical drawings – Symbols for geometrical tolerancing – Proportions and dimensions.
- ISO 8015:1985 Technical drawings – Fundamental tolerancing principle.
- ISO 10578:1992 Technical drawings – Tolerancing of orientation and location – Projected tolerance zone.
- ISO 10579:1993 Technical drawings – Dimensioning and tolerancing – Non-rigid parts.
- NBR 6409 Tolerâncias geométricas – Tolerâncias de forma, orientação, posição e batimento – Generalidades, símbolos, definições e indicações em desenho

Endereço eletrônico de Institutos de normalização, controle de qualidade e outros relacionados com tolerância:

- International Organization for Standardization (ISO) www.iso.ch
- Instituto Português da Qualidade (IPQ) www.ipq.pt
- American National Standards Institute (ANSI) www.ansi.org
- American Society of Mechanical Engineers (ASME) www.asme.org
- American Productivity and Quality Center www.apqc.org
- American Society for Quality www.asq.org
- American Society for Testing and Materials www.astm.org
- Association for Manufacturing Technology www.mfgtech.org
- International Society for Measurement and Control www.isa.org

Endereços eletrônicos de interesse sobre tolerância, metrologia e controle de qualidade:

- Metalworking Digest - www.metalwdigest.com
- Metrology World - www.metrologyworld.com
- Modern Machine Shop - www.mmsonline.com
- Quality On-Line - www.qualitymag.com
- Quality Progress On-Line -www.qualitydigest.com
- Quality Today - www.qualitytoday.com

Endereço eletrônico de empresas/instituições ligadas à formação e/ou à comercialização de produtos relacionados com tolerância geométrica:

- Tec-Ease Inc. - www.tec-ease.com
- Endereço eletrônico com fórum de discussão sobre tolerância geométrica - www.mimetek.com

Sites de fabricantes de equipamento para verificação das tolerâncias geométricas:

- Mahr GmBh - www.mahr.com (Representante para Portugal - www.izasa.com)
- Mitutoyo - www.mitutoyo.com

PALAVRAS-CHAVE	
batimento	máximo material
cilindricidade	mínimo material
circularidade	modificadores
coaxialidade	paralelismo
concentricidade	planeza
controle de qualidade	posição
cota	princípio da independência
cota teoricamente exata	
cota virtual	referenciais
cotagem funcional	retilineidade
envolvente	símbolos geométricos
fabricação	simetria
forma	tolerância
forma geometricamente perfeita	tolerância de bônus
	tolerância em CAD
inclinação	tolerância geométrica
inspeção	tolerância geral

EXERCÍCIOS PROPOSTOS

P9.1. Desenhe as vistas necessárias e suficientes para a representação da peça indicada na **Figura 9.43**. Cotar, dar tolerâncias e indicar os estados de superfície e acabamentos superficiais de acordo com as seguintes especificações:

1. Os 8 furos iguais têm qualidade 6 e as tolerâncias estão na posição J.
2. As dimensões longitudinais da peça têm qualidade 7. Considere desvios simétricos.
3. Os eixos têm qualidade 7 e as tolerâncias estão na posição g.
4. No furo central do elemento D vai ser montado um eixo. Selecione uma classe de tolerância adequada para o furo, de modo a garantir um ajustamento do tipo apertado a frio.
5. Planeza das superfícies do elemento B, com uma tolerância de 0,1 mm.
6. Paralelismo das faces opostas do elemento B, com uma tolerância de 0,1 mm.
7. Perpendicularidade das faces perpendiculares do elemento B com uma tolerância de 0,2 mm.
8. Cilindricidade do furo central do elemento D com uma tolerância de 0,05 mm.
9. Elemento A com uma tolerância de circularidade de 0,25 mm.
10. Batimento total radial do elemento C de 0,1 mm em relação aos elementos A e D.
11. Batimento circular axial da extremidade do elemento D com 0,05 mm, em relação ao elemento A.
12. Concentricidade de 0,02 mm do furo central do elemento D em relação a este.
13. Tolerância de localização de 0,01 mm para os 8 furos iguais. Aplicar tolerância em relação ao furo central. (Note-se que o furo central está com tolerância dimensional.)
14. Coaxialidade de 0,04 mm do eixo do elemento D em relação ao elemento C.
15. O elemento D deve ser recartilhado.
16. Os elementos cilíndricos devem ter uma rugosidade máxima de 12,5 μm.
17. O elemento prismático deve ter uma rugosidade máxima de 6,3 μm e mínima de 1,6 μm.
18. Todos os furos devem ter uma rugosidade máxima de 0,4 μm.
19. As estrias na extremidade do elemento A devem ser aproximadamente circulares.

NOTA: Para todas as tolerâncias, é objetivo especificá-las elevadas o mais possível, de modo a reduzir os custos de fabricação, mas sem prejudicar a funcionalidade e a montagem das peças. Quando aplicável, podem ser usados modificadores.

A tolerância dimensional deve ser inscrita nos desenhos usando as cotas limites.

P9.2. Considere a montagem do pistom no interior da camisa do motor de modelismo apresentado na **Figura 9.44**.

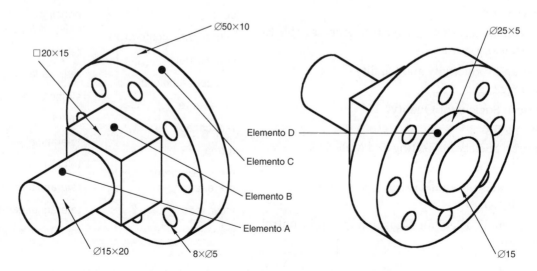

Figura 9.43 Exercício de tolerância e acabamentos superficiais.

Tolerância Geométrica

Figura 9.44 Exercício de tolerância sobre a montagem de um pistom na camisa do motor.

1. Discuta quais os elementos de cada uma das peças devem ser com tolerâncias diretamente e quais podem ser remetidos para a tolerância geral.
2. Quais as cotas máximas e mínimas para cada um deles, de modo a garantir um ajustamento adequado? (A cota nominal é de 14 mm.)
3. Discuta quais os elementos para os quais devem ser aplicadas tolerâncias geométricas.
4. Inscreva a tolerância geométrica no desenho de cada uma das peças.
5. Discuta os elementos para os quais devem ser especificados acabamentos superficiais.
6. Inscreva os estados de superfície no desenho de cada uma das peças.

P9.3. Repita o problema anterior para a situação de montagem da camisa no bloco. O diâmetro do cilindro é de 18 mm.

P9.4. Diga qual a dimensão da zona de tolerância para a posição dos 8 furos da peça indicada na **Figura 9.45**.

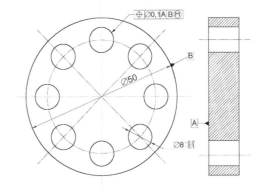

Figura 9.45 Exercício sobre a determinação da zona de tolerância.

10 DESENHO TÉCNICO DE JUNTAS SOLDADAS

OBJETIVOS

Após estudar este capítulo, o leitor deverá estar apto a:

- Enumerar os tipos de solda mais importantes;
- Diferenciar solda, brasagem, soldabrasagem e colagem;
- Representar com a simbologia própria as juntas soldadas em construção mecânica;
- Identificar os diferentes tipos de solda por meio da leitura dos desenhos;
- Proceder à cotagem de cordões de solda.

10.1 INTRODUÇÃO

A soldagem é um dos muitos processos de ligação de peças. Ao contrário das ligações aparafusadas, por exemplo, a soldagem é um processo de ligação permanente de peças, envolvendo a fusão local das peças a serem ligadas. É muito usado na indústria, podendo ser efetuado de muitas formas. Um processo muito idêntico à soldagem é a brasagem. A diferença entre eles reside no fato de a brasagem não envolver a fusão das peças a ligar. Não compete a este texto explicar detalhadamente os diferentes processos de soldagem e brasagem, mas dar uma visão global dos métodos possíveis, sem entrar em detalhes desnecessários para o entendimento dos princípios. Faz-se uma descrição dos métodos de representação esquemática e simbólica de cordões de soldagem, com exemplos. São apresentados os tipos de junta e a simbologia definida pela norma ISO 2553:1992 e os métodos de cotagem a serem utilizados na representação simbólica de soldagens.

A soldagem é um processo de uso comum na união irremovível de peças. A **Figura 10.1** mostra exemplos típicos da aplicação da soldagem na construção de várias partes de um motor de automóvel de competição, no sistema de escape.

A soldagem é ainda muito frequente, por exemplo, na fabricação de reservatórios de pressão ou de estruturas de pontes. É um processo a se ter em conta na construção de qualquer peça cuja complexidade seja tal que o custo direto de fabricação ou de usinagem seja desaconselhável. As vantagens e os inconvenientes da soldagem não serão abordados, remetendo-se para os textos da especialidade.

O objetivo do presente texto é o de dar um conhecimento geral dos diferentes processos de soldagem e o modo como eles são representados de modo simbólico em Desenho Técnico. A representação simbólica da soldagem destina-se a reduzir o tempo de execução do desenho, mantendo-se toda a informação para a fabricação das peças desenhadas.

10.2 PROCESSOS DE SOLDAGEM

Existem inúmeros processos de soldagem, destacando-se, entre eles, quatro, de uso generalizado, que se baseiam em fenômenos físicos distintos. A aplicação prática de

Figura 10.1 Vários exemplos de soldagens de dutos de escape de um motor de Fórmula 1. A complexidade dos elementos é tal que a soldagem é o processo construtivo aconselhado (cortesia de Rainer Schlegelmilch, Grand Prix - Fascination Formula 1, Konemann).

cada um destes processos a casos específicos resulta em enorme quantidade de variantes de processos de soldagem.

10.2.1 Soldagem por Chama

Este tipo de soldagem talvez seja dos mais antigos. O desenvolvimento de uma "tocha" de queima conjunta de acetileno e oxigênio, no início do século XX, demonstrou o potencial deste tipo de soldagem e disseminou o seu emprego como processo de manufatura generalizado. Este processo já foi, em quase todos os casos, substituído por outros, mas continua a ser um processo de baixo custo. Consiste no aquecimento das peças a soldar por meio de uma chama de acetileno (gás combustível original, que ainda hoje é usado) até a sua fusão, juntando ou não material de adição. A **Figura 10.2** mostra o funcionamento deste tipo de soldagem, neste caso usando uma vareta de metal de adição, fundido durante o processo.

10.2.2 Soldagem por Arco Elétrico

Este tipo de solda teve o seu grande impulso com o desenvolvimento e aproveitamento comercial da eletricidade. No fim do século XIX, rapidamente se notou que um arco elétrico era uma fonte de calor concentrada, podendo atingir facilmente os 3900°C. Foram feitas várias tentativas de fundir e soldar metal com um arco elétrico em 1881. Inicialmente, foram usados eletrodos de carbono em uma extremidade do arco elétrico, sendo a própria peça a fundir o outro eletrodo. O metal de adição, quando necessário, era adicionado por meio de uma vareta "empurrada" progressivamente para o metal em fusão, tal como no processo de soldagem por chama. O desenvolvimento do processo levou à substituição do eletrodo de carbono por um eletrodo consumível de metal, atuando ao mesmo tempo como metal de adição e eletrodo.

A contaminação do metal em fusão por exposição à oxidação era um problema, devido ao fraco conhecimento de metalurgia da época. O processo só teve de fato um grande desenvolvimento a partir da 1ª Guerra Mundial. O aparecimento do eletrodo revestido (por volta de 1920) trouxe alguma proteção ao metal em fusão, evitando a oxidação pelo contato com a atmosfera e proporcionando maior estabilidade do próprio arco elétrico.

O processo desenvolveu-se rapidamente, existindo hoje uma grande variedade de processos de soldagem por arco elétrico, cada um com suas características e seu campo de aplicação. Os processos podem ser divididos em dois grandes grupos: o grupo de processos de eletrodo consumível, em que o eletrodo serve de metal de adição (sendo consumido durante o processo), e o grupo de processos de eletrodo permanente, nos quais o eletrodo é, em geral, de tungstênio. Os processos de eletrodo permanente são, em geral, usados em pequenas espessuras, onde não é necessário metal de adição.

A **Figura 10.3** mostra um esquema de funcionamento de solda com eletrodo revestido, uma das muitas variantes deste processo.

A variedade passa pelos processos TIG (*Tungsten Inert Gas*), MIG (*Metal Inert Gas*), MAG (*Metal Active Gas*), soldagem por arco submerso, ou soldagem por plasma, para citar apenas alguns. As características particulares de cada um deles, bem como suas vantagens e inconvenientes, ultrapassam o âmbito deste texto. A **Figura 10.4** mostra um esquema de funcionamento da soldagem por arco submerso.

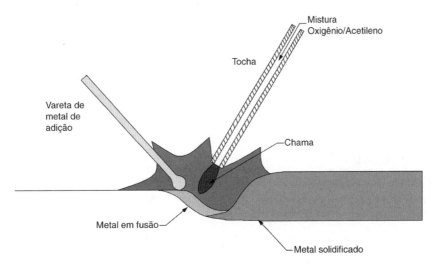

Figura 10.2 Esquema de funcionamento da soldagem por chama.

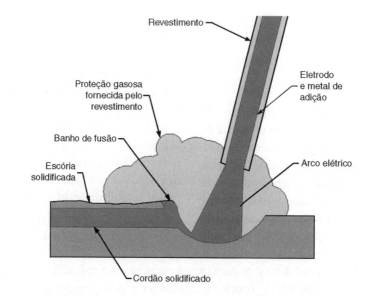

Figura 10.3 Esquema de soldagem com eletrodo revestido.

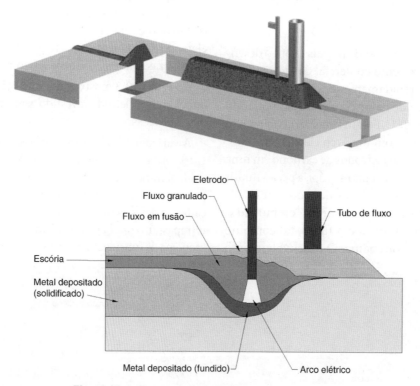

Figura 10.4 Esquema de soldagem por arco submerso.

10.2.3 Soldagem por Resistência

A soldagem por resistência usa o efeito Joule e a pressão para efetuar a ligação de duas peças por coalescência. A pressão é aplicada externamente.

De fato, neste processo de soldagem pode não existir fusão do metal a soldar, por isso ele poderia ser englobado na soldagem no estado sólido. No entanto, tem sido historicamente separado da soldagem no estado sólido por envolver o fornecimento de calor através de resistência elétrica, ao contrário da soldagem no estado sólido, em que o calor é gerado por atrito ou simples pressão.

A soldagem por resistência é bastante rápida, podendo ser obtida uma boa soldagem por coalescência em poucos segundos, sendo econômica e perfeitamente adequada

Desenho Técnico de Juntas Soldadas

a processos de fabricação automatizados. Nunca é usado material de adição, nem revestimentos ou gases de proteção, fatores que ajudam também na sua automatização. A soldagem por pontos, tão comum na indústria automobilística, é um tipo de soldagem por resistência.

A **Figura 10.5** mostra um esquema de funcionamento deste tipo de soldagem. A **Figura 10.6** mostra um modo de produzir tubos com costura por meio da soldagem por resistência. As setas nessa figura mostram o fluxo de corrente que produz o calor e, consequentemente, a soldagem das duas abas do tubo.

10.2.4 Soldagem no Estado Sólido

Este tipo de soldagem recorre sempre a altas tensões de compressão, a quente ou a frio, para promover a ligação das peças a soldar. Não envolve a fusão das peças, sendo a solda efetuada por coalescência das superfícies. Dentre as variantes mais habituais destacam-se o forjamento (a quente, por definição), a deformação plástica a frio de duas peças em contato e a soldagem por fricção, ou por inércia.

A soldagem por atrito consiste em comprimir as peças a soldar e promover o aumento de temperatura mediante o atrito das peças entre si. Um dos métodos mais usados de soldagem por atrito está ilustrado na **Figura 10.7**.

10.2.5 Outros Processos de Soldagem

Existem ainda alguns processos de soldagem que, pela sua especificidade, não são incluídos nas categorias anteriores. Neste parágrafo focam-se quatro destes processos.

Soldagem por eletroescória. A soldagem por eletroescória é um processo muito eficiente na soldagem de seções muito espessas. Não existe nenhum arco elétrico (exceto para iniciar o processo), sendo o calor necessário para a fusão fornecido pela resistência à passagem da corrente oferecida por um banho de escória em fusão a uma temperatura aproximada de 1750°C. A escória funde então as faces das peças a soldar e o metal de adição é fornecido pelos eletrodos, de modo contínuo, diretamente para o banho de escória. A **Figura 10.8** mostra um esquema deste tipo de soldagem. Com ele consegue-se soldar placas com espessuras que vão desde 13 até 900 mm.

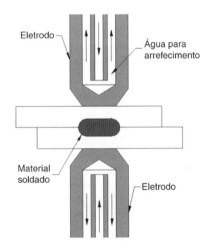

Figura 10.5 Esquema de funcionamento da soldagem por resistência.

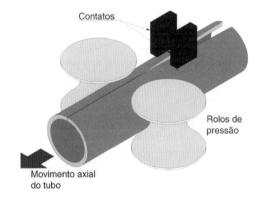

Figura 10.6 Produção de tubo metálico com costura usando soldagem por resistência.

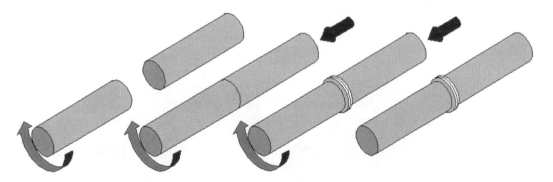

Figura 10.7 Soldagem por atrito.

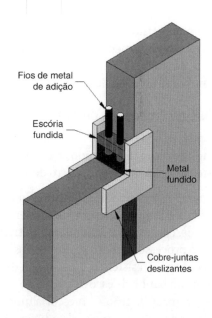

Figura 10.8 Soldagem por eletroescória.

Soldagem por feixe de elétrons. Nesta soldagem, o calor necessário para a fusão das peças a serem soldadas é fornecido por um feixe de elétrons projetado a alta velocidade sobre a junta. Podem ser obtidas grandes penetrações de solda, com uma pequena zona afetada termicamente, reduzindo a distorção das peças. As peças a soldar têm que estar em vácuo, sendo este processo muito usado quando existe o perigo da contaminação dessas peças. Como senão aponta-se a geração de raios X, de intensidade proporcional à tensão usada na produção do feixe de elétrons.

Soldagem por *laser*. Este tipo de soldagem é semelhante ao anterior, sendo a fonte de calor um feixe de *laser*. Este feixe, de grande intensidade, gera uma coluna muito fina de metal vaporizado, que promove a soldagem da junta. As juntas devem ser muito bem preparadas e com um espaçamento muito pequeno ou nulo, obtendo-se penetrações muito grandes e distorções muito pequenas, devido à entrega térmica muito localizada do processo. Em superfícies espelhadas, é habitual lixar a zona da soldagem para que o feixe não seja refletido.

Soldagem de polímeros. A soldagem de polímeros é semelhante à soldagem de metais, mas a temperaturas muito inferiores. Só os polímeros termoplásticos podem ser soldados, uma vez que só eles fundem com o aumento de temperatura. Os polímeros termoendurecíveis degradam-se ou ardem com o aumento de temperatura, não sendo por isso soldáveis.

A soldagem de polímeros pode ser feita de duas maneiras distintas: (a) por meio de movimento relativo e atrito para gerar o calor necessário à fusão ou (b) por meio de uma fonte de calor externa. A **Figura 10.9** mostra dois tipos de soldagem por fricção. A **Figura 10.10** mostra outro tipo de soldagem que usa uma tocha de ar aquecido (200 a 300°C) e material de adição.

Um outro tipo de soldagem de polímeros, muito usado na união de tubos topo a topo, utiliza uma peça de metal aquecido, sobre a qual se pressionam os tubos a soldar. Quando os tubos atingem a temperatura desejada, são

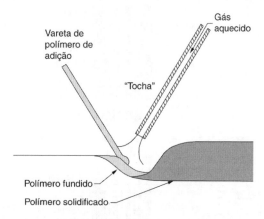

Figura 10.10 Soldagem de polímeros usando gás aquecido.

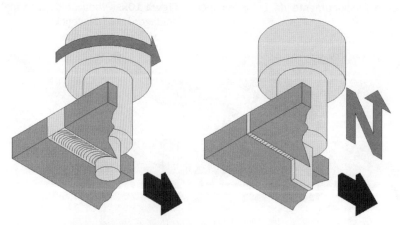

Figura 10.9 Soldagem de polímeros por atrito.

Desenho Técnico de Juntas Soldadas

afastados, retira-se a peça de metal e volta-se a juntar os topos dos tubos, que ficam soldados ao fim de alguns segundos de arrefecimento. Uma variante usa uma cinta metálica descartável que abraça os dois tubos, aquecendo-os.

10.3 BRASAGEM, SOLDABRASAGEM E COLAGEM

Chamam-se processos de brasagem ou de soldabrasagem aos processos em que são usadas temperaturas mais baixas que na solda e nos quais só é fundido o metal de adição. Os processos de brasagem são aqueles em que o metal de adição tem um ponto de fusão acima dos 450°C, enquanto os processos de soldabrasagem usam metal de adição com ponto de fusão abaixo dos 450°C. Em ambos os casos, a junção das peças é conseguida pelo efeito de capilaridade do metal de adição em fusão para dentro da junta a soldar. Os metais de adição mais comuns são, no caso da brasagem, as ligas de níquel, magnésio, cobre, alumínio e metais preciosos; no caso de soldabrasagem, as ligas de chumbo e estanho. A colagem distingue-se da soldagem e da brasagem e soldabrasagem pelo fato de o material de adição não ser um metal, mas sim um polímero ou até um cerâmico. Nos casos mais comuns são usadas resinas termoplásticas ou termoendurecíveis, podendo também ser usados elastômeros artificiais.

10.4 REPRESENTAÇÃO DA SOLDAGEM, DA BRASAGEM E DA COLAGEM

As soldagens podem ser representadas respeitando-se as recomendações gerais aplicáveis ao Desenho Técnico. No entanto, no intuito de simplificar o aspecto gráfico, convém adotar, para as soldagens usuais, a representação simbólica descrita na norma ISO 2553.

A representação simbólica deve fornecer, sem equívoco, todas as indicações úteis sobre a soldagem a efetuar, sem que seja necessário para isso sobrecarregar o desenho ou apresentar uma vista suplementar.

Esta representação simbólica compreende um símbolo elementar, podendo ser completada por:

- Um símbolo suplementar;
- Uma cotagem convencional;
- Indicações complementares – em especial para os desenhos de fabricação.

10.5 SÍMBOLOS

Os símbolos usados no desenho técnico de solda servem para referenciar de maneira simbólica vários aspectos relacionados com o processo de soldagem. Os símbolos elementares dizem respeito ao formato da junta e os símbolos suplementares dizem respeito ao cordão de solda propriamente dito.

10.5.1 Símbolos Elementares

Os diferentes tipos de juntas de soldagem são caracterizados por um símbolo indicando, em geral, a forma de preparação da junta. O símbolo não indica o processo de soldagem utilizado. Existem diversos tipos de juntas de soldagem. Os símbolos elementares são definidos na **Figura 10.11**. Se necessário, podem ser utilizadas combinações dos diversos símbolos elementares. A **Figura 10.12** mostra algumas das combinações de símbolos elementares que podem ocorrer.

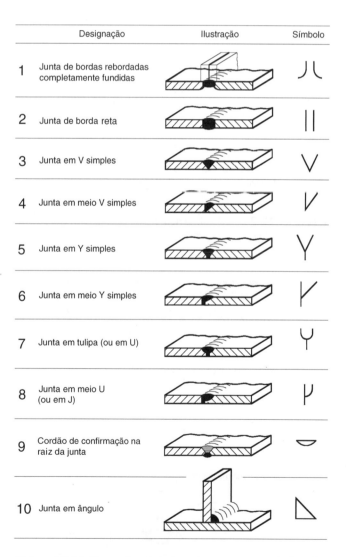

Figura 10.11 Tipos de símbolos elementares na indicação de juntas soldadas. (continua)

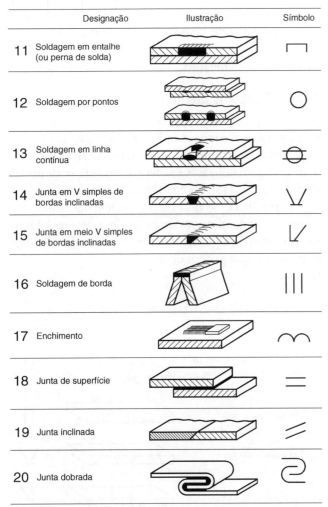

Figura 10.11 Tipos de símbolos elementares na indicação de juntas soldadas. (continuação)

10.5.2 Símbolos Suplementares

Os símbolos elementares podem ser completados por um símbolo que caracteriza a forma da superfície exterior da solda. Os símbolos suplementares recomendados são definidos na **Figura 10.13**. A inexistência de um símbolo suplementar significa apenas que o acabamento superficial da solda não é necessário. Embora seja desejável a explicitação do acabamento superficial com os símbolos recomendados, pode ser feito um desenho em separado com os detalhes da soldagem se o seu uso for demasiado confuso.

10.5.3 Conjugação dos Dois Tipos de Símbolos

A conjugação dos símbolos elementares e dos símbolos suplementares forma o símbolo completo para a especificação completa de um cordão de solda. A **Figura 10.14**

Designação	Símbolo
Plana	—
Convexa	⌣
Côncava	⌢
De bordos arredondados tangentes	⎵
Cobre-junta permanente	[M]
Cobre-junta removível	[M R]

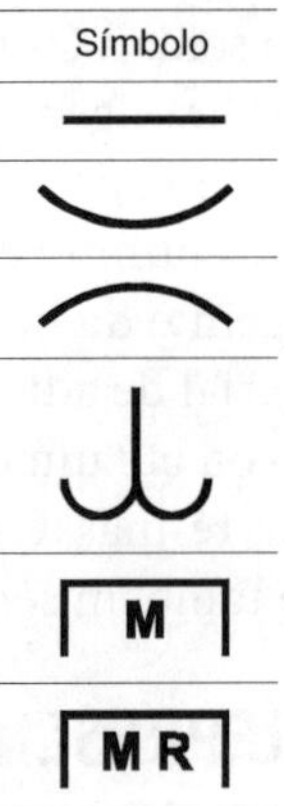

Figura 10.13 Símbolos suplementares.

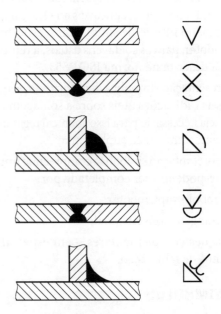

Figura 10.14 Exemplos de aplicação dos símbolos elementares com símbolos suplementares.

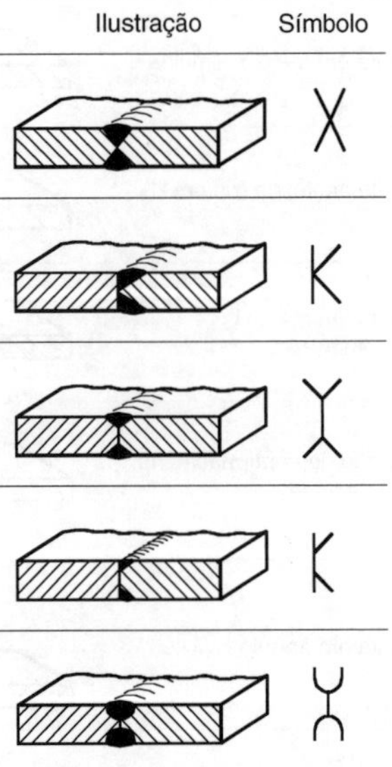

Figura 10.12 Algumas combinações de símbolos elementares.

Desenho Técnico de Juntas Soldadas

mostra exemplos de cordões de solda e dos símbolos elementares e símbolos suplementares a serem usados para defini-los corretamente.

10.6 POSIÇÃO DOS SÍMBOLOS NOS DESENHOS

Os símbolos elementares e suplementares já apresentados não constituem senão um dos elementos do método de representação. A **Figura 10.15** mostra o conjunto de linhas e símbolos que compõem a indicação completa de uma soldagem, que são:

- Uma flecha (1) por cada junta soldada (ver também a **Figura 10.16**);
- Uma linha – de referência – contínua (2a), e uma linha – de identificação – interrompida (2b);
- O símbolo de soldagem propriamente dito (3), composto por um símbolo elementar e, eventualmente, por um símbolo suplementar;
- Um certo número de cotas e de sinais convencionais.

A linha de identificação pode estar colocada abaixo ou acima da linha de referência.

No caso de cordões de solda simétricos, deve mesmo ser omitida. As espessuras de traço a utilizar devem ser as aplicadas em linhas de cota.

Falta ainda definir vários detalhes relativos à indicação de soldagens, como sejam:

- A posição da flecha;
- A posição da linha de referência;
- A posição do símbolo.

10.6.1 Posição Relativa da Flecha e da Junta Soldada

Os exemplos dados pela **Figura 10.16** e pela **Figura 10.17** definem o significado dos termos:

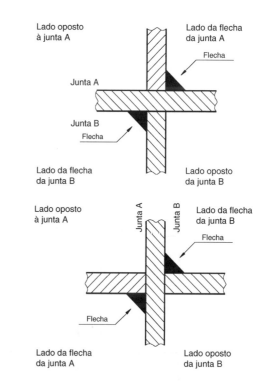

Figura 10.17 Junta em cruz com duas soldas de ângulo.

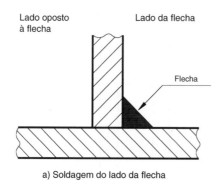

Figura 10.15 Método de indicação da soldagem.

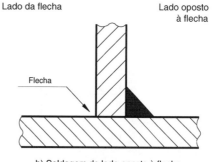

Figura 10.16 Junta em T com solda de ângulo.

- do lado da flecha;
- do lado oposto à flecha.

A definição desses termos é importante, pois embora a flecha deva estar, sempre que possível, imediatamente adjacente à solda, pode haver casos em que isso não seja possível. A posição da flecha em relação à solda pode ser qualquer uma (ver **Figura 10.18**). No entanto, desde que a solda seja de um dos tipos 4, 6 e 8 (ver **Figura 10.11**), a flecha deve ser dirigida para a chapa que está preparada (caso *d* da **Figura 10.18**).

A flecha deve:

- Formar um certo ângulo com a linha de referência à qual se liga;
- Terminar por uma seta. A seta pode ser omitida ou substituída por um ponto.

10.6.2 Posição da Linha de Referência e Respectivos Símbolos

A linha de referência deve ser uma reta traçada, de preferência, paralelamente à borda inferior do desenho. Na impossibilidade de isto acontecer, deve ser traçada na perpendicular à borda.

O símbolo de soldagem deve ser colocado sobre a linha de referência ou sobre a linha de identificação, dependendo do caso:

- O símbolo deve ser posto sobre a linha de referência se a solda estiver do lado da flecha (**Figura 10.19a**);
- O símbolo deve ser posto sobre a linha de identificação se a solda estiver do lado oposto da flecha (**Figura 10.19b**).

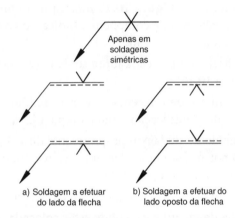

Figura 10.19 Posição do símbolo em relação à linha de referência.

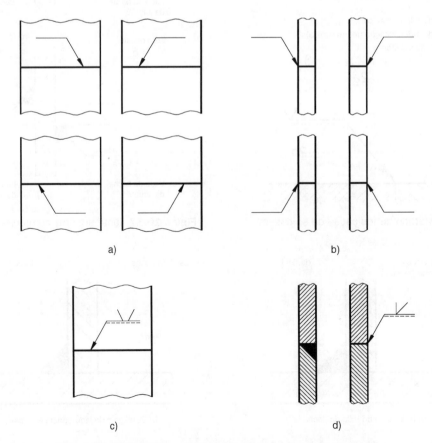

Figura 10.18 Posições possíveis da flecha em relação à solda.

Desenho Técnico de Juntas Soldadas

10.7 COTAGEM DE CORDÕES DE SOLDA

A operação de soldagem envolve não só a elaboração do cordão de solda propriamente dito, mas também a preparação das peças a serem soldadas (cortes e chanfros de bordos). A forma dos bordos das chapas e a sua distância estão normalizadas e ficam definidas desde que se indique o tipo e a espessura do cordão, bem como o processo de soldagem a utilizar.

Cada solda pode ser acompanhada por um conjunto de dimensões de dois tipos distintos (ver **Figura 10.20**):

- A dimensão *s* da seção transversal do cordão, que deve ser inscrita à esquerda do símbolo de solda. Esta dimensão pode ser a da base do cordão (*z* na **Figura 10.21**) ou a da garganta do cordão (*a* na **Figura 10.21**);
- A dimensão longitudinal *l* do cordão, que deve ser inscrita à direita do símbolo de soldagem.

No caso de cordões de solda de grande penetração, é necessário explicitar a penetração desejada, como mostra a **Figura 10.22**. Têm que ser especificadas, neste caso, a dimensão da garganta e a dimensão da penetração de solda.

A **Figura 10.23** mostra mais alguns exemplos de definição de dimensões em cordões de solda.

Se não existir nenhuma dimensão à direita do símbolo, isso deve significar que o cordão de solda deve percorrer todo o comprimento da peça a soldar. Na falta de indicação em contrário, as soldas de bordas retas devem ser de penetração total.

10.8 INDICAÇÕES COMPLEMENTARES

Pode ser necessário introduzir indicações complementares nos desenhos que envolvam soldagens que ainda não estejam contempladas nos exemplos e procedimentos anteriores.

Um desses casos é o de uma soldagem que deve percorrer todo o perímetro de uma dada peça. Para simbolizar esta soldagem, coloca-se um pequeno círculo na interseção da flecha com a linha de referência, como mostra a **Figura 10.24**.

Uma soldagem a ser realizada em campo, ou seja, durante a montagem da estrutura, possivelmente ao ar livre, terá também que ser indicada, como mostra a **Figura 10.25**, com uma pequena bandeira triangular na interseção da flecha com a linha de referência.

A indicação do processo de soldagem também é importante. O processo de soldagem deve ser referenciado por um número entre dois braços, no fim da linha de referência, conforme mostra a **Figura 10.26**. A norma ISO 4063 lista a correspondência entre os processos de soldagem e o respectivo número a indicar. A referência da **Figura 10.26** corresponde ao processo manual de soldagem por arco elétrico com eletrodo revestido. Seguinte ao processo de solda, pode existir uma sequência

Figura 10.20 Colocação das dimensões de um cordão de solda.

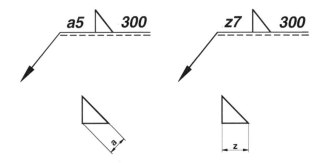

Figura 10.21 Dimensão do cordão pela especificação da dimensão da garganta, *a*, ou da base, *z*.

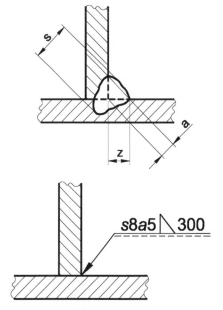

Figura 10.22 Definição das dimensões de cordões de grande penetração.

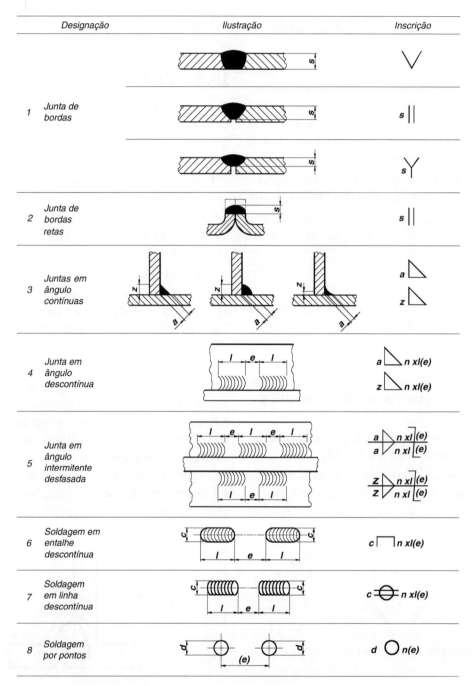

Figura 10.23 Exemplos de aplicação de símbolos e dimensões.

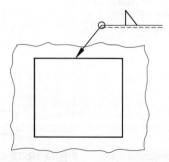

Figura 10.24 Indicação de uma solda periférica.

Desenho Técnico de Juntas Soldadas

de indicações na cauda da linha de referência, na seguinte ordem, separados pelo símbolo " / ":

- Processo de soldagem (de acordo com a norma ISO 4063);
- Parâmetros de aceitação (de acordo com as normas ISO 5817 e ISO 10042);
- Posição de trabalho (de acordo com a norma ISO 6947);
- Material de enchimento (de acordo com as normas ISO 544, ISO 2560 e ISO 3581).

Na cauda da linha de referência pode ainda existir uma instrução específica de fabricação, referenciando um procedimento a adotar, indicado em uma instrução de trabalho ou procedimento de fabricação exterior ao desenho. Neste caso, esta indicação aparecerá dentro de um retângulo, como mostra a **Figura 10.27**.

10.9 APLICAÇÕES EM CAD

A representação simbólica convencional encontra-se já incorporada em bases de dados existentes em alguns programas de CAD. No caso do Autodesk Inventor, é apenas necessário definir o tipo de solda desejado e todos os restantes detalhes da simbologia, sendo colocada a representação automaticamente. A **Figura 10.28** mostra o menu que é apresentado, dando as várias opções padrões de colocação automática da simbologia normalizada no desenho. Podem ainda ser adicionados símbolos à base de dados, atualizando-a sempre que necessário.

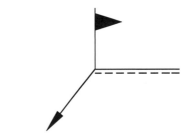

Figura 10.25 Indicação de solda em campo.

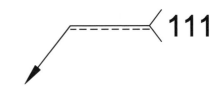

Figura 10.26 Indicação do processo de soldagem.

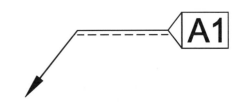

Figura 10.27 Indicação de outras informações exteriores ao desenho.

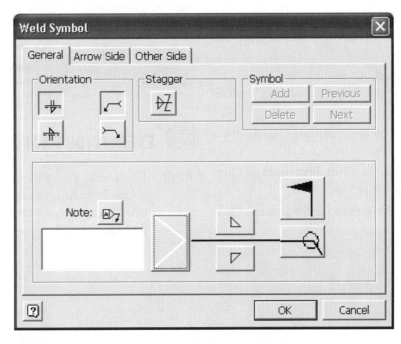

Figura 10.28 Colocação de simbologia relacionada com soldagem em Autodesk Inventor.

REVISÃO DE CONHECIMENTOS

1. Enumere os diferentes processos de soldagem e as suas características básicas.

2. Qual a vantagem de usar notação simbólica na representação de soldagem?

3. É possível usar simultaneamente símbolos elementares e símbolos suplementares?

4. Justifique a necessidade dos símbolos suplementares.

5. Em que caso se põe o símbolo de soldagem sobre a linha de referência e em que casos se põe sobre a linha de identificação?

6. Onde, preferencialmente, deve ser colocada toda a simbologia referente a um cordão de solda?

7. A cotagem da seção transversal de um cordão de solda pode ser feita de dois modos. Distinga-os, dando exemplos.

8. Onde se poderá inscrever, na simbologia apresentada, o material de adição a ser usado na solda?

CONSULTAS RECOMENDADAS

- Bertoline, G.R., Wiebe, E.N., Miller, C.L. e Nasman, L.O., *Technical Graphics Communication*. Irwin Graphics Series, 1995.

- DeGarmo, E.P., Black, J.T. e Kohser, R.A., *Materials and Processes in Manufacturing*. Prentice Hall, 8th Ed., 1997.

- Giesecke, F.E., Mitchell, A., Spencer, H.C., Hill, I.L., Dygdon, J.T. e Novak, J.E., *Technical Drawing*. Prentice Hall, 11th Ed., 1999.

- Endereço eletrônico da International Organization for Standardization (ISO) – www.iso.ch

- Endereço eletrônico do Instituto Português da Qualidade (IPQ) – www.ipq.pt

- Endereço eletrônico do Instituto de Soldadura e Qualidade (ISQ) – www.isq.pt

- ISO 2553:1992 Welded, brazed soldered joints. Symbolic representation on drawings.

- ISO 4063:1998 Welding and allied processes. Nomenclature of processes and reference numbers.

- NP 1515:1977 1ª Edição – Soldadura. Representação simbólica nos desenhos. (Correspondência com ISO 2553:1974.)

- EN 2574:1994 Série aeroespacial. Soldaduras. Informações nos desenhos.

- EN 22553:1994 Welded, brazed soldered joints. Symbolic representation on drawings. (Correspondência com ISO 2553:1992.)

- NBR 7165 Símbolos gráficos de solda para construção naval e ferroviária.

PALAVRAS-CHAVE

efeito de capilaridade	soldagem por arco elétrico
eletrodo consumível	
eletrodo permanente	soldagem por arco submerso
escória	
flecha	soldagem por chama
linha de identificação	soldagem por eletroescória
linha de referência	
metal de adição	soldagem por feixe de elétrons
raios X	
símbolo elementar	soldagem por fricção
símbolo suplementar	soldagem por *laser*
soldabrasagem	soldagem por resistência
soldagem com eletrodo revestido	zona afetada termicamente

EXERCÍCIOS PROPOSTOS

P10.1. Utilizando a simbologia correta, referencie as soldas desenhadas à esquerda, de duas maneiras diferentes, em cada uma das colunas da direita, da **Figura 10.29**.

Desenho Técnico de Juntas Soldadas

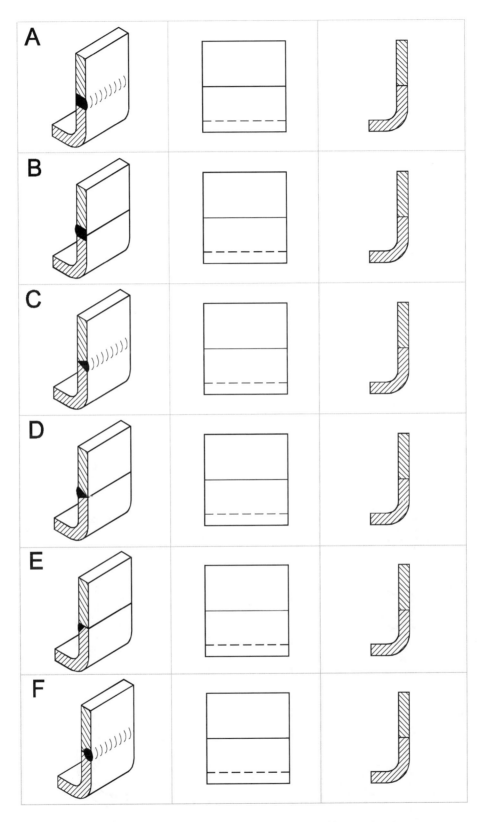

Figura 10.29 Exercícios de simbologia de solda *(continua)*.

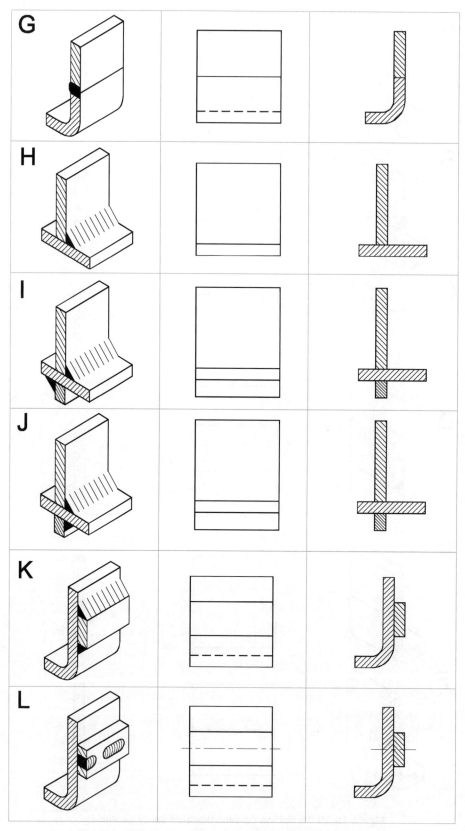

Figura 10.29 Exercícios de simbologia de solda *(continuação)*.

Desenho Técnico de Juntas Soldadas

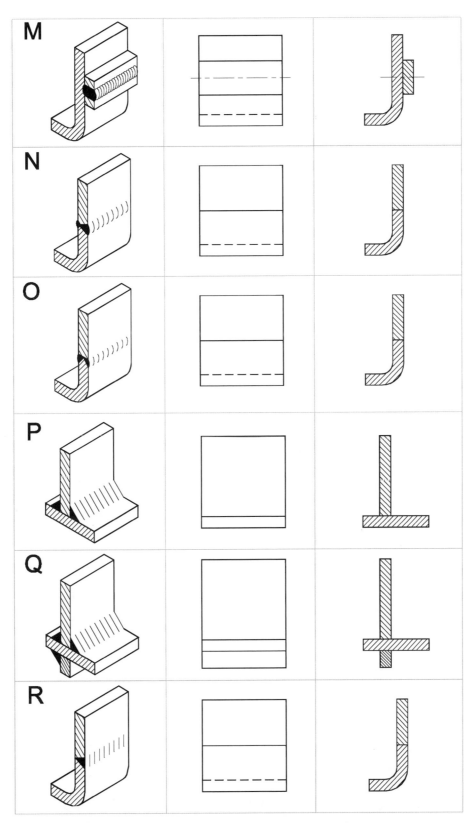

Figura 10.29 Exercícios de simbologia de solda *(continuação)*.

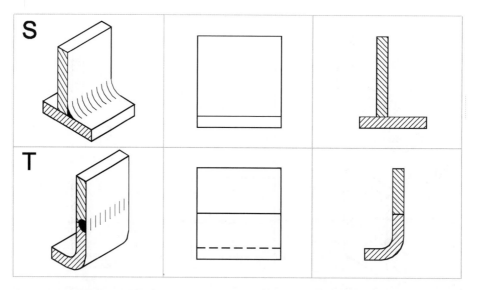

Figura 10.29 Exercícios de simbologia de solda *(continuação)*.

11

ELEMENTOS DE MÁQUINAS

OBJETIVOS

Após estudar este capítulo, o leitor deverá estar apto a:

- Compreender a representação de elementos normalizados;
- Representar, cotar e referenciar elementos de máquinas;
- Distinguir e compreender formas de ligação;
- Distinguir os elementos normalizados na representação de conjunto em um desenho.

11.1 INTRODUÇÃO

O presente capítulo serve como introdução aos elementos de máquinas, como componente fundamental do projeto emEngenharia Mecânica. É feita a descrição dos elementos, enfocando-se sobretudo sua aplicação em conjuntos. Os critérios de seleção e dimensionamento, fundamentais nas disciplinas de Órgãos de Máquinas, são deixados para as respectivas disciplinas.

11.2 ELEMENTOS DE LIGAÇÃO

Os processos de ligação de peças podem ser divididos em dois grandes grupos:

- **Processos de ligação permanentes**, quando as peças ligadas não podem ser separadas sem destruição de pelo menos uma delas.
- **Processos de ligação desmontáveis**, quando as peças ligadas podem ser separadas sem destruição de pelo menos uma delas.

A solda e a ligação com parafusos são, respectivamente, dois exemplos de ligações permanentes e desmontáveis. As ligações permanentes podem ser *diretas* se na ligação apenas intervêm as peças a ligar, ou *indiretas*, se for necessário recorrer a outro elemento intermediário para estabelecer a ligação.

Na **Figura 11.1** ilustram-se vários exemplos de ligações mecânicas desmontáveis, principalmente ligações por dobragem de extremidades, ligações por componentes roscados, ligações por efeito de mola, ligações com eixos estriados nos extremos e ligações com parafusos de fixação.

11.3 LIGAÇÕES ROSCADAS

As peças ou elementos roscados são muito importantes em diversos tipos de construção, particularmente na realização de ligações desmontáveis. Porém, antes de tratar de peças roscadas, é indispensável estudar as roscas, visto que intervêm em todas as peças roscadas.

Considere-se que, em um torno, está montada uma barra que gira em torno do seu eixo e, ainda, que uma ferramenta de corte se desloca paralelamente ao eixo com velocidade constante, de tal forma que a aresta de corte esteja em contato com a barra (**Figura 11.2**).

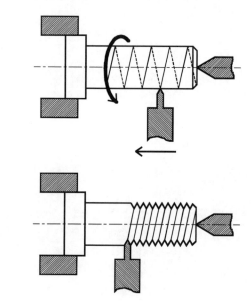

Figura 11.2 Traçado de uma hélice no torno e obtenção de uma rosca com perfil triangular.

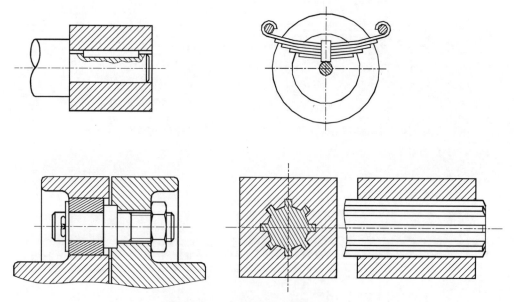

Figura 11.1 Exemplos de ligações.

Elementos de Máquinas

A curva descrita sobre a superfície da barra é uma hélice. A regulagem adequada da profundidade de corte, do seu passo e da geometria da aresta de corte permite obter uma série de saliências e reentrâncias que constituem a **rosca**.

Uma rosca implantada em um eixo denomina-se *rosca exterior* ou *rosca macho*. Se a rosca for implantada em um furo, chama-se *rosca interior* ou *rosca fêmea*. Chamam-se roscas conjugadas duas roscas, uma exterior e outra interior, suscetíveis de enroscamento recíproco (**Figura 11.3**).

O sólido gerado pela figura primitiva no seu movimento chama-se *filete da rosca*, e a porção de filete correspondente a uma rotação completa é uma *volta de filete*. O *passo* da rosca pode ser definido pelo avanço de um parafuso quando descreve uma rotação completa, enroscando em uma porca que se mantém imóvel.

Na **Figura 11.4** são mostradas as figuras primitivas dos perfis mais correntes de roscas.

A Norma ISO 1891:1979 define os quatro tipos de roscas identificados na **Figura 11.5**.

Rosca cilíndrica simples ou apenas *rosca* é o sólido gerado pela *figura primitiva*, mediante movimento helicoidal de passo igual ao comprimento da base em torno de um eixo do seu plano paralelo a esta (**Figura 11.6**).

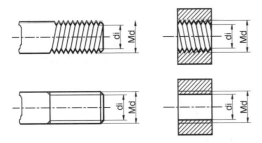

Figura 11.3 Rosca macho (parafuso) e rosca fêmea (porca, representada em corte). Embaixo encontra-se a representação convencional.

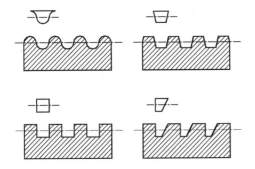

Figura 11.4 Figura primitiva dos perfis mais correntes de rosca.

Chama-se *rosca múltipla* à rosca em que dentes sucessivos do perfil pertencem a filetes diferentes e sucessivos do próprio perfil (**Figura 11.7**), ou, em outras palavras, é o sólido gerado pela *figura primitiva* mediante movimento helicoidal nas condições descritas anteriormente, mas de passo n vezes maior (P = np).

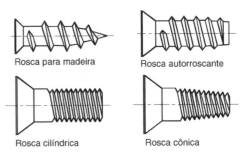

Figura 11.5 Tipos de rosca.

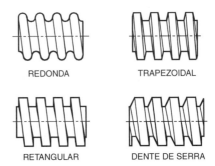

Figura 11.6 Roscas cilíndricas simples.

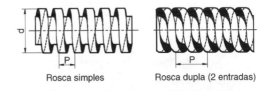

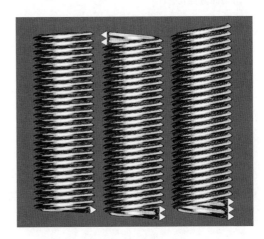

Figura 11.7 Rosca simples e roscas múltiplas.

Na **Figura 11.8** definem-se as designações adotadas pela ISO 5408:1983 para referir os vários elementos geométricos do perfil triangular. O triângulo definido por três vértices consecutivos, dois interiores e um exterior, chama-se *triângulo fundamental*.

Os elementos geométricos indicados são definidos também para os perfis de roscas não triangulares, por meio de uma correspondência simples de efetuar. Estes elementos do perfil servem de base para a definição dos seguintes elementos geométricos da rosca.

- **Flancos da rosca** – superfícies laterais do filete geradas pelo movimento helicoidal das linhas de flanco.
- **Crista da rosca** – superfície gerada pelo movimento do truncado da crista.
- **Cava ou fundo da rosca** – superfície reentrante do filete gerada pelo movimento da linha de fundo.

Os elementos dimensionais de uma rosca são definidos pela norma ISO 68:1973 e estão indicados na **Figura 11.9**, em que se representam os perfis de duas roscas conjugadas, respectivamente, de um parafuso e de uma porca.

O *diâmetro nominal* (D, d) é a característica fundamental das roscas, pois a maioria das restantes características de cada tipo de rosca está, em geral, normalizada em função do diâmetro nominal. No caso de uma rosca macho, o diâmetro nominal coincide com o seu diâmetro exterior; no caso de uma rosca fêmea, o diâmetro nominal é o mesmo que o da rosca macho conjugada.

O *diâmetro dos flancos* (D_2, d_2) é o diâmetro da superfície que contém os pontos médios dos flancos.

A *profundidade teórica* (H) do perfil corresponde à altura do triângulo fundamental. Contudo, no caso de roscas cônicas, nem sempre se verifica esta correspondência.

O *núcleo da rosca macho* é o cilindro com diâmetro interior d_1; o núcleo da rosca fêmea é o cilindro com diâmetro exterior D_1 (**Figura 11.9**). Note-se que, no caso de roscas cônicas, o núcleo da rosca é cônico (**Figura 11.10**), podendo o perfil ser normal ao eixo ou normal à geratriz.

Em termos de perfis de roscas, os mais correntes são triangulares, existindo dois sistemas diferentes de aplicação corrente: o perfil ***ISO*** (*métrico*) e o perfil *Whitworth*. O perfil **ISO** (*métrico*), definido pela norma ISO 68:1973, é utilizado nos países que adotam o sistema métrico. O perfil *Whitworth* usado, em geral, nos países anglo-saxônicos e, no caso das roscas gás (usadas em canalização), também nos países que adotam o sistema métrico. No perfil métrico, o ângulo dos flancos é α = 60°, portanto, o triângulo fundamental é equilátero.

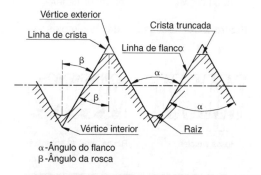

Figura 11.8 Elementos geométricos do perfil.

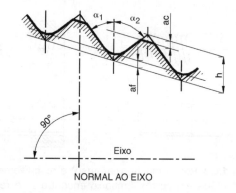

NORMAL AO EIXO

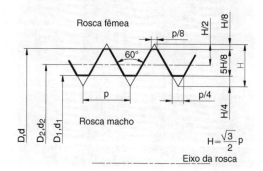

Figura 11.9 Elementos dimensionais das roscas triangulares.

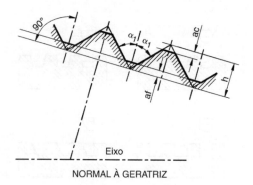

NORMAL À GERATRIZ

Figura 11.10 Roscas cônicas.

Elementos de Máquinas

A representação de roscas, tal como são vistas e como têm sido feitas até aqui, é extremamente morosa. Por isso, é preferível utilizar a representação simplificada, estabelecida pela recomendação ISO R 128:1959. Com a utilização da representação simplificada, os filetes deixam de ser representados.

Na **Figura 11.11** encontra-se ilustrada simplificadamente a representação de uma rosca.

- Quando se trata da representação de roscas exteriores em vista longitudinal ou em corte (**Figura 11.11**), desenham-se dois traços contínuos fortes correspondentes à crista do filete, afastados, portanto, de uma distância igual ao diâmetro nominal, e dois traços contínuos finos, correspondentes ao fundo dos filetes e, portanto, afastados de uma distância igual a 5H/8 (**Figura 11.9**). Na prática, é comum utilizar-se o valor 0,1 × D.
- Se as roscas estiverem ocultas por uma parte da peça não roscada ou por outra peça, representam-se duas linhas que definem a rosca com traço interrompido.
- A representação das roscas interiores segue sensivelmente as mesmas regras que a das exteriores (**Figura 11.12**).

Na representação simplificada de roscas, o traço grosso corresponde sempre ao contorno da peça obtida pela operação que precede a abertura da rosca. O traço fino corresponde ao fundo da rosca. A zona tracejada nas peças roscadas representadas em corte corresponde à peça que se obtém antes da abertura da rosca. O limite tracejado é, por isso, sempre o traço grosso, quer se trate de roscas interiores ou exteriores.

Quando se representam em corte duas ou mais peças montadas em conjunto, a rosca exterior tem sempre precedência sobre a rosca interior (ver **Figura 11.13**).

As características a serem indicadas explicitamente na cotagem de roscas são as seguintes: tipo de rosca, diâmetro nominal, comprimento da rosca, passo, sentido da rosca e número de entradas. A indicação do passo pode ser dispensada em certos casos; o sentido da rosca é indicado apenas quando a rosca é esquerda, e o número de entradas apenas quando a rosca é múltipla. O tipo de rosca é indicado por uma ou duas letras inscritas

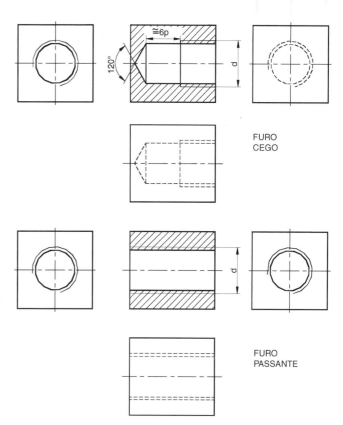

Figura 11.12 Exemplo de um furo roscado.

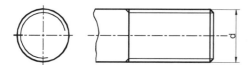

Figura 11.11 Representação simplificada de uma rosca exterior.

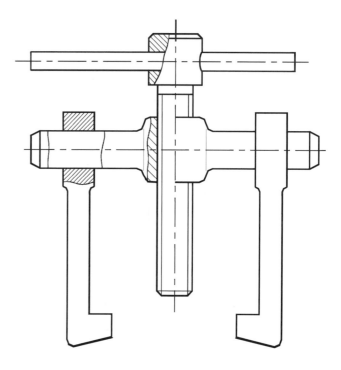

Figura 11.13 Conjunto de peças roscadas.

antes do diâmetro nominal, de acordo com a seguinte correspondência:

- Rosca **ISO** (métrica)   M
- Rosca *Whitworth*   (não tem letra)*
- Rosca gás   G
- Rosca retangular   R
- Rosca trapezoidal   Tr
- Rosca de dente de serra   S
- Rosca redonda   Rd

A inscrição do símbolo correspondente ao tipo de rosca dispensa a utilização do símbolo ∅. A seguir ao símbolo que designa o tipo de rosca inscreve-se o diâmetro nominal e depois o passo separado por um sinal de multiplicar. Nas roscas ISO de passo grosso e nas roscas *Whitworth* não é necessário indicar o passo.

Na **Figura 11.14** ilustram-se alguns exemplos de cotagem de roscas interiores e exteriores, bem como de furos passantes e furos cegos. Em furos passantes, o respectivo diâmetro deve ser o indicado na **Tabela 11.1**, consoante se trate de uma usinagem fina, média ou grosseira.

Resta, ainda, citar que:
- O diâmetro nominal é sempre indicado em milímetros, exceto quando se trate de roscas *Whitworth* ou gás.
- O passo é indicado sempre em milímetros, exceto quando se trate de roscas *Whitworth* ou gás.
- O comprimento da rosca é cotado sempre em milímetros.

Note-se a possibilidade de cotar simultaneamente o furo cego e a respectiva rosca.

Em construção mecânica, pode-se efetuar uma representação simplificada da montagem de peças em que intervém um conjunto apreciável de parafusos ou rebites. Frequentemente, este conjunto é disposto de uma forma regular (padrão). Pode-se, de acordo com a norma ISO 5845:1995, evitar o detalhe da representação individual das peças roscadas. A **Figura 11.16** e a **Figura 11.15** apresentam a simbologia e exemplos, respectivamente. Note-se que a distinção entre ligação aparafusada e rebitada é feita pela designação do elemento, por exemplo, M10 para a ligação aparafusada e ∅10 para a ligação rebitada.

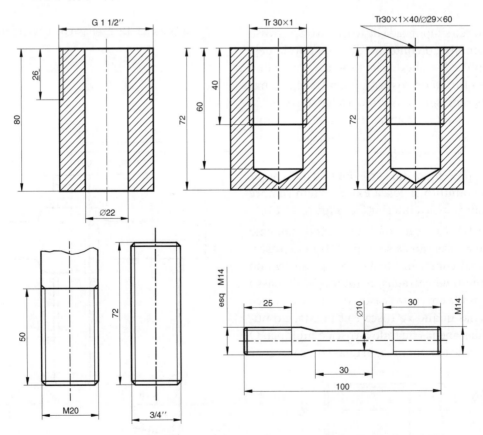

Figura 11.14 Exemplos de cotagem de roscas.

---

*No Brasil utiliza-se a letra "W".

Elementos de Máquinas

Tabela 11.1 Diâmetros de furos de passagem

\multicolumn{8}{c}{Furo Passante}
M d	Fino H12	Médio H13	Grosseiro H14	M d	Fino H12	Médio H13	Grosseiro H14
1,2	1,3	1,4	1,5	68	70	74	78
1,6	1,7	1,8	2	72	74	78	82
1,8	1,9	2	2,2	76	78	82	86
2	2,2	2,4	2,6	80	82	86	91
2,2	2,4	2,6	2,8	85	87	91	96
2,5	2,7	2,9	3,1	90	93	96	101
3	3,2	3,4	3,6	95	98	101	107
3,5	3,7	4	4,2	100	104	107	112
4	4,3	4,5	4,8	105	109	112	117
4,5	4,8	5	5,3	110	114	117	122
5	5,3	5,5	5,8	115	119	122	127
6	6,4	6,6	7	120	124	127	132
7	7,4	7,6	8	125	129	132	137
8	8,4	9	10	130	134	137	144
9	9,5	10	10,5	140	144	147	155
10	10,5	11	12	150	155	158	165
11	12	12,5	13				
12	13	14	15				
14	15	16	17				
16	17	18	19				
18	19	20	21				
20	21	22	24				
22	23	24	26				
24	25	26	28				
27	28	30	32				
30	31	33	35				
33	34	36	38				
36	37	39	42				
39	40	43	45				
42	43	45	48				
45	46	48	52				
48	50	52	56				
52	54	56	62				
56	58	62	66				
60	62	66	70				
64	66	70	74				

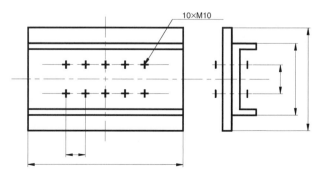

Figura 11.15 Exemplo de furações.

11.3.1 Parafusos

Os parafusos são destinados especialmente a ligar entre si e a manter unidas duas ou mais peças. Na indústria mecânica, têm ainda diversas aplicações, como suportar esforços que atuam paralelamente ao seu eixo, transmitir movimento nos tornos mecânicos, prensas etc.

O **parafuso** (**Figura 11.17**) é formado por uma haste cilíndrica, ou *espiga*, na qual, a partir de um extremo, se abre uma ranhura helicoidal denominada *rosca*, tendo no outro extremo a *cabeça*, a qual tem por fim exercer pressão sobre uma das peças a ser ligada.

As cabeças dos parafusos (**Figura 11.18**) cujo aperto se faz com chave são prismáticas, podendo ter as formas normalizadas de acordo com a norma ISO 1891:1979. As medidas "a", "b" e "c" da mesma figura são funções do diâmetro nominal "d".

As cabeças de parafuso cujo aperto é efetuado com uma chave de fenda têm forma de revolução e uma fenda onde entra a chave. De acordo com a norma ISO 1891 podem ter diversas formas (**Figura 11.19**).

Além das cabeças de parafusos com fenda simples, utilizam-se também, com frequência, cabeças de parafuso com fenda cruzada ou com caixa ou oco (ver **Figura 11.20**).

A norma ISO 1891 prevê ainda uma enorme e variada quantidade de outros tipos de cabeças de parafusos (ver **Figura 11.21**) que permitem diferentes formas de aperto, algumas sem o auxílio de chave.

A cabeça pode conter marcas com informação sobre a classe de resistência do parafuso (ver **Tabela 11.2** e **Tabela 11.3**). A **Figura 11.22** mostra um exemplo que aproveitamos para usar na indicação de parafusos. A designação de parafusos deve ser feita usando-se a forma: Tipo de Parafuso NORMA – Rosca × Comprimento – classe . No campo "Rosca" podemos especificar o tipo, diâmetro, passo e sentido (se necessário). Exemplos:

Parafuso Cabeça Hexagonal ISO 7412 – M16 × 80 – 8.8; Parafuso Cabeça Cilíndrica com Oco Hexagonal ISO 4762 – M10 × 125 × 30 – 10,9.

A marcação pode ser em relevo ou estampada, contendo a marca do fabricante (por exemplo, BOLT), e a classe de resistência (8,8S, em que o S significa de elevada resistência).

A **Tabela 11.2** apresenta os valores de resistência dos parafusos em aço ao carbono para as nove classes de qualidade, compostas por dois algarismos. O primeiro, multiplicado por cem, indica a resistência nominal à tração (em MPa), enquanto o segundo, multiplicado por

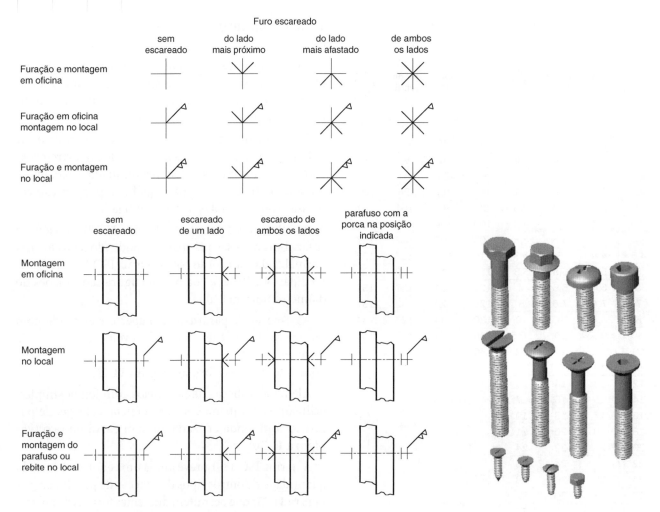

Figura 11.16 Representação simbólica de furos.

Figura 11.17 Exemplos de parafusos.

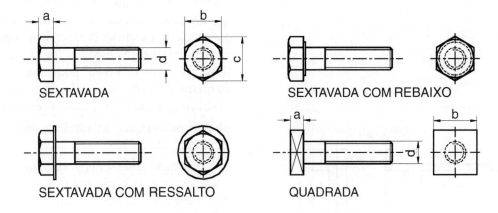

Figura 11.18 Cabeças de parafusos normalizadas.

Elementos de Máquinas

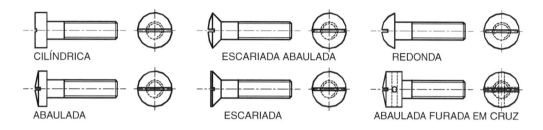

Figura 11.19 Cabeças de parafuso com fenda.

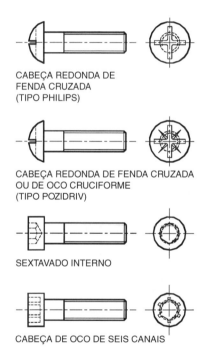

Figura 11.20 Cabeças de parafuso com fenda cruzada ou com caixa (oco).

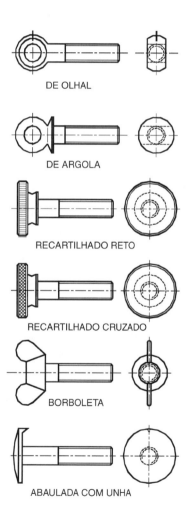

Figura 11.21 Outros tipos de cabeças de parafuso.

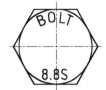

Figura 11.22 Marcação do parafuso.

Tabela 11.2 Classes de qualidade e resistência de parafusos em aço ao carbono

Classe de qualidade do parafuso	Resistência nominal à tração [MPa]	Resistência elástica [MPa]	Alongamento percentual [%]
3,6	300	180	25
4,6	400	240	22
4,8	400	320	14
5,6	500	300	20
5,8	500	400	10
6,8	600	480	8
8,8	800	640	12
10,9	1000	900	9
12,9	1200	1080	8

Tabela 11.3 Classes de qualidade em aço inoxidável

Composição	Identificação	Propriedade	Observações
Austenítico	A1	50	macio
		70	encruado
		80	elevada resistência
	A2	50	macio
		70	encruado
		80	elevada resistência
	A4	50	macio
		70	encruado
		80	elevada resistência
Ferrítico	F1	45	macio
		60	encruado
Martensítico	C1	50	macio
		70	temperado e revenido
	C4	50	macio
		70	temperado e revenido
	C3	80	temperado e revenido

dez, indica a percentagem da resistência nominal que corresponde à resistência elástica. Para peças em aço inoxidável, a designação é dada pela identificação e pelo valor da propriedade, por exemplo: **A4-80** significando um aço austenítico de elevada resistência, com um valor de resistência mínima à tração de 800 MPa.

Para as porcas, definem-se seis classes de resistência, como apresentadas na **Tabela 11.4**. O valor da classe corresponde ao máximo do primeiro índice do parafuso com o qual a porca pode ser montada, com a garantia da marcação do parafuso antes de os filetes de rosca da porca serem "arrancados".

A ponta do parafuso, tal como a cabeça, pode ser de diversos tipos, estando algumas normalizadas pela norma ISO 1891 para a nomenclatura e ISO 4753:1983 para as dimensões (**Figura 11.23**).

Quando o parafuso é utilizado sem porca, o furo roscado pode ser cego ou aberto (**Figura 11.24**). O diâmetro (d2) *dos rebaixos* abertos para as cabeças dos parafusos também deve ser fixo (**Tabela 11.6**), e a profundidade varia conforme as exigências de cada caso.

Tabela 11.4 Classes de qualidade das porcas (para h ≥ 0,8d)

Classe de qualidade da porca	Características do parafuso conjugado	
	Qualidade	Diâmetro
4	3,6; 4,6; 4,8	> M16
5	3,6; 4,6; 4,8; 5,6; 5,8	≤ M16 todos
6	6,8	todos
8	8,8	todos
10	10,9	todos
12	12,9	≤ M39

Tabela 11.5 Classes de qualidade das porcas (para 0,6d ≤ h < 0,8d)

Classe de qualidade da porca	Tensão de prova nominal [MPa]
04	400
05	500

Elementos de Máquinas

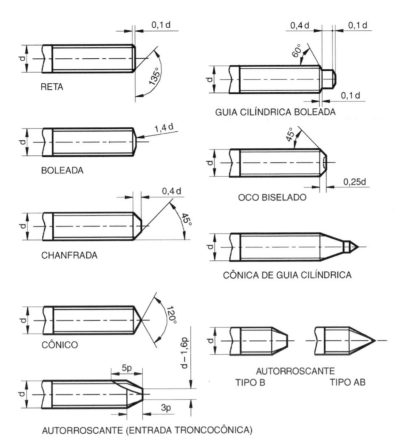

Figura 11.23 Tipos de pontas de parafusos.

Tabela 11.6 Diâmetro do rebaixo para cabeça dos parafusos

Md	Ferramenta interna	Ferramenta externa é operada			
		A mão		A máquina	
2	6	10			11
2,5	7	12			13
3	8	12			14
3,5	8	12			16
4	10	14		16	18
5	11	16	16	20	22
6	13	20		20	24
8	18	24		24	30
10	20	30	32	36	38
12	22	34	34	42	45
14	26	38		42	53
16	30	42		42	53
20	36	48		53	63
24	42	56	56	63	85
30	53	75		75	95
36	63	85		90	95

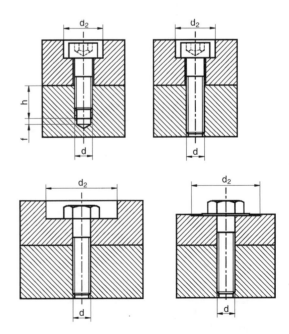

Figura 11.24 Furos cotados com rosca sem saída ou abertos.

11.3.2 Porcas

A peça que mantém a união e a ligação entre as diversas peças é a **porca**, que geralmente tem a mesma forma da cabeça, tendo a meio um furo roscado que deve se ajustar na rosca da espiga do parafuso.

Tal como as cabeças dos parafusos, as porcas podem ser de várias formas estabelecidas pela norma ISO 1891:1979. Na **Figura 11.25** ilustram-se vários tipos de porcas prismáticas para apertar com chave. Por exemplo, utilizando chaves de boca, de luneta ou de caixa.

As porcas sextavadas normais são, dentre todas, as mais correntes, tendo inúmeras aplicações em construção mecânica e civil. As porcas sextavadas altas permitem conseguir maior força de aperto por disporem de um número de filetes superior aos das porcas normais. As porcas sextavadas baixas são utilizadas geralmente como *contraporcas*.

Na **Figura 11.26** ilustram-se vários tipos de porcas cilíndricas para apertar com chave. Note-se que as chaves são de ponta especial para poderem se encaixar corretamente na porca, por exemplo, chave de fendas ou chave de estrias.

As porcas podem ter certas configurações destinadas a permitir a sua imobilização em relação à rosca macho (**Figura 11.27**). Por exemplo, utilizando-se pequenos parafusos de fixação.

Na **Figura 11.28** ilustram-se várias porcas para apertar à mão. As porcas recartilhadas são utilizadas com pequenos apertos, e a recartilhagem lateral contraria um possível escorregamento. As restantes porcas têm hastes de diversos formatos, permitindo aumentar a capacidade de aperto ou facilitar o desaperto manual.

Quando as porcas são desenhadas em vista, a representação das linhas em traço interrompido correspondentes

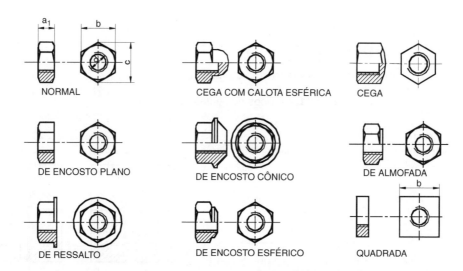

Figura 11.25 Porcas prismáticas para apertar com chave.

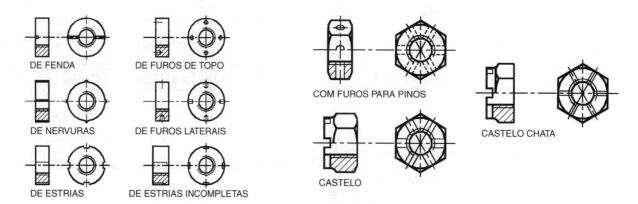

Figura 11.26 Porcas cilíndricas para apertar com chave.

Figura 11.27 Porcas com configurações para imobilização.

Elementos de Máquinas

ao furo roscado pode tornar-se confusa, sobretudo se as porcas forem sextavadas. Por isso, estas linhas podem ser omitidas quando as porcas são representadas conjuntamente com parafusos ou prisioneiros. Devem, contudo, ser mantidas aquelas linhas se as porcas forem representadas isoladas.

11.3.3 Prisioneiros

Um prisioneiro é, em geral, uma haste cilíndrica roscada em ambas as extremidades (**Figura 11.29**). Os prisioneiros são utilizados sempre acompanhados por porcas.

Apresentam duas pontas roscadas em cada extremidade: uma que enrosca na peça e outra onde enrosca a porca. Por não existir uma cabeça em que atue uma ferramenta para fazer o aperto, os prisioneiros podem apresentar diversos dispositivos, os quais se ilustram na **Figura 11.30**, para que seja possível proceder ao seu aperto.

Na cotagem de prisioneiros, indicam-se sempre três cotas paralelas ao seu eixo, como se pode ver na **Figura 11.31**.

Na **Figura 11.32** apresentam-se vários exemplos de ligações com peças roscadas e cotagem respectiva.

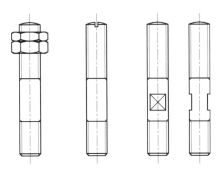

Figura 11.30 Dispositivos para efetuar o aperto do prisioneiro.

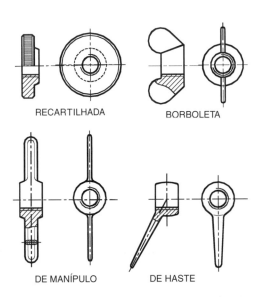

Figura 11.28 Porcas para apertar à mão.

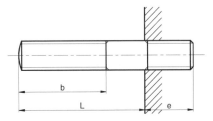

Figura 11.31 Cotagem do comprimento de prisioneiros.

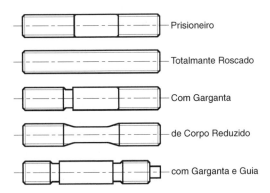

Figura 11.29 Prisioneiros.

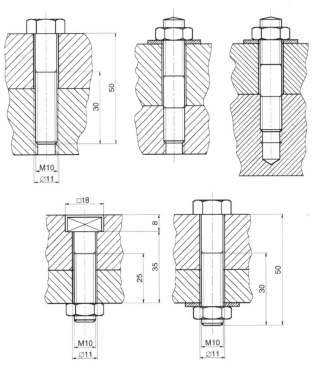

Figura 11.32 Exemplos de ligações com parafusos, porcas e prisioneiros.

O primeiro grupo apresenta a união de duas peças fixas por intermédio de vários tipos de parafusos e prisioneiros. O grupo seguinte ilustra a união de duas peças, recorrendo a pares de aperto parafuso-porca.

Algumas das ilustrações nesta figura apresentam arruelas, que serão descritas em mais detalhe no parágrafo seguinte.

11.4 ARRUELAS, CHAVETAS, CAVILHAS E CONTRAPINOS

11.4.1 Arruelas

A arruela é uma peça metálica interposta entre a porca e a peça a ligar, quando a ligação é efetuada por parafusos ou por prisioneiros. Sendo a sua superfície maior que a face da porca, diminui a pressão de aperto exercida por esta, pois divide por toda a superfície a sua ação de compressão. Além disso, facilita o girar da porca quando esta tiver de dar aperto em superfícies ásperas e desiguais e protege as peças das marcas provocadas por sucessivos apertos.

Na **Figura 11.33** ilustra-se uma aplicação típica de um conjunto porca-parafuso-arruela. Para representar as arruelas não é necessário recorrer a duas vistas, bastando representar uma só em corte, desde que se utilize o símbolo ∅.

Na **Figura 11.34** apresentam-se alguns tipos de arruelas especiais: arruelas elásticas de mola e dentadas, arruelas de segurança para imobilização de ligações, bem como freios de imobilização, os quais podem ser considerados uma classe particular de arruelas, de acordo com a norma ISO 1891:1979.

11.4.2 Chavetas

As chavetas são peças metálicas que se aplicam para ligar peças que precisam ser montadas e desmontadas rapidamente. Servem também para ligar peças que possam adquirir folgas por desgaste e tenham de ser ajustadas sem serem desmontadas.

A **Figura 11.35** apresenta os tipos mais correntes de chavetas utilizadas em construção mecânica. As dimensões das chavetas mais comuns podem ser consultadas no Anexo B.

Os enchavetamentos, ou ligações com chavetas, dividem-se em enchavetamentos longitudinais (**Figura 11.36**) e enchavetamentos transversais (**Figura 11.37**).

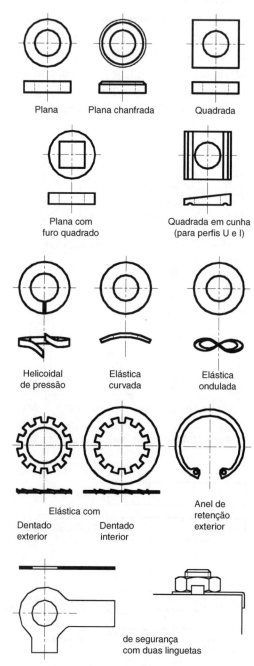

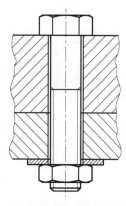

Figura 11.33 União parafuso-porca-arruela.

Figura 11.34 Tipos de arruelas.

Elementos de Máquinas

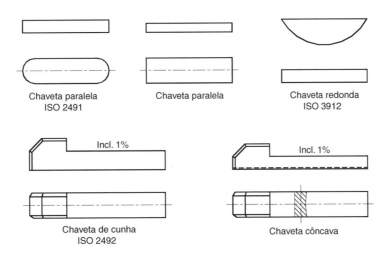

Figura 11.35 Tipos de chavetas.

Os enchavetamentos longitudinais podem ser *livres*, caso realizem uma ligação das peças que impeça apenas sua rotação relativa, ou forçados, caso a ligação impeça os movimentos relativos de rotação e translação.

Em ambos os casos, contudo, as chavetas têm de ser fabricadas em material resistente, porque, em geral, precisam suportar esforços consideráveis. Efetivamente, uma das principais aplicações das chavetas de montagem é a de fixar nos eixos as polias de transmissão de movimento, nas ligações de uniões de eixos, nas manivelas etc. No entanto, podem também servir como reguladores de potência, tipo fusíveis, destinados a partir quando é atingido determinado nível de esforços.

Em regra, as chavetas são colocadas na sua posição com esforço e bem ajustadas. A cavidade onde se alojam, situada em uma das peças ou simultaneamente nas duas peças a serem ligadas, chama-se rasgo (**Figura 11.38**). A norma ISO R 774:1969 estabelece os valores das tolerâncias a serem adotadas nas chavetas e nos rasgos.

A designação das chavetas faz-se pela indicação do tipo, seguida da largura, da altura, do comprimento (se a chaveta for paralela) e do número da norma respectiva. Em geral, nos desenhos indica-se apenas a designação da chaveta, eventualmente com uma linha de referência.

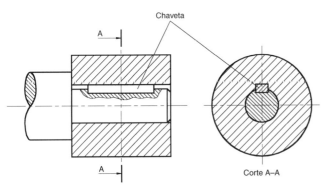

Figura 11.36 Enchavetamento longitudinal.

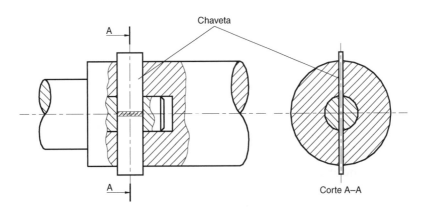

Figura 11.37 Enchavetamento transversal.

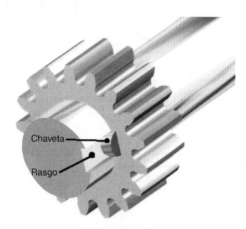

Figura 11.38 Fixação de engrenagem ao eixo.

Nos casos em que a ligação realizada está sujeita a choques, pode ter interesse fixar as chavetas aos eixos. Nestas situações, recorre-se às chavetas fixas ou cavaletes (**Figura 11.39**).

As normas, além de estabelecerem a correspondência entre os diâmetros dos eixos e as dimensões das chavetas, especificam também as dimensões que permitem definir a profundidade dos rasgos e a distância entre os fundos dos rasgos do eixo e do furo, depois de feita a montagem (ver Anexo B).

11.4.3 Cavilhas e Contrapinos

Cavilhas são peças que servem de ligação entre duas hastes, com ou sem articulação, e correntemente utilizadas em máquinas. A **Figura 11.40** mostra um exemplo de aplicação de cavilhas na imobilização de um volante na extremidade de um eixo.

As cavilhas simples servem para ajustar peças diversas. Podem ter forma cilíndrica ou cônica, e também ser abertas no extremo mais delgado para não saltarem fora. As cavilhas com olhal (o que facilita a sua extração) são muito utilizadas em vários tipos de máquinas, e costumam também ser chamadas de contrapinos ou freios (**Figura 11.41**).

11.5 REBITES

Os rebites pertencem ao tipo de ligação que se considera permanente, sendo necessária sua destruição em caso de intervenção na ligação.

Existem diversos tipos de rebites no mercado, desde os chamados rebites rápidos, aplicados com um simples alicate de rebites (aplicações simples) ou com uma pistola de rebitagem (usada nos painéis de aviação), até os destinados a serviço pesado, em que é necessário o uso

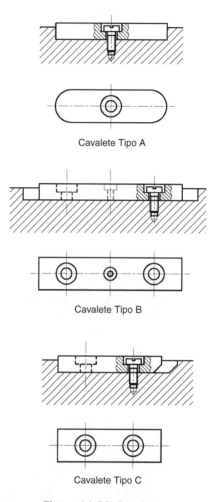

Cavalete Tipo A

Cavalete Tipo B

Cavalete Tipo C

Figura 11.39 Cavaletes.

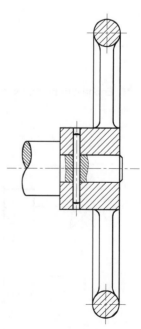

Figura 11.40 Exemplo de utilização de cavilhas: ligação entre um eixo e um volante.

Elementos de Máquinas

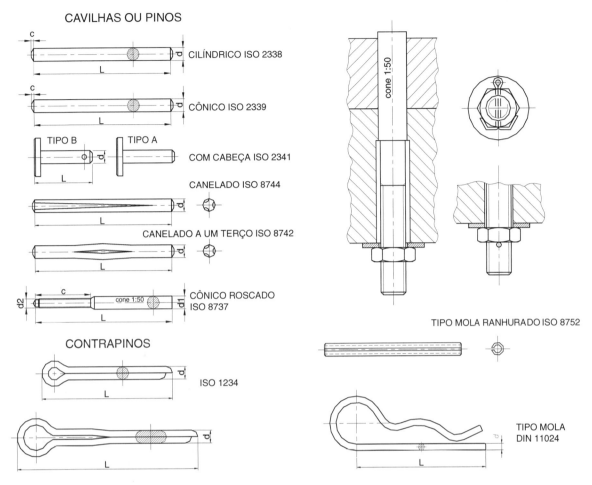

Figura 11.41 Exemplos de cavilhas e contrapinos e aplicações típicas.

de punções para deformar o rebite (quando necessário usa-se também o aumento de temperatura do rebite).

A recomendação ISO R 1051 indica o diâmetro nominal dos rebites metálicos de uso geral, de acordo com a **Tabela 11.7**.

A **Figura 11.42** mostra as formas de rebites mais populares, distinguindo entre a cabeça redonda, a cabeça contrapuncionada (normalmente de aço) e o rebite cego (rebite rápido, vulgarmente em alumínio).

11.6 MOLAS

A mola é uma peça suscetível de sofrer deformações elásticas importantes quando submetida à ação de determinada força, recuperando essas deformações e retornando à sua forma original quando cessa a ação deformadora (**Figura 11.43**).

Quanto ao tipo de molas distinguem-se em:

- **Molas helicoidais** – são constituídas por arames de metal elástico (aço, cobre ou bronze), enrolados com

Tabela 11.7 Diâmetro de rebites

Diâmetro nominal	
Série principal	Série secundária
1	
1,2	1,4
1,6	
2	
2,5	
3	3,5
4	
5	
6	7
8	
10	
12	14
16	18
20	22
24	27
30	33
36	

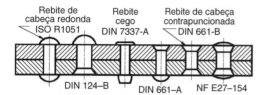

Figura 11.42 Tipos de rebites.

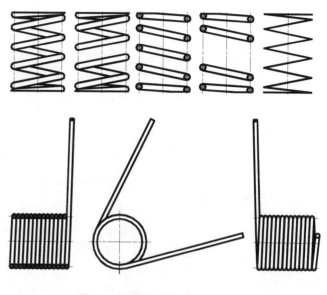

Figura 11.44 Molas helicoidais.

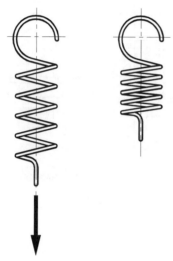

Figura 11.43 Mola de tração helicoidal solicitada e em repouso.

forma de hélice cilíndrica ou cônica, geralmente direita (**Figura 11.44**). Podem trabalhar sob tração, compressão ou torção.

- **Molas cônicas** – trabalham sempre sob compressão e são utilizadas sobretudo para amortecer choques muito fortes. Por exemplo, nos para-choques dos trens de ferro (**Figura 11.45**).
- **Molas prato** – podem ser usadas em elementos isolados ou montados em série ou em paralelo (**Figura 11.46**). É possível montar as molas em série e em paralelo de forma a conseguir as condições de carga e deformação pretendidas. A versatilidade e o pouco espaço que ocupam garantem uma vasta gama de aplicações em dispositivos de corte e estampagem, amortecimento de massas em movimento, fundações de máquinas etc.
- **Molas em espiral** – são as que se utilizam geralmente em cordas de relógios e brinquedos.
- **Feixe de molas** – é formado por uma série de lâminas sobrepostas e é empregado com muita frequência em sistemas de suspensão de alguns automóveis e trens de ferro (**Figura 11.47** à direita).

Em termos de aplicações típicas de molas, podemos, resumidamente, distinguir os seguintes grupos:

Figura 11.45 Mola cônica.

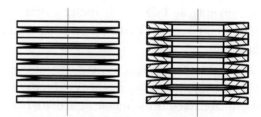

Figura 11.46 Molas prato DIN 2093.

- *Amortecimento de choques* (exemplo: para-choques de vagões de trem de ferro).
- *Manutenção de posição de peças* (exemplo: válvulas de segurança).
- *Limitação de vibrações* (exemplo: selins de motocicletas).

Na **Figura 11.47** ilustram-se duas aplicações de molas em válvulas e suspensões.

A **Figura 11.49** ilustra a representação e a cotagem de uma mola helicoidal de compressão. Costuma-se

Elementos de Máquinas

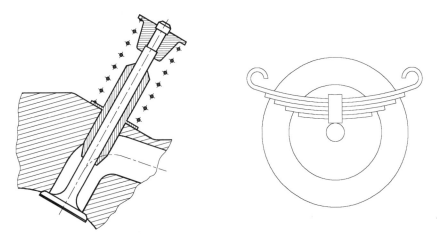

Figura 11.47 Aplicações típicas de molas.

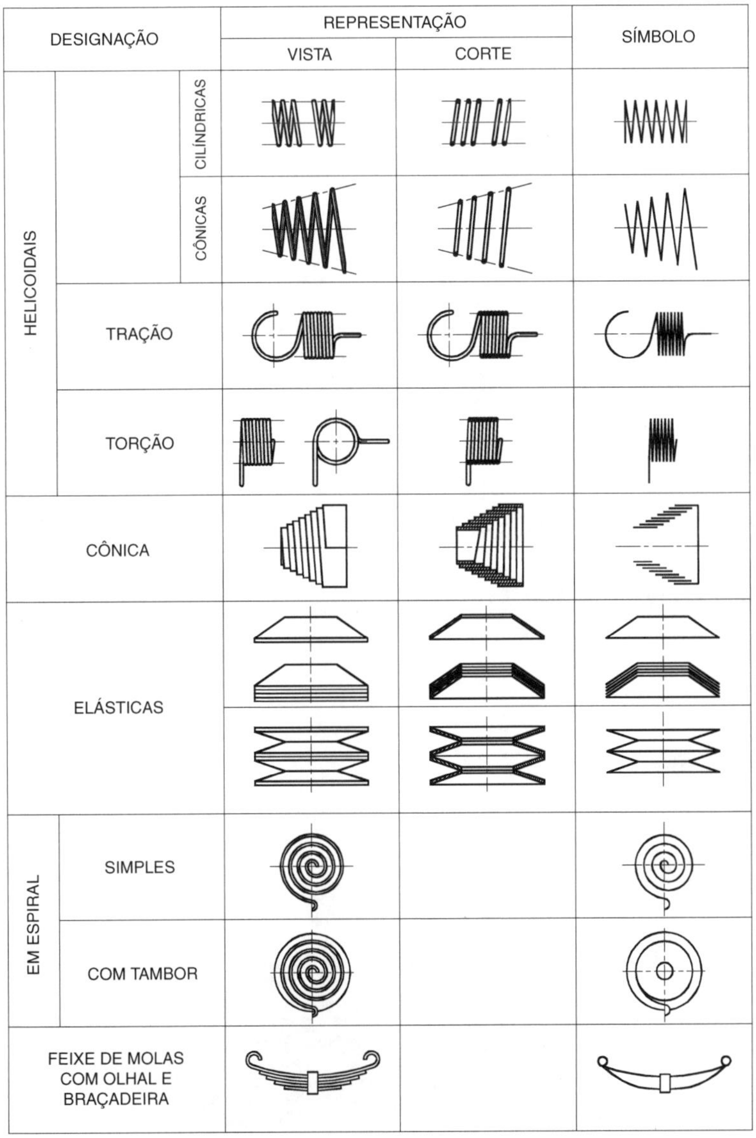

DESIGNAÇÃO		REPRESENTAÇÃO		SÍMBOLO
		VISTA	CORTE	
HELICOIDAIS	CILÍNDRICAS			
	CÔNICAS			
	TRAÇÃO			
	TORÇÃO			
	CÔNICA			
	ELÁSTICAS			
EM ESPIRAL	SIMPLES			
	COM TAMBOR			
	FEIXE DE MOLAS COM OLHAL E BRAÇADEIRA			

Figura 11.48 Representação de molas.

também indicar a força máxima que se pode aplicar à mola. Note-se, no entanto, que, se a mola fizer parte de um desenho de conjunto, não se costuma representar as espiras, mas apenas as várias seções transversais do arame, como na ilustração da esquerda na **Figura 11.48**.

Na **Figura 11.48** representa-se, em vista e em corte, o aspecto de diversos tipos de molas de acordo com a norma ISO 2162:1973. Na mesma figura estão também indicados os símbolos desses tipos de molas. No entanto, estes símbolos não são, em geral, utilizados em Desenho Técnico, reservando-se o seu emprego para esquemas ou desenhos em escala muito pequena.

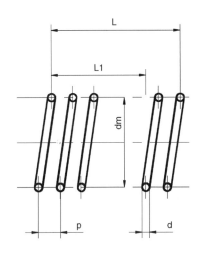

Figura 11.49 Cotagem de mola helicoidal de compressão.

11.7 ÓRGÃOS DE MÁQUINAS

Muitas máquinas têm um motor por intermédio do qual lhes são transmitidos a potência e os movimentos necessários ao seu funcionamento. Mas, como, frequentemente, o motor tem de garantir o funcionamento de várias máquinas, por razões construtivas estas encontram-se afastadas do motor, o qual transmite o movimento e a potência por intermédio de *eixos*, *polias* e *engrenagens*.

Para pôr em funcionamento estes componentes intermediários são necessários acessórios, como as *uniões de eixos* (para ligar os eixos entre si), os *mancais*, os *rolamentos* e os respectivos suportes (nos quais os eixos se assentam e conservam o seu alinhamento), e ainda as polias, que transmitem o movimento do motor para os eixos, ou destes entre si.

Além desses órgãos de transmissão de movimento, existem outros, como as *rodas de atrito, transmissões por correntes, correias* e *cabos*.

11.7.1 Uniões de Eixos

As uniões de eixos servem para ligar entre si dois eixos, transmitindo de um para o outro o movimento de rotação e a potência.

O fim a que se destina uma união determina as suas características, as quais permitem classificar as uniões em *fixas*, *móveis*, *elásticas* e de *engate*. As uniões fixas são as mais comuns e se caracterizam por conservar ambos os eixos em uma posição invariável, rodando em torno do mesmo eixo geométrico. Na **Figura 11.50** representa-se uma união de flanges, fixa por parafusos.

As uniões móveis podem ser axiais, laterais e angulares e permitem, dentro de certos limites, a mudança de posição entre os eixos. Na **Figura 11.51** apresenta-se um exemplo de uniões móveis: a união cardã. As uniões cardã são do tipo angular.

As uniões elásticas (**Figura 11.52**) garantem a possibilidade de os eixos sofrerem deslocamentos relativos

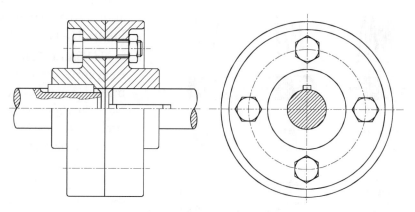

Figura 11.50 União fixa.

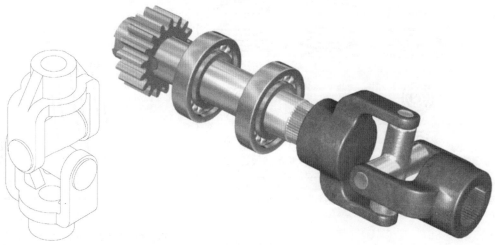

Figura 11.51 União cardã.

Elementos de Máquinas

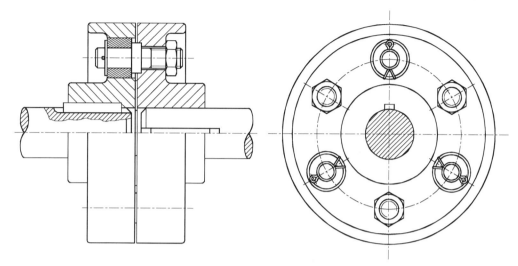

Figura 11.52 União de eixos elástica (acoplamento elástico).

muito pequenos. Este tipo de uniões utiliza elementos elásticos, como molas ou peças de borracha, que apenas permitem certos deslocamentos angulares, de amplitude pequena, de um eixo em relação ao outro.

Finalmente, as uniões de engate permitem efetuar, quando necessário, a união ou a separação dos eixos, por isso são também designadas por embreagens ou uniões por atrito (**Figura 11.53** e **Figura 11.54**).

11.7.2 Mancais

Os mancais podem ser classificados em dois grupos: de escorregamento e de rolamento. Os mancais de escorregamento são os suportes onde se assentam os moentes ou casquilhos que servem de apoio aos eixos. Estes componentes podem ser encontrados nos mais variados tipos, tanto em forma como em dimensões, dependendo apenas da montagem de eixos presente. Em geral são constituídas por base, tampa e por dois meios casquilhos, também conhecidos por moentes ou bronzes. A **Figura 11.55** mostra um destes mancais.

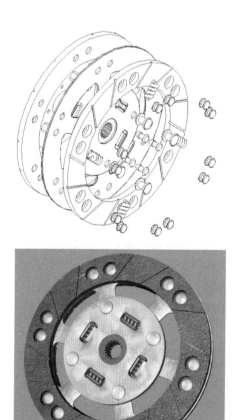

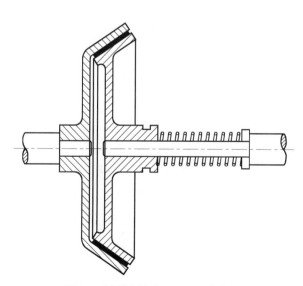

Figura 11.53 Embreagem cônica.

Figura 11.54 Disco de embreagem de automóvel.

Os mancais com moentes de pressão transversal denominam-se mancais *horizontais*. Quando usam moentes de pressão longitudinal, dizem-se mancais *verticais*. A **Figura 11.55** mostra um mancal de escorregamento horizontal. Os mancais de rolamento usam rolamentos em vez de moentes. Os rolamentos serão tratados em parágrafo posterior.

11.7.3 Transmissão de Movimento

Como se viu anteriormente, a transmissão do movimento de rotação entre dois eixos situados no prolongamento um do outro se faz recorrendo-se a uniões de eixos. Nos casos em que os dois eixos não se prolongam, tem-se que recorrer a sistemas de transmissão de movimento de um eixo *motor* ou *mandante* para um eixo *movido* ou *mandado*.

Conforme os dois eixos estejam próximos ou distantes e sejam ou não paralelos, assim se podem utilizar rodas de atrito, engrenagens, correntes, correias e cabos.

Rodas de Atrito

A transmissão do movimento por rodas de atrito faz-se devido à quase ausência de escorregamento entre as duas rodas, e a sua eficiência depende do valor da força de aperto que provoca o contato, da natureza do material da superfície de contato entre as rodas (coeficiente de atrito) e da resistência oposta pela roda movida. Na **Figura 11.56** encontram-se ilustrados os casos mais simples referentes a este tipo de transmissão de movimento.

Em termos de posicionamento relativo, os acoplamentos de rodas podem ser de vários tipos. Se as rodas forem exteriores uma à outra, a que está ligada ao eixo motor (roda mandante) gira em um sentido, e a que está ligada ao eixo movido (roda mandada) gira em sentido oposto. Se as rodas estiverem situadas uma interiormente à outra, ambas rodam no mesmo sentido. É também possível conseguir que as rodas mandante e mandada se desloquem no mesmo sentido, interpondo entre elas uma terceira, chamada roda louca.

Engrenagens

As rodas de atrito têm uma aplicação restrita na prática, sendo muito mais corrente recorrer às engrenagens para transmitir movimentos de rotação entre eixos próximos.

Uma ligação por engrenagens é constituída por duas rodas dentadas, uma das quais é arrastada pela outra. Quanto aos tipos, distinguem-se em:

- *Engrenagens cilíndricas*, quando os eixos de rotação são paralelos. Podem ter dentes retos (mais usuais), dentes helicoidais e dentes em espinha de peixe. As

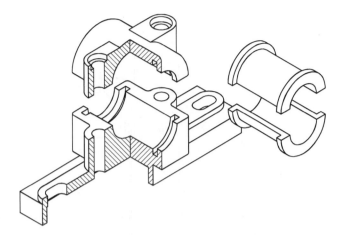

Figura 11.55 Mancal horizontal de escorregamento.

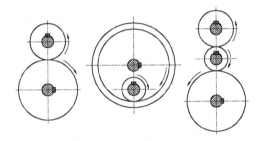

Figura 11.56 Transmissões por rodas de atrito.

duas últimas permitem um funcionamento mais suave, utilizando-se a de dentes em espinha de peixe quando se tem que transmitir grandes potências. No caso de o diâmetro do cilindro ser infinito, o elemento designa-se por cremalheira, permitindo transformar movimento de rotação em movimento de translação (**Figura 11.58**).

Figura 11.57 Transmissões com engrenagens.

Elementos de Máquinas

- *Engrenagens cônicas*, quando os eixos de rotação são concorrentes (**Figura 11.61**). Podem ser de dentes retos ou de dentes helicoidais, e, tal como nas engrenagens cilíndricas, os dentes helicoidais asseguram uma engrenagem mais suave e silenciosa. Geralmente, são utilizadas para transmissão de potência entre eixos a 90°, permitindo assim alterar a direção do movimento.
- *Engrenagens de eixos reversos*, quando os eixos de rotação não são coplanares (**Figura 11.62**). Nestas engrenagens, os dentes das rodas desenvolvem-se segundo hélices. Um caso especial destas engrenagens são as transmissões "parafuso sem-fim coroa" (**Figura 11.57** e **Figura 11.63**), que têm a particularidade de serem irreversíveis, o que significa que a engrenagem motora é sempre o parafuso e nunca a roda dentada. São também utilizadas porque se consegue uma relação de transmissão (ver adiante, equação (1)) elevada, em uma montagem compacta e resistente.

Analogamente às rodas de atrito, as engrenagens podem ser externas ou internas, e ainda de cremalheira. As engrenagens de dentes internos (**Figura 11.60**) permitem geralmente uma distância menor entre os eixos das rodas.

As engrenagens de eixos não coplanares podem ter várias configurações, como podemos ver na **Figura 11.57** e na **Figura 11.62**, devido ao desenvolvimento do perfil do dente segundo uma hélice.

Figura 11.60 Engrenagens de dentes internos (cortesia Chicago Gear Works).

Figura 11.61 Engrenagens cônicas (cortesia Chicago Gear Works).

Figura 11.62 Engrenagens helicoidais de eixos coplanares e reversos (cortesia Chicago Gear Works).

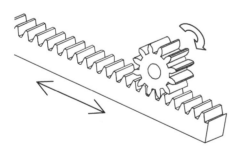

Figura 11.58 Engrenagens pinhão-cremalheira.

Figura 11.59 Engrenagens de dentes retos (cortesia Chicago Gear Works).

Figura 11.63 Engrenagens sem-fim coroa (cortesia Chicago Gear Works).

Uma vez que o perfil dos dentes está como que "normalizado" (seja pela sua forma de geração, seja pelo processo de fabricação) não há geralmente interesse em representá-lo nos desenhos. Por isso, o que se adota correntemente é uma representação convencional semelhante à da **Figura 11.64**.

Como se vê, com respeito aos dentes representa-se apenas a circunferência primitiva a traço misto, a circunferência de cabeça (que é simultaneamente o contorno da roda) a traço cheio, e a circunferência de pé a traço interrompido.

Nas normas ISO, a relação básica das engrenagens é D = m · Z, em que D é o diâmetro da circunferência primitiva, Z o número de dentes e m o módulo. O valor de m, que está normalizado, representa a diferença de raios entre as circunferências exterior e primitiva da engrenagem: De = D + 2 · m, sendo De o diâmetro exterior da engrenagem. O módulo das duas engrenagens tem de ser idêntico.

Os valores normalizados do módulo são os apresentados na **Tabela 11.8**, sendo preferíveis os valores em negrito.

A relação de transmissão (r), quociente entre as velocidades de rotação dos eixos das engrenagens (v_1 e v_2), é dada pelo inverso do quociente dos dentes, ou dos diâmetros primitivos:

$$r = \frac{V_2}{V_1} = \frac{D_1}{D_2} = \frac{Z_1}{Z_2} \qquad (1)$$

Note-se que, quando a roda é representada em corte, os dentes nunca se representam cortados, nem mesmo no desenho de duas rodas dentadas que engrenam.

Quando a engrenagem é normalizada, a forma do perfil dos dentes é geralmente indicada pela referência à norma respectiva.

Na representação de engrenagens cônicas e helicoidais, adapta-se também uma representação convencional semelhante à que se referiu para as engrenagens cilíndricas. Na **Figura 11.65** ilustram-se a representação convencional, a representação simplificada e a representação esquemática das engrenagens.

Na **Figura 11.66** são mostradas as convenções utilizadas para indicar o tipo de ligação das rodas aos respectivos eixos. Estas convenções simbólicas surgem habitualmente associadas a desenhos esquemáticos.

Transmissão por Correntes

Além da transmissão através de rodas dentadas, a que se fez referência, utilizam-se ainda outros tipos

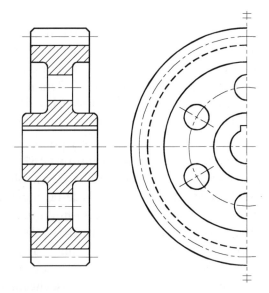

Figura 11.64 Representação de rodas dentadas.

Tabela 11.8 Módulos das engrenagens (em mm)

0,5	0,55	**0,6**	0,7	**0,8**	0,9	**1,0**
1,125	**1,25**	1,375	**1,5**	1,75	**2,0**	2,25
2,5	2,75	**3**	3,5	**4**	4,5	**5**
5,5	**6**	7	**8**	9	**10**	11
12	14	**16**	**20**	**25**		

de transmissão diferentes: são as transmissões com correntes articuladas, as quais se empregam sobretudo quando os eixos cujo movimento se pretende transmitir estão relativamente distantes. Este tipo de transmissão é bastante utilizado em mecânica e desempenha funções análogas à de uma engrenagem cilíndrica. Os exemplos apresentados na **Figura 11.67** mostram os elos da corrente, e na **Figura 11.68**, as respectivas rodas dentadas e tensores, destinados a manter a corrente tensa ("esticada").

A **Figura 11.69** ilustra as representações simplificada e esquemática de uma transmissão por corrente, bem como alguns elos de uma corrente articulada e polias dentadas utilizadas neste tipo de transmissão.

As características das correntes com roletes em aço estão definidas pela norma ISO 487:1984. As dimensões das correntes seguem os valores constantes das respectivas tabelas do Anexo B. A corrente deve estar marcada com o nome do fabricante (ou marca) e o número ISO. Para as rodas das correntes é indicado o ferro fundido cinzento de qualidade 15 (norma ISO 185), e elas são marcadas com o nome do fabricante (ou marca), número

Elementos de Máquinas

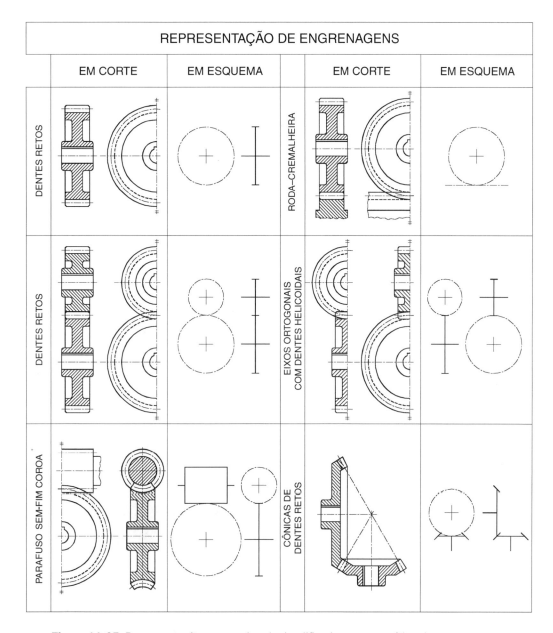

Figura 11.65 Representação convencional, simplificada e esquemática de engrenagens.

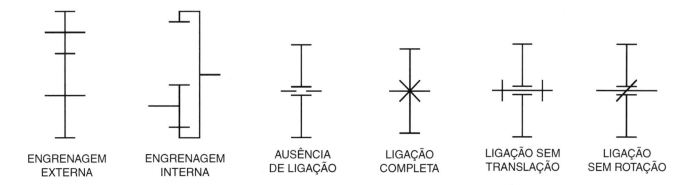

Figura 11.66 Representação esquemática de engrenagens e ligação das rodas ao eixo.

Figura 11.67 Correntes de transmissão.

Figura 11.68 Elementos da transmissão por correntes.

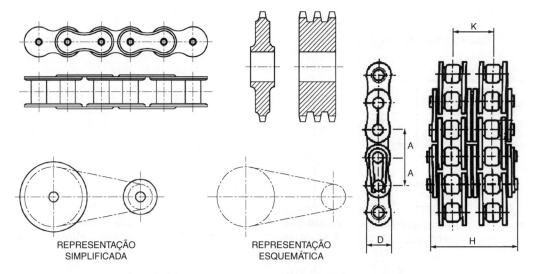

Figura 11.69 Representação de transmissões por correntes.

de dentes e designação ISO. O número de dentes das rodas deve ser o indicado na **Tabela 11.9**.

Transmissão por Correias

Além das transmissões por corrente articuladas, utilizam-se transmissões por correias e transmissões por cabos. As transmissões por correias podem utilizar correias com seção retangular ou trapezoidal. As polias utilizadas nas transmissões por correias retangulares devem ter o contorno exterior abaulado para obrigar a correia, em geral de couro, a manter-se centrada na roda (**Figura 11.70**).

A norma ISO 63:1975 define os comprimentos a serem usados para as correias em funcionamento. Estes valores encontram-se na **Tabela 11.10**, estando em negrito os particularmente recomendados. É da responsabilidade do fabricante assegurar que os comprimentos sejam medidos em condição de funcionamento e no lado interior. O diâmetro (e tolerâncias) das respectivas polias encontram-se na **Tabela 11.11**, definidos pela norma ISO 99:1975. Os valores usados para as alturas dos perfis transversais são definidos pela norma ISO 100:1984, de acordo com a **Figura 11.72**, apresentados na **Tabela 11.12**.

Atualmente, são muito usadas as correias dentadas (**Figura 11.71**) em substituição às correntes, por serem mais suaves, leves e silenciosas na transmissão do movimento. Como contrapartida, têm menor durabilidade.

Tabela 11.9 Número de dentes a usar em rodas

Número de dentes em rodas de cadeias									
Preferível	7	9	11	13	15	17	18	27	30
A evitar	6	8	10	12	14	16	–	–	34

Tabela 11.10 Comprimentos de correias retangulares

mm	mm	mm	mm
500	850	**1400**	**2800**
530	**900**	1500	**3150**
560	950	**1600**	**3550**
600	**1000**	1700	**4000**
630	1060	**1800**	**4500**
670	**1120**	1900	**5000**
710	1180	**2000**	
750	**1250**	**2240**	
800	1320	**2500**	

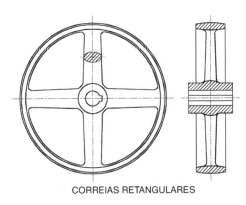

CORREIAS RETANGULARES

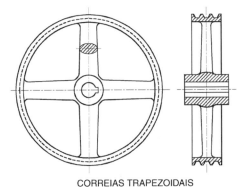

CORREIAS TRAPEZOIDAIS

Figura 11.70 Polias utilizadas em transmissões por correias.

Tabela 11.11 Diâmetros e tolerâncias das polias (correias retangulares) (em mm)

Diâ.	Tol.	Diâ.	Tol.	Diâ.	Tol.
40	±0,5	160	±2,0	630	±5,0
45	±0,6	180	±2,0	710	±5,0
50	±0,6	200	±2,0	800	±6,3
56	±0,8	224	±2,5	900	±6,3
63	±0,8	250	±2,5	1000	±6,3
71	±1,0	280	±3,2	1120	±8,0
80	±1,0	315	±3,2	1250	±8,0
90	±1,2	355	±3,2	1400	±8,0
100	±1,2	400	±4,0	1600	±10,0
112	±1,2	450	±4,0	1800	±10,0
125	±1,6	500	±4,0	2000	±10,0
140	±1,6	560	±5,0		

Tabela 11.12 Altura do perfil transversal da polia

Diâmetro	h_{min}	
$40 \leq D \leq 112$	0,3	
$125 \leq D \leq 140$	0,4	
$160 \leq D \leq 180$	0,5	
$200 \leq D \leq 224$	0,6	
$250 \leq D \leq 355$	0,8	
$400 \leq D \leq 500$	1,0	
$560 \leq D \leq 710$	1,2	
	$b \leq 250$	$b \geq 250$
$800 \leq D \leq 1000$	1,2	1,5
$1120 \leq D \leq 1400$	1,5	2,0
$1600 \leq D \leq 2000$	1,5	2,5

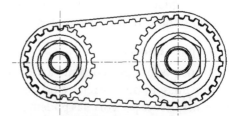

Figura 11.71 Transmissão por correias dentadas.

Transmissão por Cabos

As transmissões por cabos utilizam uma série de cabos paralelos, em geral de aço ou cânhamo, dispostos de forma análoga às correntes trapezoidais, apenas com a diferença de as ranhuras periféricas terem perfil arredondado em vez de trapezoidal. Na **Figura 11.73** mostra-se o aspecto de uma polia utilizada em transmissões por cabos. Também se utilizam rodas com perfil análogo ao da polia apresentada em instalações de elevação e transporte, tais como gruas, monta-cargas, teleféricos, elevadores, etc.

11.8 ROLAMENTOS

Os eixos das máquinas assentam-se em apoios e lhes transmitem esforços radiais, axiais ou mistos. Quando se utilizam mancais, pretende-se que o material dos casquilhos tenha elevada resistência ao desgaste, para que dure bastante tempo e tenha um bom comportamento, principalmente no período inicial de movimento, durante o qual há certo contato de metal contra metal, por a lubrificação não ser perfeita.

Alternativamente, para diminuir a resistência ao movimento, recorre-se a rolamentos, por estes dispositivos permitirem substituir o atrito de escorregamento por atrito de rolamento.

Os rolamentos podem ter, em vez de esferas, outras peças de revolução, tais como cilindros, agulhas ou troncos de cone. Na **Figura 11.75** apresentam-se alguns tipos de rolamentos, sobretudo rolamentos de rolos, esferas e agulhas. Existem ainda rolamentos mistos de rolos e esferas. De fato, a variedade de rolamentos é tão grande,

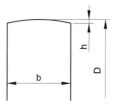

Figura 11.72 Perfil transversal de polia para correias retangulares.

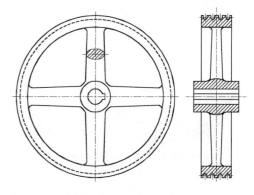

Figura 11.73 Polia de transmissão por cabos.

tanto em tamanho como em tipo, que cada marca possui catálogos bastante extensos nos quais se pode aprender a selecionar o rolamento mais conveniente para determinada aplicação.

Em geral, a especificação dos rolamentos é feita pelo diâmetro interior, ou seja, pelo diâmetro do eixo. Finalmente, um problema importante consiste em definir as condições de ajustamento entre o rolamento e as peças a que se liga. Mais uma vez, os catálogos dos fabricantes são também esclarecedores neste aspecto, recomendando

Elementos de Máquinas

Figura 11.74 Exemplos de rolamentos e gaiolas.

os ajustamentos a utilizar com cada caso. É inclusivamente fonte de exemplos de aplicações e montagens (**Figura 11.76**).

Os apoios de eixos com rolamento apresentam algumas vantagens sobre os apoios com escorregamento. Assim, têm em geral um menor atrito (em particular no arranque), funcionam a temperatura mais baixa em regime normal, têm um desgaste muito reduzido (por isso duram mais), ocupam menos espaço na direção axial e consomem menos lubrificante. O detalhe da falta de lubrificação é importante por conduzir ao sobreaquecimento do rolamento e sua ruína. A **Figura 11.77** mostra dois exemplos de lubrificação deficiente, e os estragos causados no rolamento.

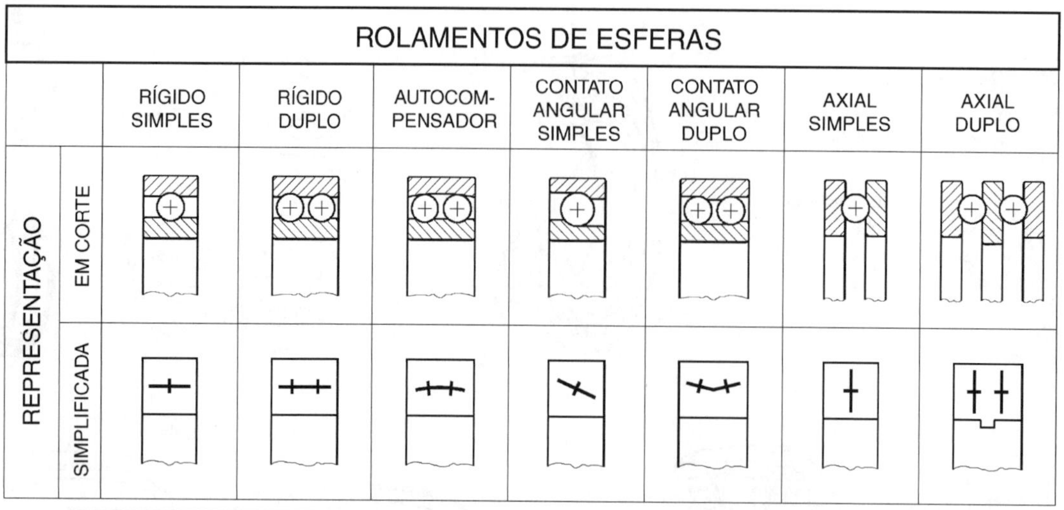

ROLAMENTOS DE ESFERAS

REPRESENTAÇÃO		RÍGIDO SIMPLES	RÍGIDO DUPLO	AUTOCOM-PENSADOR	CONTATO ANGULAR SIMPLES	CONTATO ANGULAR DUPLO	AXIAL SIMPLES	AXIAL DUPLO
	EM CORTE							
	SIMPLIFICADA							

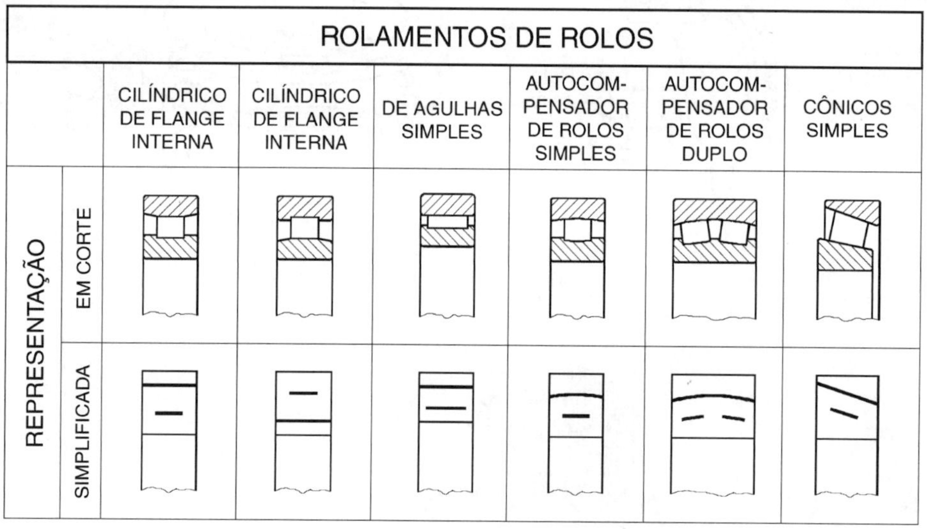

ROLAMENTOS DE ROLOS

REPRESENTAÇÃO		CILÍNDRICO DE FLANGE INTERNA	CILÍNDRICO DE FLANGE INTERNA	DE AGULHAS SIMPLES	AUTOCOM-PENSADOR DE ROLOS SIMPLES	AUTOCOM-PENSADOR DE ROLOS DUPLO	CÔNICOS SIMPLES
	EM CORTE						
	SIMPLIFICADA						

Figura 11.75 Tipos de rolamentos: de esferas, de rolos, de agulhas e mistos.

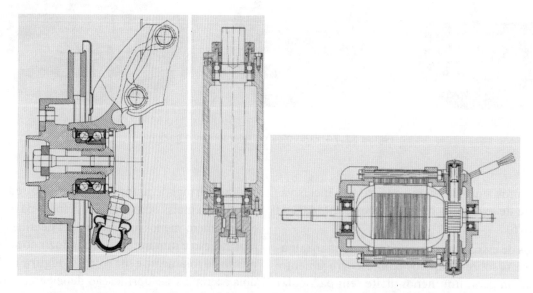

Figura 11.76 Aplicações de rolamentos a: motor elétrico, roda de automóvel, fresadora.

Elementos de Máquinas

Figura 11.77 Exemplos de lubrificação deficiente.

REVISÃO DE CONHECIMENTOS

1. Indique as principais vantagens da normalização de componentes.
2. Compare e discuta os perfis roscados mais usados.
3. Compare e discuta as formas de transmissão de potência apresentadas.
4. Existem rolamentos desmontáveis. Indique as designações dos que você conhece e possíveis aplicações.
5. Indique vantagens da representação simplificada dos componentes em desenho a mão, em um sistema CAD 2D e em um sistema CAD 3D. E as desvantagens?

CONSULTAS RECOMENDADAS

- Bertoline, G.R., Wiebe, E.N., Miller, C.L. e Nasman, L.O., *Technical Graphics Communication*. Irwin Graphics Series, 1995.
- Cunha, L. V. *Desenho Técnico*. Fundação Calouste Gulbenkian, 11ª Ed., 1999.
- Giesecke, F.E., Mitchell, A., Spencer, H.C., Hill, I.L., Dygdon, J.T., Novak, J.E. e Lockhart, S., *Modern Graphics Communication*. Prentice Hall, 1998.
- ISO Standards Handbook 32. *Mechanical Transmissions*. ISO, 1988.
- Morais, Simões. *Desenho Técnico Básico*. 3º Volume, Porto Editora, 1990.
- Normas Portuguesas, ISO e DIN correspondentes aos elementos deste capítulo. O Anexo C contém uma lista exaustiva das normas abordadas neste capítulo.
- NBR 8993 Representação convencional de partes roscadas em desenho técnicos.
- NBR 11145 Representação de molas em Desenho Técnico.
- NBR 11534 Representação de engrenagens em Desenho Técnico.
- Pillot, Christian. *Mémotech – Dessin Technique*. Éditions Casteilla, 1986.
- Endereço eletrônico da International Organization for Standardization (ISO) – www.iso.ch
- Endereço eletrônico da revista *Machine Design*, www.machinedesign.com
- Endereço eletrônico da American National Standards Institute (ANSI) – www.ansi.org
- Endereço eletrônico do Instituto Português da Qualidade (IPQ) – www.ipq.pt
- Endereço eletrônico da American Society of Mechanical Engineers (ASME) – www.asme.org
- Endereço eletrônico da Chicago Gear Works – www.chicagogearworks.com

PALAVRAS-CHAVE	
arruelas	rasgo
chavetas	roscas
enchavetamentos	rolamentos
molas	
parafusos	transmissão de movimento
pinos	
porcas	uniões de eixos

EXERCÍCIOS PROPOSTOS

P11.1. Represente em um desenho a ligação roscada apresentada na **Figura 11.78**. Selecione os elementos da ligação roscada de acordo com a respectiva figura e os valores das tabelas do Anexo B. Construa a lista de peças para cada caso, preenchendo-a de acordo com as mesmas tabelas. As placas têm dimensões 100 × 100 × 10 mm. O diâmetro nominal do parafuso é 10 mm. Arbitre as outras dimensões.

Figura 11.78 Ligação roscada entre duas placas.

P11.2. Represente em um desenho a ligação roscada (6 parafusos) entre duas flanges, apresentada na **Figura 11.79**. Selecione os elementos da ligação roscada de acordo com a respectiva figura e os valores das tabelas do Anexo B. Construa a lista de peças para cada caso, preenchendo-a de acordo com as mesmas tabelas. As flanges são iguais e têm diâmetro exterior 100 mm. Arbitre as restantes dimensões, tentando manter as proporções da figura.

Figura 11.79 Ligação roscada entre duas flanges.

P11.3. Substitua os elementos da ligação do problema anterior pelos da **Figura 11.80**. Note os elementos de segurança adicionais.

Figura 11.80 Ligação roscada bloqueada.

12 MATERIAIS E PROCESSOS DE FABRICAÇÃO

OBJETIVOS

Após estudar este capítulo, o leitor deverá estar apto a:

- Distinguir as várias famílias de materiais e suas diferenças fundamentais;
- Distinguir os conceitos associados às propriedades mecânicas;
- Escolher, para uma dada aplicação, o tipo de material mais adequado;
- Reconhecer os diferentes processos de fabricação, de uma forma genérica;
- Selecionar um processo ou sequência de processos de fabricação para uma peça a ser fabricada;
- Cotar e definir tolerância para as peças de acordo com os processos de fabricação envolvidos.

12.1 INTRODUÇÃO

Neste capítulo, dá-se uma visão panorâmica dos materiais de aplicação em Engenharia, focando sucintamente cada uma das famílias de materiais: metais, polímeros, cerâmicos, elastômeros, vidros e compósitos. Dá-se uma breve noção, tão intuitiva quanto possível, das propriedades mecânicas dos materiais e faz-se uma comparação destas propriedades entre as várias classes de materiais. Faz-se uma explanação sucinta das aplicações mais comuns para cada tipo de material e as razões dessas aplicações, bem como algumas comparações entre materiais para aplicações específicas. No Anexo D existe uma tabela de materiais usuais em Engenharia.

O material está interposto entre o desenho e o produto final, ou seja, é aquilo que nos permite dar forma ao produto e possibilita que este realize sua função. Daqui resulta imediatamente uma estreita relação entre três fatores: o material, a função e a forma (**Figura 12.1**).

Existe ainda um quarto fator, o processamento (ou processo de fabricação), ou seja, o modo de dar forma ao material. Os processos de fabricação não serão tratados neste capítulo. A correta escolha da forma e do material envolve conhecimentos de outras áreas da ciência, como, por exemplo, a mecânica dos materiais, o eletromagnetismo, a termodinâmica e a química. Consoante a função a que se destina o material, o enfoque deste será feito na disciplina da especialidade.

Existe uma enorme variedade de materiais, cada qual com as suas propriedades, características e aplicações específicas. Não é do âmbito deste texto descrever cada material em pormenores, mas sim dar uma perspectiva global do espectro dos materiais, algumas aplicações específicas e comparações entre classes de materiais, no que diz respeito à resistência e à rigidez, conceitos que também serão apresentados muito sumariamente.

Em termos sociais, podemos notar que os materiais desempenham um papel muito importante. Por exemplo, uma maneira comumente usada para dividir a evolução da humanidade é através da alusão aos materiais: idade da pedra, idade do bronze, idade do ferro. A importância social dos materiais é ainda mais evidente quando se verifica que esta classificação não é feita por pessoas ligadas à Engenharia e à ciência dos materiais, mas sim por historiadores e por pessoas ligadas às ciências sociais. A mensagem aqui transmitida é, por isso, muito clara: os materiais têm um papel preponderante na natureza e na qualidade das nossas vidas.

Ao avançarmos no tempo, desde a idade da pedra até aos nossos dias, vemos uma tendência genérica para a utilização de materiais mais resistentes e leves. Um material mais resistente permite fazer coisas que antes eram impossíveis, enquanto um material leve permite poupar peso diretamente. O peso tem importância direta, tanto nos custos de fabricação como nos custos de exploração. Exemplos: uma ponte feita de um material mais leve será mais barata na medida em que terá de suportar um peso próprio menor; uma aeronave mais leve poderá transportar mais passageiros, mais carga e mais combustível, podendo realizar viagens mais longas. Esta economia de peso é ainda mais importante em equipamentos portáteis e em qualquer tipo de transporte, quer se fale do produto transportado, quer se fale do veículo transportador. O transporte aéreo, por exemplo, que já havia sido cogitado por Leonardo da Vinci, só se tornou de fato possível com o advento dos materiais mais leves e resistentes.

Em um mecanismo ou estrutura, as peças que o integram são adquiridas de um fabricante – se forem normalizadas – ou devem ser fabricadas. As peças que devem ser fabricadas têm de ser modeladas e, eventualmente, desenhadas.

A **Figura 12.2** mostra os diferentes processos de fabricação, agrupados consoante o modo de obtenção da peça. Os parágrafos seguintes abordarão cada um dos processos.

Atualmente, todos os processos de corte por usinagem podem ser controlados através de máquinas de comando numérico. Este tipo de máquinas controla todas as operações de corte através de um programa de computador obtido através do modelo CAD 3D (ver Capítulo 2).

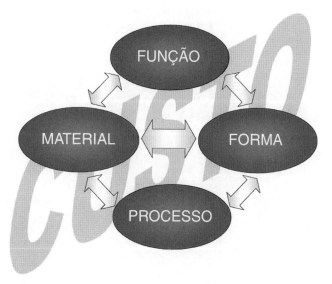

Figura 12.1 Interação de material, forma, função e processo.

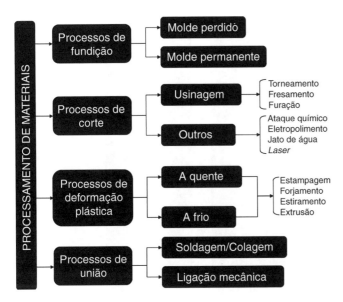

Figura 12.2 Processos de fabricação.

A peça pode passar diretamente do modelo de computador para a fabricação sem ter sequer de passar por um desenho impresso em papel. Contudo, a passagem pelo papel pode ser necessária se a empresa que projeta e produz a peça não contar com tecnologia de fabricação por comando numérico ou se as empresas que projetam e produzem forem diferentes, havendo então necessidade de comunicar informação: mesmo neste caso podem ser transferidos os modelos tridimensionais entre empresas, com toda a base de dados que os acompanha. Uma tecnologia interessante permite a transmissão da informação do modelo 3D, juntamente com os desenhos de fabricação no mesmo arquivo. A ferramenta *e-drawing*, da SolidWorks®, permite que as eventuais dúvidas no desenho ou no modelo sejam facilmente esclarecidas. No caso de ser necessário recorrer aos desenhos impressos em papel, é prática corrente inscrever na folha do desenho para fabricação toda a informação necessária à fabricação da peça desenhada. O processo de fabricação utilizado é importante, pois condiciona a informação a ser incluída nos desenhos e determina, além do modo de cotar e definir tolerância, a própria geometria e forma da peça. O processamento dos materiais é definido como a ciência e a tecnologia pelas quais a matéria-prima é convertida em uma forma com estrutura e propriedades adequadas para determinada função. De um modo mais natural, pode-se entender como tudo o que se faz para transformar materiais em coisas úteis.

Neste capítulo, serão abordados, de forma genérica, os diferentes processos de fabricação existentes. Não será feito um estudo exaustivo de cada um, uma vez que o objetivo não é o conhecimento do processo de fabricação em si, mas sim as implicações que ele tem no desenho técnico e na própria concepção de peças.

Outros processos de ligação, como a soldagem e as diferentes formas de ligação mecânica foram já abordados em capítulos anteriores, não sendo por isso tratados aqui.

12.2 FAMÍLIAS DE MATERIAIS

O universo dos materiais de uso geral pode ser dividido em seis grandes famílias, como se mostra na **Figura 12.3**. Cada família pode ainda subdividir-se em classes, subclasses e membros. No caso dos metais, por exemplo, a **Figura 12.4** mostra um desdobramento possível da família em classe, subclasse e membro, chegando-se finalmente ao material, para o qual existe um conjunto de atributos (propriedades mecânicas, físicas, térmicas etc.) únicos que o definem completamente.

Das seis grandes famílias apresentadas, algumas destacam-se pela sua maior aplicação no campo da Engenharia, embora sua importância relativa tenha sofrido grandes alterações ao longo dos tempos, como mostra a **Figura 12.5**.

É notório o domínio dos materiais de origem natural nos primórdios da civilização e o domínio dos metais até meados do século XX.

A crescente utilização dos materiais não metálicos em aplicações de Engenharia deve-se às crescentes necessidades de características muito específicas das indústrias de ponta e à redução de custos que pode ser atingida pela substituição de materiais metálicos por materiais não metálicos nos objetos de uso quotidiano.

O grande crescimento dos polímeros, cerâmicos e compósitos está ainda ligado à necessidade de controlar as propriedades para cada tipo de utilização: é possível, com estes materiais, fazer "materiais na medida das

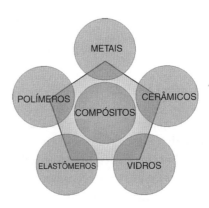

Figura 12.3 Famílias de materiais.

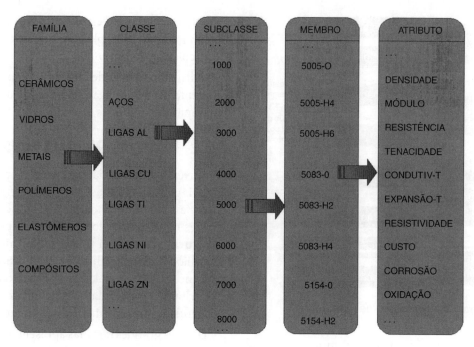

Figura 12.4 Desdobramento da família em classe, subclasse e membro.

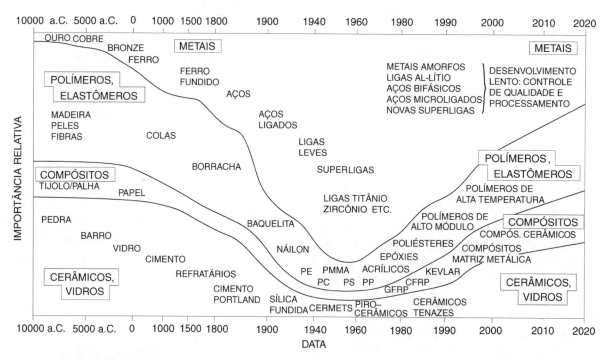

Figura 12.5 Importância relativa dos materiais ao longo dos tempos (baseado em Michael F. Ashby).

aplicações", ou seja, dar-lhes as propriedades pretendidas para desempenharem suas funções, sem desperdícios de material. São ainda materiais cuja resistência específica e rigidez específica estão, por vezes, muito acima daquelas dos metais (ver seção 12.3). O custo, em especial dos materiais poliméricos, é muito inferior ao dos metais, pelo que o seu consumo tende a aumentar, aliado ao fato de uma grande parte deles ser reciclável, com menor consumo de energia, relativamente aos metais, devido ao seu baixo ponto de fusão.

As ligas metálicas já atingiram elevado desenvolvimento, enquanto os não metálicos estão em franca expansão.

12.3 BREVES NOÇÕES DE PESO, RESISTÊNCIA E RIGIDEZ

Antes de avançar mais no domínio dos materiais, convém definir os parâmetros que vão contribuir para a sua seleção: o peso, a resistência e a rigidez. Existem outros parâmetros possíveis. No entanto, estes três são os mais comumente selecionados para aplicação em Engenharia.

12.3.1 Peso

O peso de um material entende-se como o peso por unidade de volume, ou seja, o peso específico. O conceito de densidade é facilmente entendido: a madeira é *leve*, o alumínio é mais *pesado* que a madeira e mais *leve* que o aço; a pedra não é tão óbvia, uma vez que existem muitas variedades de pedra – o basalto é *pesado*, a pedra-pomes é *leve*. O conceito de leve e de pesado deve, no entanto, ser quantificado através da densidade. A **Figura 12.6** mostra algumas classes de materiais e a variação possível da sua densidade.

Quanto aos conceitos de resistência e rigidez, sua apreensão pode não ser tão imediata. Aliás, existe uma natural confusão entre as noções de resistência e rigidez, que levam posteriormente a algumas visões distorcidas da realidade. De fato, a resistência e a rigidez são quantidades distintas e perfeitamente definidas.

12.3.2 Resistência

As pessoas que não têm formação em Engenharia ficam, por vezes, confusas com o modo como a resistência dos materiais aparece tabelada nos livros e nos catálogos de fabricantes em força por unidade de área (Newton por metro quadrado – N/m^2 – no Sistema Internacional de Unidades, ou libra por polegada quadrada – psi – no sistema anglo-saxônico de unidades), que parece ser uma unidade de pressão e não de resistência. A explicação é simples e é facilmente ilustrada por um exemplo.

Imagine-se uma barra de seção transversal quadrangular de 10×10 mm (**Figura 12.7**). A sua área será de 100 mm². Imagine-se agora que essa barra esteja suspensa do teto por uma extremidade e na outra extremidade se coloque um peso de 500 N.

Cada porção da barra estará sujeita a uma força de 500 N, distribuída por uma área transversal de 100 mm². Para evitar falar de duas quantidades – força e área – os engenheiros dividem a força pela área e usam apenas um parâmetro – a tensão. Neste caso, a barra suspensa estará sujeita a uma tensão de 5 N/mm². Subindo a tensão

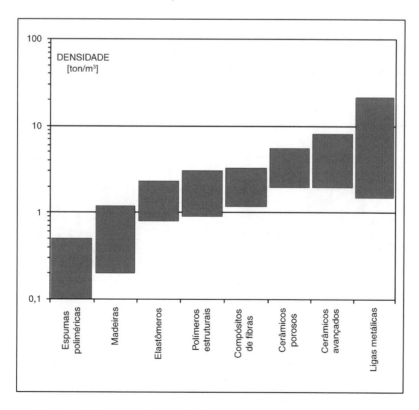

Figura 12.6 Variação de densidade para algumas classes de materiais.

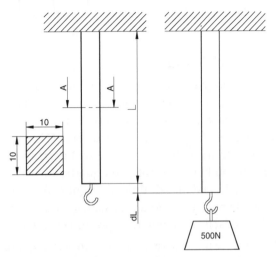

Figura 12.7 Deformação de um material.

que a barra irá sofrer determinada deformação (dL na **Figura 12.7**), que se anula quando a carga é retirada. À medida que se aumenta a carga, existirá um ponto a partir do qual a barra deixará de regressar ao seu comprimento inicial quando se retira a carga, sem, no entanto, partir. A tensão correspondente a esse ponto chama-se tensão de escoamento. Todos os materiais se deformam por ação de cargas e todos os materiais rompem quando a carga é suficientemente elevada, mas uma das características inerentes aos materiais metálicos é sua capacidade de cederem antes de romper. A margem existente entre a tensão de escoamento e a tensão de ruptura é uma medida da tolerância de um material, ou seja, da sua capacidade de deformar antes de romper. Deste modo, a carga máxima que um material pode suportar, sem alterar a sua forma, será representada pela tensão de escoamento.

(por aumento da força ou por diminuição da área) a um nível suficientemente elevado, a barra acabará por partir.

A tensão para a qual se dá a ruptura da barra chama-se tensão de ruptura do material.

Uma barra de seção transversal 10×20 mm² (dupla da seção anterior) suportaria o dobro da carga até a ruptura, mas a sua tensão de ruptura seria a mesma, podendo ser, por isso, considerada uma propriedade do material, pois é independente das dimensões!

Se a barra for feita de um material metálico, acontecerá um fenômeno interessante antes de se atingir a ruptura. Se medirmos com alguma precisão o comprimento da barra antes e depois de lhe aplicar a carga, verificaremos

12.3.3 Resistência Específica

Independentemente do material de que é feito determinado componente, ele será tanto mais forte quanto mais material tiver. O problema é que também será mais pesado. O que se pretende, em geral, é maior resistência sem acréscimo de peso. Assim, um parâmetro extremamente importante será a resistência por unidade de peso específico, ou, mais simplesmente, a resistência específica (razão entre a tensão de escoamento e a densidade) do material. O melhor material para uma dada aplicação será aquele que apresentar a maior resistência específica.

A **Figura 12.8** mostra a variação de resistência e de resistência específica das classes de materiais. A **Tabela 12.1**

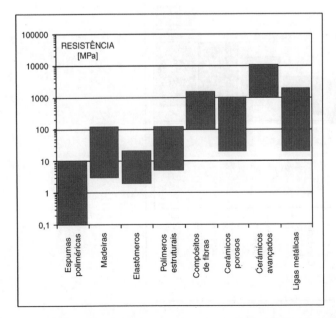
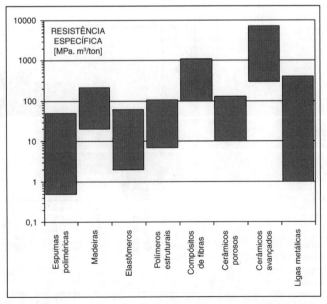

Figura 12.8 Variação da resistência e da resistência específica. Para cerâmicos, a resistência é em compressão.

mostra bem como o melhor material em termos de resistência não é o melhor material em termos de resistência específica. As fibras não podem ser usadas isoladamente, mas sim dentro de compósitos. Se retirarmos as fibras da nossa análise, a **Tabela 12.1** mostra que, por exemplo, a balsa é o material com a menor resistência de todos os tabelados (note-se o *ranking* de resistência), mas em termos de resistência específica compete de muito perto com o aço AISI 4340 e a liga de alumínio 2024-T4, sendo, inclusive bastante melhor que o aço comum AISI 1010.

12.3.4 Rigidez

A rigidez é uma medida da deformação sofrida por um material antes de atingir o escoamento quando lhe é aplicada uma carga. É normalmente expressa pelo módulo de elasticidade, ou módulo de Young, nas tabelas de livros e catálogos de fabricantes.

Por vezes, não só é importante que determinado componente não ceda por ação de uma força, como é igualmente importante que sua deformação por ação dessa força seja pequena, sob pena de pôr em risco seu funcionamento normal. Por exemplo, um par de rodas dentadas não pode ter uma deformação muito elevada dos seus dentes, de modo a não provocar atrito excessivo entre os dentes e eventualmente provocar a ruptura do mecanismo, por interferência entre os dentes.

Em termos práticos, o módulo de Young corresponde à tensão necessária para duplicar o comprimento de um dado material. De fato, isso nunca é possível, uma vez que antes disso o material já ultrapassou a sua tensão de escoamento.

12.3.5 Rigidez Específica

A rigidez específica é também uma razão muito importante. Pode-se também ganhar em rigidez utilizando mais material, mas com o inerente acréscimo de peso. É novamente necessário tomar em conta o peso, dividindo o módulo de Young pela densidade, obtendo assim a rigidez específica. O melhor material para uma dada aplicação será aquele que apresentar a maior rigidez específica. A **Figura 12.9** mostra o escalonamento de rigidez para várias classes de materiais. Da mesma forma, a **Tabela 12.2** mostra que o material com a maior rigidez não é o material com a maior rigidez específica.

12.4 GENERALIDADES E APLICAÇÕES DE ALGUMAS FAMÍLIAS DE MATERIAIS

Nesta seção serão apresentadas as características típicas de algumas famílias e classes de materiais que ajudarão em escolhas simples. Um estudo mais aprofundado, fora do âmbito deste texto, pode ser consultado no fim do capítulo, nas referências que se dedicam exclusivamente ao estudo dos materiais.

Um apontamento interessante é dado na **Figura 12.10**. Trata-se do custo relativo dos materiais por unidade de volume. Existem poucos registros deste indicador, uma

Tabela 12.1 Ordenação de diversos materiais pela sua resistência

FAMÍLIA / TIPO	MEMBRO	Resistência σ [MPa]	Ranking resistência	Densidade ρ [kg/m³]	σ/ρ [mm]	Ranking σ/ρ
Fibras	Aramid	3000	4	1310	229,01	1
Fibras	Carbono HS	4140	2	1830	226,23	2
Fibras	Vidro S-2	4770	1	2355	202,55	3
Fibras	Vidro E	3620	3	2355	153,72	4
Fibras	Carbono HM	2240	5	1830	122,40	5
Compósitos de poli.	60%C.HS/Epóxi (||)	2000	6	1760	113,64	6
Compósitos de poli.	50%Vid.S/Epóxi (||)	1100	9	2000	55,00	7
Metais	Titânio 6Al-4V	1096	10	4450	24,63	8
Metais	Níquel Inconel X750	1800	7	8500	21,18	9
Metais	Alumínio 2024-T4	469	11	2770	16,93	10
Metais	Aço AISI 4340	1120	8	7850	14,27	11
Madeiras	Balsa (||)	23	20	180	12,78	12
Madeiras	Pinho (||)	55	16	510	10,78	13
Termoplásticos	Náilon	80	13	1140	7,02	14
Termoplásticos	ABS	50	17	1050	4,76	15
Compósitos de poli.	60%C.HS/Epóxi (|_)	80	14	1760	4,55	16
Termoendurecíveis	Epóxi	69	15	1650	4,18	17
Metais	Aço AISI 1010	310	12	7850	3,95	18
Termoendurecíveis	Poliéster	28	19	1200	2,33	19
Compósitos de poli.	50%Vid.S/Epóxi (|_)	35	18	2000	1,75	20

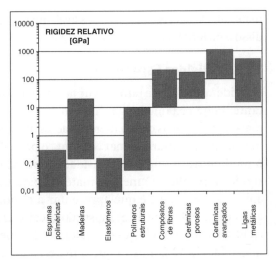
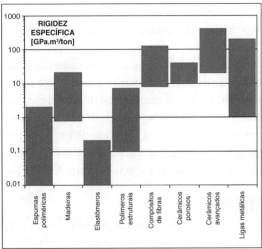

Figura 12.9 Variação da rigidez e da rigidez específica.

Tabela 12.2 Ordenação de diversos materiais pela sua rigidez

Família/Tipo	Membro	Ranking σ/ρ	Rigidez E [GPa]	Ranking rigidez	Densidade ρ [kg/m^3]	E/ρ [mm]	Ranking E/ρ
Fibras	Carbono HM	5	450	1	1830	24,59	1
Fibras	Carbono HS	2	300	2	1830	16,39	2
Fibras	Aramid	1	130	7	1310	9,92	3
Compósitos de poli.	60%C.HS/Epóxi (||)	6	140	6	1760	7,95	4
Fibras	Vidro S-2	3	86	9	2355	3,65	5
Fibras	Vidro E	4	72	11	2355	3,06	6
Metais	Aço AISI 4340	11	210	4	7850	2,68	7
Metais	Aço AISI 1010	18	210	5	7850	2,68	8
Metais	Alumínio 2024-T4	10	73	10	2770	2,64	9
Metais	Níquel Inconel X750	9	213	3	8500	2,51	10
Metais	Titânio 6Al-4V	8	110	8	4450	2,47	11
Compósitos de poli.	50%Vid.S/Epóxi (||)	7	45	12	2000	2,25	12
Madeiras	Balsa (||)	12	3,2	18	180	1,78	13
Madeiras	Pinho (||)	13	7,0	15	510	1,37	14
Compósitos de poli.	60%C.HS/Epóxi (|_)	16	10	13	1760	0,57	15
Compósitos de poli.	50%Vid.S/Epóxi (|_)	20	8	14	2000	0,40	16
Termoplásticos	Náilon	14	3,5	16	1140	0,31	17
Termoendurecíveis	Poliéster	19	3,5	17	1200	0,29	18
Termoplásticos	ABS	15	2,1	20	1050	0,20	19
Termoendurecíveis	Epóxi	17	3,0	19	1650	0,18	20

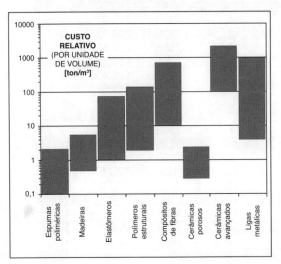

Figura 12.10 Custo relativo de classes de materiais por unidade de volume.

vez que os custos estão em constante mutação. No entanto, fica o registro, com a necessária ressalva de que os valores apresentados podem sofrer grandes alterações.

12.4.1 Polímeros

O uso de polímeros (ou plásticos, como mais vulgarmente são conhecidos) em projeto deve apoiar-se no conhecimento prévio de noções básicas de química e de características comportamentais e ambientais. Existe um número bastante elevado de plásticos disponíveis comercialmente – cerca de 15.000. No entanto, a maior parte das aplicações pode ser satisfeita por um conjunto mais reduzido de plásticos. Os melhores plásticos têm uma rigidez que é de aproximadamente 7 Gpa. Comparada com os 200 Gpa das ligas ferrosas, é de se esperar maior flexibilidade dos plásticos.

Os plásticos podem ainda ser divididos em termoplásticos (recicláveis) e termoendurecíveis (não recicláveis). Existe ainda uma terceira categoria, os elastômeros, que pode ser de tipo termoplástico ou termoendurecível. Os polímeros termoplásticos caracterizam-se por ter menor rigidez e menor resistência mecânica que os termoendurecíveis, além de "derreterem" com o aumento de temperatura. Por seu lado, os termoendurecíveis não "derretem": em vez disso queimam, ou degradam-se, com o aumento de temperatura, sendo por isso impossível a sua reciclagem. A expansão térmica dos plásticos é cerca de 10 vezes superior à dos aços, pelo que este pormenor tem que ser levado em conta quando houver contato entre os dois tipos de material.

Os plásticos não devem ser projetados com os mesmos níveis de tolerância que os metais. Ainda assim, produzem-se bons apoios autolubrificados de plástico. Podem ser inflamáveis e devem ser projetados tendo em consideração que suas propriedades se degradam ao longo do tempo.

Os plásticos têm uma tenacidade inferior à dos aços, por isso são menos tolerantes a concentrações de tensão e reduções bruscas de secção.

Muitos plásticos são atacados pela radiação ultravioleta. Se possível, deve ser prevista a reciclagem dos plásticos depois da sua vida útil.

A **Tabela 12.3** mostra as siglas por que são conhecidos os polímeros habituais, bem como as suas aplicações e a classe a que pertencem.

A **Figura 12.11** mostra alguns exemplos de utilização de peças em polímeros.

12.4.2 Compósitos de Matriz Polimérica

Um material compósito é, por definição, formado por dois ou mais materiais, em nível macroscópico, com propriedades superiores a qualquer um dos seus constituintes isoladamente. A **Figura 12.12** mostra exemplos de aplicação de compósitos a quadros e aros de bicicletas, enquanto a **Figura 12.13** mostra veículos de corrida sobre o gelo. No caso particular dos compósitos de matriz polimérica, a matriz tem como função suportar o material de reforço e distribuir as forças por este, podendo ser do tipo termoplástico ou termoendurecível. As matrizes de termoplásticos não são tão boas como as de termoendurecíveis em termos de propriedades mecânicas, em especial sob temperaturas superiores à temperatura ambiente. O reforço, material que

Tabela 12.3 Siglas e aplicações de alguns dos polímeros mais usados

Sigla	Aplicação
PE	Polietileno (termoplástico). Usado em folha e em garrafas de plástico.
PVC	Policloreto de vinil (termoplástico). Usado em pavimentos, tecidos, filmes e tubulações.
PP	Polipropileno (termoplástico). Usado em revestimentos e tubulações.
PS	Poliestireno (termoplástico). Usado em contentores e espumas.
PET	Poliéster (termoplástico). Usado em fita magnética, fibras e filmes. Na forma termoendurecível é usado em revestimentos e resina em compósitos.
PMMA	Polimetilmetacrilato (termoplástico). Também conhecido como acrílico. Usado em janelas e decoração.
PA	Poliamida (termoplástico). Também conhecido como náilon. Usado em tecidos, cordas, engrenagens e órgãos de máquinas.
ABS	Acrilonitrilo-butadieno-estireno (termoplástico). Usado em malas de viagem e telefones.
PC	Policarbonato (termoplástico). Usado em hélices e órgãos de máquinas.
POM	Acetal (termoplástico). Usado em engrenagens.
PTFE	Politetrafluoretileno (termoplástico). Também conhecido como Teflon®. Usado em armazenamento de produtos químicos, vedantes, apoios, juntas e revestimentos antiaderentes.
PUR	Poliuretano (termoendurecível). Usado em espumas, elastômetros, fibras, folhas e tubagens.
PF	Fenólicos (termoendurecível). Usado em equipamento elétrico. Neste grupo encontra-se a baquelita.
EP	Epóxi (termoendurecível). Usado em adesivos, revestimentos e resinas de compósitos.
SI	Silicone (termoendurecível). usado em juntas e adesivos.

Figura 12.11 Exemplos de peças em polímeros.

Figura 12.12 Bicicletas com quadro em compósito de carbono (Kestrel, EUA).

Figura 12.13 Veículos para corrida sobre o gelo, fabricados com madeira e compósitos.

deve resistir à aplicação dos esforços, pode ser de vários tipos e assumir várias formas.

A **Figura 12.14** mostra as combinações possíveis de materiais para um compósito de matriz polimérica.

As propriedades do compósito dependem, entre outras, da percentagem relativa dos seus constituintes. Em termos de propriedades mecânicas, as fibras longas são, sem dúvida, as mais eficazes em todos os campos. A **Figura 12.15** mostra as disposições possíveis deste tipo de fibras no compósito.

Os reforços de fibra de carbono e os de fibra de boro produzem os compósitos de maior rigidez. Os reforços de fibra de aramid produzem os compósitos de maior resistência.

Os compósitos com reforços de fibras curtas obtidos por moldagem injetada são a forma mais simples de compósito. Podem substituir os plásticos não reforçados sem alteração sensível de projeto.

Os compósitos de fibras longas requerem considerações sobre o tipo de reforço, tipo de matriz, percentagem

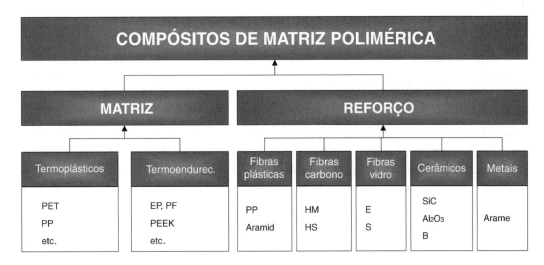

Figura 12.14 Combinações possíveis de materiais constituintes de um compósito de matriz polimérica.

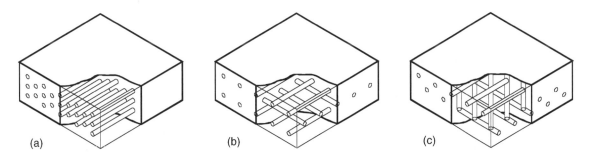

Figura 12.15 Tipos de disposição de fibras mais comuns em um compósito de fibras longas: a) unidirecional; b) cruzado 0/90/0; c) cruzado 0/45/90.

relativa de constituintes, configuração das fibras, número de camadas e sua orientação.

O uso de qualquer reforço, que não seja fibra de vidro, irá aumentar, muito provavelmente, os custos do material não reforçado.

Apesar dos aparentes problemas que lhe possam ser apontados, os compósitos têm vindo a substituir os habituais materiais estruturais, nos últimos 40 anos, pelas suas excepcionais qualidades de resistência e rigidez específicas e, em alguns casos, de resistência à corrosão. São usados em todas as indústrias.

Neste momento, cerca de 60% da produção mundial destina-se às indústrias aeronáutica, aeroespacial e militar. Cerca de 90% das embarcações de recreio têm cascos em compósito, exibindo grande durabilidade. Muitas peças na indústria automobilística são também em compósito, nomeadamente, para-choques, capôs, algumas peças dos motores e os pneus. Canoas, caiaques, raquetes de tênis, esqui e tacos de golfe são mais alguns exemplos de aplicação de materiais compósitos.

12.4.3 Cerâmicos e Vidros

No fim dos anos 1980, os cerâmicos começaram a ser usados em aplicações onde os metais tinham predominância, em especial em ferramentas, aplicações de alta temperatura e de elevado desgaste. Ainda continuam a encontrar aplicações novas, 20 anos depois.

Os cerâmicos, tais como aqui se mencionam, não são produtos de "barro" (cerâmicos tradicionais ou cerâmicos porosos), mas sim cerâmicos avançados, com reduzida porosidade, na sua maioria de óxidos, nitretos ou carbonetos sinterizados para obtenção de elevada densidade.

As suas propriedades mecânicas são valores obtidos estatisticamente, devido à elevada variabilidade destas. Apresentam elevadas dureza e fragilidade devido às ligações covalentes e iônicas da sua estrutura interna, na maior parte dos casos de natureza cristalina.

A deformação de ruptura pode, em alguns casos, ser inferior a 0,1%, comparada com os 20% habituais de muitos materiais metálicos. O defeito crítico típico para um cerâmico aproxima-se dos 10 μm, comparados com os 1000 μm típicos da maioria dos aços. Podem ter, no entanto, rigidez superior à dos aços.

Não podem ser trabalhados depois de sinterizados, nem podem ser ligados por soldagem, e as suas propriedades dependem fortemente do processo de fabricação.

Os vidros têm utilidade pela sua resistência à corrosão e sua baixa expansão térmica, sendo ótimos para janelas de elevada temperatura e revestimentos de outros materiais para o manuseio de líquidos corrosivos.

Os materiais cerâmicos, tais como os vidros, devem ser projetados para resistir majoritariamente a esforços de compressão, devido à sua inerente fragilidade em tração.

A **Figura 12.16** mostra a aplicação de nitreto de silício na fabricação de um rotor de turbina. Neste caso, os cerâmicos apresentam a vantagem de poder trabalhar a elevadas temperaturas sem perda de propriedades.

12.4.4 Ferros Fundidos

Como material de Engenharia, o ferro fundido vem já desde o século XIV. Antes desta época, a maioria dos objetos de ferro eram feitos a partir de óxidos de ferro obtidos diretamente dos minérios de ferro. O aço, tal como hoje o conhecemos, só apareceu no século XIX.

A designação "ferro fundido" aplica-se às ligas de ferro, carbono e silício, com percentagens de carbono entre 2 e 4%. Existem quatro tipos fundamentais de ferro fundido: cinzento, dúctil, branco e maleável.

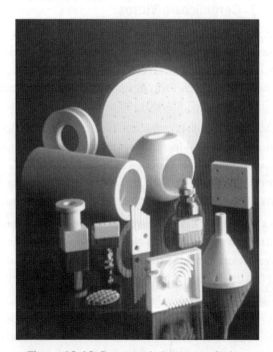

Figura 12.16 Peças variadas em cerâmico.

O ferro fundido cinzento é utilizado em elementos sujeitos ao desgaste, tais como camos, engrenagens, guias, blocos de motor, volantes de inércia, discos e tambores de freios. É também usado como isolante de vibrações em suportes de máquinas e em instrumentos de elevada precisão que não tolerem deformações, como, por exemplo, calibres dimensionais. Por ser barato, é também usado em peças de grandes dimensões. É ainda usado em peças de geometria complicada ou de paredes finas, por ter uma boa fluidez no estado líquido.

O ferro fundido dúctil deriva da mesma matéria-prima do ferro fundido cinzento, com adição de pequenas percentagens de magnésio. Apresenta maiores ductilidade e resistência que o ferro fundido cinzento. É usado em carcaças de bombas, válvulas, caixas de engrenagens, máquinas agrícolas, máquinas de mineração, pinhões, engrenagens, roletes, corrediças.

O ferro fundido branco é extremamente frágil e duro, sendo usado em camisas de moinhos, máquinas de granalha, freios ferroviários, laminadores.

O ferro fundido maleável é obtido a partir do ferro fundido branco através de tratamento térmico, recuperando alguma ductilidade. É usado em acessórios de tubulação, apoios de motores e máquinas em geral.

12.4.5 Aços ao Carbono e de Baixa Liga

Nesta categoria temos todas as ligas metálicas que apresentam ferro e carbono na sua composição. Sobre esta classe de materiais recai, por excelência, a escolha para a construção de elementos de máquinas e todo o tipo de construção metálica, abarcando cerca de 90% de todas as aplicações de metais. A **Figura 12.17** e a **Figura 12.18** são exemplo disso.

A designação AISI é a mais usada, tanto nos Estados Unidos, onde teve origem, como também na Europa, uma vez que é a mais abrangente em termos de nomenclatura e ligas por ela cobertas e referenciadas. A designação AISI comporta 4 dígitos. Se o primeiro dígito for 1, a liga referida representa uma liga simples de ferro e carbono.

Aços deste tipo são usados para peças de produção em massa em várias indústrias, entre as quais a automobilística, sendo também muitos usado em usinagem geral.

Se a designação começar com qualquer outro dígito, o aço, além de ferro e carbono, contém outros elementos de liga. Estes aços, cuja percentagem de elementos de liga não deve ultrapassar os 5%, são largamente usados em componentes estruturais tratados termicamente, para maior resistência ao desgaste e maior resistência

Figura 12.17 Peças variadas em ferro fundido.

Figura 12.18 Eixo em aço. Note-se o operador à esquerda na figura.

mecânica. São aplicados em eixos de transmissão, engrenagens e pequenas ferramentas.

Os últimos dois dígitos da designação representam a percentagem de carbono multiplicada por 100.

A designação ASTM A36 cobre os aços ao carbono de construção, seguidos de um grau, ou tipo, que define o aço a usar.

As propriedades mecânicas de qualquer liga metálica dependem fortemente do tipo de tratamento térmico e da quantidade de deformação plástica que a liga sofreu. Os termos aqui usados devem ser procurados em livros da especialidade, listados no fim do capítulo.

12.4.6 Aços Inoxidáveis e Aços *Maraging*

Os aços inoxidáveis, ou simplesmente inox, como geralmente são conhecidos, são ligas de ferro e cromo que podem apresentar-se de três modos, por ordem crescente de resistência: aços inox ferríticos, austeníticos e martensíticos. O modo como se apresentam depende da percentagem de cromo, sempre superior a 11%, do tratamento térmico a que foram sujeitos e da eventual presença de níquel como um terceiro elemento de liga.

Todos os aços inox são empregados onde existam problemas de corrosão, embora cada liga em particular esteja preparada para situações específicas. Os aços austeníticos (os que têm alguma percentagem de níquel) apresentam a melhor combinação de resistência à corrosão e facilidade de usinagem.

Todos os aços inox são resistentes a ambientes oxidantes, mas nenhum deles é resistente, por exemplo, à corrosão por ação do ácido sulfúrico.

Em relação aos aços ao carbono, apresentam maior resistência, maior tenacidade, maior dureza e rigidez ligeiramente inferior. Os aços inox ferríticos são, em média, duas vezes mais caros que os aços ao carbono, sendo o tipo mais barato de aço inox.

A **Tabela 12.4** mostra os aços inox mais usados e as suas aplicações mais frequentes. A **Figura 12.19** mostra parafusos em aço inoxidável.

Os aços *maraging* são ligas de ferro e níquel com elevadas resistência e ductilidade, que podem ser empregadas em peças de usinagem geral. Podem ser soldados sem perder as suas propriedades e podem ser empregados em elevadas temperaturas sem perda de propriedades mecânicas.

12.4.7 Outras Ligas Metálicas

Ligas de cobre. Neste tipo de ligas existem, sucintamente, os bronzes, os latões e os cuproníqueis.

Dentro da categoria dos bronzes estão as ligas de cobre com outros elementos que não sejam o zinco: são ligas com alumínio (bronze alumínio), com silício (bronze silício), com berílio (bronze berílio) etc. Os bronzes são

Figura 12.19 Parafusos em aço inox.

ligas de cobre e estanho (exceto quando a seguir ao bronze houver a designação de outro elemento), podendo ainda ter pequenas adições de outros elementos. São usados pela sua boa resistência à corrosão e pela sua facilidade de conformabilidade. Dependendo da percentagem de elementos de adição no cobre, são muito usados em casquilhos, mancais, juntas de todo o tipo e peças sujeitas a forte atrito e instrumentos musicais, tais como sinos. O bronze berílio é usado, pela sua excelente resistência, em molas e eletrodos de soldagem por pontos. O bronze silício é muito usado na fundição de peças de configuração complicada.

Os latões são ligas de cobre e zinco, que encontram aplicação em diversos campos, dependendo da percentagem de zinco existente: imitação de ouro e bronze em joalharia, radiadores, tubos flexíveis, molas etc. Os latões especiais são ligas ternárias de cobre, zinco e um terceiro elemento. Os latões de alumínio, pela sua acrescida resistência à corrosão, são usados em canalizações de água salgada na construção naval. Os latões de chumbo são usados em pequenas peças sujeitas a atrito. Os latões de estanho são usados em tubos de condensadores. Os latões de silício são usados em válvulas, bombas e engrenagens.

As ligas cuproníquel são ligas de cobre e níquel com elevada resistência à corrosão, bastante tenazes e dúcteis.

A **Figura 12.20** mostra uma aplicação típica de latão vermelho sem chumbo.

Ligas de alumínio. Estas ligas dispensam apresentações. Encontram aplicação desde o utensílio comum

Tabela 12.4 Ligas mais usadas de aço inox

Liga	Aplicação
430	**Tipo ferrítico.** Aplicação em peças sujeitas a corrosão atmosférica e para decoração.
303 304 316 304L 316L	**Tipo austenítico.** Aplicação em peças com boa resistência química, tubagens e reservatórios. (L = soldável).
416 420 440C	**Tipo martensítico.** Aplicação em componentes estruturais, ferramentas e instrumentos de corte.

Materiais e Processos de Fabricação

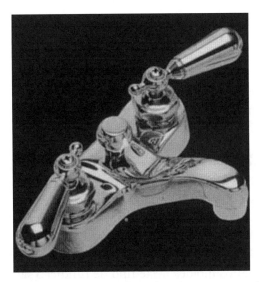

Figura 12.20 Aplicações de ligas de cobre em peças de uso doméstico.

de cozinha até a indústria aeronáutica. As ligas mais comuns envolvem, além do alumínio, o cobre (formando os famosos "duralumínios"), o silício (para melhor fluidez em peças obtidas por fundição) e o magnésio (para maior resistência mecânica). Os tratamentos térmicos que podem ser aplicados ao alumínio, bem como a deformação plástica que ele sofre, determinam as suas propriedades mecânicas, sendo, por isso, sempre especificadas. A **Figura 12.21** mostra o alumínio aplicado na construção do chassis de um automóvel.

Ligas de titânio. O titânio é mais abundante na crosta terrestre que o cromo, o cobre, o níquel, o chumbo e o zinco juntos. Está comercialmente disponível desde os anos 1950, sendo de processamento dispendioso, difícil de soldar e complicado de trabalhar. É aplicado onde a resistência específica for importante, como, por exemplo, em submersíveis de profundidade, navios de alta velocidade, pás de hélices, aeronaves e veículos espaciais, ou então onde a corrosão for crítica, como válvulas para água do mar, trocadores de calor de centrais nucleares ou estações dessalinizadoras.

Ligas de magnésio. Foram desenvolvidas depois da 2ª Guerra Mundial. São facilmente usináveis (embora possam ser inflamáveis), têm baixa resistência à tração, resistência específica mais elevada (inferior à das ligas de alumínio) e rigidez específica também mais elevada (superior à das ligas de alumínio), são boas absorvedoras de vibrações e apresentam fraca resistência à corrosão.

A sua aplicação está concentrada nas indústrias aeroespacial, aeronáutica e nuclear, em frequente competição com as ligas de alumínio.

Ligas de níquel. São das ligas não ferrosas mais resistentes e tenazes. Apresentam rigidez próxima à dos aços e excelente resistência à corrosão. Como mantém as suas boas propriedades desde temperaturas subzero até os 1000°C, são usadas tanto em equipamentos criogênicos como em aplicações de altas temperaturas. Pelas suas propriedades de resistência mecânica e resistência à corrosão, encontram aplicação em válvulas, bombas e trocadores de calor, eixos, molas e pás de turbina, motores a jato e no processamento de produtos químicos.

12.5 FUNDIÇÃO

No processo de fundição, o material é fundido (elevado acima do seu ponto de fusão, passando ao estado líquido), podendo ser tratado quimicamente para alteração da sua composição, e é depois vazado em uma cavidade, ou molde, com a forma desejada. Depois de arrefecer e solidificar-se, o material tem a forma da peça pretendida, sendo então retirado do molde. Quase não existem limitações para o emprego deste processo de fabricação:

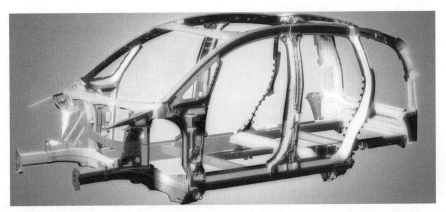

Figura 12.21 O chassis do Audi A2 é construído em liga de alumínio. (Cortesia da SIVA, S.A.)

ele é usado para tamanhos de peças tão díspares como um dente de um fecho *éclair* (alguns milímetros) e uma hélice de navio transatlântico (10 metros). A melhor opção para determinada peça passa pelo conhecimento dos diversos tipos de fundição. Os tipos de fundição são normalmente distinguidos pelo tipo de molde – molde perdido e molde permanente – e pelo tipo de vazamento – por gravidade, por vácuo, a baixa pressão ou a alta pressão. Por ser mais relevante para a discussão, será abordada a primeira classificação, ou seja, tipo de molde.

12.5.1 Fundição em Moldes Perdidos

A fundição em moldes perdidos usa areia com resina para moldar o negativo com a forma da peça a ser obtida. Quando se retira a peça já feita, o molde é destruído. Pode ser necessário produzir uma réplica da peça, em madeira ou em resina, para obter a cavidade no molde de areia. Para isso, podem ser usadas as técnicas de estereolitografia já abordadas no Capítulo 2. A fundição em molde perdido é usada para produção de peças únicas, para pequena em série, ou para peças com formas complicadas. Devido à rugosidade superficial resultante (entre 12,5 e 25 mm), em geral é necessário fazer por usinagem o acabamento de certas áreas da peça – as superfícies funcionais.

Os materiais metálicos são frequentemente fundidos por meio deste processo: ferros fundidos, aços, latões, bronzes, alumínios, ligas de alumínio, magnésio e zinco e superligas de níquel. O ferro fundido é, sem dúvida, o material por excelência para este tipo de processo, devido ao seu baixo custo, boa fluidez no estado líquido e baixo coeficiente de expansão térmica. A **Figura 12.22** mostra blocos de motores de combustão interna, peças comumente obtidas por fundição em molde perdido:
embora um bloco de motor seja, em geral, produzido em grande série, só pode ser fundido em molde perdido devido à sua grande complexidade.

A **Figura 12.23** mostra uma caixa de moldagem em duas metades e uma peça, também em duas metades, em madeira, que serve para produzir a cavidade no molde de areia, sendo depois retirada para ser vazado o metal.

12.5.2 Fundição em Moldes Permanentes

O molde, neste tipo de fundição, pode ser obtido por usinagem em ferro fundido, aço, bronze ou grafite, sendo reutilizado várias vezes. Consegue-se maior uniformidade dimensional entre as peças e maior sequência de fabricação, mas os moldes são, em geral, dispendiosos.

Como os moldes neste tipo de fundição são quase sempre metálicos, o método é usado para obtenção de peças de mais baixo ponto de fusão, como ligas não ferrosas e materiais não metálicos. Para fundir peças em aço, por exemplo, o molde deverá ser feito em grafite. É construído de modo que possa ser aberto para retirar a peça solidificada, e ser fechado de novo para ser vazada uma nova peça.

O acabamento superficial das peças depende não só do acabamento superficial do molde, mas também de parâmetros relacionados com o processo de fabricação em si, como a velocidade de enchimento e a dureza relativa

Figura 12.23 Em cima, caixa de moldagem (em duas metades); embaixo, exemplo de peça em madeira (molde) para fundição em areia.

Figura 12.22 Bloco de um motor de combustão interna.

entre o material do molde e o material da peça. Estes fatores levam a uma sucessiva degradação da qualidade das peças obtidas pela reutilização do molde.

A **Figura 12.24** mostra uma biela em titânio de um motor de combustão interna (constituída por duas peças) obtida por fundição em molde permanente.

12.5.3 Outros Tipos de Fundição

Existem inúmeras variantes ao processo de fundição. O processamento de materiais poliméricos faz uso de fundição e injeção em moldes permanentes, apresentando, por si só, diversas variantes. As máquinas de injeção de polímeros são extremamente compactas e sofisticadas em relação aos equipamentos de fundição de metais (**Figura 12.25**).

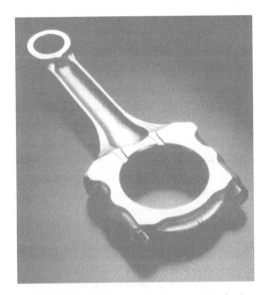

Figura 12.24 Biela de um motor de combustão interna.

Um outro processo vulgarmente conhecido por metalurgia de pós pode também assemelhar-se à fundição: difere apenas pelo fato de o material de enchimento do molde estar no estado sólido (é de fato um pó finamente disperso, contendo todos os elementos de liga misturados) sendo depois compactado e aquecido para formar a peça pretendida. Este processo é usado para metais e para cerâmicos.

12.5.4 O Desenho Técnico de Peças Fundidas

A definição de uma peça a ser obtida por fundição requer mais de um desenho: um desenho para a fundição e um outro para posterior usinagem e acabamento superficial, caso estas operações sejam necessárias.

O desenho para a fundição deve representar a peça a ser fundida nas suas dimensões brutas. A cotagem deve ser claramente dividida em cotagem de forma e de posição para os diversos elementos constituintes da peça. Note-se que, em peças fundidas em areia (molde perdido), existe sempre um raio de concordância entre superfícies não coplanares, uma vez que é impossível modelar em areia, no molde, uma aresta com raio de concordância muito pequeno. Por outro lado, em peças fundidas em molde permanente, como não se destrói o molde quando da desmoldagem, é necessário que existam "ângulos de saída" entre superfícies perpendiculares para permitir retirar a peça do molde: superfícies que seriam normalmente perpendiculares não podem sê-lo em peças fundidas – os ângulos de 90° devem ser de 92~93°.

O desenho para usinagem e acabamento superficial da peça fundida deve conter apenas a informação relativa a essas operações. Neste caso, todas as cotas inscritas serão cotas funcionais e estarão necessariamente relacionadas

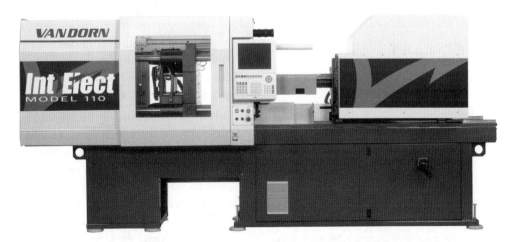

Figura 12.25 Exemplo de uma máquina de injeção de polímeros. (Cortesia Van Dorn Demag.)

com as outras peças adjacentes do conjunto. É importante definir qual a primeira operação de usinagem a ser efetuada e quais os planos de referência a serem utilizados. A **Figura 12.26** mostra o desenho de uma peça para fundição e a **Figura 12.27** mostra o desenho da mesma peça para usinagem e acabamento. Note-se, no desenho para usinagem e acabamento, a indicação de uma superfície de referência. Note-se ainda que, quando já existem furos provenientes de fundição, a posição do centro não deve ser alterada pela posterior usinagem, deve apenas haver retificação do furo, fato este que ajuda muito na definição de cotas de acabamento que tenham como referência o centro do furo. As faces a serem trabalhadas são as que apresentam rugosidade definida. A usinagem é abordada na seção 12.7.

12.6 DEFORMAÇÃO PLÁSTICA

Chama-se deformação plástica de materiais (sugere-se a leitura da seção 12.3) à deformação que não é recuperada quando se retira a força aplicada, originando, por isso, deformação permanente. Um clipe, por exemplo, é formado com um arame inicialmente reto, que sofre dobramentos (deformação plástica) sucessivos até ficar com sua forma conhecida.

A deformação plástica pode ser imposta a determinado material de várias formas, sendo a distinção feita pela temperatura a que se dá a deformação. Chama-se deformação plástica a quente à deformação que se dá acima da temperatura de recristalização do material (normalmente metade da temperatura de fusão) e deformação plástica a frio àquela que se dá abaixo dessa temperatura. A distinção é feita através da temperatura porque este é o parâmetro que controla as propriedades mecânicas da peça deformada: uma peça deformada a frio apresentará uma dureza superficial, uma resistência mecânica, uma precisão dimensional e um acabamento superficial superiores à mesma peça do mesmo material obtida por deformação a quente. A explicação deste fenômeno ultrapassa o âmbito deste texto; sugere-se a leitura de bibliografia especializada.

A deformação plástica é usada em muitos processos industriais, dos quais o mais conhecido talvez seja a obtenção dos perfis comuns de aço (barra, vara, cantoneira, perfis vários). Estão nesta categoria a trefilação (arame), o perfilamento (perfis, barras), a laminação (barras, chapas), a calandragem (cantoneiras, perfis dobrados) e alguns processos mistos como, por exemplo, o processo para a obtenção de tubos com costura a partir de chapa, envolvendo dobragem da chapa e posterior soldagem (**Figura 12.28**). Estes produtos são usados como matéria-prima para posteriores operações.

São também obtidos por deformação plástica produtos de uso doméstico como tachos e panelas, latas de refrigerantes (conformação plástica), painéis de carroçaria de automóvel (estampagem) ou moedas (cunhagem). Em alguns dos exemplos anteriores, as peças assim obtidas não necessitam de acabamento. Outros produtos podem necessitar de acabamento, como, por exemplo, virabrequins e bielas de pequenos motores de combustão interna, que podem ser obtidas por deformação plástica

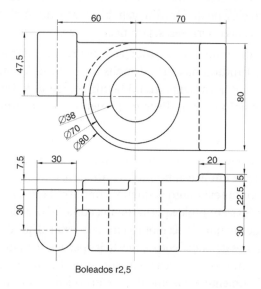

Figura 12.26 Desenho de uma peça para fundição.

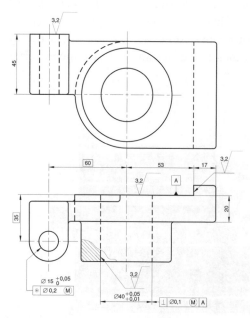

Figura 12.27 Desenho da peça da **Figura 12.26** para usinagem e acabamento.

(forjamento): os acabamentos são feitos nas superfícies funcionais, de acordo com as necessidades do funcionamento das peças adjacentes.

A deformação plástica a quente necessita, normalmente, de menos operações intermediárias, permitindo grandes mudanças de forma em um único passe, enquanto a deformação plástica a frio pode envolver várias fases intermediárias até ser atingida a forma final, como mostra a **Figura 12.29**.

Figura 12.28 Perfis, barras e outras pré-formas obtidas por deformação plástica.

Figura 12.29 Exemplo de uma peça formada por extrusão a frio.

O forjamento é um processo diretamente concorrente da fundição. A biela da **Figura 12.24**, por exemplo, pode ser fabricada por fundição, se for destinada a um motor de grande porte, ou por forjamento, se for destinada a um motor de um automóvel comum.

A estampagem (**Figura 12.30**) é também um processo muito frequente de deformação plástica que, junto com o dobramento de chapa, normalmente não necessita de acabamento.

A estampagem e o forjamento são dois processos com algumas semelhanças. Ambos necessitam de uma prensa (**Figura 12.31**) para aplicação das forças necessárias à deformação e de uma matriz com a forma da peça que se quer obter.

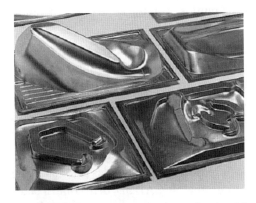

Figura 12.30 Estampagem de chapa de alumínio.

Figura 12.31 Prensa para estampagem e forjamento. (Cortesia do Laboratório da Seção de Tecnologia Mecânica do Instituto Superior Técnico de Portugal.)

A estampagem faz-se a partir de uma chapa, enquanto o forjamento se faz a partir de um bloco de material.

Os processos de deformação plástica competem, muitas vezes, diretamente com a fundição quando a peça a ser obtida tem formas simples.

12.6.1 Desenho Técnico de Peças Obtidas por Deformação Plástica

Em termos de desenho técnico, as peças obtidas por forjamento requerem os mesmos cuidados que as peças obtidas por fundição. As superfícies forjadas apresentam uma rugosidade que pode ser excessiva para o fim em vista, sendo, por isso, necessário trabalhar as superfícies funcionais. Tudo o que foi dito acerca da fundição (desenhos independentes para o processo e para o acabamento, boleados, ângulos de extração) é também válido para o forjamento.

A dobragem de peças em chapa distingue-se dos processos restantes de deformação plástica por originar produtos com paredes de espessura constante. Os raios de concordância entre as superfícies concorrentes são escolhidos de modo a que não provoquem fendas durante a dobragem da chapa e devem conter zonas de alívio de tensões (ver, por exemplo, a **Figura 12.13**). Estas zonas de alívio de tensões são desenhadas automaticamente por alguns programas de CAD 3D, bem como a planificação da peça acabada, para traçagem e corte, eliminando a necessidade de construções geométricas complicadas para a planificação. A cotagem deste tipo de peças deve ser feita preferencialmente na sua forma final, com cotas apenas na parte interior (ou apenas na parte exterior) da peça.

12.7 PROCESSOS DE CORTE OU REMOÇÃO DE MATERIAL

Os processos de corte são muito usados na indústria devido à sua versatilidade e à qualidade final das peças, sendo mais usuais torneamento, furação, fresamento e esmerilamento. Todos eles envolvem a retirada de cavaco de material da peça a ser trabalhada – as diferenças entre os vários processos são devidas ao movimento relativo da ferramenta em relação a essa peça ou vice-versa.

Nos parágrafos seguintes são desenvolvidos os vários processos que envolvem arranque de apara.

12.7.1 Torneamento

A operação mais habitual de torneamento é a usinagem de superfícies cilíndricas ou cônicas exteriores. A usinagem é efetuada em um torno (**Figura 12.32** e **Figura 12.33**), fazendo-se girar a peça em torno do seu eixo. A ferramenta ou ferro de corte move-se perpendicular e/ou paralelamente ao eixo da peça (**Figura 12.32**). Também no torno são executadas outras operações como faceamento, perfilamento e filetamento (ver **Figura 12.34**).

Em operações de torneamento, a peça tem sempre movimento de rotação em torno do seu eixo, enquanto a ferramenta apresenta movimento de translação em um ou dois eixos. Pode, no entanto, haver exceções: por exemplo, quando se quer abrir um furo longitudinal em uma peça pode montar-se a peça a furar no cabeçote, ou bucha (parte esquerda do torno, na **Figura 12.32**) e montar no ponto uma broca, que não roda (parte direita do torno, na **Figura 12.32**), fazendo-se depois avançar longitudinalmente a broca para dentro da peça.

O torno serve para fabricar ou acabar peças com geometria cilíndrica. Os parâmetros de usinagem, como o avanço e a profundidade de corte da ferramenta, definem o acabamento superficial desta (ver **Tabela 8.18**).

A **Figura 12.35** mostra uma peça fabricada por torneamento, exemplificando-se o modo correto de cotar uma peça deste tipo. Note-se que a parte central de 36 mm de

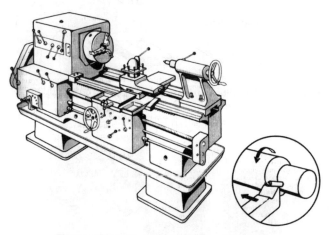

Figura 12.32 Exemplo de torno mecânico.

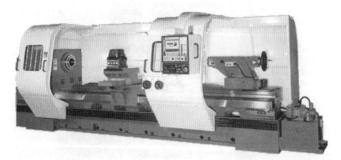

Figura 12.33 Exemplo de um torno mecânico de comando numérico. (Cortesia Clausing Industrial Inc.)

Materiais e Processos de Fabricação

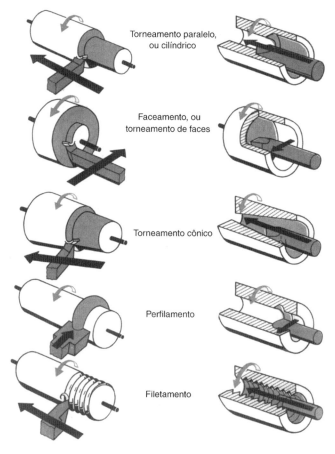

Figura 12.34 Operações típicas do torno.

diâmetro não está cotada em comprimento, uma vez que as medições devem ser feitas a partir das extremidades da peça, como mostra a **Figura 12.36**. Nesta figura, as operações de acabamento poderiam ser omitidas se o acabamento superficial não fosse especificado.

12.7.2 Furação

A furação de peças é uma das operações mais usadas na usinagem. Nesta operação, a peça a ser furada está fixa e a ferramenta avança perpendicularmente à peça, com movimento simultâneo de rotação (ver **Figura 12.37**).

Existem dois tipos fundamentais de furos: os furos passantes e os furos cegos. No caso de furos passantes – furos que atravessam a peça de um lado ao outro – a ferramenta a ser usada é uma broca com o diâmetro de furo pretendido. Os furos cegos – que não atravessam completamente a peça – podem necessitar de acabamentos especiais, usando-se outro tipo de ferramentas, como mandris, brocas de escarear ou brocas de facear (ver **Figura 12.38**).

A centragem correta da peça a ser furada é extremamente importante: a superfície a ser furada deve estar perpendicular ao avanço da ferramenta para que a broca não se parta ou o furo fique fora do lugar (ver **Figura 12.39**).

O furo com broca produz um acabamento superficial que pode ser melhorado com uma fresa, montada do mesmo modo que a broca na furadeira. Neste caso, o acabamento deve ser especificado no desenho.

Existem furadeiras que permitem, com o uso de cabeçotes múltiplos, obter vários furos ao mesmo tempo. Estas furadeiras são particularmente usadas em grandes séries de peças com mais de um furo por peça.

Na **Figura 12.40** apresenta-se um exemplo de operações de furação em uma peça usinada, que são sucessivamente indicadas na **Figura 12.41**. Note-se que nem todas as oficinas têm um leque de ferramentas suficientemente grande para fazer corretamente todas as operações, razão por que, na legenda da **Figura 12.41**, são indicadas ferramentas alternativas. Embora a peça, tal como está representada, não necessite de nenhum acabamento especial, os furos poderiam ainda ser mandrilados para um acabamento superficial mais perfeito, ou poder-se-ia facear o rebordo do furo da direita para melhorar o assentamento de uma peça em contato com esta. De fato,

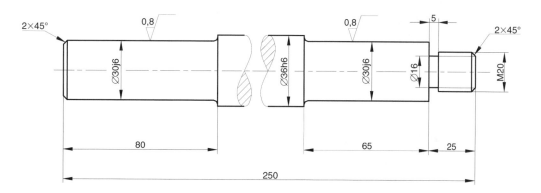

Figura 12.35 Exemplo de uma peça para fabricação ao torno.

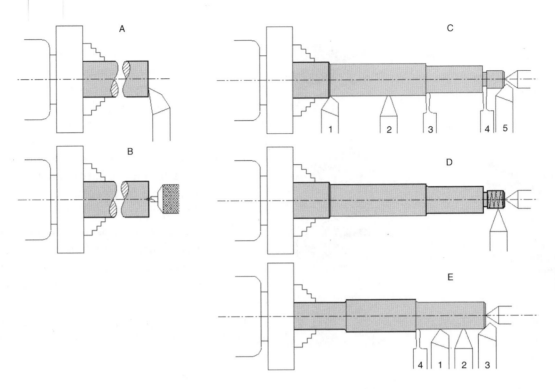

Figura 12.36 Fases de operação da peça da **Figura 12.35**: A – montagem da barra na placa do torno e faceamento dos topos (esta operação é precedida pelo corte com comprimento adequado de uma barra de 40 mm de diâmetro); B – centragem dos dois topos com broca de centro; C – montagem da peça entre pontos, seguida de desbaste (1), acabamento (2), raio (3), sangria (4) e chanfro (5); D – abertura de rosca; E – inverter a peça e proceder ao desbaste (1), acabamento (2), chanfro (3) e raio (4).

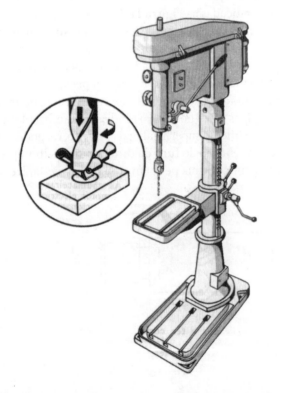

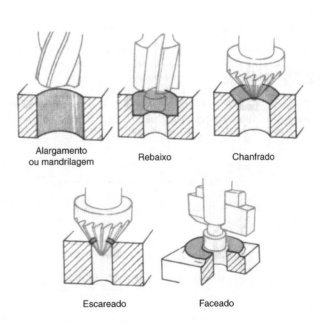

Figura 12.37 Exemplo de uma furadeira manual de bancada.

Figura 12.38 Diversas operações que podem ser feitas com uma furadeira.

Materiais e Processos de Fabricação

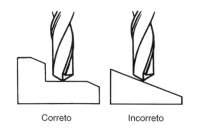

Figura 12.39 Maneira correta de furar.

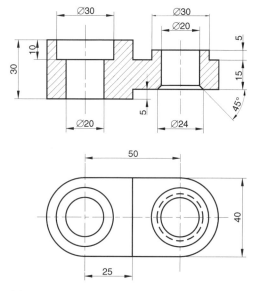

Figura 12.40 Exemplo de peça que necessita de operações de furação.

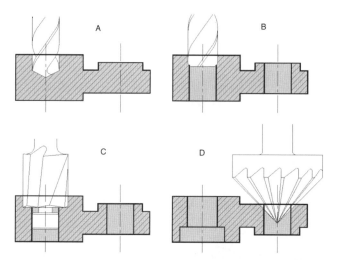

Figura 12.41 Sequência de operações de furação da peça da **Figura 12.40**: A – furo prévio com broca helicoidal de 18 mm nas duas localizações; B – alargamento dos furos com broca espiral de 20 mm nas duas localizações (pode também ser feito com broca helicoidal); C – rebaixo com rebaixador de guia (pode ser feito com fresa de topo); D – voltar a peça e escarear com fresa de forma (pode também ser feito com broca helicoidal de diâmetro superior a 24 mm).

em peças obtidas por fundição, é muito usual a abertura de furos ou a retificação (ou alargamento) de furos de fundição com mandril (ou broca de espiral), uma vez que os furos são quase sempre superfícies funcionais.

12.7.3 Fresamento

O fresamento é usado para obter superfícies planas por meio do avanço de uma ferramenta (com movimento de rotação sobre o seu eixo) sobre a mesa da fresadora. As fresadoras podem ser de eixo vertical ou de eixo horizontal (à esquerda e à direita da **Figura 12.42**, respectivamente), ou de cabeçote móvel, e podem fresar em qualquer plano inclinado. Com as fresadoras de eixo horizontal executam-se fresamentos cilíndricos, e com as fresadoras de eixo vertical executam-se fresamentos frontais, ou de topo.

No caso geral, a ferramenta roda em torno de um eixo de rotação fixo e a peça a ser fresada é alimentada (deslocada), manual ou automaticamente, para a ferramenta. Como acontece em todo o tipo de usinagem que envolve movimento relativo peça-ferramenta, a velocidade do movimento é condicionada, fundamentalmente, pelo material da peça que vai ser trabalhada e condiciona, por seu turno, o seu acabamento superficial.

As engrenagens cilíndricas (ver **Figura 12.59** e **Figura 12.60**) são normalmente fabricadas por fresamento, bem como as placas de guia para posicionamento de peças em mecanismos de precisão. A **Figura 12.44** mostra, precisamente, uma placa de guia fabricada com fresadora. Todas as operações envolvidas são descritas na **Figura 12.45**. Note-se que as operações A, B, C e E podem ser feitas todas com a mesma ferramenta, o que pode ser vantajoso para uma fresadora manual; no entanto, o trabalho será executado mais rapidamente em uma fresadora de comando numérico se as superfícies maiores forem desbastadas com fresas de maiores diâmetros, portanto, com menos passagens, pois aqui as fresas já se encontram montadas no revólver da máquina, eliminando a morosidade da troca manual de ferramentas.

Outro artigo de consumo corrente, o comum lápis de grafite, é também fabricado por fresamento: são feitos conjuntos de 6 (ou 8) lápis de uma vez, fresando seis metades do perfil hexagonal (ou cilíndrico, conforme o lápis) e a cavidade para alojar seis barras de grafite; colam-se, em seguida, as seis barras em uma metade e "fecham-se" os seis lápis colando a outra metade. A separação dos seis lápis é feita por corte com serra, sendo depois polidos, pintados e, eventualmente, inserida a borracha na ponta.

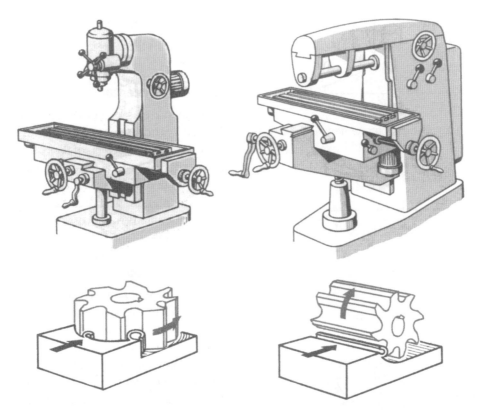

Figura 12.42 Fresadoras manuais de eixo vertical (esquerda) e de eixo horizontal (direita).

Figura 12.43 Exemplo de uma fresadora de comando numérico. (Cortesia Clausing Industrial Inc.)

Materiais e Processos de Fabricação

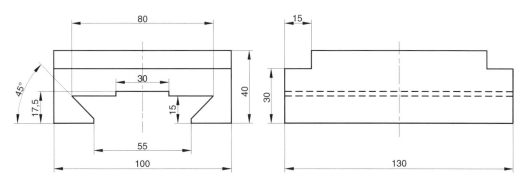

Figura 12.44 Placa de guia fabricada com fresadora.

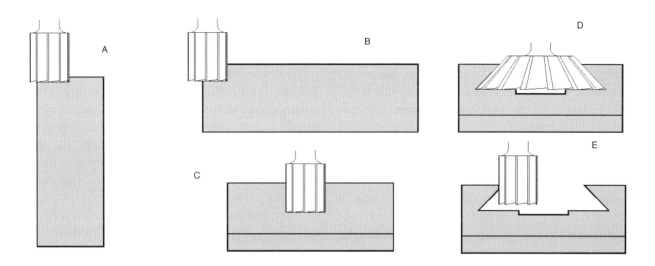

Figura 12.45 Sequência de operações de fresamento da peça da **Figura 12.44**: A – fresamento das quatro superfícies estreitas à esquadria e dimensões corretas, seguidas das superfícies maiores, com fresa de topo (em várias passagens); B – abertura dos rasgos laterais de 15 mm com fresa de topo; C – abertura do rasgo central de 30 mm com fresa de topo; D – abertura do rasgo a 45° com fresa cônica; E – corte das bordas conforme o desenho.

12.7.4 Esmerilamento

A operação de esmerilar é usada para afiar ferramentas de corte e para eliminar irregularidades de superfícies previamente usinadas por outro processo qualquer, obtendo-se grande precisão dimensional e elevada qualidade de acabamento. As pedras de esmeril, ou mós, podem ser montadas em tornos ou fresadoras, servindo como ferramenta de trabalho. São constituídas por aglomerados de pequenos grãos de material muito duro, compactados sobre uma matriz cerâmica ou mineral. O tamanho médio do grão determina o acabamento superficial e o rendimento do trabalho: um grão fino dará melhor acabamento, mas terá um rendimento menor do que um grão grosso. A **Figura 12.46** mostra algumas operações

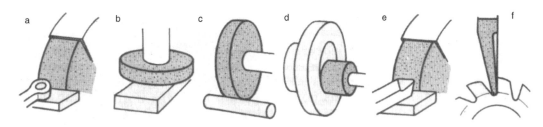

Figura 12.46 Várias utilizações de pedras de esmeril: a, b, c, e d correspondem à retificação de peças, enquanto e e f são operações de afiamento de uma ferramenta de corte de torno e de uma fresa.

que podem ser feitas com pedras de esmeril. Uma dessas operações é o polimento (**Figura 12.36**).

A pedra de esmeril apresenta sempre um movimento de rotação, podendo a peça a ser retificada ter também movimento de rotação (contrário), como nos casos *c* e *d* da **Figura 12.46**.

12.7.5 Outros Processos de Corte por Retirada de Cavaco

Existem outros processos de corte por retirada de cavaco e outros tipos de usinagem, porventura de menor importância em termos de ocorrência e de utilização. Uma das máquinas que não foi citada é a plaina limadora (**Figura 12.47**), que funciona, tal como o nome indica, como uma lima manual, com movimento da ferramenta para a frente e para trás, sobre uma peça com movimento de translação perpendicular à ferramenta. É uma ferramenta que vem sendo progressivamente substituída por fresadoras, mais versáteis e eficientes, especialmente pela utilização de comando numérico. Tudo o que foi dito em termos de desenho técnico, relativamente ao torno e à fresadora, também se aplica à plaina limadora.

Existem muitos métodos manuais ou artesanais de processar materiais que não serão abordados neste texto. A ênfase é dada aos processos de índole industrial ou de produção fabril em média ou grande escala, que requerem o envolvimento de processos automatizados de fabricação. O leitor é encorajado a consultar a bibliografia especializada listada no fim deste capítulo.

12.8 EXEMPLOS DE APLICAÇÃO E DISCUSSÃO

A **Figura 12.48** mostra uma fresadora de comando numérico, podendo-se ver, da esquerda para a direita, um computador com o modelo tridimensional da peça a ser trabalhada, o corpo da fresadora propriamente dita, com o revólver já carregado com as ferramentas necessárias, e o console de comando da máquina. Uma vez que a máquina é totalmente autônoma desde o momento em que começa a executar o programa, é necessário um resguardo de proteção obrigatoriamente fechado quando começa o trabalho.

A **Figura 12.49** mostra parte da sequência de operações na obtenção de uma peça por fresamento. A sequência de operações, uma vez iniciada, não necessita da intervenção do operador, uma vez que até a troca de ferramentas entre operações é feita automaticamente, de acordo com a programação do operador. A preparação do trabalho em máquinas de comando numérico é uma tarefa que requer a atenção de pessoal altamente especializado, sendo bastante morosa. A experiência do operador permite reduzir não só o tempo de preparação do trabalho, mas também o tempo de execução da usinagem, pois as operações individuais de usinagem podem ser minimizadas e racionalizadas. A grande vantagem deste tipo de equipamentos está na produção repetitiva, dado que a preparação do trabalho é feita uma única vez.

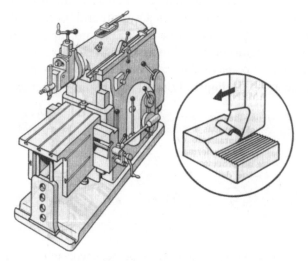

Figura 12.47 Plaina limadora.

Figura 12.48 Equipamento de comando numérico para fresamento.

Materiais e Processos de Fabricação

Figura 12.49 Fases de fresamento de uma peça. Da esquerda para a direita e de cima para baixo: fixação do bloco para usinagem, ajuste dos planos de referência das ferramentas em relação à peça, feita pelo operador, desbaste de uma das faces, abertura do furo central e troca de ferramenta para nova fase (note-se ainda a rebarba agarrada à ferramenta) e por fim a peça acabada. (Cortesia do Laboratório da Seção de Tecnologia Mecânica do Instituto Superior Técnico de Portugal.)

REVISÃO DE CONHECIMENTOS

1. Enumere as seis famílias de materiais.
2. Quais são as diferenças fundamentais entre cada família?
3. O que você entende por densidade?
4. O que você entende por rigidez? E por rigidez específica?
5. Um material com uma grande rigidez terá, necessariamente, uma grande rigidez específica?
6. O que você entende por resistência? E por resistência específica?
7. Um material com uma grande resistência terá, necessariamente, uma grande resistência específica?
8. Dê uma aplicação típica para cada um dos materiais discutidos anteriormente.
9. Que tipo de desenho é necessário para fabricar uma peça por fundição, que necessite de acabamento posterior?
10. Se determinada peça puder ser fabricada por fundição ou por usinagem, que fatores influenciam a decisão sobre o processo a ser utilizado?
11. Quais são as diferenças fundamentais entre o torneamento e o fresamento?
12. O torneamento pode ser usado para obter superfícies planas? Como?
13. Para uma oficina que conte com tecnologias CAD/CAM/CAE é necessário imprimir os desenhos em papel? Por quê?
14. Que tipos de fresadoras existem e quais as diferenças de funcionamento entre elas?
15. Em torneamento ou em fresamento é possível obter acabamentos superficiais diferentes com a mesma ferramenta? Como?
16. Por que existe necessidade de, em certas peças, proceder a um esmerilamento e a seguir um torneamento ou um fresamento?

CONSULTAS RECOMENDADAS

- Ashby, M.F., *Materials Selection In Mechanical Design*. Butterworth Heinemann, 2nd Edition, 1999.
- Budinski, K.G., *Engineering Materials – Properties and Selection*. Prentice-Hall, 6th Edition, 1999.
- Charles, J.A., Crane, F.A.A., Furness J.A.G., Selection and use of engineering materials. Butterworth Heinemann, 3rd Edition, 1997.

Nota: Os três livros anteriores contêm listas, algumas delas bastante extensas, de endereços de internet com interesse para os materiais.

- *Engineered Materials Handbook* – Desk Edition. ASM International, 1st Edition, 1995.
- *Metals Handbook* – Desk Edition. ASM International, 2nd Edition, 1998.
- French, T.E., Vierck, C.J. e Foster, R.J., *Engineering Drawing and Graphic Technology*. McGraw-Hill, 14th Ed., 1993.
- Gerling, Heinrich, *À volta da Máquina Ferramenta*. Reverté, 1977.
- DeGarmo, E.P., Black, J.T. e Kohser, R.A. *Materials and Processes in Manufacturing*. Prentice Hall, 8th Ed., 1997.

- ISO 8062:1994 Castings – System of dimensional tolerances and machining allowances.
- ISO 10135:1994 Technical drawings – Simplified representation of moulded, cast and forged parts.
- ISO/WD 10135 Technical drawings – Simplified representation of moulded, cast and forged parts (Ed. 2).
- Endereço eletrônico da revista *Machine Design*, onde podemos encontrar o *link basics of engineering design/materials*, com muita informação sobre todo o tipo de materiais – www.machinedesign.com
- Endereço eletrônico do Instituto Americano do Ferro e do Aço (American Iron and Steel Institute – AISI) – www.steel.org
- Endereço eletrônico de *links* relacionados com o cobre, suas ligas e aplicações – www.copper.org
- Endereço eletrônico da Society of Manufacturing Engineers – www.sme.org
- Endereço eletrônico da Metal Working Digest – www.metalwdigest.com
- Endereço eletrônico da Modern Machine Shop – www.mmsonline.com

PALAVRAS-CHAVE

aço inoxidável	desbastar	ferro fundido dúctil	furadeira	processos de fabricação
aço maraging	desenho para acabamento	ferro fundido maleável	injeção de polímeros	radiação ultravioleta
atributo		fibra de aramid	laminagem	rebaixar
broca	desenho para fundição	fibra de boro	latão	resistência
bronze	elastômeros	fibra de carbono	ligas de alumínio	resistência específica
calandragem	escarear	fibra de vidro	ligas de magnésio	rigidez
cerâmicos	esmerilamento	fibras curtas	ligas de níquel	rigidez específica
chanfrar	estampagem	filetar	ligas de titânio	tensão de escoamento
classe	expansão térmica	flexibilidade	mandrilar	
comando numérico	facear	forjamento	metalurgia dos pós	tensão de ruptura
compósitos	famílias de materiais	fresamento	mó	termoendurecíveis
conformação plástica		fundição em molde perdido	perfilamento	termoplásticos
cunhagem	ferramenta de corte		plaina limadora	torneamento
deformação plástica	ferro fundido branco	fundição em molde permanente	plásticos	trefilação
densidade	ferro fundido cinzento	furação	polímeros	vidros
			polir	

EXERCÍCIOS PROPOSTOS

P12.1. Para as peças da **Figura 12.50**, escolha um processo de fabricação e descreva as operações necessárias para a sua obtenção. Faça um desenho detalhado de fabricação, com cotas e tolerâncias, de acordo com o processo de fabricação e as operações descritas anteriormente. Se alguma das peças puder ser obtida por mais de um processo de fabricação, com ou sem ligeiras alterações de pormenor, repita o procedimento para esse novo processo de fabricação e analise as vantagens e desvantagens de um processo com relação ao(s) outro(s).

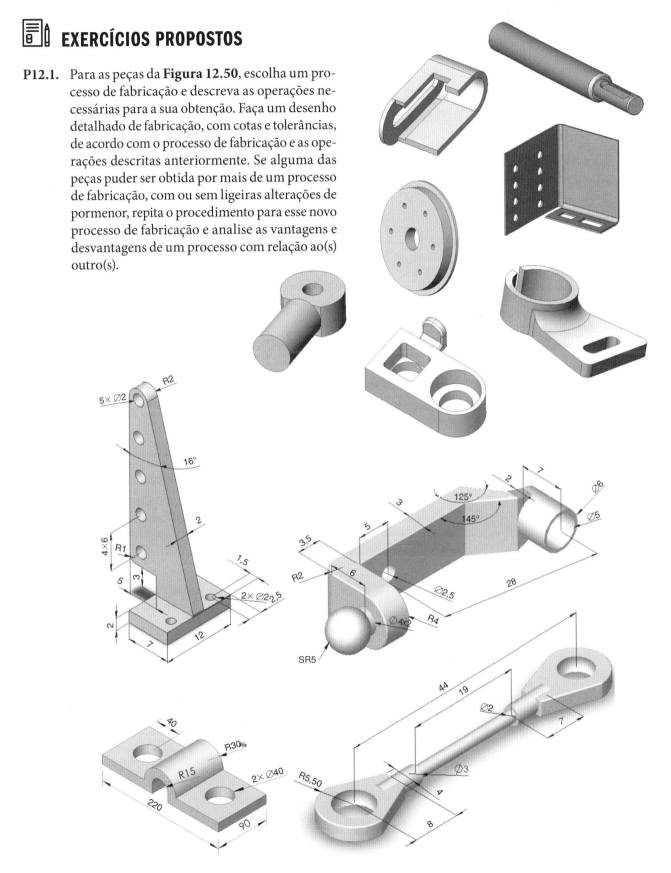

Figura 12.50 Exercício de processos de fabricação.

P12.2. O desenho da **Figura 12.27**, reproduzido ao lado, representa os acabamentos necessários para a peça da **Figura 12.26**, obtida por fundição. Analise as operações necessárias e descreva-as sequencialmente.

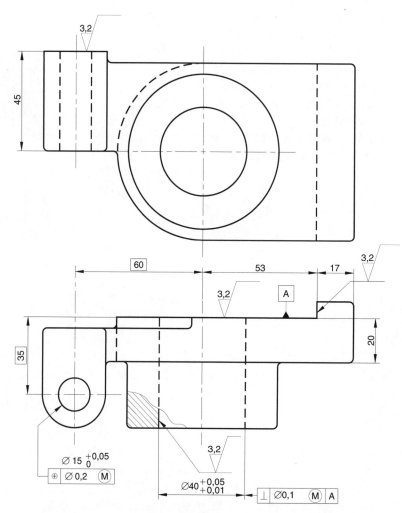

Figura 12.27 (reproduzida) Exercício de processos de fabricação.

P12.3. O componente de um dispositivo de segurança da **Figura 12.51** deve ser produzido em grande série. Analise as operações necessárias para sua fabricação, descreva-as sequencialmente e faça o desenho de fabricação detalhado da peça. Preste atenção à representação fotorrealista do componente.

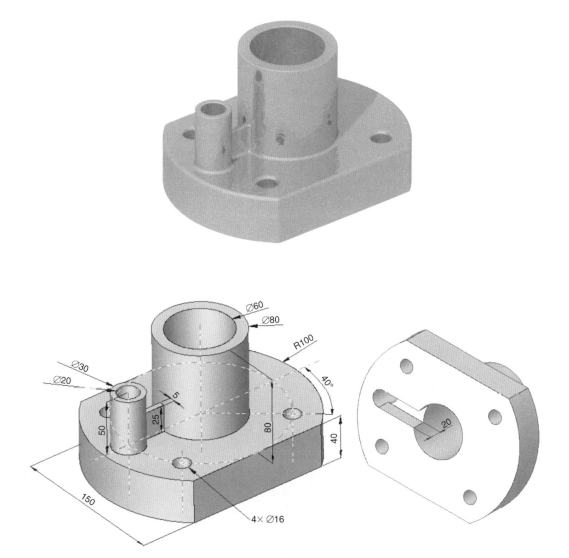

Figura 12.51 Componente de um dispositivo de segurança.

P12.4. O corpo de válvula, reproduzido na **Figura 12.52**, deve ser produzido em grande série. Analise as operações necessárias para sua fabricação, descreva-as sequencialmente e faça o desenho de fabricação detalhado das duas peças cotadas na figura (o símbolo ⏌ que acompanha a cota M7 no castelo da válvula significa "profundidade"). Note-se que as formas de cotagem apresentadas nesses exercícios podem conter incorreções.

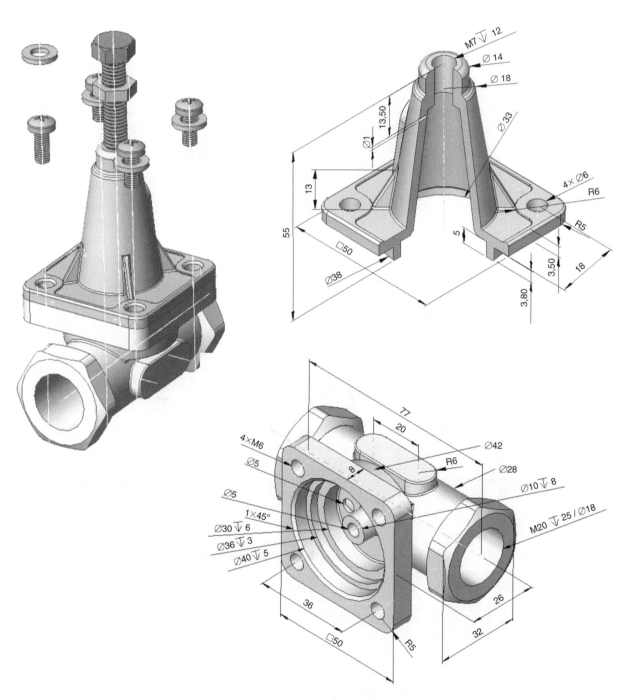

Figura 12.52 Conjunto de uma válvula.

13 MAIS PROJETOS DO TIPO CAD

OBJETIVOS

Após estudar este capítulo, o leitor deverá estar apto a:

- Sequenciar um projeto em sistema CAD;
- Avaliar sistemas de *software* CAD específicos para diferentes tipos de projeto;
- Sequenciar operações de modelagem em sistema CAD;
- Definir sequências de montagem de modelos geométricos e de peças desenhadas em geral para obtenção de conjunto;
- Compreender a hierarquização de procedimentos na utilização de um sistema CAD 3D.

13.1 INTRODUÇÃO

Ao longo deste livro tem-se verificado que o processo de desenho e projeto com o auxílio dos sistemas CAD, apesar de conduzir a conjuntos de peças desenhadas muitas vezes do mesmo tipo das desenhadas no âmbito do desenho tradicional, envolve, no entanto, hierarquias de procedimentos, em conformidade com conceitos novos no nível do projeto nos vários domínios da Engenharia, no domínio da Arquitetura e no domínio do *design*, mais em particular no nível do desenho e da articulação das diversas peças desenhadas constituintes do respectivo projeto.

Não se trata de um manual de operação de produtos de *software* CAD, e muito menos de algum *software* CAD em particular, mas simplesmente privilegiar a apresentação de aspectos de procedimento na utilização de sistemas CAD em Desenho Técnico relativamente ao desenho técnico em si mesmo que, embora tendo quase sempre subjacente a utilização de sistemas CAD, tem constituído o objeto fundamental de todo o livro.

Com efeito, apesar de existirem muitos programas CAD diferentes, todos se assentam em uma lógica de utilização comum. É justamente isso que se pretende caracterizar, inclusive através de exemplos práticos – no processo de concepção, no domínio da Arquitetura; em projeto de estabilidade, no domínio da Engenharia Civil; em projeto de componentes de natureza industrial no domínio da Engenharia Mecânica, no projeto de um sistema de *piping* tanto no nível da Engenharia Civil como no nível da Engenharia Mecânica e, finalmente, no desenho industrial de um objeto de uso corrente.

13.2 PROJETO DE ARQUITETURA

A utilização dos sistemas CAD no domínio da representação, para estudo e determinação da reconfiguração, dos espaços, naturais ou não, foi caracterizada ao longo do Capítulo 8, no nível do desenho em planejamento regional e urbano, na topografia e no processo de implantação de obras no terreno. Mais especificamente, no domínio do desenho técnico no projeto de Arquitetura, apresentado no Capítulo 9, cabe aqui mencionar a reconversão no processo de concepção por utilização dos sistemas CAD perante os procedimentos tradicionais: associado ao desenho de projeto de Arquitetura, passa-se a privilegiar a modelagem geométrica em 3D, em vez do processo de desenho de projeções ortogonais múltiplas (ver Capítulos 4, 6 e 9), sobretudo plantas, vistas e cortes a que eventualmente se seguia uma ou outra representação tridimensional para melhor visualização, especialmente por interlocutores no projeto com menos facilidade na leitura de projeções.

O processo de modelagem geométrica em 3D pode ainda ser acompanhado simultaneamente da geração e representação automáticas de plantas e cortes segundo um plano de corte suscetível de ser referenciado através de procedimento adequado no sistema CAD, como de resto já foi ilustrado no Capítulo 9.

Cabe aqui salientar ainda que o processo de modelagem geométrica pode ser sucessivamente individualizado para cada uma das componentes em que se pretenda considerar constituída a edificação – p. ex., volumetria global, paredes, portas e janelas, cobertura, ou qualquer outra (**Figura 13.1**).

Nestes termos, é a partir do modelo geométrico em 3D que, do mesmo modo que podem ser obtidas sucessivas projeções de perspectivas, na conformidade de qualquer relação observador-objeto-plano de projeção, também podem ser obtidas as diversas vistas. As plantas (que, como se sabe, correspondem a cortes por planos de nível) e os cortes propriamente ditos correspondem a operações que um sistema CAD específico para Arquitetura deve permitir obter de um referido plano de corte sobre o modelo geométrico em 3D e representação do respectivo corte.

13.3 DESENHOS DE PROJETO DE ESTABILIDADE EM ENGENHARIA CIVIL

No âmbito da produção do desenho de projeto de estabilidade no domínio da Engenharia Civil, descrito no Capítulo 9, interessa ainda mencionar aspectos de procedimento na utilização de sistemas CAD, porém no nível da concepção e sua relação possível com o processo de cálculo inerente ao projeto de estabilidade.

A concepção estrutural, por exemplo, para uma edificação, pressupõe um processo especializado que compreende a definição e o desenho geométrico adequado à configuração arquitetônica desejada. O esquema estrutural, conforme definido no Capítulo 9, é feito através de sucessivas camadas (*layers*), "sobre" o projeto de Arquitetura.

A representação do esquema estrutural, além da representação em planta devidamente caracterizada e já conhecida, pode ser acompanhada da sua visualização global ou de detalhe por meio de modelos geométricos (**Figura 13.1**).

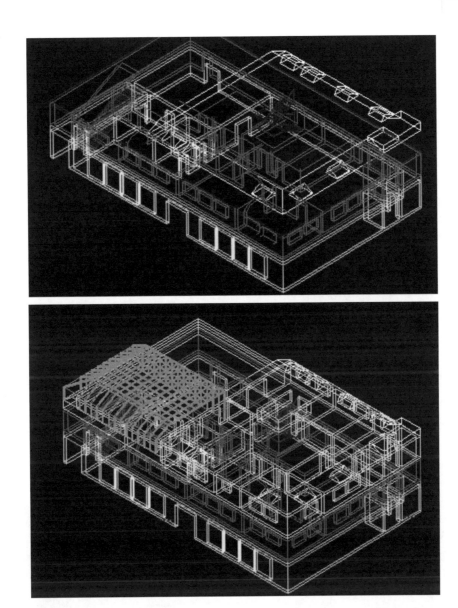

Figura 13.1 Processo de modelagem geométrica em 3D, em um projeto de Arquitetura.

Para uma dada configuração estrutural devem ser estabelecidas as ações que atuam sobre a estrutura e a verificação da sua capacidade de resistência às ações definidas através de processos de cálculo que relacionam as suas características geométricas, mecânicas e materiais.

Este processo de cálculo, que em geral recorre a modelos matemáticos estabelecidos pela investigação e desenvolvimento no domínio da resistência dos materiais e das estruturas, pode, em si mesmo, se em ligação com funcionalidades características dos sistemas CAD, ser acompanhado da geração de modelos gráficos e desenhos capazes de refletir dados e resultados do modelo matemático referente à análise da capacidade resistente da estrutura de uma dada edificação (**Figura 13.2**).

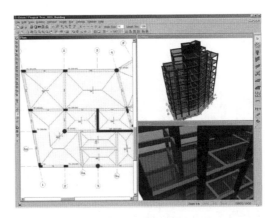

Figura 13.2 Visualização de esquema estrutural e sua configuração em 3D.

Mesmo em elementos de maior complexidade do que vigas e pilares, como é caso de lajes de pavimentos, é possível determinar valores de esforços em qualquer ponto da sua superfície (**Figura 13.3**) e inclusive obter projeções em perspectiva que explicitam visualmente a sua deformabilidade perante os valores e distribuição espacial das ações consideradas (**Figura 13.3b**). A análise no âmbito do processo de dimensionamento pode também ser feita sobre o conjunto dos elementos estruturais, sendo possível a visualização do comportamento da estrutura, face aos esforços a que estará sujeita (**Figura 13.4**).

No caso específico das estruturas em concreto armado, conforme já referido no Capítulo 9, a sua concepção e dimensionamento, além das definições geométricas relativas à sua configuração e dimensões, pressupõe ainda a caracterização no nível da disposição e quantidades dos vergalhões de aço nas peças de concreto, constituintes dos próprios elementos estruturais em concreto armado. É como se fizesse parte do próprio processo de concepção e projeto não apenas a configuração geométrica dos elementos estruturais, mas o projeto do próprio material.

13.4 PROJETO DE COMPONENTE INDUSTRIAL

Nesta seção, pretende-se realçar as vantagens existentes nos atuais programas de CAD 3D, na área específica da modelagem de peças em chapa. Não serão aqui tratados os aspectos relacionados com o trabalho de tais peças, mas serão mostradas, através de um exemplo, algumas das possibilidades e facilidades existentes considerando, para este fim, o modo de funcionamento do módulo de execução de peças em chapa existente em diversos programas de CAD 3D.

Geralmente, estes módulos de representação de peças em chapa pressupõem espessura constante. O nosso exemplo será a tampa lateral da caixa de um computador, representada na **Figura 13.6**. As operações específicas do trabalho em chapa são os dois dobramentos e as ranhuras de ventilação.

Normalmente é mais fácil desenhar a peça na sua configuração final, pois apercebemo-nos melhor das dimensões e requisitos que pretendemos.

Começa-se por desenhar o perfil a ser obtido, como mostra a **Figura 13.7**.

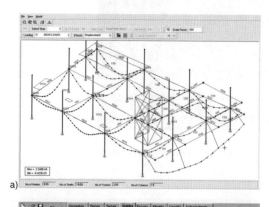

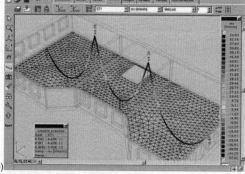

Figura 13.3 Visualização de gráficos de variação dos esforços em elementos estruturais de uma edificação: a) em vigas; b) no meio do vão das lajes de pavimentos de um dado piso.

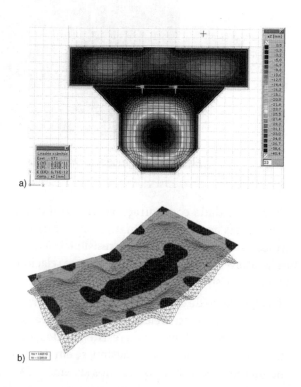

Figura 13.4 Visualização de variação dos esforços em lajes de pavimento de uma edificação: a) quantificação em qualquer ponto; b) configuração da deformabilidade perante os esforços.

Mais Projetos do Tipo CAD

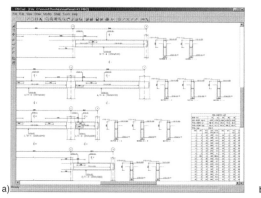 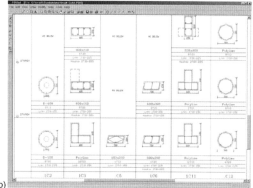

Figura 13.5 Geração de desenhos de detalhe de peças de concreto armado por recurso a *software* CAD integrado, com resultados de modelos de cálculo e dimensionamento de estruturas: a) desenho de vigas; b) desenho de um mapa de pilares.

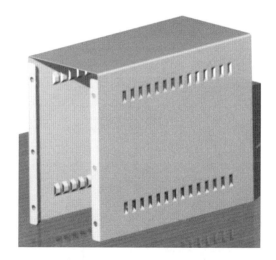

Figura 13.6 Tampa da caixa de um computador.

A peça fica então com a configuração da **Figura 13.8**. Note-se que o objeto representado tem espessura efetiva, tratando-se, portanto, de um modelo sólido.

Em seguida, são consideradas as dobras que se pretende executar sobre uma chapa plana, de modo a obter a peça da figura anterior, indicando igualmente o valor do raio de dobramento. Indica-se uma face como imóvel (neste exemplo, a face superior, **Figura 13.9**), especifica-se o valor do raio de dobramento e a capacidade de dobramento permitida pelo material e espessura da chapa, podendo-se então dispor da chapa desdobrada (**Figura 13.10**) ou na sua configuração dobrada (**Figura 13.11**).

Insere-se agora a dobramento do fundo da tampa, seguindo os mesmos passos do caso anterior, como mostram a **Figura 13.12** e a **Figura 13.13**.

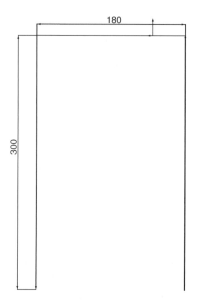

Figura 13.7 Perfil a ser obtido.

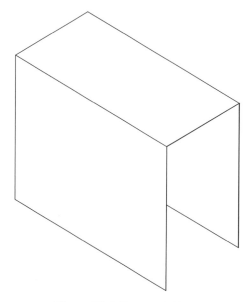

Figura 13.8 Tampa obtida.

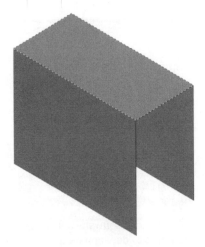

Figura 13.9 Face fixa.

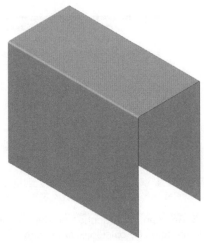

Figura 13.11 Tampa após dobramento.

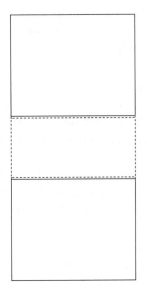

Figura 13.10 Tampa não dobrada.

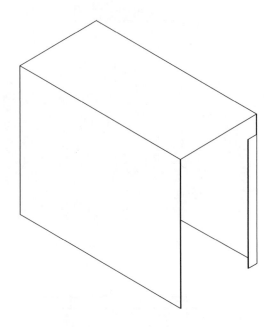

Figura 13.12 Inserir aba.

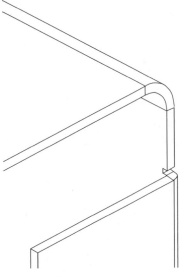

Figura 13.13 Inserir dobra.

Efetuar as furações (**Figura 13.14**), que podem ser executadas sobre a chapa não dobrada, para maior facilidade de execução. Em seguida aplica-se uma forma predefinida (punção – **Figura 13.15**), a qual é repetida sobre cada um dos lados, como mostra a **Figura 13.16**.

Finalmente, a facilidade com que são obtidos os desenhos de fabricação da peça, em que podemos representar as projeções, e a chapa planificada, com as zonas de dobramento assinaladas. Para evitar a complexidade da imagem da **Figura 13.17**, não é apresentada a cotagem, nem qualquer anotação.

Mais Projetos do Tipo CAD

Figura 13.14 Furações na chapa.

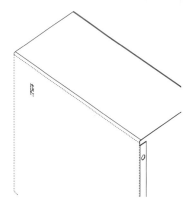

Figura 13.15 Aplicação de uma forma.

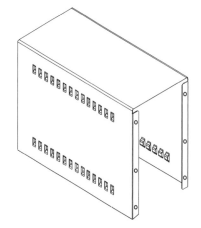

Figura 13.16 Repetição da forma.

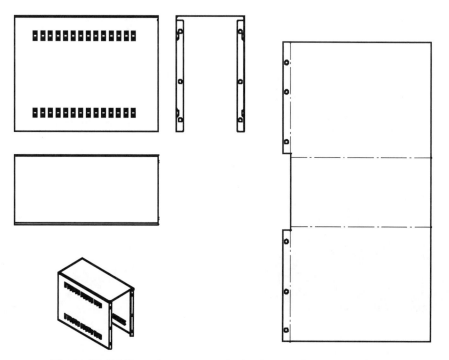

Figura 13.17 Desenhos para produção da peça (sem anotações).

13.5 SISTEMAS DE *PIPING*

O projeto de instalações, sobretudo as redes de abastecimento de água e as redes de drenagem, especialmente se em edifícios de grande porte ou em edifícios e instalações industriais, em que as redes de tubulações podem nem ser apenas de abastecimento de água e de drenagem, mas antes ser os sistemas de tubulações de condução de água a razão de ser do respectivo edifício – como é o caso das estações elevatórias ou das estações de tratamento, por exemplo –, assume uma complexidade tal que, além da representação formal do tipo apresentado no Capítulo 9, se torna quase indispensável a sua modelagem geométrica em sistema CAD (**Figura 13.18**).

Este processo pode ser associado ao processo de traçado de acordo com os critérios de funcionamento desejados e aos modelos matemáticos de dimensionamento e de cálculo, como simulação de diferentes soluções, como expressão e visualização de resultados, mas também como apoio ao próprio processo construtivo.

Do ponto de vista do Desenho Técnico, o que interessa aqui considerar é que as ligações entre pontos em um sistema com circulação de um elemento fluido são realizadas através de tubulações. Mas outros exemplos envolvendo tubulações podem ainda ser considerados, mais especificamente o caso de aplicações industriais de grandes dimensões, como as das indústrias química e petrolífera, redes de gás, circuitos de refrigeração, circuitos de aquecimento central ou de ar condicionado.

Em todos os casos surge a necessidade de ligar, por um tubo, dois pontos do circuito através dos respectivos bocais. Comumente estes bocais estão situados em planos e níveis diferentes, de que resulta a obrigatoriedade de efetuar dobramento de tubos.

O dobramento de tubos é realizado com dispositivos apropriados, para evitar romper a parede do tubo e o "enrugar". Para isso existem recomendações dos fabricantes destes equipamentos referentes à sequência e à preparação da operação, raios mínimos de dobramento em função do material, diâmetro exterior e espessura de parede do tubo.

Um circuito complexo pode conter dezenas ou mesmo centenas de tubos, muitos deles passando perto uns dos outros, mas sem se interceptarem. O projetista deverá por isso ter especial cuidado ao projetar o circuito.

Os atuais programas CAD 3D facilitam muito o projeto destes equipamentos, pois incluem módulos que efetuam o traçado automático do percurso tridimensional entre dois bocais do circuito.

Para ilustrar o processo de traçado de circuitos em sistema CAD, considerar-se-á um circuito hidráulico simples (ver **Figura 13.19**) constituído por um motor elétrico que aciona uma bomba centrífuga, um reservatório e um permutador, cujos elementos pretendemos ligar.

Para o primeiro caso, apresentam-se na **Figura 15.20** quatro das opções para a seleção automática do percurso do tubo que liga a bomba ao reservatório.

O projetista pode escolher uma das opções oferecidas pelo sistema CAD, editando, se necessário, algum dos traçados (por exemplo, para permitir contornar outro componente), ou criar manualmente o percurso 3D do tubo.

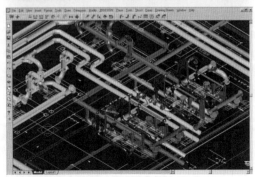

Figura 13.18 Modelagem geométrica de circuitos de tubulações por integração do sistema CAD e do modelo matemático de dimensionamento.

Figura 13.19 Circuito hidráulico.

Mais Projetos do Tipo CAD

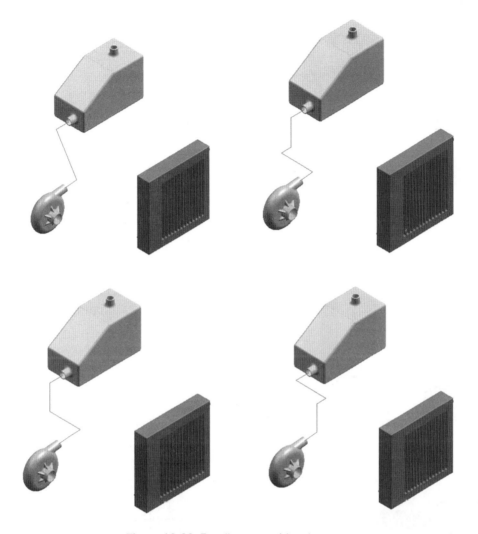

Figura 13.20 Escolha automática de percurso.

Selecionado o caminho e escolhidas as características físicas do tubo, como o diâmetro do tubo, a espessura de parede ou o raio mínimo de dobramento, é criado o objeto (peça), como mostra a **Figura 13.21**.

Os tubos restantes são criados da mesma forma, salientando-se apenas o fato de os bocais das extremidades do tubo estarem situados em planos não paralelos (**Figura 13.22** e **Figura 13.23**). Este detalhe não tem dificuldade para os programas de CAD 3D, pois com facilidade se altera a visualização, de forma a ter sempre a mais adequada.

A questão da interferência entre peças é salientada pelos programas, uma vez que os tubos funcionam como peças do conjunto, permitindo verificar possíveis interferências. Caso existam interferências entre peças, pode o usuário alterar o percurso de cada tubo individualmente, até resolver o erro. Frequentemente estão disponíveis

Figura 13.21 Tubo da bomba ao reservatório

Figura 13.22 Tubo do depósito ao trocador.

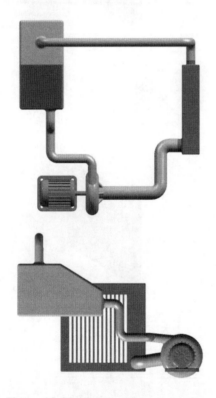

Figura 13.23 Visualizações em *render*.

outros elementos de ligação para tubulações, sobretudo ligações aparafusadas, segundo os catálogos dos fabricantes mais representativos.

Finalmente, a **Figura 13.24** mostra o circuito em projeções ortogonais, para posterior detalhe de execução.

13.6 PEÇA DE DESENHO INDUSTRIAL

Os procedimentos na utilização de um sistema CAD para projeto de um objeto de desenho industrial serão ilustrados por meio da modelagem geométrica de um interruptor elétrico para utilização doméstica em luminárias. A **Figura 13.25** apresenta um esboço do objeto pretendido, sem detalhar o interior.

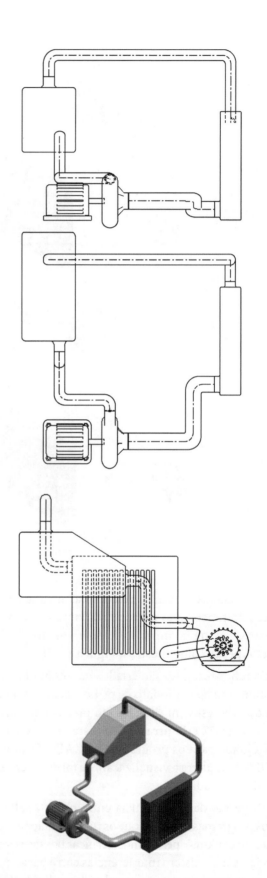

Figura 13.24 Representação do circuito em projeções ortogonais.

Apresenta-se adiante uma sequência possível para a obtenção do modelo da **Figura 13.26**. Será detalhada apenas a construção das peças que constituem o corpo exterior do interruptor.

A peça deverá ter o aspecto apresentado pela **Figura 13.27**, e o processo será iniciado pela peça constituinte do corpo inferior.

A primeira operação consiste na extrusão de um retângulo de 60 × 25 mm (**Figura 13.28**).

O resultado é apresentado na **Figura 13.29** sob a forma de um paralelepípedo com dimensões 60 × 25 × 6 mm.

Em praticamente todos os programas estas dimensões não são fixas, podendo ser alteradas em qualquer momento pelo usuário. O termo utilizado é a cotagem paramétrica.

As próximas operações são de furação (*hole*) e de "arredondar" (boleado, *fillet*) algumas arestas do paralelepípedo, obtendo-se o resultado da **Figura 13.30**. Também aqui as dimensões e características são paramétricas, por exemplo, pode-se alterar o tipo de furo, em vez de passante para furo cego, escareado ou rebaixado, e suas dimensões, incluindo sua posição relativa na peça.

A próxima operação consiste em escavar o interior da peça de modo a obter apenas a "casca" (*shell*), excluindo dessa operação a face superior. Todos os programas têm uma rotina para realizar esta operação, indicando o usuário as faces a excluir e a espessura da "casca" pretendida. A **Figura 13.31** mostra o resultado. Note-se que também o furo ficou rodeado de material, como se pretendia.

Na operação seguinte, cria-se um "lábio" sobre a face superior da peça, para guiar o encaixe com a tampa do interruptor (que terá o "lábio negativo"). O processo consiste em construir um perfil (o do "lábio") que irá percorrer um determinado caminho sobre a peça.

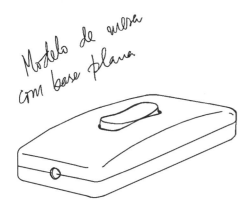

Figura 13.25 Esboço do interruptor.

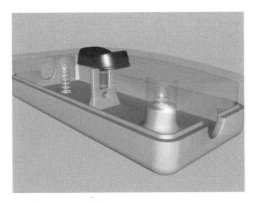

Figura 13.26 Modelo do interruptor.

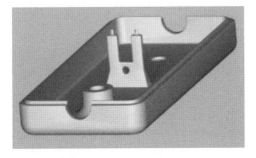

Figura 13.27 Corpo inferior do interruptor.

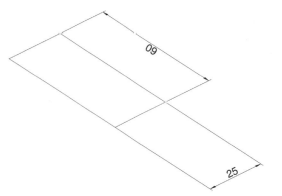

Figura 13.28 Retângulo base.

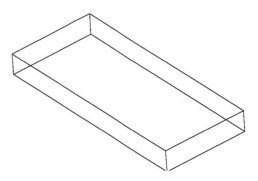

Figura 13.29 Paralelepípedo de base.

Neste exemplo, o perfil é o polígono em destaque da **Figura 13.32**, e o caminho, a aresta interior da peça. A **Figura 13.33** mostra o resultado desta operação.

As formas seguintes não trazem nada de novo relativamente ao já referido. São constituídas por novas extrusões, arredondamentos, chanfros e furos. A **Figura 13.34** mostra o resultado.

Os desenhos 2D desta peça são agora fáceis de obter, bastando indicar as vistas pretendidas, os cortes ou os detalhes. Como exemplo apresentamos a **Figura 13.35**, em que são indicadas as vistas ortogonais e a perspectiva isométrica, com as cotas automaticamente introduzidas pelo programa. Como se vê, a colocação das cotas não é correta, sendo necessário o usuário alterar a sua posição no desenho, o que é relativamente simples e rápido, pois basta arrastar os elementos da cota para a posição pretendida. O resultado é apresentado na **Figura 13.36**, em que foi acrescentado o detalhe em escala maior **A**, referente ao encaixe entre a tampa e o corpo inferior.

A peça seguinte é o corpo superior (tampa). A peça deverá ter o aspecto da **Figura 13.37**.

A sequência de operações é semelhante à da peça anterior, pelo que apenas se salientará a obtenção da forma curva da superfície onde se encaixará o botão e o modo de criar os encaixes dos parafusos.

Cria-se inicialmente um paralelepípedo, como na peça anterior, dando-lhe os boleados mostrados na **Figura 13.38**.

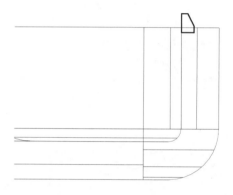

Figura 13.32 Forma do "lábio".

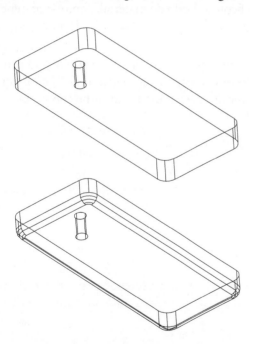

Figura 13.30 Furação e arredondamentos.

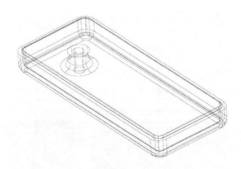

Figura 13.33 Perfil de encaixe.

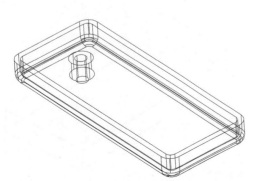

Figura 13.31 Obtenção da casca da peça.

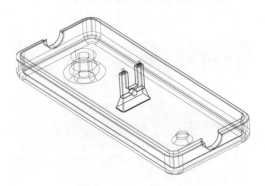

Figura 13.34 Forma final do corpo inferior.

Mais Projetos do Tipo CAD

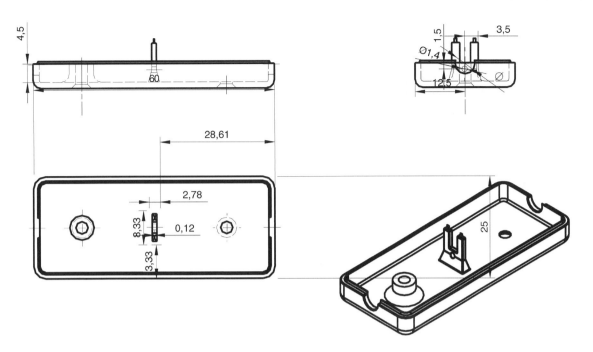

Figura 13.35 Desenho 2D do corpo inferior obtido automaticamente.

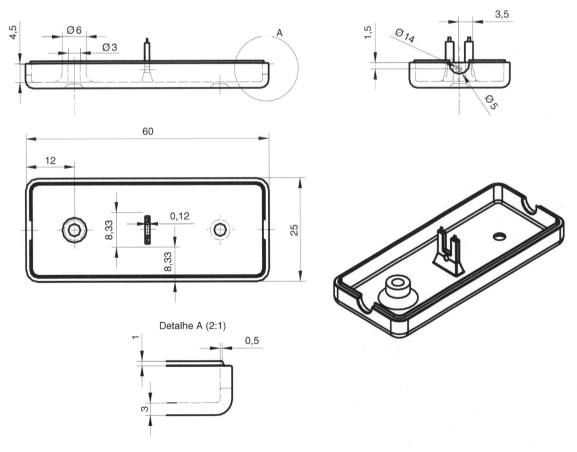

Figura 13.36 Desenho 2D da **Figura 13.35** devidamente modificado.

Figura 13.37 Tampa do interruptor.

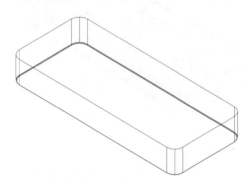

Figura 13.38 Forma inicial da tampa.

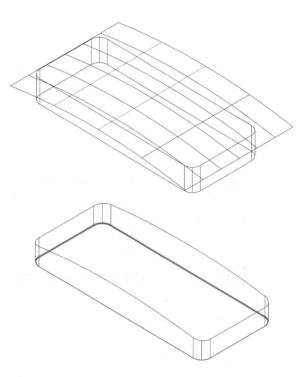

Figura 13.39 Criação da superfície de corte.

Em seguida, cria-se uma superfície que irá servir de "superfície de corte". A maior parte dos programas permite fazer este tipo de operação, embora a forma de realização e potencialidades varie bastante entre eles. Na **Figura 13.39** temos representada essa superfície em conjunto com a peça e o resultado do "corte".

Após a realização da operação de *shell*, vamos criar os suportes de encaixe dos parafusos. Estes suportes resultam da extrusão de uma circunferência, criada no plano de base, apenas com a particularidade de terminar sobre a superfície curva do interior da tampa. Por isso, a altura de extrusão não é conhecida, mas sim a fronteira até onde se dará a extrusão. A **Figura 13.40** mostra os detalhes.

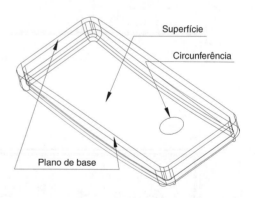

Figura 13.40 Extrusão até uma superfície da peça.

As operações restantes não apresentam dificuldade, pelo que se apresenta o resultado final da peça (**Figura 13.42**) e os desenhos 2D (**Figura 13.43**). Nestes últimos, apresentamos uma vista e uma perspectiva em corte.

Propositadamente, salientamos um erro que a maioria dos programas efetua, em cortes por planos paralelos ou em meios-cortes, ao representarem como aresta (traço grosso) a fração do plano de corte que está vista de perfil. Este erro é frequentemente resolvido editando-se apenas o desenho 2D.

Figura 13.41 Resultado da extrusão.

Mais Projetos do Tipo CAD

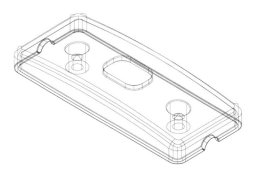

Figura 13.42 Perspectiva da tampa.

As peças restantes são construídas segundo os esquemas já apresentados, razão por que não serão aqui detalhadas. A parte final do capítulo será dedicada à montagem dos componentes no conjunto.

A montagem baseia-se no estabelecimento de relações entre as diversas peças, as quais estabelecem condições entre zonas de cada uma das peças. Estas condições podem ser a coaxilidade de zonas cilíndricas, faces paralelas ou coplanares, eixos ou arestas paralelas etc.

Após estabelecer estas relações, quando se efetua uma operação de translação ou rotação sobre uma das peças, a outra a segue de forma a que a relação estabelecida se mantenha.

É possível que, durante esta fase, por descuido ou mesmo por erro de construção, se estabeleça uma relação impossível de se verificar na prática, por haver interpenetração de material. A maioria dos programas tem possibilidade de averiguar esta situação e indicar no modelo qual a zona onde tal se verifica. Outros têm mesmo a possibilidade de efetuar a simulação cinemática do movimento de uma peça, verificando-se assim se ela colide com outras.

Só em programas de CAD tridimensionais é possível ter estas facilidades.

Serão exemplificadas as duas situações constantes da **Figura 13.44** e da **Figura 13.45**. Primeiro, estabelecem-se duas relações de colinearidade entre as arestas salientes em cada uma das peças e, em seguida, uma relação de concentricidade do parafuso com o corpo inferior do interruptor.

Após estabelecidas as relações de montagem, obtém-se o desenho de conjunto, da mesma forma que foi obtido para as peças individuais (ver **Figura 13.46**). Salienta-se a inserção semiautomática dos balões e da lista de peças.

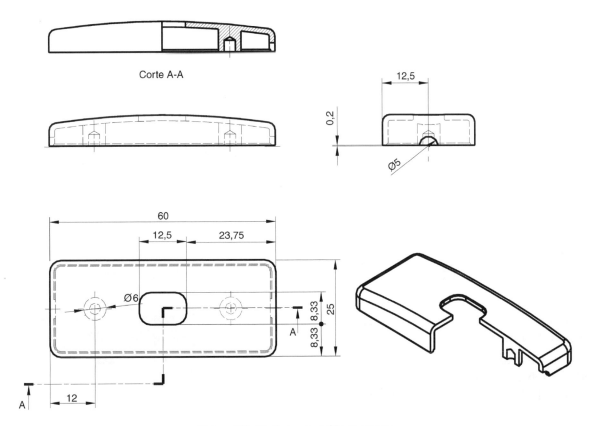

Figura 13.43 Desenhos 2D da tampa.

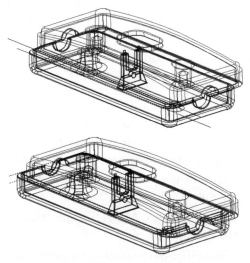

Figura 13.44 Relação de colinearidade.

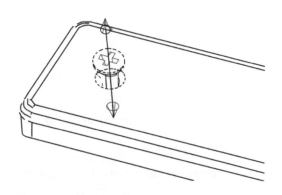

Figura 13.45 Relação de concentricidade.

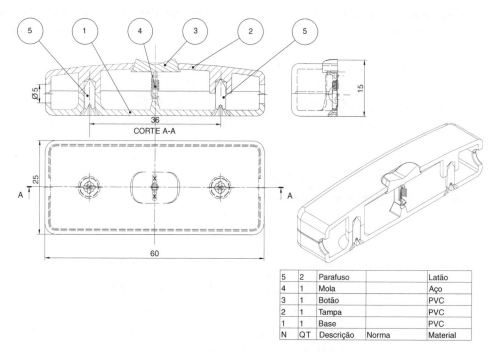

Figura 13.46 Desenho de conjunto.

13.7 MODELOS FOTORREALISTAS PARA DIVULGAÇÃO

A parte final deste capítulo será dedicada a mostrar mais algumas imagens que podem ser obtidas a partir dos modelos tridimensionais.

Podem ser inseridas propriedades de materiais reais nos objetos, sob a forma de texturas, conforme explicado no Capítulo 2, e simultaneamente criada uma cena onde o objeto possa ser colocado. O objetivo da imagem da **Figura 13.47** será a sua inserção em um folheto

Figura 13.47 Interruptores coloridos.

de divulgação do produto. Com a mesma facilidade se realizam também pequenos vídeos para o mesmo fim.

A maioria dos programas de CAD atuais traz incluídos (ou permitem incluir) módulos para a criação deste tipo de imagens, tendo, portanto a vantagem de se realizar tudo no mesmo ambiente de trabalho. Estes módulos não têm normalmente o mesmo tipo de potencialidades que os programas destinados especificamente a este fim.

As cenas apresentadas retratam várias possibilidades de cor dos interruptores e aplicação a uma luminária (ver **Figura 13.48**).

REVISÃO DE CONHECIMENTOS

1. Em que consiste a representação 3D de uma peça?
2. Indique as operações básicas que você conhece para a criação de um "volume".
3. A partir do modelo 3D, quais vistas podem ser obtidas? É possível obter cortes, seções ou detalhes?
4. Em que casos é possível obter a cotagem das vistas de forma automática?
5. A representação automática das vistas pode ser modificada pelo usuário. Indique situações em que tal se revele vantajoso ou até indispensável.
6. Indique algumas das formas usadas pelos programas de CAD 3D para a montagem de peças em conjuntos.
7. Indique algumas das informações que podem ser obtidas após a montagem das peças no conjunto, quer em termos do modelo 3D, quer em termos dos desenhos para impressão.

CONSULTAS RECOMENDADAS

- Aroso, P., *Autodesk Architectural Desktop 3.3*. FCA Editora de Informática, 2002.
- Costa, A., *Autodesk Inventor*. FCA – Editora de Informática, 2003.
- Giesecke, F.E., Mitchell, A., Spencer, H.C., Hill, I.L., Dygdon, J.T., Novak, J.E. e Lockhart, S., *Modern Graphics Communication*. Prentice Hall, 1998.
- Santos, J., *AutoCAD 2000 em 3 Dimensões – Curso Completo*. FCA – Editora de Informática, 1999.
- Santos, J., Barata, J., *Autodesk Viz 4 – Curso Completo*. FCA – Editora de Informática, 2002.
- Santos, J., Barata, J., *3D Studio Max 4 – Curso Completo*. FCA – Editora de Informática, 2002.
- Silva, J., Freitas, V., Ribeiro, J., Martins, P., *Mechanical Desktop 4 – Curso Completo*. FCA – Editora de Informática, 2000.
- Endereço eletrônico de fabricantes de *software* relacionado com CAD: AutoCAD e 3DStudio
www.autodesk.com
SolidWorks
www.solidworks.com
SolidEdge
www.solidedge.com

PALAVRAS-CHAVE

construção em chapa	montagem de conjuntos
cotagem automática	
fotorrealismo	peças em 3D
interferência	tubulações

Figura 13.48 Aplicação do interruptor a uma luminária.

ANEXO A — CONSTRUÇÕES GEOMÉTRICAS

A.1 INTRODUÇÃO

O estudo do desenho técnico não deve começar sem que o leitor tenha um bom conhecimento de desenho linear geométrico. Efetivamente, na execução de desenhos técnicos, quer pelo processo convencional, quer através do desenho assistido por computador, é usual recorrer-se a noções de geometria elementar.

Neste texto, será feito um resumo das principais construções geométricas, as quais se tornaram triviais pela frequência com que são utilizadas.

Muitas destas construções são feitas de modo automático em CAD ou com o auxílio de gabaritos especiais em prancheta, pelo que deixaram de ter interesse prático. Contudo, podem ainda ser usadas na ausência de ferramentas especializadas.

O texto deste Anexo não foi incluído no corpo principal do livro porque grande parte dos assuntos aqui tratados deixou de fazer sentido no contexto do desenho assistido por computador. Muitas construções geométricas são automáticas em CAD. O *software* faz as construções de modo interno, não deixando o usuário visualizá-las: apresenta apenas o resultado final, com uma redução do tempo necessário para a elaboração do desenho, e liberta o desenhista para outro tipo de tarefas.

Em seguida, faz-se uma descrição das construções mais utilizadas em Desenho Técnico. As que apresentarem o símbolo (*) não serão, em geral, efetuadas automaticamente pela maioria dos *softwares* de CAD.

A.2 BISSETRIZES, PERPENDICULARES E PARALELAS

A.2.1 Bissetriz de um Ângulo

Consideremos dois segmentos de reta – s e t – que se interceptam no ponto I e formam entre si um ângulo α, conforme se ilustra na **Figura A.1**. A bissetriz (representada a traço misto) é a reta que passa em I e divide o ângulo α em duas partes iguais.

A bissetriz, como qualquer reta, fica determinada se forem conhecidos dois dos seus pontos. É óbvio que o primeiro ponto pode ser o ponto I (porque já está identificado). Quanto ao segundo ponto, fica determinado – com o auxílio do compasso – através do procedimento que se segue e que se ilustra na **Figura A.1b**.

- Traçar um arco de circunferência de raio r que corte s e t, nos pontos P e Q.
- Traçar dois arcos de circunferência com centros em P e Q e raio r_1 e procurar a sua interseção J.

O segundo ponto da bissetriz é o ponto J. Note-se, no entanto, que embora J varie com os valores de r e r_1, a bissetriz está univocamente definida.

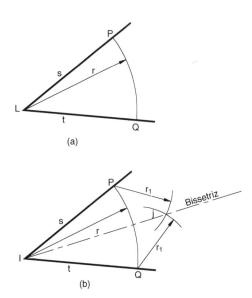

Figura A.1 Bissetriz de um ângulo: (a) passo 1; (b) construção completa.

A.2.2 Retas Perpendiculares

Duas retas *s* e *t* são **perpendiculares** se formarem ângulos retos (90°) entre si. A forma mais utilizada para o traçado da perpendicular a uma reta dada – com o auxílio do compasso – pode ser sintetizada no procedimento que se segue e que se ilustra na **Figura A.2**.

- Marcar dois pontos **A** e **B** sobre a reta dada.
- Com centro em **A** e raio *r* (por exemplo, passando por **B**) traçar um arco de circunferência para um lado da reta e, em seguida, para o outro.
- Repetir o procedimento anterior, mas agora com centro em **B** e mantendo o mesmo raio.
- Procurar os pontos de interseção dos dois arcos de circunferência, primeiro de um lado e depois do outro. Os pontos de interseção definem *t* perpendicular a *s*.

A.2.3 Perpendicular a uma Reta Passando por um dos Seus Pontos

Consideremos a reta *s* e um seu ponto **A** conforme se ilustra na **Figura A.3**. Com o auxílio do compasso, a perpendicular fica determinada através do procedimento que se segue:

- Marca-se um ponto **C** qualquer.
- Com o compasso, fazendo centro em **C**, traçamos o arco de circunferência com abertura passando por **A**.
- Agora, traçamos uma reta que passa por **C** e pelo ponto **I** de interseção do arco de circunferência com a reta dada.
- A reta anterior intercepta o arco de circunferência no ponto **B**, que é o segundo ponto da perpendicular. Com os dois pontos, **A** e **B**, a perpendicular encontra-se completamente definida.

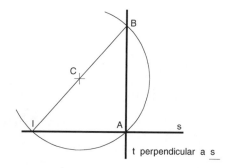

Figura A.3 Traçado de uma perpendicular passando por um ponto da reta dada.

A.2.4 Paralela a uma Reta

Esta construção é bastante fácil (**Figura A.4**):

- Marcar dois pontos **A** e **B** sobre a reta dada.
- Com centro em **A** e raio *r*, traçar um arco de circunferência para um lado da reta.
- Repetir o procedimento anterior, mas agora com centro em **B** e para o mesmo lado.
- Traçar duas retas perpendiculares à reta dada, que passem, uma pelo ponto **A**, e outra pelo ponto **B**.
- Determinar os pontos de interseção dos arcos com as retas.

Este método pode ser generalizado no caso de se pretender traçar uma paralela a uma linha curva qualquer dada. Nesta situação, marcam-se sobre a reta dada *s* um conjunto de pontos equidistantes e, com centro nesses pontos e raio constante, traçam-se arcos de circunferência. A linha paralela deve ser tangente aos diversos arcos traçados, conforme se ilustra na **Figura A.5**.

Convém citar que, se pretendermos traçar a reta paralela a uma distância fixa, basta que o raio de abertura do compasso seja igual à distância pretendida.

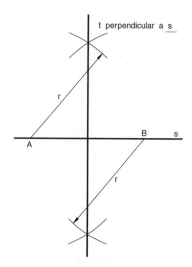

Figura A.2 Traçado de uma perpendicular a uma reta dada.

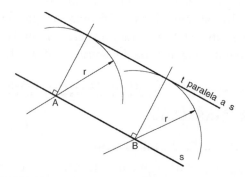

Figura A.4 Traçado de uma paralela a uma reta.

Construções Geométricas

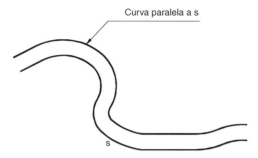

Figura A.5 Traçado de uma paralela a uma linha qualquer.

A.2.5 Segmentação

A **segmentação** consiste na divisão de um segmento de reta em partes iguais. O método mais usual de proceder a esta divisão (**Figura A.6**) é o seguinte:

- Com alguma inclinação sobre o segmento de reta **AB** dado, traça-se uma semirreta auxiliar *s*, com origem num dos extremos **A** ou **B**.

- Sobre este segmento auxiliar, e a partir da origem escolhida (neste caso **A**), marcamos comprimentos iguais, com uma abertura qualquer de compasso (atenção às proporções), de acordo com o número de divisões que pretendermos fazer (neste caso 3), achando os pontos 1, 2 e 3.

- Finalmente, unimos o último ponto marcado com o outro extremo (no nosso caso o ponto 3 com **B**) e traçamos paralelas a esta linha que passam pelos vários pontos marcados (segmentos 4, 5 e 6).

A divisão "ao meio" de um segmento de reta (achar a mediatriz desse segmento de reta) é ainda mais simples (**Figura A.7**):

- Com centro em uma das extremidades do segmento, traça-se uma circunferência com raio **R** superior à metade do comprimento do segmento.

- Com a mesma abertura de compasso, traça-se outra circunferência com centro na outra extremidade.

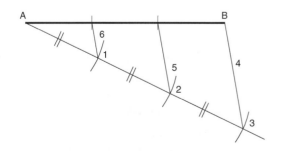

Figura A.6 Divisão de um segmento em partes iguais.

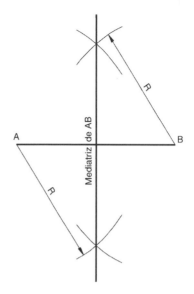

Figura A.7 Mediatriz de um segmento de reta.

- A união dos dois pontos de interseção das circunferências traçadas dá-nos a mediatriz do segmento de reta.

A.3 DESENHO DE POLÍGONOS

Um **polígono** é uma porção de superfície plana limitada por segmentos de reta (lados do polígono) unidos dois a dois. Diz-se que o polígono é regular se tiver os lados iguais.

A.3.1 Triângulos

Um **triângulo** é uma figura plana, limitada por três segmentos de reta denominados lados. Se os três lados forem iguais, o triângulo denomina-se **equilátero**; se tiver apenas dois lados iguais, denomina-se **isósceles**; se todos os lados forem diferentes, estamos em presença de um triângulo **escaleno**.

Um tipo muito usual de triângulo é aquele que possui um ângulo reto (90°) e que, por esse fato, costuma denominar-se triângulo **retângulo**. Se porventura todos os ângulos forem agudos (<90°) o triângulo designa-se por **acutângulo**, mas, se tem um ângulo obtuso (um ângulo superior a 90°) o triângulo denomina-se **obtusângulo**.

Na **Figura A.8** ilustram-se os vários tipos de triângulos citados anteriormente.

Para construir um triângulo, sendo conhecidos os três lados (50, 40, 25), devemos proceder do seguinte modo (**Figura A.9**):

- Primeiro, começamos por traçar um dos lados, por exemplo, o lado de comprimento 50.

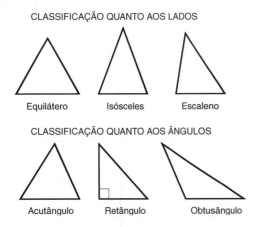

Figura A.8 Triângulos típicos.

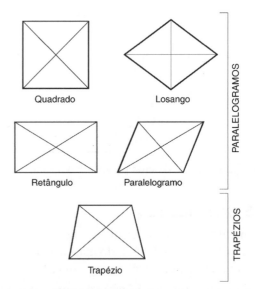

Figura A.10 Paralelogramos e trapézios.

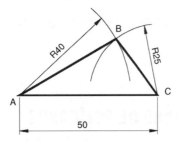

Figura A.9 Construção de um triângulo sendo dados os três lados.

- Com centro em um dos extremos do segmento traçado e abertura do compasso igual a 40, traçamos o arco de circunferência **1**.
- Com centro no outro extremo do segmento anterior, e com abertura igual a 25, traçamos o arco de circunferência **2**.
- O ponto de cruzamento dos dois arcos constitui o terceiro vértice do triângulo pedido.

A.3.2 Quadriláteros

Um quadrilátero é uma figura plana fechada formada por quatro segmentos de reta consecutivos. Os quadriláteros podem ser classificados em:

- **Paralelogramos** – no caso em que os lados opostos são paralelos.
- **Trapézios** – no caso em que apenas dois lados são paralelos (base maior e menor).

Na **Figura A.10** ilustram-se vários tipos de paralelogramos e um trapézio.

Para construir um retângulo, sendo conhecidos os seus lados (32, 50), devemos proceder do seguinte modo (**Figura A.11**):

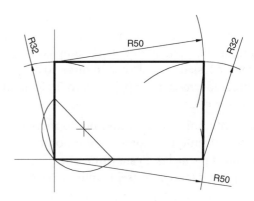

Figura A.11 Construção de um retângulo sendo dados os lados.

- Primeiro, começamos por marcar um dos ângulos retos.
- A partir do vértice marcamos o comprimento 32 para um lado do ângulo e o comprimento 50 para o outro lado. Obtivemos assim mais dois vértices do quadrado.
- Fazendo centro no vértice do lado 32 e com abertura igual a 50, traçamos um pequeno arco auxiliar.
- Fazendo centro no vértice de lado 50 e com abertura igual a 32, traçamos um outro pequeno arco auxiliar.
- A interseção dos dois arcos auxiliares determina o quarto vértice do retângulo.

A.3.3 Polígonos Regulares

Um polígono está circunscrito a uma circunferência quando todos os seus lados são tangentes à circunferência, como se procura ilustrar na **Figura A.12**.

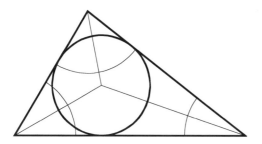

Figura A.12 Triângulo circunscrito por uma circunferência inscrita.

Um polígono está inscrito em uma circunferência quando todos os seus vértices pertencem a essa mesma circunferência. Então, sabendo fazer a divisão de uma circunferência em partes iguais, poderemos traçar polígonos inscritos. É com base nesta técnica que se traçam polígonos regulares (de lados iguais), de acordo com o seguinte procedimento (**Figura A.13**):

- Primeiro, traçamos o lado com comprimento *a* do polígono de *n* lados.
- A seguir, prolongando esse lado, vamos construir um ângulo com o valor, em graus, de 360/**n**, e no outro lado do ângulo marcamos também um lado com comprimento *a*.
- Agora, vamos obter o centro da circunferência na qual podemos inscrever o polígono a partir dos dois lados.
- Para obter o centro da circunferência, traçar as perpendiculares a meio dos lados. O ponto da interseção é o centro procurado.
- Traçando a circunferência circunscrita, podemos em seguida dividi-la com uma abertura do compasso igual ao comprimento do lado.

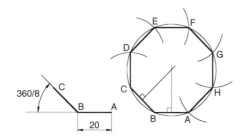

Figura A.13 Octógono regular a partir do lado.

A.4 CIRCUNFERÊNCIAS E TANGÊNCIAS

A.4.1 Circunferências

Circunferência é uma linha curva plana, fechada, com todos os pontos à mesma distância de um ponto interior a que se dá o nome de centro. Associados à circunferência, existem, ainda, os seguintes elementos geométricos: arco, diâmetro, raio e corda, os quais se encontram ilustrados na **Figura A.14**.

A.4.2 Determinação do Centro de uma Circunferência

Um problema que surge correntemente em desenho consiste em determinar o centro de determinada circunferência. Supondo que nos encontremos nessa situação, vamos então determinar o centro procedendo da seguinte forma:

- Primeiro, marcamos três pontos quaisquer sobre a circunferência.
- A seguir, traçamos as mediatrizes dos segmentos que unem esses pontos.
- O ponto de interseção das mediatrizes é o centro pretendido.

Na **Figura A.15** encontra-se ilustrada a forma de determinação do centro de uma circunferência a partir de três pontos que lhe pertencem.

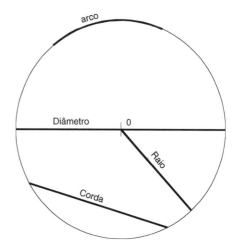

Figura A.14 Circunferência e seus elementos geométricos.

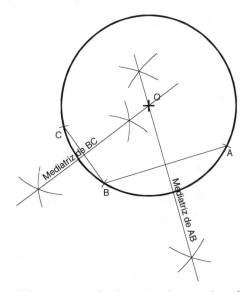

Figura A.15 Determinação do centro de uma circunferência.

A.4.3 Tangente a uma Circunferência por um dos Seus Pontos*

Em desenhos técnicos surgem com frequência figuras constituídas a partir da combinação geométrica de circunferências com retas ou de circunferências com circunferências. Na **Figura A.16** ilustram-se os exemplos mais comuns.

Consideremos uma circunferência e um seu ponto **A**. Para traçarmos a reta tangente que passa por **A**, devemos proceder do seguinte modo:

- Primeiro, traçamos a reta que passa por **A** e pelo centro da circunferência.
- A seguir, traçamos a perpendicular a essa linha que passa por **A**.

Na **Figura A.17** encontra-se ilustrado o procedimento anterior.

A.4.4 Tangente a uma Circunferência por um Ponto Fora Dela

Consideremos uma circunferência e um ponto **A** que lhe é exterior. Para traçarmos as duas retas tangentes e que passam por **A**, vamos proceder do seguinte modo:

- Primeiro, traçamos o segmento que passa pelo centro da circunferência e pelo ponto **A**.
- A seguir, determinamos o ponto médio do segmento anterior.
- Agora, com centro no ponto médio, traçamos uma circunferência que passe por **A**.
- A interseção das duas circunferências define os pontos de tangência **P** e **Q**.

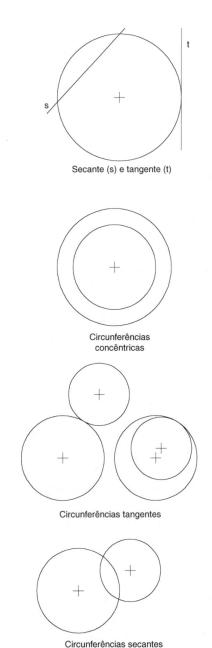

Figura A.16 Posições relativas entre circunferências e entre retas e circunferências.

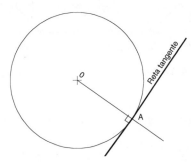

Figura A.17 Tangente a uma circunferência por um dos seus pontos.

Construções Geométricas

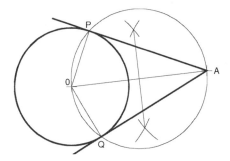

Figura A.18 Traçado da tangente a uma circunferência por um ponto fora dela.

Na **Figura A.18** encontra-se ilustrado o procedimento anteriormente descrito.

A.4.5 Tangentes Exteriores Comuns a Duas Circunferências

Consideremos duas circunferências de raios **r** e **R**, respectivamente. Para traçarmos as retas tangentes exteriores às duas circunferências, vamos proceder do modo seguinte:

- Primeiro, determinamos o ponto médio do segmento que une os centros das duas circunferências, fazendo aí o centro de uma circunferência que passa pelos dois centros.
- A seguir, traçamos uma circunferência de raio igual à diferença dos raios (**R** − **r**) com centro na circunferência maior.
- Pelos pontos definidos pela interseção das duas circunferências e pelo centro da circunferência maior, traçamos dois segmentos de reta que a interceptam nos pontos **T** e **S**.
- Traçando as paralelas a essas linhas que passam pelo centro da circunferência menor, definimos as interseções **T'** e **S'**.
- Os quatro pontos anteriormente determinados permitem traçar as retas tangentes.

Na **Figura A.19** ilustra-se este procedimento.

A.4.6 Circunferências Tangentes em um Ponto Dado*

Consideremos duas circunferências de raios **r** e **R**, respectivamente, e um dos seus pontos **A**. Para traçarmos as duas circunferências tangentes em **A**, vamos proceder do modo seguinte:

- Primeiro, traçamos o segmento que passa pelo ponto **A** e pelo centro da circunferência maior.
- A seguir, com abertura igual ao raio da circunferência menor traçamos um pequeno arco cuja interseção com

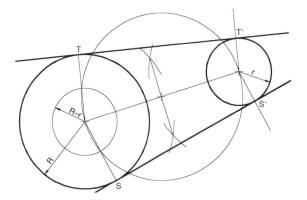

Figura A.19 Traçado das tangentes exteriores comuns a duas circunferências.

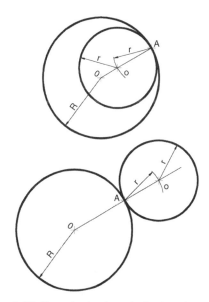

Figura A.20 Traçado de circunferências tangentes.

o segmento anterior define o centro da circunferência menor. Note-se que, conforme o arco seja marcado para o interior ou exterior da circunferência maior, assim a circunferência menor será interior ou exterior.

Na **Figura A.20** ilustram-se o procedimento anterior e as duas situações possíveis.

A.4.7 Concordâncias

Uma concordância é a passagem suave de uma linha para outra. Por exemplo, para um arco de circunferência se prolongar para uma linha reta, em concordância, é necessário que a reta seja tangente à circunferência que contém o arco. O ponto de tangência ou ponto de concordância é o ponto onde termina o arco e começa a reta.

Na **Figura A.21** encontram-se ilustrados vários exemplos de concordâncias, as quais em geral podem ser obtidas com base nos conhecimentos dos problemas de

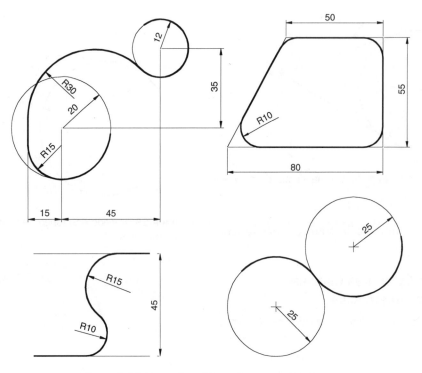

Figura A.21 Exemplos típicos de concordâncias.

tangência, quer a partir da combinação das construções anteriormente apresentadas, quer a partir de outras construções e combinações aqui omitidas, mas que podem ser encontradas na bibliografia indicada.

A.4.8 Concordância entre Retas e Circunferências

Um caso frequente de concordâncias é a concordância entre retas e circunferências. Suponhamos, por exemplo, que pretendamos traçar uma circunferência de raio r tangente a uma reta a e a uma circunferência de raio R e centro C, ambos conhecidos. A solução do problema, cuja construção gráfica se encontra ilustrada na **Figura A.22**, pode ser obtida do seguinte modo:

- Primeiro, traçamos a reta a e a circunferência de raio R com centro no ponto C.
- A seguir, traçamos uma reta b paralela à distância r de a.

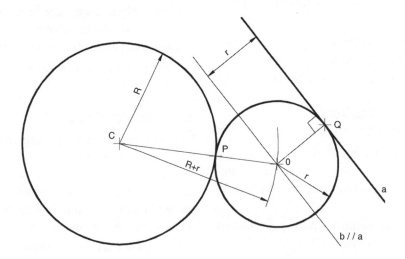

Figura A.22 Circunferência tangente a uma reta e a outra circunferência.

Construções Geométricas

- Com centro no ponto **C** e raio igual a **R** + **r**, traçamos um pequeno arco que corta a reta anterior no ponto **O**.
- O ponto anterior é o centro da circunferência de raio **r**.
- O ponto de tangência **P**, comum às duas circunferências, pode ser facilmente obtido traçando-se o segmento que une o ponto **C** com o ponto **O**.
- O ponto de tangência **Q**, entre a reta e a circunferência de raio **r**, fica determinado pela interseção da reta perpendicular a **a** e que passa em **O**.

Na **Figura A.22** ilustram-se três casos típicos de concordâncias entre retas e circunferências, cuja construção é análoga à descrita.

A.5 OVAL E ÓVULO

A.5.1 Oval*

A oval é uma figura geométrica parecida com a elipse, cujo traçado é obtido por arcos de circunferência. É constituída por quatro arcos de circunferência iguais dois a dois.

Vejamos, por exemplo, como poderemos traçar uma oval dado o seu eixo maior **AB**, o raio **r** de dois dos seus arcos e um ponto de tangência **T** (**Figura A.23**).

- Primeiro, começamos por traçar o eixo maior **AB** e duas circunferências de raio **r** e centros **O** e **O'** nas suas extremidades.
- Em seguida, identificamos os pontos de tangência **T** e **T'** sobre as duas circunferências traçadas anteriormente.

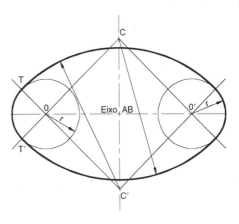

Figura A.23 Traçado de uma oval.

- Traçam-se agora quatro retas que passam pelos pontos de tangência e pelos centros das circunferências. Os dois pontos de interseção destas retas dão-nos os centros **C** e **C'** dos dois restantes arcos da oval, cujo raio é igual à distância dos centros **C** e **C'** aos pontos de tangência **T** e **T'**.

A.5.2 Óvulo*

O óvulo é uma figura geométrica também constituída por quatro arcos tangentes, em que dois arcos são iguais entre si e os dois restantes são diferentes.

Vejamos, por exemplo, como podemos traçar um óvulo sendo dados os raios **r** e **r'** de dois dos seus arcos e os respectivos centros **C** e **C'**. Esta construção encontra-se ilustrada na **Figura A.24**.

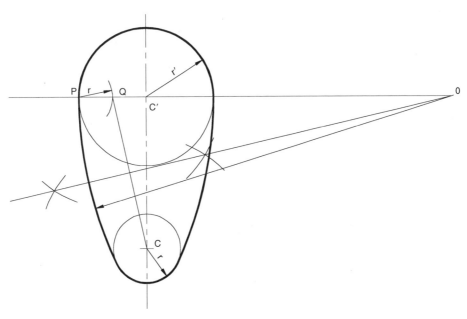

Figura A.24 Construção de um óvulo.

- Primeiro, traçamos duas circunferências com centros em **C** e **C'** e raios **r** e **r'**, respectivamente, unindo os centros por um segmento de reta.
- Traça-se agora uma reta perpendicular ao segmento anterior passando pelo centro da circunferência maior (raio **r'**). Esta reta intercepta a circunferência num ponto **P**.
- Com centro no ponto **P**, traça-se um arco com raio **r** que intercepta a reta anterior em um ponto **Q**.
- Une-se o ponto **Q** ao centro **C** e acha-se a mediatriz deste segmento.
- Esta mediatriz intercepta a primeira reta em um ponto **O** que representa o centro de um dos arcos restantes.

A.6 CURVAS ESPIRALADAS E EVOLVENTE

A.6.1 Espirais*

Espiral é uma linha plana, que representa a trajetória de um ponto que se desloca em movimento retilíneo ao longo de um raio, tendo este, simultaneamente, movimento de rotação. Um exemplo de uma espiral é o movimento seguido pela agulha sobre um disco de vinil. Na **Figura A.25** encontra-se representada a construção de uma espiral de Arquimedes.

- Primeiro, traçamos duas circunferências concêntricas de raios **r** e **2r**.
- Em seguida, dividimos estas circunferências em um número de partes iguais, por exemplo oito, e traçamos os raios correspondentes.
- Dividimos no mesmo número de partes o raio condutor com origem em **O**.
- A posição 1 da curva obtém-se quando rodamos 1/8; a posição 2 quando rodamos 2/8 e assim sucessivamente.
- A curva é traçada à mão livre unindo, de uma forma suave, os pontos anteriormente obtidos.

A.6.2 Evolvente*

Evolvente de um círculo é a linha curva plana descrita por um ponto de uma reta que se move, sem escorregar, sempre tangente ao círculo.

Um exemplo concreto de uma evolvente é a espiral descrita pelo ponto extremo de um fio que vai sendo desenrolado de um tambor, mas mantido tenso.

Vejamos agora como podemos construir uma evolvente:

- Primeiro, começamos por dividir a circunferência geradora de diâmetro **d**, e um segmento de reta de comprimento π**d** em oito partes iguais (por exemplo).
- Depois, traçamos as sucessivas tangentes à circunferência geradora em cada um dos pontos assinalados anteriormente e sobre as retas tangentes marcamos os comprimentos dos arcos já contatados, determinando-se assim vários pontos da evolvente.
- Finalmente, unimos esses pontos por uma linha curva suave que pode ser traçada à mão livre ou com a ajuda de um gabarito de curvas.

Na **Figura A.26** encontra-se representada a construção da evolvente descrita.

A.7 CURVAS CÍCLICAS

As curvas cíclicas têm interesse sobretudo na construção mecânica, como, por exemplo, nos perfis dos dentes de algumas rodas dentadas. Estas curvas fazem parte de uma família diversa, constituída por cicloides, epicicloides e hipocicloides. A construção destas curvas é idêntica à da evolvente, por isso é aqui omitida.

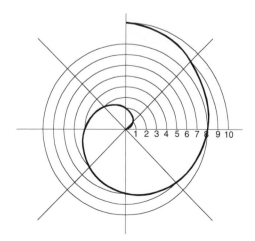

Figura A.25 Espiral de Arquimedes.

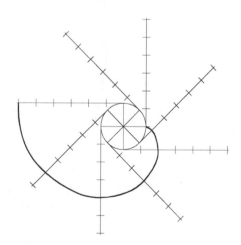

Figura A.26 Traçado de uma evolvente.

A.7.1 Cicloide*

Cicloide é uma linha curva plana descrita por um ponto de uma circunferência que rola, sem deslizar, sobre uma linha reta fixa. A reta base é designada por diretriz e a circunferência por geratriz. Na **Figura A.27** ilustra-se o traçado de uma cicloide.

A.7.2 Epicicloide*

Epicicloide é uma linha curva plana descrita por um ponto de uma circunferência que rola, sem deslizar, apoiada exteriormente em outra circunferência. A circunferência que rola é designada por geratriz e a circunferência base é a diretriz. Na **Figura A.28** ilustra-se o traçado de uma epicicloide.

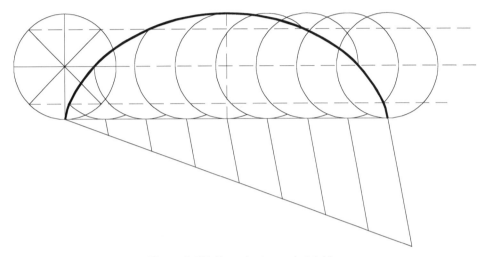

Figura A.27 Traçado de uma cicloide.

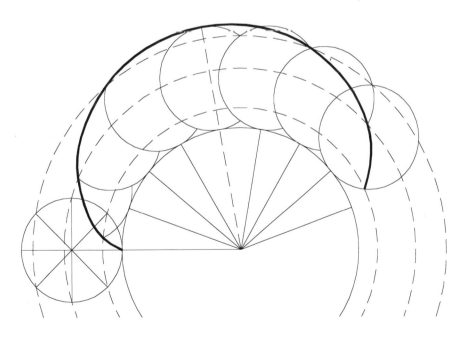

Figura A.28 Traçado de uma epicicloide.

A.7.3 Hipocicloide*

Hipocicloide é uma linha curva plana descrita por um ponto de uma circunferência (geratriz) que rola sem deslizar, apoiada interiormente sobre outra circunferência (condutora ou diretriz). Na **Figura A.29** ilustra-se o traçado de uma hipocicloide.

A.8 CURVAS CÔNICAS

Um cone é um sólido de revolução constituído pela base e pela superfície lateral. Pode-se considerar esta como gerada por uma linha reta que intercepta um eixo fixo à volta do qual ela roda. A linha reta que tem movimento de rotação é chamada de geratriz.

Os cones de revolução cortados por um plano dão origem a diversos tipos de seções.

A.8.1 Elipse

A **elipse** é uma curva plana, fechada, lugar geométrico dos pontos de um plano, tais que a soma das distâncias de cada um deles a dois pontos fixos do plano, chamados focos, é constante.

Basicamente, a elipse pode ser caracterizada do seguinte modo:

- Dois eixos de simetria, perpendiculares entre si, cujo ponto de interseção é chamado centro da elipse.
- Os extremos dos eixos são os vértices da elipse.
- Focos da elipse são pontos do eixo maior equidistantes do centro.
- Os segmentos que partem dos focos e tocam em um ponto qualquer da elipse são chamados raios vetores da elipse.
- Por definição, a soma dos raios vetores é constante e igual ao comprimento do eixo maior.

A elipse, tal como a parábola e a hipérbole, é, em geral, traçada a mão livre, fazendo-se passar uma linha suave pelos vários pontos determinados a partir das condições de definição.

No exemplo que se segue, é traçada uma elipse dados os dois eixos. A construção geométrica é apresentada na **Figura A.30**.

Sejam dados o eixo maior de comprimento **2a** e o eixo menor de comprimento **2b**.

- Primeiro, vamos localizar os focos por interseção com o eixo maior do arco de raio **a** e centro em um dos extremos do eixo menor.
- De acordo com a definição, vamos agora traçar arcos, com centro nos focos, cujos raios tenham por soma o comprimento **2a**.
- A seguir, marcamos, arbitrariamente, entre um dos focos e o centro, vários pontos (dependendo do grau de precisão pretendido).
- Com centro nos focos F_1 e F_2 traçamos os arcos de raio **A1** e **B1**, os quais são, respectivamente, as distâncias do vértice **A** ao ponto **1** e do vértice **B** ao ponto **1**.
- As interseções dos arcos **A1** e **B1** são pontos da elipse.
- Procedendo de forma análoga para os pontos seguintes, determinamos vários pontos da elipse.

A.8.2 Parábola*

Uma **parábola** é uma curva plana e aberta, lugar geométrico dos pontos de um plano que se encontram à mesma distância de um ponto fixo (foco) e de uma reta fixa (diretriz) desse plano.

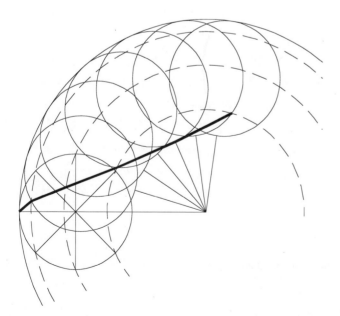

Figura A.29 Traçado de uma hipocicloide.

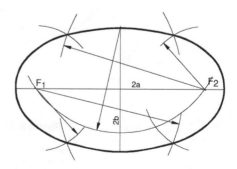

Figura A.30 Construção de uma elipse dados os seus eixos.

Basicamente, a parábola pode ser caracterizada do seguinte modo:
- Um eixo de simetria e um foco.
- Uma diretriz perpendicular ao eixo de simetria.
- Um vértice, o qual, por definição de parábola, está a meia distância entre a diretriz e o foco.
- Parâmetro da parábola é a meia distância entre a diretriz e o foco.
- Os raios vetores são os segmentos que unem qualquer ponto da parábola com o foco e com a diretriz.

No exemplo que se segue, é traçada uma parábola sendo dado o parâmetro. A construção geométrica é apresentada na **Figura A.31**. Para a construção da parábola, vamos proceder do modo seguinte:
- Primeiro, traçamos duas retas perpendiculares entre si.
- A seguir, marcamos o foco **F** sobre a reta escolhida como eixo, a uma distância qualquer do ponto de interseção **D** com a outra reta que será designada como diretriz.
- O ponto médio do segmento **DF** é o vértice **A** da parábola.
- A partir do ponto **A**, marcamos vários pontos sobre o eixo e por eles traçamos perpendiculares ao eixo.
- Com centro em **F** e raios **Di** (distância do ponto **D** ao ponto **i**, com **i = 1, 2, ...,n**), vamos obter diversos pontos da parábola por interseção com as perpendiculares ao eixo.

A.8.3 Hipérbole*

A **hipérbole** é uma curva plana aberta, lugar geométrico dos pontos de um plano tais que a diferença das suas distâncias a dois pontos fixos (focos) deste plano seja constante.

Basicamente, a hipérbole pode ser caracterizada do seguinte modo:
- Dois eixos de simetria perpendiculares entre si.
- Dois focos.
- Uma diferença constante dos dois raios vetores igual à distância **AB**.
- Uma distância entre focos superior à distância **AB**.

No exemplo seguinte é traçada uma hipérbole dados o eixo **2a** e a distância focal **2c**. A construção geométrica é apresentada na **Figura A.32**, sendo efetuada do modo seguinte:
- Primeiro, marcamos o ponto **O** sobre uma reta.
- A seguir, simetricamente, marcamos os pontos focais **F** e **G**, à distância de **2c**, e os pontos **A** e **B**, à distância de 2a.
- Sobre o eixo de simetria, além de **F** marcamos arbitrariamente vários pontos.
- Com raios **Ai** e **Bi** (i = 1, 2,...,n) traçamos os arcos de circunferência com centros em **F** e **G**, respectivamente.
- As interseções dos dois arcos definem vários pontos da hipérbole, cujo traçado será efetuado à mão livre.

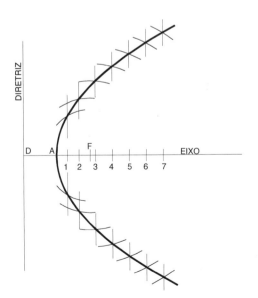

Figura A.31 Construção de uma parábola sendo dado o seu parâmetro.

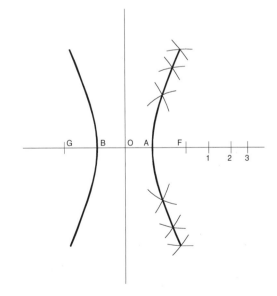

Figura A.32 Construção de uma hipérbole sendo dado o seu parâmetro.

A.9 HÉLICES*

A **hélice** é uma curva não plana aberta que se desenvolve sobre um cilindro (hélice cilíndrica) ou sobre um cone (hélice cônica).

Um trecho de hélice correspondente a uma rotação completa do ponto de geração chama-se **espira**.

A distância entre dois planos perpendiculares ao eixo que contêm pontos consecutivos da hélice, situados na mesma geratriz, chama-se **passo**.

A hélice diz-se **direita** se um observador colocado sobre o eixo vê a hélice subir da esquerda para a direita, e **esquerda** no caso contrário.

Pode-se considerar a hélice cilíndrica como gerada por um ponto em movimento sobre uma superfície cilíndrica, animado simultaneamente de dois movimentos de velocidade constante: um de rotação em torno do eixo e outro de translação paralelo ao eixo. Este tipo de hélice fica completamente definido desde que se indique o passo e o raio.

Pode-se considerar a hélice cônica como gerada por dois movimentos de um ponto: um de rotação em torno do eixo, o outro, um movimento de translação dirigido para o vértice da superfície cônica. Estas hélices ficam definidas depois de se fixarem o valor do ângulo do cone e o passo.

Em termos práticos, a hélice é muito utilizada em Desenho Técnico devido às suas várias aplicações industriais, como, por exemplo, roscas de parafusos, roscas de porcas e molas.

Na **Figura A.33** exemplifica-se o traçado de uma hélice cilíndrica, dado o passo.

A.10 TRANSPOSIÇÃO, AMPLIAÇÃO E REDUÇÃO DE DESENHOS

Para finalizar este anexo, vamos analisar como poderemos graficamente efetuar transposição, redução ou ampliação de um desenho.

Embora existam diferentes formas de transpor, reduzir ou ampliar um desenho (réguas de escalas, compassos de redução, pantógrafos, processos fotográficos etc.), vamos, contudo debruçar-nos sobre o método da quadrícula.

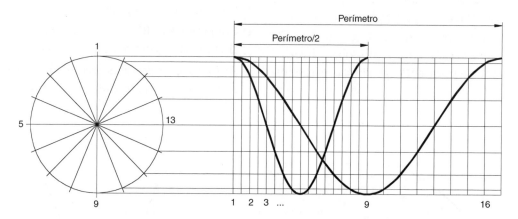

Figura A.33 Traçado de uma hélice cilíndrica dado o passo.

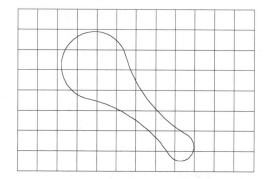
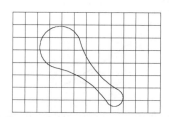

Figura A.34 Transposição, redução e ampliação de desenhos.

Construções Geométricas

O método da quadrícula permite transpor, reduzir ou ampliar desenhos. Este processo consiste em traçar uma rede de quadrículas sobre o desenho e, em seguida, outra rede de quadrículas, na proporção desejada, e referenciar sobre ela os pontos de interseção do desenho com as linhas da rede. Quando se pretende unicamente transpor um desenho as duas redes de quadrículas devem ser iguais.

Na **Figura A.34** ilustra-se o método gráfico da quadrícula. Uma vantagem deste método é que, dispondo-se de várias quadrículas previamente traçadas, estas podem ser colocadas entre o desenho e uma folha de papel vegetal, na qual se executa o desenho, evitando assim ter de desenhar a rede de quadrículas.

CONSULTAS RECOMENDADAS

- Giesecke, F. E., Mitchell, A., Spencer, H. C., Hill, I. L., Dygdon, J. T., Novak, J. E., *Technical Drawing*. Prentice Hall, 11. ed., 1999.

- Morais, J. S., *Desenho de Construções 1 - Desenho Básico*. Porto Editora, 26. ed.

ANEXO B
TABELAS DE ELEMENTOS DE MÁQUINAS

B.1 PARAFUSOS

Designação: Parafuso Cabeça Hexagonal – MdxL
Normas: ISO 4014   DIN 931   Classe 8.8

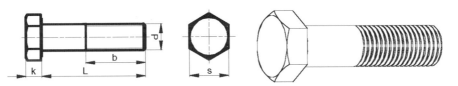

d	4	5	6	7	8	10	12	14	16	18	20	22	24	27	30	33	36	39	42	45	48	52	56	60	64
P	0,7	0,8	1	1	1,3	1,5	1,8	2	2	2,5	2,5	2,5	3	3	3,5	3,5	4	4	4,5	4,5	5	5	5,5	5,5	6
b	14	16	18	20	22	26	30	34	38	42	46	50	54	60	66	72	78	84	90	96	102	116	124	132	140
k	2,8	3,5	4	4,8	5,3	6,4	7,5	8,8	10	12	13	14	15	17	18,7	21	22,5	25	26	28	30	33	35	38	40
s	7	8	10	11	13	16	18	21	24	27	30	32	36	41	46	50	55	60	65	70	75	80	85	90	95
Lmín.	25	30	30	30	35	40	45	50	55	60	65	70	75	80	90	100	110	110	140	120	140	160	160	160	180
Lmáx.	50	80	120	80	200	220	300	260	320	300	400	300	440	400	480	360	500	400	500	400	500	400	440	400	400
Linc	5	5	5	5	5	5	5	5	5	5	10	10	10	10	10	10	10	10	20	10	20	20	20	20

Designação: Parafuso Cabeça Hexagonal – MdxL
Normas: ISO 4017   DIN 933   Classe 8.8

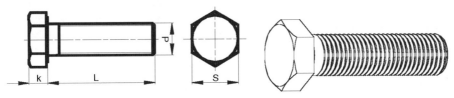

d	3	4	5	6	7	8	10	12	14	16	18	20	22	24	27	30	33	36	39	42	45	48	52	64
P	0,5	0,7	0,8	1	1	1,3	1,5	1,75	2	2	2,5	2,5	2,5	3	3	3,5	3,5	4	4	4,5	4,5	5	5	6
k	2	2,8	3,5	4	4,8	5,3	6,4	7,5	8,8	10	12	12,5	14	15	17	18,7	21	22,5	25	26	28	30	33	40
s	5.5	7	8	10	11	13	16	18	21	24	27	30	32	36	41	46	50	55	60	65	70	75	80	95
Lmín.	6	6	8	8	10	10	16	20	20	20	30	30	50	40	50	50	60	50	80	80	90	100	100	160
Lmáx.	30	60	60	100	70	120	150	150	120	200	100	200	100	200	160	160	100	160	100	120	100	120	120	160
Linc	2	2	2	2	2	2	4-5	2-5	5	5	5	5	5	5	5	10	10	10	10	10	10	10	20	-

Exemplo de designação: Parafuso Cabeça Hexagonal ISO 4017 – M30 × 60 – 8.8

Designação: Parafuso Cabeça Abaulada – MdxL
Normas: ISO 8677   DIN 603   Classe 8.8

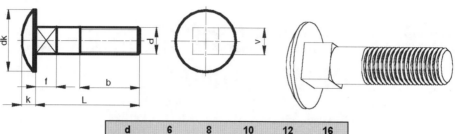

d	6	8	10	12	16
P	1	1,25	1,5	1,75	2
b	18	22	26	30	38
Dk(máx.)	16,55	20,56	24,65	30,65	38,8
f	4,6	5,6	6,6	8,75	12,9
K(máx.)	3,88	4,88	5,38	6,95	8,95
V(máx.)	6,48	8,58	10,58	12,7	16,7
Lmín.	16	16	20	25	90
Lmáx.	50	80	100	100	120
Linc.	4-5	4-5	5	5	30

Exemplo de designação: Parafuso Cabeça Abaulada ISO 8677 – M10 × 30 – 8.8

Designação: Parafuso Cabeça Hexagonal e Porca – MdxL
Normas: ISO 4016   DIN 601/555   Classe 4.6

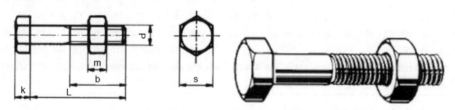

d	5	6	8	10	12	14	16	18	20	22	24	27	30	36	39
P	0,8	1	1,25	1,5	1,75	2	2	2,5	2,5	2,5	3	3	3,5	4	4
b	16	18	22	26	30	34	38	42	46	50	54	60	66	78	84
k	3,5	4	5,3	6,4	7,5	8,8	10	11,5	12,5	14	15	17	18,7	22,5	25
m	4	5	6,5	8	10	11	13	15	16	18	19	22	24	29	31
s	8	10	13	17	19	21	24	27	30	32	36	41	46	55	60
Lmín.	16	10	16	16	20	25	25	40	30	60	50	70	80	120	100
Lmáx.	50	120	160	280	400	120	400	200	500	160	500	300	300	300	100
Linc	4-5	5	4-5	4-5	5	5	5	10	5	5-10	5	10	10	40	-

Tabelas de Elementos de Máquinas

Designação: Parafuso Cabeça Sextavada Interior – MdxL
Normas: ISO 4762   DIN 912   Classe 8.8

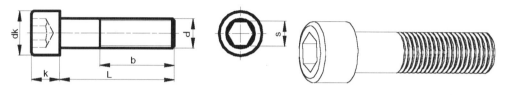

d	3	4	5	6	8	10	12	14	16	18	20	22	24	30
P	0,5	0,7	0,8	1	1,25	1,5	1,75	2	2	2,5	2,5	2,5	3	3,5
b	18	20	22	24	28	32	36	40	44	48	52	56	60	72
Dk(máx.)	5,5	7	8,5	10	13	16	18	21	24	27	30	33	36	45
K(máx.)	3	4	5	6	8	10	12	14	16	18	20	22	24	30
s	2,5	3	4	5	6	8	10	12	14	14	17	17	19	22
Lmín.	6	6	6	8	10	16	16	30	25	35	40	50	40	120
Lmáx.	30	50	80	100	160	170	160	120	200	200	200	200	200	120
Linc	2-5	2-5	2-5	2-5	2-5	4-5	4-5	5	5	5	5-10	10	5-10	-

Exemplo de designação: Parafuso Cabeça Sextavada Interior ISO 4762 – M24 × 100 – 8.8

Designação: Parafuso Cabeça Abaulada com Sextavado Interior – MdxL
Norma: ISO 7380   Classe 10.9

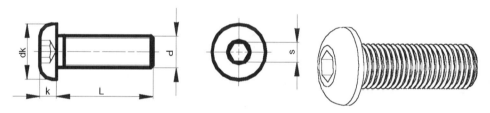

d	3	4	5	6	8	10	12	16
P	0,5	0,7	0,8	1	1,25	1,5	1,75	2
Dk	5,7	7,6	9,5	10,5	14	17,5	21	28
K	1,65	2,2	2,75	3,3	4,4	5,5	6,6	8,8
s	2	2,5	3	4	5	6	8	10
Lmín.	5	6	6	6	8	12	16	30
Lmáx.	25	40	45	60	60	60	80	80
Linc	1,2	2-5	2-5	2-5	2-5	4-5	4-5	5

Exemplo de designação: Parafuso Cabeça Abaulada Sextavada Interior ISO 7380 – M4 × 35 – 10.9

Designação: Parafuso Cabeça Sextavada Interior com Garganta – (Md) dsxL
Norma: ISO 7379   Classe 12.9

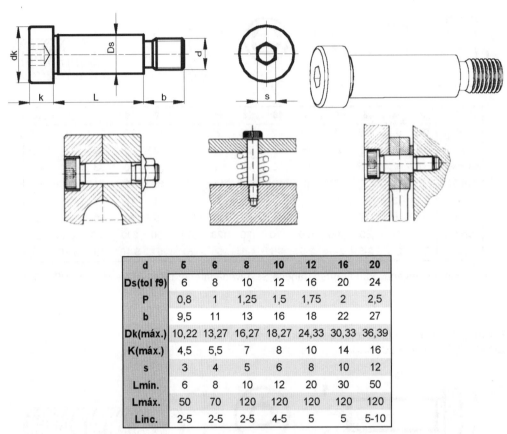

d	5	6	8	10	12	16	20
Ds(tol f9)	6	8	10	12	16	20	24
P	0,8	1	1,25	1,5	1,75	2	2,5
b	9,5	11	13	16	18	22	27
Dk(máx.)	10,22	13,27	16,27	18,27	24,33	30,33	36,39
K(máx.)	4,5	5,5	7	8	10	14	16
s	3	4	5	6	8	10	12
Lmín.	6	8	10	12	20	30	50
Lmáx.	50	70	120	120	120	120	120
Linc.	2-5	2-5	2-5	4-5	5	5	5-10

Exemplo de designação: Parafuso Cabeça Sextavada Interior com Garganta ISO 7379 – (M6) 8 × 70 – 12.9

Designação: Parafuso de Fenda com Cabeça Escareada – MdxL
Normas: ISO 2009   DIN 964   Classe St.St A2 e A4

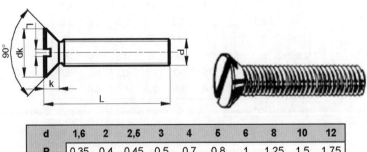

d	1,6	2	2,5	3	4	5	6	8	10	12
P	0,35	0,4	0,45	0,5	0,7	0,8	1	1,25	1,5	1,75
Dk	3	3,8	4,7	5,6	7,5	9,2	11	14,5	18	22
K(máx.)	1	1,2	1,5	1,65	2,2	2,5	3	4	5	6
n	0,4	0,5	0,6	0,8	1	1,2	1,6	2	2,5	3
Lmín.	4	5	5	6	6	6	8	12	20	30
Lmáx.	12	20	20	40	60	80	100	100	100	90
Linc	1-2	1-2	1-2	2-5	2-5	2-5	2-5	4-5	5	10

Exemplo de designação: Parafuso de Fenda com Cabeça Abaulada Escareada ISO 2010 – M3 × 7 – St St A2

Tabelas de Elementos de Máquinas

Designação: Parafuso de Fenda com Cabeça Abaulada Escareada – MdxL
Normas: ISO 2010   DIN 964   Classe St. St A2 e A4

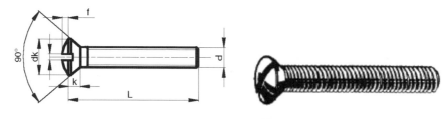

d	2	2,5	3	4	5	6	8
P	0,4	0,45	0,5	0,7	0,8	1	1,25
Dk	3,8	4,7	5,6	7,5	9,2	11	14,5
K(máx.)	1,2	1,5	1,65	2,2	2,5	3	4
F(=)	0,5	0,6	0,75	1	1,25	1,5	2
n	0,5	0,6	0,8	1	1,2	1,6	2
Lmín.	5	6	5	6	6	8	16
Lmáx.	20	25	50	60	100	100	60
Linc	1-2	1-2	2-5	2-5	2-5	2-5	4-5

Exemplo de designação: Parafuso de Fenda com Cabeça Abaulada Escareada ISO 2010 – M3 × 7 – St St A2 (continuação)

Designação: Parafuso de Fenda com Cabeça Cilíndrica – MdxL
Normas: ISO 1580   DIN 85   Classe St.St A2 e A4

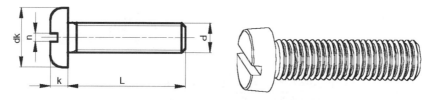

d	2	2,5	3	4	5	6	8	10
P	0,4	0,45	0,5	0,7	0,8	1	1,25	1,5
Dk	4	5	6	8	10	12	16	20
K	1,2	1,5	1,8	2,4	3	3,6	4,8	6
n	0,5	0,6	0,8	1,2	1,2	1,6	2	2,5
Lmín.	6	5	5	6	8	10	10	16
Lmáx.	6	8	25	40	100	100	100	100
Linc	-	-	2-5	2-5	2-5	2-5	4-5	4-5

Exemplo de designação: Parafuso de Fenda com Cabeça Cilíndrica ISO 1580 – M8 × 14 – St St A4

Designação: Parafuso de Fenda com Cabeça Cilíndrica Abaulada Phillips – MdxL
Normas: ISO 7045   DIN 7985   Classe St.St A2 e A4

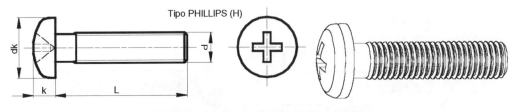

d	2	2,5	3	4	5	6	8
P	0,4	0,45	0,5	0,7	0,8	1	1,25
Dk	4	5	6	8	10	12	16
K	1,6	2	2,4	3,1	3,8	4,6	6
Lmín.	5	6	5	6	6	8	16
Lmáx.	20	25	50	60	100	100	60
Linc.	1-2	1-2	2-5	2-5	2-5	2-5	4-5

Exemplo de designação: Parafuso de Fenda com Cabeça Cilíndrica Abaulada Phillips ISO 7045 – M6 × 20 – St St A4

Designação: Parafuso com Cabeça Escareada Phillips – MdxL
Normas: ISO 7046   DIN 965   Classe St.St A2 e A4

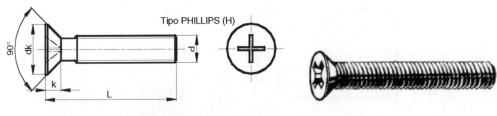

d	2	2,5	3	4	5	6	8
P	0,4	0,45	0,5	0,7	0,8	1	1,25
Dk	3,8	4,7	5,6	7,5	9,2	11	14,5
K(máx.)	1,2	1,5	1,65	2,2	2,5	3	4
Lmín.	4	5	6	8	8	10	16
Lmáx.	16	20	25	30	35	40	50
Linc.	1-2	1-2	2-5	2-5	2-5	2-5	4-5

Tabelas de Elementos de Máquinas

Designação: Parafuso com Cabeça Escareada Boleada Phillips – MdxL
Normas: ISO 7047   DIN 966   Classe St.St A2 e A4

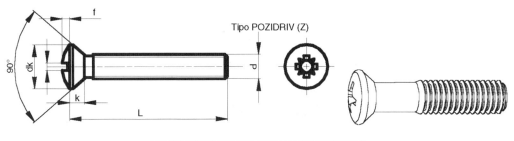

d	2	2,5	3	4	5	6
P	0,4	0,45	0,5	0,7	0,8	1
Dk	3,8	4,7	5,6	7,5	9,2	11
K(máx.)	1,4	1,5	1,65	2,2	2,5	3
f	0,5	0,5	0,75	1	1,25	1,5
Lmín.	6	6	6	8	8	10
Lmáx.	10	12	20	30	40	40
Linc.	2	2	2-4	2-5	2-5	2-5

Exemplo: Parafuso com Cabeça Escareada Boleada Phillips ISO 7047 – M2 × 10 – St St A2

B.2 PORCAS

Designação: Porca Hexagonal – Md
Normas: ISO 4032   DIN 934   Classe St 6 (mín.)

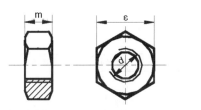

d	M4	M5	M6	M8	M10	M12	M14	M16	M18	M20	M22	M24	M27	M30
P	0,7	0,8	1	1,25	1,5	1,75	2	2	2,5	2,5	2,5	3	3	3,5
m	4	5	6	8	10	12	14	16	18	20	22	24	27	30
s	7	8	10	13	17	19	22	24	27	30	32	36	41	46

d	M33	M36	M39	M42	M45	M48	M52	M56	M60	M64	M68	M72×6	M76×6	M80×6
P	3,5	4	4	4,5	4,5	5	5	5,5	5,5	6	6	6	6	6
m	33	36	39	42	45	48	52	56	60	64	68	72	76	80
s	50	55	60	65	70	75	80	85	90	95	100	105	110	115

Designação: Porca Hexagonal Chata – Md
Normas: ISO 4035   DIN 439 B   Classe St 04

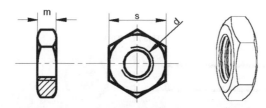

d	M2	M2,5	M3	M4	M5	M6	M8	M10	M12	M14	M16	M18	M20
P	0,4	0,45	0,5	0,7	0,8	1	1,25	1,5	1,75	2	2	2,5	2,5
m	1,2	1,6	1,8	2,2	2,7	3,2	4	5	6	7	8	9	10
s	4	5	5,5	7	8	10	13	17	19	22	24	27	30

d	M22	M24	M27	M30	M33	M36	M39	M42	M45	M48	M52	M56	M60
P	2,5	3	3	3,5	3,5	4	4	4,5	4,5	5	5	5,5	5,5
m	11	12	13,5	15	16,5	18	19,5	21	22,5	24	26	28	30
s	32	36	41	46	50	55	60	65	70	75	80	85	90

Designação: Porca Hexagonal com Castelo – Md
Norma: ISO 935-1   Classe St 6 (mín.)

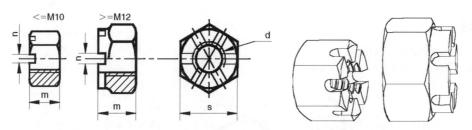

d	M5	M6	M7	M8	M10	M12	M14	M16	M18	M20	M22	M24
P	0,8	1	1	1,25	1,5	1,75	2	2	2,5	2,5	2,5	3
m	6	7,5	8	9,5	12	15	16	19	21	22	26	27
s	8	10	11	13	17	19	22	24	27	30	32	36
n	1,4	2	2	2,5	2,8	3,5	3,5	4,5	4,5	4,5	5,5	5,5

d	M27	M30	M33	M36	M39	M42	M45	M48	M52	M56	M60	M64
P	3	3,5	3,5	4	4	4,5	4,5	5	5	5,5	5,5	6
m	30	33	35	38	40	46	48	50	54	57	63	66
s	41	46	50	55	60	65	70	75	80	85	90	95
n	5,5	7	7	7	7	9	9	9	9	9	11	11

Tabelas de Elementos de Máquinas

Designação: Porca Hexagonal Chata com Castelo – Md
Norma: ISO 979   Classe St 04

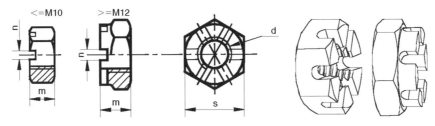

d	M6	M8	M10	M12	M14	M16	M18	M20	M22	M24	M27	M30
P	1	1,25	1,5	1,75	2	2	2,5	2,5	2,5	3	3	3,5
m	5	6,5	8	10	11	13	15	16	18	19	22	24
s	10	13	17	19	22	24	27	30	32	36	41	46
n	2	2,5	2,8	3,5	3,5	4,5	4,5	4,5	5,5	5,5	5,5	7

Designação: Porca Hexagonal com Flange de Encosto Plano ou Dentado – Md
Normas: ISO 4161   DIN 6923   Classe St 8

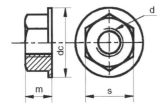  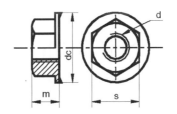 

d	M5	M6	M8	M10	M12	M14	M16	M20	M24
P	0,8	1	1,25	1,5	1,75	2	2	2,5	3
m(máx.)	5	6	8	10	12	14	16	20	30
s	8	10	13	15	18	21	24	30	36
dc(máx.)	11,8	14,2	17,9	21,8	26	29,9	34,5	42,8	45

Designação: Porca Borboleta – Md
Norma: DIN 315   Classe St 8

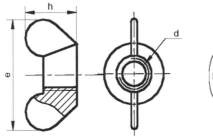 

d	M4	M5	M6	M8	M10	M12	M14	M16	M20	M24
P	0,7	0,8	1	1,25	1,5	1,75	2	2	2,5	3
M(mín.)	3,2	4	5	6,5	8	10	11,2	13	16	20
E(máx.)	20	26	33	39	51	65	65	73	90	110
H(máx.)	10,5	13	17	20	25	33,5	33,5	37,5	46,5	56,5

Designação: Porca Borboleta Tipo Americano – Md
Norma: ANSI B18.17   Classe St 8

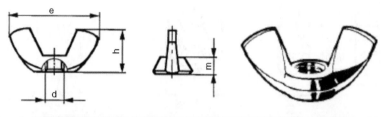

d	M3	M4	M5	M6	M8	M10	M12	M16	M20
P	0,5	0,7	0,8	1	1,25	1,5	1,75	2	2,5
m	3,3	3,3	3,8	4,7	5,6	6,3	7,5	10,7	12
e	18,7	18,7	22,5	27,2	30	35	47,6	62	66
h	8,6	8,6	10,5	12,7	14,6	16,7	22,3	30,8	30,5

Designação: Porca Recartilhada com Colar (DIN 466) ou sem Colar (DIN 467) – Md
Normas: DIN 466/467   Classe St 8

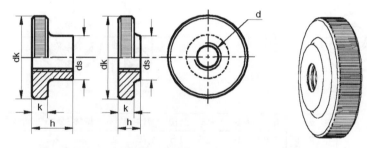

d	M3	M4	M5	M6	M8	M10
P	0,5	0,7	0,8	1	1,25	1,5
dk	12	16	20	24	30	36
ds	6	8	10	12	16	20
k	2,5	3,5	4	5	6	8
h(DIN466)	7,5	9,5	11,5	15	18	23
h(DIN467)	3	4	5	6	8	10

B.3 CONTRAPINOS

Designação: Contrapinos – dxL
Normas: ISO 1234   DIN 94   Em Aço

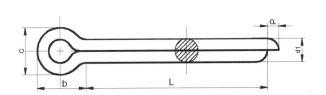

d(nom.)	1	1,6	2	2,5	3,2	3,5	4	4,5	5	6,3	7	8	10	13
d(máx.)	0,9	1,4	1,8	2,3	2,9	3,2	3,7	4,2	4,6	5,9	6,5	7,5	9,5	12,4
d1(mín.)	0,8	1,3	1,7	2,1	2,7	3	3,5	4	4,4	5,7	6,7	7,3	9,3	12,1
a(máx.)	1,6	2,5	2,5	2,5	3,2	3,5	4	4	4	4	4,7	4	6,3	6,3
b	3	3,2	4	5	6,4	7	8	8,5	10	12,6	12,3	16	20	26
c(mín.)	1,6	2,4	3,2	4	5,1	6,1	6,5	7,6	8	10,3	12,45	13,1	16,6	21,7
c(máx.)	1,8	2,8	3,6	4,6	5,8	6,8	7,4	8,2	9,2	11,8	12,5	15	19	24,8
Lmín.	10	10	16	16	16	20	20	50	25	25	63	40	63	63
Lmáx.	50	50	63	63	63	80	80	63	100	100	80	125	160	160
Linc.	2-5	2-5	4-5	4-5	4-5	5	5	-						

Designação: Contrapinos Tipo Mola – d1
Norma: DIN 11024   Em Aço

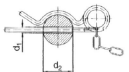

d1(nom.)	2,5	3,5	3,5	4,5	4,5	5,5	6	6,5	7	8	9
mola	s	s	d	s	d	d	s	d	s	s	s
d2 >	9	10	14	16	17	18	20	24	28	28	30
d2 ≤	14	16	20	20	24	30	28	36	40	45	45
d3	2	3	3	4	4	5	5	6	6	7	8
d4	10	18	16	20	23	26	24	30	30	30	28
L1	50	60	62	60	78	92	85	120	105	105	110
L2	25	28	32	30	44	50	40	70	50	50	55

Exemplo de designação: Contrapinos Tipo Mola – DIN 11024 – 6

B.4 CAVILHAS OU PINOS

Designação: Pinos Cilíndricos – dxL
Normas: ISO 2338   DIN 7   Em Aço

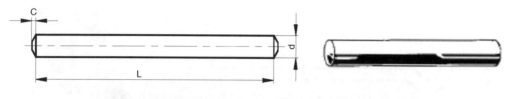

d(m6)	2	2,5	3	4	5	6	8	10	12
c(máx.)	0,3	0,4	0,45	0,6	0,75	0,9	1,2	1,5	1,8
Lmín.	10	10	10	8	10	10	10	16	24
Lmáx.	24	20	30	50	60	80	120	120	120
Linc.	2	2	2	2-6	2-10	2-5	2-10	2-10	4-10

Designação: Pinos Cônicos – d1xL
Normas: ISO 2339   DIN 1 B   Em Aço

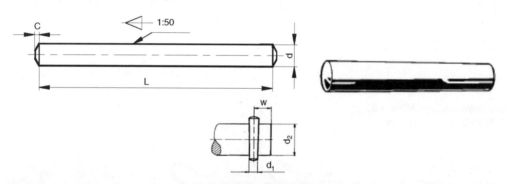

d1(h10)	1	1,5	2	2,5	3	4	5	6	6,5	7	8	10	12	13	16
c(máx.)	0,15	0,23	0,3	0,4	0,45	0,6	0,75	0,9	1	1,2	1,2	1,5	1,8	1,8	2,5
d2>	3	4/5	6	8	8	11	17	23	25	33	30/38	45/50	75	75	110
d2≤	4	5/6	8	9	11	17	23	30	33	40	38/45	50/75	110	110	160
W(mín.)	3	3,5/4	4,5	5	5	6	7,5	9	10	12	10/11	11,5/13	15	15	18

Exemplo de designação: Pino Cônico ISO 2339 – 6 × 75

Designação: Pinos Cônicos de Espiga Roscada – d1xL
Normas: ISO 8737   DIN 7977   Em Aço

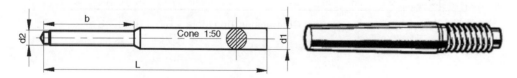

d1	5	6	8	10	12	16	20
d2	M5	M6	M8	M10	M12	M16	M16
b	14	18	22	24	27	35	35
Lmín.	40	45	55	60	85	85	100
Lmáx.	50	60	75	100	120	160	160
Linc.	5	5	5	5	15	15-20	20

Tabelas de Elementos de Máquinas

Designação: Pinos de Cabeça com Rasgo – d1xL
Normas: ISO 8746   DIN 1476   Em Aço Ust 36-2 (DIN17111)

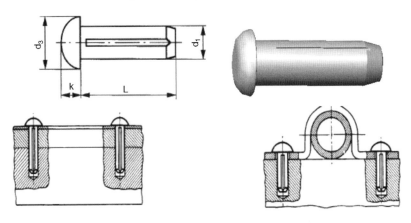

d1	1,4	1,7	2	2,6	3	4	5	6
Toler.	0/–0,05	0/–0,05	0/–0,05	0/–0,075	0/–0,075	0/–0,1	0/–0,1	0/–0,1
d3	2,4	3	3,5	4,5	5,2	7	8,8	10,5
k	0,8	1	1,2	1,6	1,8	2,4	3	3,6
Lmín.	3	3	3	3	4	6	8	10
Lmáx.	6	6	10	10	15	15	25	25
Linc.	1	1	1-2	1-2	1-2	2	2-5	2-5

Exemplo de designação: Pino de Cabeça Redonda com Rasgo ISO 8746 – 4 × 10 – Ust 36-2 (DIN17111)

Designação: Pino Estriado com Meia Espiga Cilíndrica – d1xL
Normas: ISO 8745   DIN 1472   Em Aço Ust 36-2 (DIN17111)

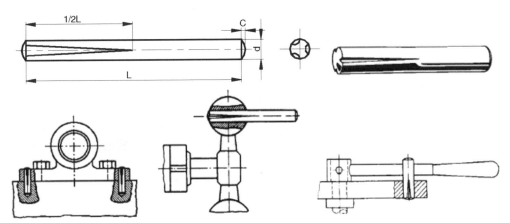

Designação: Pino Cilíndrico com Rasgo – d1xL
Normas: ISO 8742   DIN 1475   Em Aço Ust 36-2 (DIN17111)

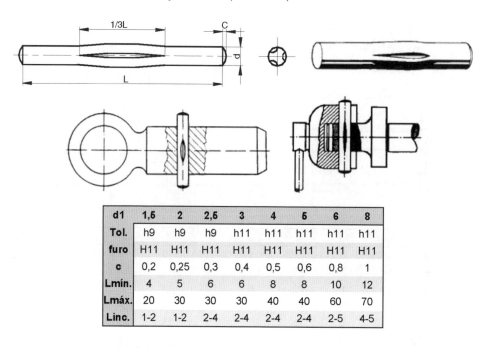

d1	1,5	2	2,5	3	4	5	6	8
Tol.	h9	h9	h9	h11	h11	h11	h11	h11
furo	H11	H11	H11	H11	H11	H11	H11	H11
c	0,2	0,25	0,3	0,4	0,5	0,6	0,8	1
Lmín.	4	5	6	6	8	8	10	12
Lmáx.	20	30	30	30	40	40	60	70
Linc.	1-2	1-2	2-4	2-4	2-4	2-4	2-5	4-5

Designação: Pino Cilíndrico Estriado ou Canelado – d1xL
Normas: ISO 8740   DIN 1473   Em Aço Ust 36-2 (DIN17111)

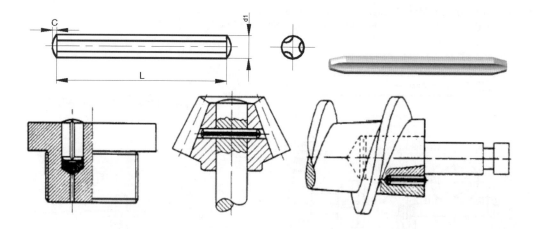

Tabelas de Elementos de Máquinas

Designação: Pino Estriado com Espiga Cilíndrica – d1xL
Normas: ISO 8741   DIN 1474   Em Aço Ust 36-2 (DIN17111)

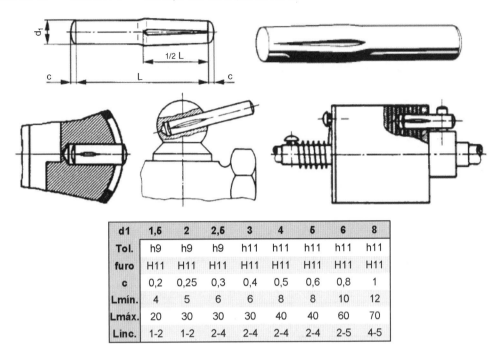

d1	1,5	2	2,5	3	4	5	6	8
Tol.	h9	h9	h9	h11	h11	h11	h11	h11
furo	H11	H11	H11	H11	H11	H11	H11	H11
c	0,2	0,25	0,3	0,4	0,5	0,6	0,8	1
Lmín.	4	5	6	6	8	8	10	12
Lmáx.	20	30	30	30	40	40	60	70
Linc.	1-2	1-2	2-4	2-4	2-4	2-4	2-5	4-5

B.5 CHAVETAS E RASGOS

Designação: Chaveta de Cunha – Tipo A ( ) ou B ou C – bxhxL
Chaveta de Cunha com Cabeça – bxhxL
Normas: ISO R774   ISO 2942   Em Aço com $\sigma_{ruptura} \geq 590$ MPa

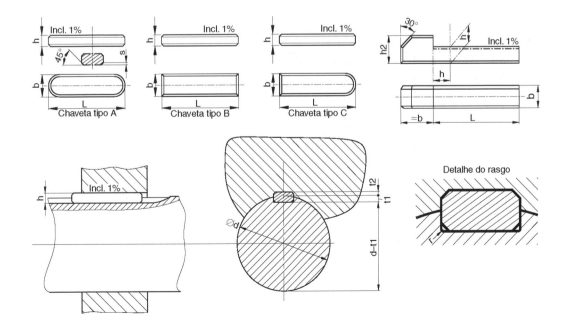

Chaveta

b(h9)	2	3	4	5	6	8	10	12	14	16	18	20	22	25	28
h	2	3	4	5	6	7	8	8	9	10	11	12	14	14	16
h2	-	-	7	8	10	11	12	12	14	16	18	20	22	22	25
d >	6	8	10	12	17	22	30	38	44	58	58	65	75	85	95
d ≤	8	10	12	17	22	30	38	44	50	50	65	75	85	95	110
Lmín.	6	6	8	10	14	18	22	28	36	45	50	56	63	70	80
Lmáx.	20	36	45	56	70	90	100	140	160	180	200	220	250	280	320
s mín.	0,16	0,16	0,16	0,25	0,25	0,25	0,40	0,40	0,40	0,40	0,40	0,60	0,60	0,60	0,60
s máx.	0,25	0,25	0,25	0,40	0,40	0,40	0,60	0,60	0,60	0,60	0,60	0,80	0,80	0,80	0,80

Rasgo

b(D10)	2	3	4	5	6	8	10	12	14	16	18	20	22	25	28
t1	1,2	1,8	2,5	3,0	3,5	4,0	5,0	5,0	5,5	6,0	7,0	7,5	9,0	9,0	10,0
tol. t1	+0,1	+0,1	+0,1	+0,1	+0,1	+0,2	+0,2	+0,2	+0,2	+0,2	+0,2	+0,2	+0,2	+0,2	+0,2
t2	0,5	0,9	1,2	1,7	2,2	2,4	2,4	2,4	2,9	3,4	3,4	3,9	4,4	4,4	5,4
tol. t2	+0,1	+0,1	+0,1	+0,1	+0,1	+0,2	+0,2	+0,2	+0,2	+0,2	+0,2	+0,2	+0,2	+0,2	+0,2
r mín.	0,08	0,08	0,08	0,16	0,16	0,16	0,25	0,25	0,25	0,25	0,25	0,40	0,40	0,40	0,40
r máx.	0,16	0,16	0,16	0,25	0,25	0,25	0,40	0,40	0,40	0,40	0,40	0,60	0,60	0,60	0,60

Chaveta (continuação)

b	32	36	40	45	50	56	63	70	80	90	100
h	18	20	22	25	28	32	32	36	40	45	50
h2	28	32	36	40	45	50	50	56	63	70	80
d >	110	130	150	170	200	230	260	290	330	380	440
d ≤	130	150	170	200	230	260	290	330	380	440	500
Lmín.	90	100									
Lmáx.	360	400									
s mín.	0,60	1,00	1,00	1,00	1,00	1,60	1,60	1,60	2,50	2,50	2,50
s máx.	0,80	1,20	1,20	1,20	1,20	2,00	2,00	2,00	3,00	3,00	3,00

Rasgo (continuação)

b	32	36	40	45	50	56	63	70	80	90	100
t1	11,0	12,0	13,0	15,0	17,0	20,0	20,0	22,0	25,0	28,0	31,0
tol. t1	+0,2	+0,3	+0,3	+0,3	+0,3	+0,3	+0,3	+0,3	+0,3	+0,3	+0,3
t2	6,4	7,1	8,1	9,1	10,1	11,1	11,1	13,1	14,1	16,1	18,1
tol. t2	+0,2	+0,3	+0,3	+0,3	+0,3	+0,3	+0,3	+0,3	+0,3	+0,3	+0,3
r mín.	0,40	0,70	0,70	0,70	0,70	1,20	1,20	1,20	2,00	2,00	2,00
r máx.	0,60	1,00	1,00	1,00	1,00	1,60	1,60	1,60	2,50	2,50	2,50

A tolerância da largura (b) é h9. A tolerância da altura (h) é h9 para seções quadradas e h11 para seções retangulares.

Os comprimentos preferenciais (L) das chavetas são: 6-8-10-12-14-16-18-20-22-25-28-32-36-40-45-50-56-63-70-80-90-100-110-125-140-160-180-200-220-250-280-320-360-400

Exemplo de designação: Chaveta de Cunha ISO 2492 – tipo A – 12 × 8 × 40

Tabelas de Elementos de Máquinas

Designação: Chaveta Redonda – bxh
Normas: ISO 3912   DIN 6888   Em Aço com $\sigma_{ruptura} \geq 590$ MPa

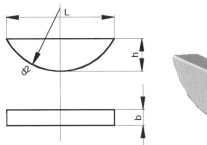

b(h9)	2	2	2	2,5	3	3	3	3	4	4	4	4	4
h(h12)	2,6	3,7	5	3,7	3,7	5	6,5	7,5	5	6,5	7,5	9	9
L	6,76	9,66	12,65	9,66	9,66	12,65	15,72	18,57	12,65	15,72	18,57	9	21,63
d2	7	10	–	10	10	13	16	–	13	16	19	–	–
D>	6	6	8	8	8	8	–	10	10	10	–	12	12
D≤	8	8	10	10	10	10	–	12	12	12	–	17	17
D>	10	10	12	12	12	12	12	17	17	17	17	22	22
D≤	12	12	17	17	17	17	17	22	22	22	22	30	30

b(h9)	5	5	5	6	6	6	6	8	8	10
h(h12)	6,5	7,5	9	9	11	13	15	11	13	13
L	15,72	18,57	21,63	21,63	27,35	31,43	37,14	27,35	31,43	31,43
d2	16	19	22	22	28	–	–	28	32	32
D>	12	12	–	17	–	22	–	22	–	30
D≤	17	17	–	22	–	30	–	30	–	38
D>	22	22	22	30	30	38	–	38	38	38
D≤	30	30	30	38	38	–	–	–	–	–

D refere-se ao diâmetro do veio

Exemplo de designação: Chaveta Redonda ISO 3912 – 5 × 6,5

B.6 REBITES

Designação: Rebite de Cabeça Redonda – d1xL
Normas: ISO R 1051   DIN 660/124   Em Aço

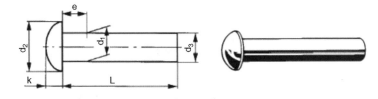

d1	2	3	4	5	6	8	10
d2	3,5	5,2	7	8,8	10,5	14	14,5
d3(mín.)	1,87	2,87	3,87	4,82	5,82	7,76	9,4
e	1	1,5	2	2,5	3	4	5
K(js14)	1,2	1,8	2,4	3	3,6	4,8	6,5
Lmín.	6	6	6	8	10	16	20
Lmáx.	16	30	50	50	60	60	60

Exemplo de designação: Rebite de Cabeça Redonda – ISO R 1051 – 8 × 16

Designação: Rebite de Cabeça Contrapuncionada – d1xL
Normas: ISO R 1051   DIN 661/302   Em Aço

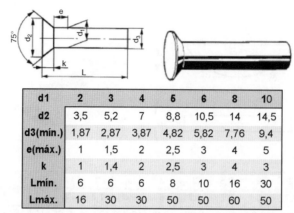

d1	2	3	4	5	6	8	10
d2	3,5	5,2	7	8,8	10,5	14	14,5
d3(mín.)	1,87	2,87	3,87	4,82	5,82	7,76	9,4
e(máx.)	1	1,5	2	2,5	3	4	5
k	1	1,4	2	2,5	3	4	3
Lmín.	6	6	6	8	10	16	30
Lmáx.	16	30	30	50	50	60	50

Exemplo de designação: Rebite de Cabeça Contrapuncionada – ISO R 1051 – 6 × 20

Designação: Rebite de Cabeça Contrapuncionada Abaulada – Nr
Normas: ISO R 1051   DIN 662   Em Aço

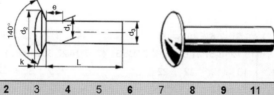

Nr.	2	3	4	5	6	7	8	9	11	12	15
d1	2	2,3	2,5	2,8	3	3,3	3,5	4	4,5	5	6
d2	4	4,6	5	5,6	6	6,6	7	8	9	10	12
d3(mín.)	1,87	2,17	2,67	2,7	2,87	3,17	3,37	3,87	4,37	4,82	5,82
e(máx.)	1	1,2	1,25	1,4	1,5	1,7	1,75	2	2,3	2,5	3
k	1	1,1	1,2	1,4	1,5	1,7	1,8	2,1	2,3	2,5	3
L	5	5	6	6,5	8	8,5	10	12	13	16	20

Designação: Rebite Cego – d1xL
Norma: DIN 7337 A   Em Alumínio

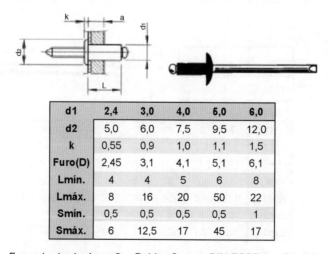

d1	2,4	3,0	4,0	5,0	6,0
d2	5,0	6,0	7,5	9,5	12,0
k	0,55	0,9	1,0	1,1	1,5
Furo(D)	2,45	3,1	4,1	5,1	6,1
Lmín.	4	4	5	6	8
Lmáx.	8	16	20	50	22
Smín.	0,5	0,5	0,5	0,5	1
Smáx.	6	12,5	17	45	17

Exemplo de designação: Rebite Cego – DIN 7337 A – 3 × 20

Tabelas de Elementos de Máquinas

B.7 ARRUELAS

Designação: Arruela Plana – Md
Normas: ISO 7089   DIN 125-1 A   Em Aço

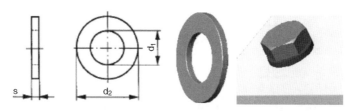

D	M1,6	M2	M2,5	M2,6	M3	M3,5	M4	M5	M6	M7	M8	M10
d1	1,7	2,2	2,7	2,8	3,2	3,7	4,3	5,3	6,4	7,4	8,4	10,5
d2	4	5	6	7	7	8	9	10	12	14	16	20
s	0,3	0,3	0,5	0,5	0,5	0,5	0,8	1	1,6	1,6	1,6	2

D	M11	M12	M14	M16	M18	M20	M22	M24	M27	M30	M33	M36	M39
d1	12	13	15	17	19	21	23	25	28	31	34	37	40
d2	24	24	28	30	34	37	39	44	50	56	60	66	72
s	2,5	2,5	2,5	3	3	3	3	4	4	4	5	5	6

D	M42	M45	M48	M52	M56	M60	M64
d1	43	46	50	54	58	62	66
d2	78	85	92	98	105	110	115
s	7	7	8	8	9	9	9

Designação: Arruela Plana – Md
Normas: ISO 7093   DIN 9021   Em Aço

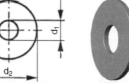

D	M3	M3,5	M4	M5	M6	M7	M8	M10	M12	M14	M16	M18	M20
d1	3,2	3,7	4,3	5,3	6,4	7,4	8,4	10,5	13	15	17	20	22
d2	9	11	12	15	18	22	24	30	37	44	50	56	60
s	0,8	0,8	1	1,2	1,6	2	2	2,5	3	3	3	4	4

Exemplo de designação: Arruela Plana – ISO 7093 – M12

Designação: Arruela Plana com Chanfro – Md
Normas: ISO 7090   DIN 125-1 B   Em Aço

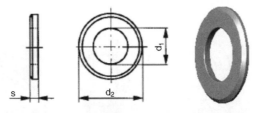

D	M5	M6	M7	M8	M10	M12	M14	M16	M18	M20	M22	M24
d1	5,3	6,4	7,4	8,4	10,5	13	15	17	19	21	23	25
d2	10	12	14	16	20	24	28	30	34	37	39	44
s	1	1,6	1,6	1,6	2	2,5	2,5	3	3	3	3	4

D	M27	M30	M33	M36	M39	M42	M45	M48	M52	M56	M60	M64
d1	28	31	34	37	40	43	46	50	54	58	62	66
d2	50	56	60	66	72	78	85	92	98	105	110	115
s	4	4	5	5	6	7	7	8	8	9	9	9

Designação: Mola Prato – De x Di x t
Norma: DIN 2093 A   Em Aço

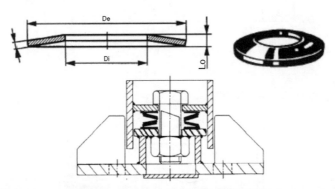

De(h12)	8	10	12,5	14	16	18	20	22,5	25	28	31,5
Di(H12)	4,2	5,2	6,2	7,2	8,2	9,2	10,2	11,2	12,2	14,2	16,3
t	0,4	0,5	0,7	0,8	0,9	1	1,1	1,25	1,5	1,5	1,75
Lo	0,6	0,75	1	1,1	1,25	1,4	1,55	1,75	2,05	2,15	2,45

De(h12)	35,5	40	45	50	56	63	71	80	90	100	112
Di(H12)	18,3	20,4	22,4	25,4	28,5	31	36	41	46	51	57
t	2	2,25	2,5	3	3	3,5	4	5	5	6	6
Lo	2,8	3,15	3,5	4,1	4,3	4,9	5,6	6,7	7	8,2	8,5

Tabelas de Elementos de Máquinas

Designação: Arruela Helicoidal de Pressão – Md
Norma: DIN 127 B   Em Aço

D	M2	M3	M3,5	M4	M5	M6	M7	M8	M10	M12	M14	M16	M18	M20	M22
d1(mín.)	2,1	3,1	3,6	4,1	5,1	6,1	7,1	8,1	10,2	12,2	14,2	16,2	18,2	20,2	22,5
d2(máx.)	4,4	6,2	6,7	7,6	9,2	11,8	12,8	14,8	18,1	21,1	24,1	27,4	29,4	33,6	35,9
s	0,5	0,8	0,8	0,9	1,2	1,6	1,6	2	2,2	2,5	3	3,5	3,5	4	4

D	M24	M27	M30	M36	M39	M42	M45	M48	M52	M56	M60	M64	M68	M72
d1(mín.)	24,5	27,5	30,5	36,5	39,5	42,5	45,5	49	53	57	61	65	69	73
d2(máx.)	40	43	48,2	58,2	61,2	68,2	71,2	75	83	87	91	95	99	103
s	5	5	6	6	6	7	7	7	8	8	8	8	8	8

Designação: Arruela Curva Elástica – Md
Norma: DIN 137 A   Em Aço

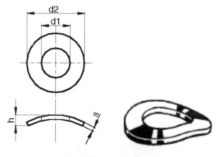

D	M2	M2,3	M2,5Á	M2,6	M3	M3,5	M4	M5	M6	M7	M8	M10
d1	2,2	2,5	2,6	2,8	3,2	3,7	4,3	5,3	6,4	7,4	8,4	10,5
d2	4,5	5	5	5,5	6	7	8	10	11	12	15	18
s	0,3	0,3	0,3	0,3	0,4	0,4	0,5	0,5	0,5	0,5	0,5	0,8
h(máx.)	1	1	1	1,1	1,3	1,4	1,6	1,8	2,2	2,4	3,4	4

Exemplo de designação: Arruela Curva Elástica – DIN 137 A – M6

Designação: Arruela Elástica com Dentado Exterior (DIN 6797 A) ou Interior (DIN 6797 J) – Md
Normas: DIN 6797 A / 6797 J   Em Aço

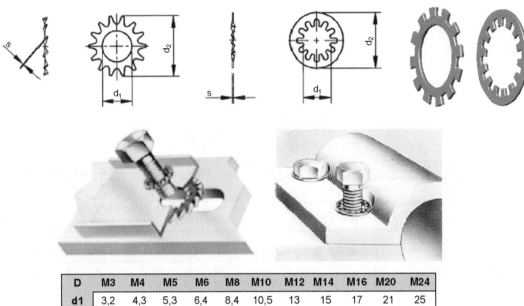

D	M3	M4	M5	M6	M8	M10	M12	M14	M16	M20	M24
d1	3,2	4,3	5,3	6,4	8,4	10,5	13	15	17	21	25
d2	6	8	10	11	15	18	20,5	24	26	33	38
s	0,4	0,5	0,6	0,7	0,8	0,9	1	1	1,2	1,4	1,5

Exemplo de designação: Arruela Elástica com Dentado Exterior – DIN 6797 A – M4

Designação: Arruela de Segurança com Lingueta Exterior – Md
Norma: DIN 432   Em Aço

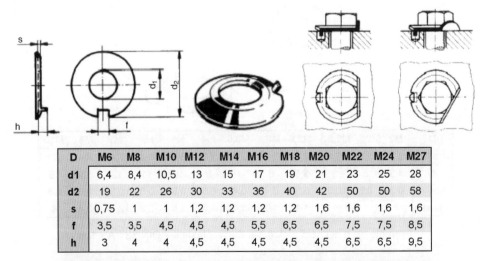

D	M6	M8	M10	M12	M14	M16	M18	M20	M22	M24	M27
d1	6,4	8,4	10,5	13	15	17	19	21	23	25	28
d2	19	22	26	30	33	36	40	42	50	50	58
s	0,75	1	1	1,2	1,2	1,2	1,2	1,6	1,6	1,6	1,6
f	3,5	3,5	4,5	4,5	4,5	5,5	6,5	6,5	7,5	7,5	8,5
h	3	4	4	4,5	4,5	4,5	4,5	4,5	6,5	6,5	9,5

D	M30	M33	M36	M39	M42	M45	M48	M52	M56	M60	M64
d1	31	34	37	40	43	46	50	54	58	62	66
d2	63	68	75	82	88	95	100	105	112	118	125
s	1,6	1,6	2	2	2	2	2	2	2,5	2,5	2,5
f	8,5	9,5	11	11	11	13	13	13	16	16	18
h	9,5	9,5	9,5	11	11	12	13	13	14	13,5	13,5

Tabelas de Elementos de Máquinas

Designação: Arruela de Segurança com Duas Linguetas – Md
Norma: DIN 463   Em Aço

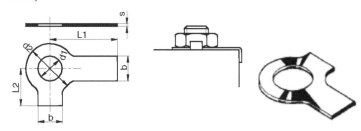

D	M6	M8	M10	M12	M14	M16	M20	M24	M27	M30
d1	6,4	8,4	10,5	13	15	17	21	25	28	31
d2	12,5	17	21	24	28	30	37	44	50	56
s	0,5	0,75	0,75	1	1	1	1	1	1,6	1,6
b	7	8	10	12	12	15	18	20	23	26
L1	18	20	22	28	28	32	36	42	48	52
L2	9	11	13	15	16	18	21	25	29	32

Designação: Arruela de Segurança com Lingueta Interior – Md
Norma: DIN 462   Em Aço

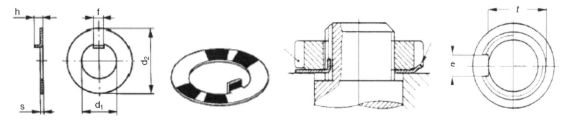

d1(H11)	10	12	14	16	18	20	22	24	26	28	30
d2(h11)	25	28	30	32	34	36	40	42	45	50	50
s	0,8	0,8	0,8	1	1	1	1	1	1	1	1,2
f(C11)	4	5	5	5	6	6	6	6	7	7	7
h	3	3	3	3	4	4	4	4	5	5	5
n(H11)	4	5	5	5	6	6	6	6	7	7	7
t(máx.)	7,3	9,2	11,3	13,4	15,3	17,4	19,4	21,5	23,4	25,4	27,4

d1(H11)	32	35	38	40	42	45	48	50	55	58	60
d2(h11)	52	55	58	62	62	68	75	75	80	90	90
s	1,2	1,2	1,2	1,2	1,2	1,2	1,2	1,2	1,2	1,5	1,5
f(C11)	7	7	8	8	8	8	8	8	8	10	10	10
h	5	5	5	5	5	5	5	5	5	6	6
n(H11)	7	7	8	8	8	8	8	8	8	10	10
t(máx.)	29,5	32,5	35,2	37,2	39,2	42,2	45,2	47,2	52,1	55,1	57,1

d1(H11)	62	65	68	70	72	75	80	85	90	95	100
d2(h11)	95	95	100	100	110	110	115	120	130	135	145
s	1,5	1,5	1,5	1,5	1,5	1,5	1,5	1,5	1,5	1,5	1,5
f(C11)	10	10	10	10	10	10	10	10	10	12	12
h	6	6	6	6	7	7	7	7	7	8	8
n(H11)	10	10	10	10	10	10	10	10	10	12	12
t(máx.)	59,1	62,2	65,2	67,2	68,7	71,7	76,7	81,7	86,7	91,6	96,7

Designação: Arruela de Segurança com Lingueta – Md
Norma: DIN 93   Em Aço

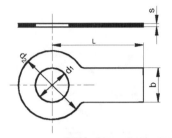 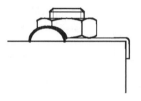 

D	M6	M8	M10	M12	M14	M16	M18	M20	M22	M24
d1	6,4	8,4	10,5	13	15	17	19	21	23	25
d2	19	22	26	30	33	36	40	42	50	50
s	0,5	0,75	0,75	1	1	1	1	1	1	1
b	7	8	10	12	12	15	18	18	20	20
L	18	20	22	28	28	32	36	36	42	42

D	M27	M30	M33	M36	M39	M42	M45	M48	M52
d1	28	31	34	37	40	43	46	50	54
d2	58	63	68	75	82	88	95	100	105
s	1,6	1,6	1,6	1,6	1,6	1,6	1,6	1,6	1,6
b	23	26	28	30	32	35	38	40	44
L	48	52	56	60	64	70	75	80	85

Exemplo de designação: Arruela de Segurança – DIN 93 – M42

B.8 ANÉIS DE RETENÇÃO

Designação: Anel de Retenção para Eixos – d2
Norma: DIN 6799   Em Aço

 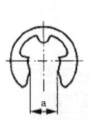 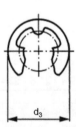 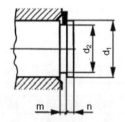  

	d2(h11)	1,2	1,5	1,9	2,3	3,2	4	5	6	7	8	9	10	12	15	19	24
Eixo	d1(mín.)	1,4	2	2,5	3	4	5	6	7	8	9	10	11	13	16	20	25
	d1(máx.)	2	2,5	3	4	5	7	8	9	11	12	14	15	18	24	31	38
Anel	s	0,3	0,4	0,5	0,6	0,6	0,7	0,7	0,7	0,9	1	1,1	1,2	1,3	1,5	1,75	2
	a	1,01	1,28	1,61	1,94	2,7	3,34	4,11	5,26	5,84	6,52	7,63	8,32	10,45	12,61	15,92	21,88
	d3(máx.)	3,25	4,25	4,8	6,3	7,3	9,3	11,3	12,3	14,3	16,3	18,8	20,4	23,4	29,4	37,6	44,6
Rebaixo	m	0,34	0,44	0,54	0,64	0,64	0,74	0,74	0,74	0,94	1,05	1,15	1,25	1,35	1,55	1,8	2,05
	n(mín.)	0,6	0,8	1	1	1	1,2	1,2	1,2	1,5	1,8	2	2	2,5	3	3,5	4

Exemplo de designação: Anel de Retenção para Eixos – DIN 6799 – 8

Tabelas de Elementos de Máquinas

Designação: Anel de Retenção para Eixos – d1
Norma: DIN 471   Em Aço

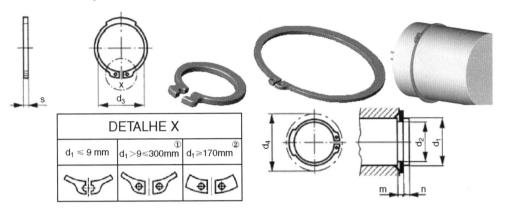

d1	4	5	6	7	8	9	10	11	12	13	14	15	16	17	18
s	0,4	0,6	0,7	0,8	0,8	1	1	1	1	1	1	1	1	1	1,2
d3	3,7	4,7	5,6	6,5	7,4	8,4	9,3	10,2	11	11,9	12,9	13,8	14,7	15,7	16,5
d4	8,6	10,3	11,7	13,5	14,7	16	17	18	19	20,2	21,4	22,6	23,8	25	26,2
d2	3,8	4,8	5,7	6,7	7,6	8,6	9,6	10,5	11,5	12,4	13,4	14,3	15,2	16,2	17
m(H13)	0,5	0,7	0,8	0,9	0,9	1,1	1,1	1,1	1,1	1,1	1,1	1,1	1,1	1,1	1,3
n(mín.)	0,3	0,3	0,5	0,5	0,6	0,6	0,6	0,8	0,8	0,9	0,9	1,1	1,2	1,2	1,5

d1	19	20	21	22	24	25	26	28	29	30	32	34	35	36	38
s	1,2	1,2	1,2	1,2	1,2	1,2	1,2	1,5	1,5	1,5	1,5	1,5	1,5	1,75	1,75
d3	17,5	18,5	19,5	20,5	22,2	23,2	24,2	25,9	26,9	27,9	29,6	31,5	32,2	33,2	35,2
d4	27,2	28,4	29,6	30,8	33,2	34,2	35,5	37,9	39,1	40,5	43	45,4	46,8	47,8	50,2
d2	18	19	20	21	22,9	23,9	24,6	26,6	27,6	28,6	30,3	32,3	33	34	36
m(H13)	1,3	1,3	1,3	1,3	1,3	1,3	1,3	1,6	1,6	1,6	1,6	1,6	1,6	1,85	1,85
n(mín.)	1,5	1,5	1,5	1,5	1,7	1,7	1,7	2,1	2,1	2,1	2,6	2,6	3	3	3

d1	40	42	45	48	50	52	55	56	58	60	62	63	65	68	70
s	1,75	1,75	1,75	1,75	2	2	2	2	2	2	2	2	2,5	2,5	2,5
d3	36,5	38,5	41,5	44,5	45,8	47,8	50,8	51,8	53,8	55,8	57,8	58,8	60,8	63,5	65,5
d4	52,6	55,7	59,1	62,5	64,5	66,7	70,2	71,6	73,6	75,6	77,8	79	81,4	84,8	87
d2	37,5	39,5	42,5	45,5	47	49	52	53	55	57	59	60	62	65	67
m(H13)	1,85	1,85	1,85	1,85	2,15	2,15	2,15	2,15	2,15	2,15	2,15	2,15	2,65	2,65	2,65
n(mín.)	3,8	3,8	3,8	3,8	4,5	4,5	4,5	4,5	4,5	4,5	4,5	4,5	4,5	4,5	4,5

d1	72	75	78	80	82	85	88	90	95
s	2,5	2,5	2,5	2,5	2,5	3	3	3	3
d3	67,5	70,5	73,5	74,5	76,5	79,5	82,5	84,5	89,5
d4	89,2	92,7	96,1	98,1	100,3	103,3	106,5	108,5	114,8
d2	69	72	75	76,5	78,5	81,5	84,5	86,5	91,5
m(H13)	2,65	2,65	2,65	2,65	2,65	3,15	3,15	3,15	3,15
n(mín.)	4,5	4,5	4,5	5,3	5,3	5,3	5,3	5,3	5,3

d1	100	105	110	115	120	125	130	135
s	3	4	4	4	4	4	4	4
d3	94,5	98	103	108	113	118	123	128
d4	120,2	125,8	131,2	137,3	143,1	149	154,4	159,8
d2	96,5	101	106	111	116	121	126	131
m(H13)	3,15	4,15	4,15	4,15	4,15	4,15	4,15	4,15
n(mín.)	5,3	6	6	6	6	6	6	6

Exemplo de referência: Anel de Retenção para Eixos – DIN 471 – 15

Designação: Anel de Retenção para Furos – d1
Norma: DIN 472   Em Aço

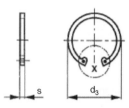

DETALHE X

| $d_1 \leq 300$mm | $d_1 \geq 170$mm | $d_1 \geq 25$mm |

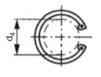

d1	8	9	10	11	12	13	14	15	16	17	18	19	20	21
s	0,8	0,8	1	1	1	1	1	1	1	1	1	1	1	1
d3	8,7	9,8	10,8	11,8	13	14,1	15,1	16,2	17,3	18,3	19,5	20,5	21,5	22,5
d4	3	3,7	3,3	4,1	4,9	5,4	6,2	7,2	8	8,8	9,4	10,4	11,2	12,2
d2	8,4	9,4	10,4	11,4	12,5	13,6	14,6	15,7	16,8	17,8	19	20	21	22
m(H13)	0,9	0,9	1,1	1,1	1,1	1,1	1,1	1,1	1,1	1,1	1,1	1,1	1,1	1,1
n(mín.)	0,6	0,6	0,6	0,6	0,8	0,9	0,9	1,1	1,2	1,2	1,5	1,5	1,5	1,5

d1	22	24	25	26	28	30	31	32	34	35	36	37	38	40
s	1	1,2	1,2	1,2	1,2	1,2	1,2	1,2	1,5	1,5	1,5	1,5	1,5	1,75
d3	23,5	25,9	26,9	27,9	30,1	32,1	33,4	34,4	36,5	37,8	38,8	39,8	40,8	43,5
d4	13,2	14,8	15,5	16,1	17,9	19,9	20	20,6	22,6	23,6	24,6	25,4	26,4	27,8
d2	23	25,2	26,2	27,2	29,4	31,4	32,7	33,7	35,7	37	38	39	40	42,5
m(H13)	1,1	1,3	1,3	1,3	1,3	1,3	1,3	1,3	1,6	1,6	1,6	1,6	1,6	1,85
n(mín.)	1,5	1,8	1,8	1,8	2,1	2,1	2,6	2,6	2,6	3	3	3	3	3,8

d1	42	45	47	48	50	52	54	55	56	58	60	62	63	65
s	1,75	1,75	1,75	1,75	2	2	2	2	2	2	2	2	2	2,5
d3	45,5	48,5	50,5	51,5	54,2	56,2	58,2	59,2	60,2	62,2	64,2	66,2	67,2	69,2
d4	29,6	32	33,5	34,5	36,3	37,9	41	40,7	41,7	43,5	44,7	46,7	47,7	49
d2	44,5	47,5	49,5	50,5	53	55	57	58	59	61	63	65	66	68
m(H13)	1,85	1,85	1,85	1,85	2,15	2,15	2,15	2,15	2,15	2,15	2,15	2,15	2,15	2,65
n(mín.)	3,8	3,8	3,8	3,8	4,5	4,5	4,5	4,5	4,5	4,5	4,5	4,5	4,5	4,5

d1	68	70	72	75	78	80	82	85	88	90	92	95	98	100
s	2,5	2,5	2,5	2,5	2,5	2,5	2,5	3	3	3	3	3	3	3
d3	72,5	74,5	76,5	79,5	82,5	85,5	87,5	90,5	93,5	95,5	97,5	100,5	103,5	105,5
d4	51,6	53,6	55,6	58,6	60,1	62,1	64,1	66,9	69,9	71,9	73,3	76,5	79	80,6
d2	71	73	75	78	81	83,5	85,5	88,5	91,5	93,5	95,5	98,5	101,5	103,5
m(H13)	2,65	2,65	2,65	2,65	2,65	2,65	2,65	3,15	3,15	3,15	3,15	3,15	3,15	3,15
n(mín.)	4,5	4,5	4,5	4,5	4,5	5,3	5,3	5,3	5,3	5,3	5,3	5,3	5,3	5,3

d1	102	105	108	110	112	115	120	125	130	135	140
s	4	4	4	4	4	4	4	4	4	4	4
d3	108	112	115	117	119	122	127	132	137	142	147
d4	82	85	88	88,2	90	93	96,9	101,9	106,9	111,5	116,5
d2	106	109	112	114	116	119	124	129	134	139	144
m(H13)	4,15	4,15	4,15	4,15	4,15	4,15	4,15	4,15	4,15	4,15	4,15
n(mín.)	6	6	6	6	6	6	6	6	6	6	6

Exemplo de referência: Anel de Retenção para Furos – DIN 472 – 15

B.9 CORRENTES DE TRANSMISSÃO

Designação: Correntes de Transmissão tipo S
Norma: ISO 487   Em Aço

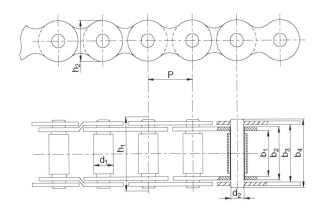

Número ISO	p	d₁ máx	b₁ mín.	b₃ mín.	h₂ Máx.	d₂ Máx.	b₂ Máx.	b₄ Máx.	h₁ Máx.	Carga medida [daN]	Carga última [daN]
S32	29,21	11,43	15,88	2,057	13,5	4,47	20,19	26,7	31,8	13	800
S42	34,93	14,27	19,05	25,65	19,8	7,01	25,40	34,3	39,4	22	2670
S45	41,40	15,24	22,23	28,96	17,3	5,74	28,58	38,1	43,2	22	1780
S52	38,10	15,24	22,23	28,96	17,3	5,74	28,58	38,1	43,2	22	1780
S55	41,40	17,78	22,23	28,96	17,3	5,74	28,58	38,1	43,2	22	1780
S62	41,91	19,05	25,40	32,00	17,3	5,74	31,80	40,6	45,7	44	2670
S77	58,34	18,26	22,23	31,50	26,2	8,92	31,17	43,2	52,1	56	4450
S88	66,27	22,86	28,58	37085	26,2	8,92	37,52	50,8	58,4	56	4450

Exemplo de referência: Corrente de Transmissão S45 – ISO 487

Designação: Correntes de Transmissão de Precisão de Passo Curto
Norma: ISO 606   Em Aço

Número ISO	p	d1 máx.	b1 mín.	d2 máx.	d3 mín.	h1 mín.	h2 máx.	h3 máx.	l1 mín.	l2 mín.	c	pt	b2 máx.	b3 mín.	S b4 máx.	D b5 máx.	T b6 máx.	b7 máx	Carga ensaio S daN	D daN	T daN	Carga de ruptura S mín. daN	D mín. daN	T mín. daN
05B	8,00	5,00	3,00	2,31	2,36	7,37	7,11	7,11	3,71	3,71	0,08	5,61	4,77	4,90	8,6	14,3	19,9	3,1	5	10	15	440	780	1110
06B	9,525	6,35	5,72	3,28	3,33	8,52	8,26	8,26	4,32	4,32	0,08	10,24	8,53	8,66	13,5	23,8	34,0	3,3	7	14	21	890	1690	2490
08A	12,70	7,95	7,85	3,96	4,01	12,33	12,07	10,41	5,28	6,10	0,08	14,38	11,18	11,23	17,8	32,3	46,7	3,9	12	25	37	1380	2760	4140
08B	12,70	8,51	7,75	4,45	4,50	12,07	11,81	10,92	5,66	6,12	0,08	13,92	11,30	11,43	17,0	31,0	44,9	3,9	12	25	37	1780	3110	4450
10A	15,675	10,16	9,40	5,08	5,13	15,35	15,09	13,03	6,60	7,62	0,10	18,11	13,84	13,89	21,8	39,9	57,9	4,1	20	39	59	2180	4360	6540
10B	15,875	10,16	9,65	5,08	5,13	14,99	14,73	13,72	7,11	7,62	0,10	16,59	13,28	13,41	19,6	36,2	52,8	4,1	20	39	59	2220	4450	6670
12A	19,05	11,91	12,57	5,94	5,99	18,34	18,08	15,62	7,90	9,14	0,10	22,78	17,75	17,81	26,9	49,8	72,6	4,6	28	56	84	3110	6230	9340
12B	19,05	12,07	11,68	5,72	5,77	16,39	16,13	16,13	8,33	8,33	0,10	19,46	15,62	15,75	22,7	42,2	61,7	4,6	28	56	84	2890	5780	8670
16A	25,40	15,88	15,75	7,92	7,97	24,39	24,13	20,83	10,54	12,19	0,13	29,29	22,61	22,66	33,5	62,7	91,9	5,4	50	100	149	5560	11120	16680
16B	25,40	15,88	17,02	8,28	8,33	21,34	21,08	21,08	11,15	11,15	0,13	31,88	25,45	25,58	36,1	68,0	99,9	5,4	50	100	149	4230	8450	12680
20A	31,75	19,05	18,90	9,53	9,58	30,48	30,18	26,04	13,16	15,24	0,15	35,76	27,46	27,51	41,1	77,0	113,0	6,1	78	156	234	8670	17350	26020
20B	31,75	19,05	19,56	10,19	10,24	28,68	26,42	26,42	13,89	13,89	0,15	36,45	29,01	29,14	43,2	79,7	116,1	6,1	78	156	234	6450	12900	19350
24A	38,10	22,23	25,22	11,10	11,15	36,55	36,20	31,24	15,80	18,26	0,18	45,44	35,46	35,51	50,8	96,3	141,7	6,6	111	222	334	12460	24910	37370
24B	38,10	25,40	25,40	14,63	14,68	33,73	33,40	33,40	17,55	17,55	0,18	48,36	37,92	38,05	53,4	101,8	150,2	6,6	111	222	334	9790	19570	29360
28A	44,45	25,40	25,22	12,70	12,75	42,67	42,24	36,45	18,42	21,31	0,20	48,87	37,19	37,24	54,9	103,6	152,4	7,4	151	302	454	16900	33810	50710
28B	44,45	27,94	30,99	15,95	15,95	37,46	37,08	37,08	19,51	19,51	0,20	59,56	46,58	46,71	65,1	124,7	184,3	7,4	151	302	454	12900	25800	38700
32A	50,80	28,58	31,55	14,27	14,32	48,74	48,26	41,66	21,03	24,33	0,20	58,55	45,21	45,26	65,5	124,2	182,9	7,9	200	400	601	22240	44480	66720
32B	50,80	29,21	30,99	17,81	17,86	42,72	42,29	42,29	22,20	22,20	0,20	58,55	45,57	45,70	67,4	126,0	184,5	7,9	200	400	601	16900	33810	50710
40A	63,50	39,68	37,85	19,84	19,89	60,93	60,33	52,07	26,24	30,35	0,20	71,55	54,89	54,94	80,3	151,9	223,5	10,2	311	623	934	34700	69390	104090
40B	63,50	39,37	38,10	22,89	22,94	53,49	52,96	52,96	27,76	27,76	0,20	72,29	55,75	55,88	82,6	154,9	227,2	10,2	311	623	934	26240	52490	78730
48A	76,20	47,63	47,35	23,80	23,85	73,13	72,39	62,48	31,45	36,40	0,20	87,83	67,82	67,87	95,5	183,4	271,3	10,5	445	890	1334	50040	100080	150130
48B	76,20	48,26	45,72	29,24	29,29	64,52	63,88	63,88	33,45	33,45	0,20	91,21	70,56	70,69	99,1	190,4	281,6	10,5	445	890	1334	40030	80070	120100
56B	88,90	53,98	53,34	34,32	34,37	78,64	77,85	77,85	40,61	40,61	0,20	106,60	81,33	81,46	114,6	221,2		11,7	609	1219	-	54270	108540	
64B	101,6	63,50	60,96	39,40	39,45	91,08	90,17	90,17	47,07	47,07	0,20	119,89	92,02	92,15	130,9	250,8		13,0	796	1592		71170	142340	
72B	114,3	72,39	68,58	44,48	44,53	104,67	103,63	103,63	53,37	53,37	0,20	136,27	103,81	103,94	147,4	283,7		14,3	1010	2019		89850	179710	

Correntes usadas em bicicletas e velocípedes

Número ISO	Passo p	Dia. rolo d1 máx.	Largura útil b1 mín.	d2 máx.	d3 mín.	h1 mín.	h2 máx.	h3 máx.	l1 mín.	l2 mín.	c	b2 máx.	b3 mín.	b4 máx.	b7 máx.	Carga ensaio –	Carga ruptura mín.
						mm										daN	daN
081	12,70	7,75	3,30	3,66	3,71	10,17	9,91	9,91	5,36	5,36	0,08	5,80	5,93	10,2	1,5	12,5	800
082	12,70	7,75	2,38	3,66	3,71	10,17	9,91	9,91	5,36	5,36	0,08	4,60	4,73	8,2	-	12,5	980
083	12,70	7,75	4,88	4,09	4,14	10,56	10,30	10,30	5,36	5,36	0,08	7,90	8,03	12,9	1,5	12,5	1160
084	12,70	7,75	4,88	4,09	4,14	11,41	11,15	11,15	5,77	5,77	0,08	8,80	8,93	14,8	1,5	12,5	1560
085	12,70	7,77	6,38	3,58	3,63	10,17	9,91	9,91	5,28	6,10	0,08	9,07	9,20	14,0	2,0	12,5	670

Exemplo de referência: Corrente de Transmissão de Precisão 084 – ISO 606

B.10 PERFIS DE CONSTRUÇÃO

Designação: Diâmetros d, Áreas da Seção S e peso p por metro de barra
Norma: NP-331   Em Aço

d (mm)	S (cm²)	p (kg/m)	d (mm)	S (cm²)	p (kg/m)	d (mm)	S (cm²)	p (kg/m)
6	0,29	0,222	40	12,6	9,87	90	63,6	49,9
8	0,50	0,395	45	15,9	12,5	100	78,5	61,7
10	0,79	0,617	50	19,6	15,4	110	95,0	74,6
12	1,13	0,888	55	23,8	18,7	125	123,0	96,3
16	2,01	1,58	60	28,3	22,2	140	154,0	121,0
21	3,14	2,47	65	33,2	26,0	160	201,0	158,0
25	4,90	3,85	70	38,5	30,2	180	254,0	200,0
32	8,04	6,31	80	50,3	39,5			

Designação: Diâmetros d, Áreas da Seção S e peso p por metro de varão para concreto armado
Norma: NP-332   Em Aço

d (mm)	S (cm²)	p (kg/m)
6	0,283	0,222
8	0,503	0,395
10	0,785	0,617
12	1,130	0,888
16	2,010	1,58
20	3,14	2,47
25	4,91	3,85
32	8,04	6,31
40	12,6	9,87

Tabelas de Elementos de Máquinas

Designação: Dimensões normalizadas a, áreas da seção S e peso p por metro de vergalhão
Norma: NP-333   Em Aço

d (mm)	S (cm²)	p (kg/m)	d (mm)	S (cm²)	p (kg/m)	d (mm)	S (cm²)	p (kg/m)
8	0,64	0,502	32	10,2	8,04	60	36,0	28,3
10	1,00	0,785	(36)	13,0	10,2	65	42,3	33,2
12	1,44	1,13	40	16,0	12,6	70	49,0	38,5
16	2,56	2,01	45	20,3	15,9	80	64,0	50,2
20	4,00	3,14	50	25,0	19,6	(90)	81,0	63,6
25	6,25	4,91	55	30,3	23,7	100	100,0	78,5

Designação: Dimensões Normalizadas, Seções e Pesos por Metro de Barra de Aço
Normas: NP-331

b x e (mm)	p (kg/m)	S (cm²)	b x e (mm)	p (kg/m)	S (cm²)
12 x 5	0,471	0,60	60 x 6	2,83	3,60
			8	3,77	4,80
16 x 5	0,628	0,80	10	4,71	6,00
6	0,754	0,96	12	5,65	7,20
			16	7,54	9,60
20 x 5	0,785	1,00	20	9,42	12,00
6	0,942	1,20			
8	1,26	1,60	70 x 6	3,30	4,20
10	1,57	2,00	8	4,40	5,60
			10	5,50	7,00
	0,981	1,25	12	6,59	8,40
		1,50	16	8,79	11,20
		2,00	20	11,0	14,00
		2,50			
		3,00	80 x 6	3,77	4,80
			8	5,02	6,40
	1,26	1,60	10	6,28	8,00
	1,51	1,92	12	7,54	9,60
	2,01	2,56	16	10,0	12,80
	2,51	3,20	20	12,6	16,00
	3,01	3,84	25	15,7	20,00
40 x 5	1,57	2,00	100 x 6	4,71	6,00
6	1,88	2,40	8	6,28	8,00
8	2,51	3,20	10	7,85	10,00
10	3,14	4,00	12	9,42	12,00
12	3,77	4,80	16	12,60	16,00
16	5,02	6,40	20	15,70	20,00
20	6,28	8,00	25	19,60	25,00
45 x 5	1,77	2,25	120 x 10	9,42	12,00
6	2,12	2,70	12	11,30	14,40
8	2,83	3,60	16	15,10	19,20
10	3,53	4,50	20	18,80	24,00
12	4,24	5,40	25	23,60	30,00
16	5,65	7,20			
20	7,07	9,00	150 x 10	11,80	15,00
			12	14,10	18,50
50 x 5	1,96	2,50	16	18,80	24,00
6	2,36	3,00	20	23,60	30,00
8	3,14	4,00	25	29,40	37,50
10	3,93	5,00			
12	4,71	6,00			
16	6,28	8,00			
20	7,35	10,00			

Designação: Dimensões, Seções e Pesos por Metro Linear
Normas: DIN 2440   Tubo de Ferro Galvanizado

Diâmetro Nominal	d (mm)	e (mm)	S (cm²)	P (kg/m)	Diâmetro Nominal	d (mm)	e (mm)	S (cm²)	P (kg/m)
3/8"	16,75	2,25	1,02	0,85	2"	60,00	3,30	5,87	4,88
1/2"	21,25	2,4	1,42	1,19	2 1/2"	75,50	3,75	8,45	7,04
3/4"	26,75	2,4	1,84	1,53	3"	88,25	4,00	10,9	8,81
1"	33,50	2,9	2,79	2,32	3 1/4"	101,00	4,25	13,6	10,7
1 1/4"	42,25	3,1	3,81	3,17	4"	113,5	4,25	14,6	12,2
1 1/2"	48,20	3,1	4,70	3,66	5"	139,0	4,50	19,0	15,8
					6"	164,5	4,50	22,6	18,9

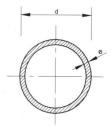

Designação: Dimensões Normalizadas, Seções e Pesos por Metro Linear, de Cantoneira
Norma: NP-335   Em Aço

bxbxe (mm)	r1 (mm)	r2 (mm)	S (cm²)	p (kg/m)	bxbxe (mm)	r1 (m)	r2 (m)	S (cm²)	p (kg)
20x20x3	3,5	2	1,12	0,88	75x75x7	10	5	10,1	7,9
4			1,45	1,14	8			11,5	9,0
					10			14,1	11,0
25x25x3	3,5	2	1,42	1,11					
4			1,85	1,45	80x80x7	10	5	10,0	8,4
5			2,26	1,77	8			12,3	9,6
30x30x3	5	2,5	1,74	1,36	90x90x8	11	5,5	13,9	10,0
4			2,27	1,78	9			15,5	12,0
5			2,78	2,18	11			18,7	14,0
35x35x4	5	2,5	2,67	2,09	100x100	12	6	19,2	15,0
			3,28	2,57	12			22,7	17,0
40x40x4	5	3	3,08	2,42	120X12	13	6,5	23,2	18,0
5			3,79	2,97	12			27,5	21,0
					15			33,9	26,0
45x45x5	7	3,5	4,30	3,38					
50X50X	7	5	4,80	3,77	150x150	16	8	34,8	27,0
6		3,5	5,69	4,47	15			43,0	33,0
7			6,56	5,15	18			51,0	40,0
55X55X	8	4	6,31	4,95	180x180	18	9	58,9	40,0
8			8,23	6,46	18			61,9	48,0
60X60X	8	4	6,91	5,42	20			68,3	53,0
65x65x7					200x200	18	9	68,1	48,0
9					18			69,1	54,0
70x70x7	9	4,5	9,40	7,38	20		24	76,3	59,0
					24			90,6	71,0

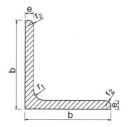

Tabelas de Elementos de Máquinas

Designação: Dimensões Normalizadas, Seções e Pesos por Metro Linear, de Cantoneira
Norma: NP-336   Em Aço

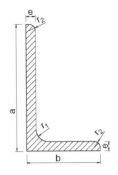

axbxe (mm)	r1 (mm)	r2 (mm)	S (cm²)	p (kg/m)	axbxe (mm)	r1 (mm)	r2 (mm)	S (cm²)	p (kg/m)
30x20x3	4	2	1,43	1,12	100x50x6	9	4,5	8,73	6,85
4			1,86	1,46	8			11,4	8,99
					10			14,1	11,1
40x20x3	4	2	1,63	1,36	100x65x7	10	5	11,2	8,77
4			2,26	1,77	8			12,7	9,94
					10			15,6	12,3
45x30x4	4	2	2,86	2,24					
60x30x5	6	3	4,29	3,37	100x75x8	10	5	13,5	10,6
6			5,08	3,99	10			16,6	13,0
					12			19,7	15,4
60x40x5	6	3	4,79	3,76	130x65x8	11	5,5	15,1	11,8
					10			18,6	14,6
65x50x5	6	3	5,54	4,35					
7		3	7,60	5,96	150X75X9	11	6,5	19,6	15,4
					10			21,6	17,0
75x50x6	7	3,5	7,19	5,65					
8			9,41	7,39	150X90X1	12	6	23,2	18,2
					12				
80x40x6	7	3,5	6,89	5,41	15				
80x60x6	8	4	8,11	6,37	200X100X	15	6	29,2	23,0
8			10,6	8,34	12			38,8	27,3
					15			43,0	33,7
90x65x6	8	4	9,01	7,07					
8			11,8	9,29					
10			14,6	11,4					

Designação: Dimensões dos Formatos Normalizados de Tijolos
Norma: NP-834   Especificação do LNEC E 309

Tipo	Designação	Dimensões (mm)		
		Comprimento	Largura	Altura
Formatos-base	22 x 11 x 7	220	107	70
	30 x 20 x 7	295	190	70
	30 x 20 x 11	295	190	110
	30 x 20 x 15	295	190	150
	30 x 22 x 20	295	220	190
Formatos complementares	20 x 20 x 7	195	190	70
	20 x 20 x 11	195	190	110
	20 x 20 x 15	195	190	150
	22 x 20 x 20	195	190	195
Dúplex	30 x 20 x 17	295	190	170
	30 x 20 x 22	295	190	220
	30 x 20 x 27	295	190	270
	30 x 30 x 32	295	190	320

ANEXO C
NORMAS NP, EN, ISO E NBR RELACIONADAS COM O DESENHO TÉCNICO

C.1 NORMAS PORTUGUESAS NP

C.1.1 NP sobre Desenho Técnico

NP 48:1968 (3ª Edição) Desenho Técnico. Formatos.

NP 49:1968 (3ª Edição) Desenho Técnico. Modo de dobrar folhas de desenho.

NP 62:1961 (2ª Edição) Desenho Técnico. Linhas e sua utilização.

NP 167:1966 (2ª Edição) Desenho Técnico. Figuração de materiais em corte.

NP 204:1968 (2ª Edição) Desenho Técnico. Legendas.

NP 205:1970 (1ª Edição) Desenho Técnico. Listas de peças.

NP 265:1962 (1ª Edição) Cotas sem tolerância. Diferenças para peças metálicas trabalhadas por arranque de apara.

NP 297:1963 (1ª Edição) Desenho Técnico. Cotagem.

NP 327:1964 (1ª Edição) Desenho Técnico. Representação de vistas.

NP 328:1964 (1ª Edição) Desenho Técnico. Cortes e secções.

NP 671:1973 (1ª Edição) Desenho Técnico. Representação convencional. Convenções de utilização geral.

NP 718:1968 (2ª Edição) Desenho Técnico. Molduras.

C.1.2 NP sobre Tolerâncias

NP 107:1962 (1ª Edição) Tolerâncias e ajustamentos. Terminologia.

NP 189:1962 (1ª Edição) Sistema de tolerâncias. Noções fundamentais.

NP 190:1963 (1ª Edição) Sistema de tolerâncias. Simbologia.

NP 366:1964 (1ª Edição) Enchavetamentos. Tolerâncias na largura dos rasgos.

NP 716:1968 (1ª Edição) Desenho Técnico. Cotagem e especificação de tolerâncias de elementos cônicos.

NP 1895:1982 (1ª Edição) Roscas métricas de perfil triangular ISO para usos gerais. Tolerâncias. Generalidades. Correspondência: ISO 965-1:1980.

NP 1896:1982 (1ª Edição) Roscas métricas de perfil triangular ISO para usos gerais. Tolerâncias. Dimensões limites. Qualidade média. Correspondência: ISO 965-2:1980.

NP 1897:1982 (1ª Edição) Roscas métricas de perfil triangular ISO para usos gerais. Tolerâncias. Desvios. Correspondência: ISO 965-3:1980.

C.1.3 NP sobre Soldagem

NP 1515:1977 (1ª Edição) Soldagem. Representação simbólica nos desenhos. Correspondência: ISO 2553:1974.

C.1.4 NP sobre Acabamentos Superficiais e Estados de Superfície

NP 3915-1:1994 (1ª Edição) Rugosidade de superfícies. Terminologia. Parte 1: Superfície e seus parâmetros. Correspondência: ISO 4287-1:1984.

NP 3915-2:1994 (1ª Edição) Rugosidade de superfícies. Terminologia. Parte 2: Medição dos parâmetros de rugosidade de superfície. Correspondência: ISO 4287-2:1984.

C.1.5 NP sobre Peças Roscadas

NP 110:1983 (2ª Edição) Roscas métricas de perfil triangular ISO para usos gerais.

Diâmetros e passos recomendados. Correspondência: ISO 262:1973.

NP 155:1985 (3ª Edição) Elementos de ligação roscados e seus acessórios. Nomenclatura. Correspondência: ISO 1891:1979.

NP 400:1983 (2ª Edição) Roscas métricas de perfil triangular ISO para usos gerais. Perfil de base. Correspondência: ISO 68:1973.

NP 401:1983 (2ª Edição) Roscas métricas de perfil triangular ISO para usos gerais. Dimensões nominais. Correspondência: ISO 261:1973;ISO 724:1978.

NP 1899:1982 (1ª Edição) Parafusos de aço, sem cabeça. Características mecânicas. Correspondência: ISO 898-5:1980.

NP 1900:1982 (1ª Edição) Parafusos de cabeça sextavada, parcialmente roscados. Graus de acabamento A e B. Correspondência: ISO 4014:1979.

C.1.6 NP sobre Rebites

NP 245:1961 (1ª Edição) Rebites semitubulares com cabeça esférica e 3 a 5 mm de diâmetro.

NP 246:1961 (1ª Edição) Rebites semitubulares com cabeça contrapuncionada plana e 3 a 5 mm de diâmetro.

NP 247:1961 (1ª Edição) Rebites semitubulares com cabeça cilíndrica chata e 3 a 6,3 mm de diâmetro.

NP 248:1961 (1ª Edição) Rebites bifurcados com cabeça contrapuncionada plana e 3 a 5 mm de diâmetro.

NP 249:1961 (1ª Edição) Rebites com cabeça esférica e 1,6 a 9 mm de diâmetro.

NP 250:1961 (1ª Edição) Rebites com cabeça contrapuncionada plana e 1,6 a 9 mm de diâmetro.

NP 251:1961 (1ª Edição) Rebites com cabeça cilíndrica chata e 1,6 a 9 mm de diâmetro.

NP 252:1961 (1ª Edição) Furos para rebites.

NP 264:1962 (1ª Edição) Rebites. Tipos normalizados.

C.2 NORMAS EUROPEIAS EN

C.2.1 EN sobre Desenho Técnico

EN 2851:1992 Série aeroespacial. Marcação de peças e conjuntos, exceto motores. Indicação nos desenhos.

EN 20898-1:1991 Propriedades mecânicas dos elementos de ligação. Parte 1: Parafusos de cabeça, parafusos com fenda e prisioneiros Correspondência: ISO 898-1:1988.

EN ISO 4172:1996 Technical drawings. Construction drawings. Drawings for the assembly of prefabricated structures. Correspondência: ISO 4172:1991.

EN ISO 5455:1994 Technical drawings. Scales (Substitui a NP 717).

EN ISO 5457:1999 Technical product documentation. Sizes and layout of drawing sheets. Correspondência: ISO 5457: 1999.

EN ISO 6410-1:1996 Technical drawings. Screw threads and threaded parts. Part 1: General conventions. Correspondência: ISO 6410-1:1993.

EN ISO 6410-2:1996 Technical drawings. Screw threads and threaded parts. Part 2: Screw thread inserts. Correspondência: ISO 6410-2:1993.

EN ISO 6410-3:1996 Technical drawings. Screw threads and threaded parts. Part 3: Simplified representation. Correspondência: ISO 6410-3:1993.

EN ISO 6411:1997 Technical drawings. Simplified representation of centre holes. Correspondência: ISO 6411:1982.

EN ISO 6412-1:1994 Technical drawings. Simplified representation of pipelines. Part 1: General rules and orthogonal representation. Correspondência: ISO 6412-1:1989.

EN ISO 6412-2:1994 Technical drawings. Simplified representation of pipelines. Part 2: Isometric projection. Correspondência: ISO 6412-2:1989.

EN ISO 6412-3:1996 Technical drawings. Simplified representation of pipelines. Part 3: Terminal features of ventilation and drainage systems. Correspondência: ISO 6412-3:1993.

EN ISO 6413:1994 Technical drawings. Representation of splines and serrations. Correspondência: ISO 6413:1988.

EN ISO 6414:1994 Technical drawings for glassware. Correspondência: ISO 6414: 1982.

EN ISO 6433:1994 Technical drawings. Item references. Correspondência: ISO 6433: 1981.

EN ISO 7437:1996 Technical drawings. Construction drawings. General rules for execution of production drawings for prefabricated structural components. Correspondência: ISO 7437: 1990.

EN ISO 7519:1996 Technical drawings. Construction drawings. General principles of presentation for general arrangement and assembly drawings. Correspondência: ISO 7519:1991.

EN ISO 9222-1:1995 Technical drawings. Seals for dynamic application. Part 1: General simplified representation. Correspondência: ISO 9222-1:1989.

EN ISO 9222-2:1994 Technical drawings. Seals of dynamic application. Part 2: Detailed simplified representation. Correspondência: ISO 9222-2:1989.

Normas NP, EN, ISO e NBR Relacionadas com o Desenho Técnico

C.2.2 EN sobre Tolerância

EN 20286-1:1993 Sistema ISO de tolerâncias e de ajuste. Parte 1: Base de tolerâncias, desvios e ajuste. Correspondência: ISO 286-1:1988.

EN 20286-2:1993 Sistema ISO de tolerâncias e de ajuste. Parte 2: Tabelas dos graus de tolerância normalizados e dos desvios limites dos furos e dos eixos. Correspondência: ISO 286-2:1988.

EN 22768-1:1993 General tolerances. Part 1: Tolerances for linear and angular dimensions without individual tolerance indications. Correspondência: ISO 2768-1:1989.

EN 22768-2:1993 General tolerances. Part 2: Geometrical tolerances without individual tolerances indications. Correspondência: ISO 2768-2:1989.

EN ISO 7083:1994 Technical drawings. Symbols for geometrical tolerancing. Proportions and dimensions. Correspondência: ISO 7083:1983.

C.2.3 EN sobre Soldagem

EN 2574:1990 Série aeroespacial. Soldagem. Informações nos desenhos.

EN 22553:1994 Welded, brazed and soldered joints. Symbolic representation on drawings. Correspondência: ISO 2553:1992.

EN 24063:1992 Welding, brazing, soldering and braze welding of metals. Nomenclature of processes and reference numbers for symbolic representation on drawings. Correspondência: ISO 4063:1990.

C.2.4 EN Relacionadas com Peças Roscadas

EN 24014:1991 Hexagon head bolts. Product grades A and B. Correspondência: ISO 4014:1988.

EN 24015:1991 Hexagon head bolts. Product grade B. Reduced shank (Shank diameter = pitch diameter). Correspondência: ISO 4015:1979.

EN 24016:1991 Hexagon head bolts. Product grade C. Correspondência: ISO 4016: 1988.

EN 24017:1991 Hexagon head screws. Product grades A and B. Correspondência: ISO 4017:1988.

EN 24018:1991 Hexagon head screws. Product grade C. Correspondência: ISO 4018:1988.

EN 28676:1991 Hexagon head screws with metric fine pitch thread. Product grades A and B. Correspondência: ISO 8676:1988.

C.2.5 EN sobre Arruelas

EN ISO 10644:1998 Screw and washer assemblies with plain washers. Washer hardness classes 200 HV and 300 HV. Correspondência: ISO 10644:1998.

EN ISO 10673:1998 Plain washers for screw and washer assemblies. Small, normal and large series. Product grade A. Correspondência: ISO 10673:1998.

EN 28738:1992 Plain washers for clevis pins. Product grade A. Correspondência: ISO 8738:1986.

C.2.6 EN sobre Molas

EN ISO 2162-1:1996 Technical product documentation. Springs. Part 1: Simplified representation. Correspondência: ISO 2162-1:1993.

EN ISO 2162-2:1996 Technical product documentation. Springs. Part 2: Presentation of data for cylindrical helical compression springs. Correspondência: ISO 2162-2: 1993.

EN ISO 2162-3:1996 Technical product documentation. Springs. Part 3: Vocabulary. Correspondência: ISO 2162-3:1993.

C.2.7 EN sobre Rolamentos

EN ISO 8826-1:1995 Technical drawings. Rolling bearings. Part 1: General simplified representation. Correspondência: ISO 8826-1:1989.

EN ISO 8826-2:1997 Technical drawings. Rolling bearings. Part 2: Detailed simplified representation. Correspondência: ISO 8826-2:1994.

C.2.8 EN sobre Engrenagens

EN ISO 2203:1997 Technical drawings. Conventional representation of gears. Correspondência: ISO 2203:1973.

C.3 NORMAS ISO

C.3.1 ISO sobre Desenho Técnico

ISO 128:1982 Technical drawings – General principles of presentation.

ISO/CD 128-1 Technical drawings – General principles of presentation – Part 1: Basic information and indexes.

ISO 128-20:1996 Technical drawings – General principles of presentation – Part 20: Basic conventions for lines.

ISO 128-21:1997 Technical drawings – General principles of presentation – Part 21: Preparation of lines by CAD systems.

ISO 128-22:1999 Technical drawings – General principles of presentation – Part 22: Basic conventions and applications for leader lines and reference lines.

ISO 128-23:1999 Technical drawings – General principles of presentation – Part 23: Lines on construction drawings.

ISO 128-24:1999 Technical drawings – General principles of presentation – Part 24: Lines on mechanical engineering drawings.

ISO 128-25:1999 Technical drawings – General principles of presentation – Part 25: Lines on shipbuilding drawings.

ISO/DIS 128-30.2 Technical drawings – General principles of presentation – Part 30: Basic conventions for views.

ISO/DIS 128-40 Technical drawings – General principles of presentation – Part 40: Basic conventions for cuts and sections.

ISO/DIS 128-41 Technical drawings – General principles of presentation – Part 41: Cuts and sections for mechanical engineering drawings.

ISO/DIS 128-50.2 Technical drawings – General principles of presentation – Part 50: Basic conventions for representing areas on cuts and sections.

ISO/DIS 128-60 Technical drawings – General principles of presentation – Part 60: Additional conventions for views, cuts and sections.

ISO/CD 128-71 Technical drawings – General principles of presentation – Part 71: Simplified representation for mechanical engineering.

ISO 129:1985 Technical drawings – Dimensioning – General principles, definitions, methods of execution and special indications.

ISO/DIS 129-1 Technical drawings – Indication of dimensions and tolerances – Part 1: General principles.

ISO/CD 129-2 Technical drawings – Dimensioning – Part 2: Mechanical engineering.

ISO 216:1975 Writing paper and certain classes of printed matter – Trimmed sizes – A and B series.

ISO 1302:1992 Technical drawings – Method of indicating surface texture.

ISO/DIS 1302 Geometrical Product Specification (GPS) – Indication of surface texture in technical product documentation.

ISO 2594:1972 Building drawings – Projection methods.

ISO 3098-0:1997 Technical product documentation – Lettering – Part 0: General requirements.

ISO 3098-1:1974 Technical drawings – Lettering – Part 1: Currently used characters.

ISO 3098-2:1984 Technical drawings – Lettering – Part 2: Greek characters.

ISO 3098-3:1987 Technical drawings – Lettering – Part 3: Diacritical and particular marks for the Latin alphabet.

ISO 3098-4:1984 Technical drawings – Lettering – Part 4: Cyrillic characters.

ISO 3098-5:1997 Technical product documentation – Lettering – Part 5: CAD lettering of the Latin alphabet, numerals and marks.

ISO 3272-1:1983 Microfilming of technical drawings and other drawing office documents – Part 1: Operating procedures.

ISO 3272-2:1994 Microfilming of technical drawings and other drawing office documents – Part 2: Quality criteria and control of 35 mm silver gelatin microfilms.

ISO 3272-3:1975 Microcopying of technical drawings and other drawing office documents – Part 3: Unitized 35 mm microfilm carriers.

ISO/DIS 3272-3 Microfilming of technical drawings and other drawing office documents – Part 3: Unitized aperture card for 35 mm microfilm.

ISO 3272-4:1994 Microfilming of technical drawings and other drawing office documents – Part 4: Microfilming of drawings of special and exceptional elongated sizes.

ISO/FDIS 3272-5 Microfilming of technical drawings and other drawing office documents – Part 5: Test procedures for diazo duplicating of microfilm images in aperture cards.

ISO/DIS 3272-6 Microfilming of technical drawings and other drawing office documents – Part 6: Enlargement from 35 mm microfilm, quality criteria and control.

ISO 5455:1979 Technical drawings – Scales.

ISO 5456-1:1996 Technical drawings – Projection methods – Part 1: Synopsis.

ISO 5456-2:1996 Technical drawings – Projection methods – Part 2: Orthographic representations.

ISO 5456-3:1996 Technical drawings – Projection methods – Part 3: Axonometric representations.

ISO 5456-4:1996 Technical drawings – Projection methods – Part 4: Central projection.

ISO 5457:1999 Technical product documentation – Sizes and layout of drawing sheets.

ISO 5845-1:1995 Technical drawings – Simplified representation of the assembly of parts with fasteners – Part 1: General principles.

ISO 5845-2:1995 Technical drawings – Simplified representation of the assembly of parts with fasteners – Part 2: Rivets for aerospace equipment.

ISO 6410-1:1993 Technical drawings – Screw threads and threaded parts. Part 1: General conventions.

ISO 6410-2:1993 Technical drawings – Screw threads and threaded parts. Part 2: Screw thread inserts.

ISO 6410-3:1993 Technical drawings – Screw threads and threaded parts. Part 3: Simplified representation.

ISO 6411:1982 Technical drawings – Simplified representation of centre holes.

ISO 6412-1:1989 Technical drawings – Simplified representation of pipelines. Part 1: General rules and orthogonal representation.

ISO 6412-2:1989 Technical drawings – Simplified representation of pipelines. Part 2: Isometric projection.

ISO 6412-3:1993 Technical drawings – Simplified representation of pipeline. Part 3: Terminal features of ventilation and drainage systems.

ISO 6413:1988 Technical drawings – Representation of splines and serrations.

ISO 6428:1982 Technical drawings – Requirements for microcopying.

ISO 6433:1981 Technical drawings – Item references.

ISO 7200:1984 Technical drawings – Title blocks.

ISO/DIS 7200-1 Technical product documentation – Document headers and title blocks – Part 1: General structure and content.

ISO/DIS 7200-2 Technical product documentation – Document headers and title blocks – Part 2: Title blocks for mechanical engineering.

ISO 7573:1983 Technical drawings – Item lists.

ISO/TR 8545:1984 Technical drawings – Installations – Graphical symbols for automatic control.

ISO 9222-1:1989 Technical drawings – Seals for dynamic application – Part 1: General simplified representation.

ISO 9222-2:1989 Technical drawings – Seals for dynamic application – Part 2: Detailed simplified representation.

ISO 10135:1994 Technical drawings – Simplified representation of molded, cast and forged parts.

ISO/WD 10135 Technical drawings – Simplified representation of molded, cast and forged parts.

ISO 10303-101:1994 Industrial automation systems and integration – Product data representation and exchange – Part 101: Integrated application resources: Draughting.

ISO 10303-201:1994 Industrial automation systems and integration – Product data representation and exchange – Part 201: Application protocol: Explicit draughting.

ISO 10303-202:1996 Industrial automation systems and integration – Product data representation and exchange – Part 202: Application protocol: Associative draughting.

ISO/TR 10623:1991 Technical product documentation – Requirements for computer aided design and draughting – Vocabulary.

ISO/DIS 12650 Document imaging applications – Microfilming of achromatic maps on 35 mm microfilm.

ISO 12678-1:1996 Refractory products – Measurement of dimensions and external defects of refractory bricks – Part 1: Dimensions and conformity to drawings.

ISO 13567-1:1998 Technical product documentation – Organization and naming of layers for CAD – Part 1: Overview and principles.

ISO 13567-2:1998 Technical product documentation – Organization and naming of layers for CAD – Part 2: Concepts, format and codes used in construction documentation.

ISO 13715:1994 Technical drawings – Corners – Vocabulary and indication on drawings.

ISO/FDIS 13715 Technical drawings – Edges of undefined shape – Vocabulary and indication on drawings.

ISO/DIS 13715 Technical drawings – Edges of undefined shape – Vocabulary and indication on drawings.

ISO/DIS 14985 Hard-copy output of enginee-ring drawings – Specification for the structure of control files.

ISO 15226:1999 Technical product documentation – Life cycle model and allocation of documents.

ISO/DIS 16018 Technical drawings – Numerically controlled draughting machines – Draughting media and tools for vector plotters.

C.3.2 ISO sobre Tolerância Dimensional

ISO 1:1975 Standard reference temperature for industrial length measurements.

ISO/TTA 1:1994 Advanced technical ceramics – Unified classification system.

ISO/WD 1 Geometrical Product Specifications (GPS) – Reference temperature for industrial length measurements.

ISO 286-1:1988 ISO system of limits and fits – Part 1: Bases of tolerances, deviations and fits.

ISO 286-2:1988 ISO system of limits and fits – Part 2: Tables of standard tolerance grades and limit deviations for holes and shafts.

ISO/AWI 286-1 Geometrical product specifications (GPS) – ISO system of limits and fits – Part 1: Bases of tolerances, deviations and fits.

ISO 370:1975 Toleranced dimensions – Conversion from inches into millimeters and vice versa.

ISO 406:1987 Technical drawings – Tolerancing of linear and angular dimensions.

ISO/R 463:1965 Dial gauges reading in 0.01 mm, 0.001 in and 0.0001 in.

ISO 1119:1998 Geometrical Product Specifications (GPS) – Series of conical tapers and taper angles.

ISO 1660:1987 Technical drawings – Dimensioning and tolerancing of profiles.

ISO/AWI 1660 Geometrical Product Specifications (GPS) – Dimensioning and tolerancing of profiles.

ISO 1829:1975 Selection of tolerance zones for general purposes.

ISO/R 1938:1971 ISO system of limits and fits – Part II: Inspection of plain workpieces.

ISO 2538:1998 Geometrical Product Specifications (GPS) – Series of angles and slopes on prisms.

ISO 2768-1:1989 General tolerances – Part 1: Tolerances for linear and angular dimensions without individual tolerance indications.

ISO 2768-2:1989 General tolerances – Part 2: Geometrical tolerances for features without individual tolerance indications.

ISO 3040:1990 Technical drawings – Dimensioning and tolerancing – Cones.

ISO 3599:1976 Vernier callipers reading to 0,1 and 0,05 mm.

ISO 3611:1978 Micrometer callipers for external measurement.

ISO 5166:1982 System of cone fits for cones from C = 1 : 3 to 1 : 500, lengths from 6 to 630 mm and diameters up to 500 mm. (Retirada)

ISO 6906:1984 Vernier callipers reading to 0.02 mm.

ISO 7863:1984 Height setting micrometers and riser blocks.

ISO 8062:1994 Castings – System of dimensional tolerances and machining allowances.

ISO 13920:1996 Welding – General tolerances for welded constructions – Dimensions for lengths and angles – Shape and position.

ISO 14253-1:1998 Geometrical Product Specifications (GPS) – Inspection by measurement of workpieces and measuring equipment – Part 1: Decision rules for proving conformance or non-conformance with specifications.

ISO/TS 14253-2:1999 Geometrical Product Specifications (GPS) – Inspection by measurement of workpieces and measuring equipment – Part 2: Guide to the estimation of uncertainty in GPS measurement, in calibration of measuring equipment and in product verification.

ISO/TR 14638:1995 Geometrical product specification (GPS) – Masterplan.

C.3.3 ISO sobre Tolerância Dimensional de Peças Roscadas

ISO 7-1:1994 Pipe threads where pressure-tight joints are made on the threads – Part 1: Dimensions, tolerances and designation.

ISO 7-2:1982 Pipe threads where pressure-tight joints are made on the threads – Part 2: Verification by means of limit gauges.

ISO 228-1:1994 Pipe threads where pressure-tight joints are not made on the threads – Part 1: Dimensions, tolerances and designation.

ISO 228-2:1987 Pipe threads where pressure-tight joints are not made on the threads – Part 2: Verification by means of limit gauges.

ISO 965-1:1980 ISO general purpose metric screw threads – Tolerances – Part 1: Principles and basic data.

ISO 965-2:1980 ISO general purpose metric screw threads – Tolerances – Part 2: Limits of sizes for general purpose bolt and nut threads – Medium quality.

ISO 965-3:1980 ISO general purpose metric screw threads – Tolerances – Part 3: Deviations for constructional threads.

ISO/R 1501:1970 ISO miniature screw threads.

ISO 1502:1996 ISO general-purpose metric screw threads – Gauges and gauging.

ISO 2903:1993 ISO metric trapezoidal screw threads – Tolerances.

ISO 4759-1:1978 Tolerances for fasteners – Part 1: Bolts, screws and nuts with thread diameters between 1.6 (inclusive) and 150 mm (inclusive) and product grades A, B and C.

ISO/DIS 4759-1 Tolerances for fasteners – Part 1: Bolts, screws, studs and nuts – Product grades A, B and C.

Normas NP, EN, ISO e NBR Relacionadas com o Desenho Técnico

ISO 4759-2:1979 Tolerances for fasteners – Part 2: Bolts, screws and nuts with thread diameters from 1 up to 3 mm and product grade F, for fine mechanics.

ISO 4759-3:1991 Tolerances for fasteners – Part 3: Plain washers for bolts, screws and nuts with nominal thread diameters from 1 mm up to and including 150 mm – Product grades A and C.

ISO/DIS 4759-3 Tolerances for fasteners – Part 3: Plain washers for bolts, screws and nuts – Product grades A and C.

ISO 5864:1993 ISO inch screw threads – Allowances and tolerances.

C.3.4 ISO sobre Tolerância Dimensional de Engrenagens

ISO 1328-1:1995 Cylindrical gears – ISO system of accuracy – Part 1: Definitions and allowable values of deviations relevant to corresponding flanks of gear teeth.

ISO 1328-2:1997 Cylindrical gears – ISO system of accuracy – Part 2: Definitions and allowable values of deviations relevant to radial composite deviations and runout information.

ISO 4156:1981 Straight cylindrical involute splines – Metric module, side fit – Generalities, dimensions and inspection.

ISO 4156:1981 /Amd.1:1992 Amendment 1:1992 to ISO 4156:1981 Section three: Inspection.

ISO 4468:1982 Gear hobs – Single start – Accuracy requirements.

C.3.5 ISO sobre Tolerância Geométrica

ISO 1101:1983 Technical drawings – Geometrical tolerancing – Tolerancing of form, orientation, location and run-out –Generalities, definitions, symbols, indications on drawings.

ISO/FDIS 1101 Geometrical product specifications (GPS) – Geometrical tolerancing – Tolerances of form, orientation, location and run-out.

ISO 1101:1983/ Ext 1:1983 Toleranced characteristics and symbols – Examples of indication and interpretation.

ISO 2692:1988 Technical drawings – Geometrical tolerancing – Maximum material principle.

ISO 2692:1988 Amd 1:1992 Least Material Requirement.

ISO/CD 2692 Technical drawings – Geometrical tolerancing – Maximum material principle.

ISO 5458:1998 Geometrical Product Specifications (GPS) – Geometrical tolerancing – Positional tolerancing.

ISO 5459:1981 Technical drawings – Geometrical tolerancing – Datums and datum systems for geometrical tolerances.

ISO/CD 5459-1 Geometrical Products Specifications (GPS) – Datums for geometrical tolerancing – Part 1: General terms and definitions.

ISO/CD 5459-2 Geometrical Products Specifications (GPS) – Datums for geometrical tolerancing – Part 2: Datums and datum systems, drawing indications.

ISO/WD 5459-3 Geometrical Products Specifications (GPS) – Datums for geometrical tolerancing – Part 3: Method for the establishment of datums for the assessment of geometrical tolerances.

ISO/TR 5460:1985 Technical drawings – Geometrical tolerancing – Tolerancing of form, orientation, location and run-out – Verification principles and methods – Guidelines.

ISO 7083:1983 Technical drawings – Symbols for geometrical tolerancing – Proportions and dimensions.

ISO 8015:1985 Technical drawings – Fundamental tolerancing principle.

ISO 10578:1992 Technical drawings – Tolerancing of orientation and location – Projected tolerance zone.

ISO 10579:1993 Technical drawings – Dimensioning and tolerancing – Non-rigid parts.

C.3.6 ISO sobre Soldagem

ISO 2553:1992 Welded, brazed and soldered joints – Symbolic representation on drawings.

ISO/AWI 2553 Welded, brazed and soldered joints – Symbolic representation on drawings.

ISO 4063:1998 Welding and allied processes – Nomenclature of processes and reference numbers.

ISO 13920:1996 Welding – General tolerances for welded constructions – Dimensions for lengths and angles – Shape and position.

C.3.7 ISO sobre Acabamentos Superficiais e Estados de Superfície

ISO 3274:1996 Geometrical Product Specifications (GPS) – Surface texture: Profile method – Nominal characteristics of contact (stylus) instruments (Incorporates the changes made by Technical Corrigendum 1:1998 to ISO 3274:1996).

ISO 4287:1997 Geometrical Product Specifications (GPS) – Surface texture: Profile method – Terms, definitions and surface texture parameters (Incorporates the changes made by Technical Corrigendum 1:1998 to ISO 4287:1997).

ISO 4288:1996 Geometrical Product Specifications (GPS) – Surface texture: Profile method – Rules and procedures for the assessment of surface texture (Incorporates the changes made by Technical Corrigendum 1:1998 to ISO 4288:1996).

ISO 4291:1985 Methods for the assessement of departure from roundness – Measurement of variations in radius.

ISO 4292:1985 Methods for the assessment of departure from roundness – Measurement by two- and three-point methods.

ISO 5436:1985 Calibration specimens – Stylus instruments – Types, calibration and use of specimens.

ISO 6318:1985 Measurement of roundness – Terms, definitions and parameters of roundness.

ISO 8785:1998 Geometrical Product Specification (GPS) – Surface imperfections – Terms, definitions and parameters.

ISO 11562:1996 Geometrical Product Specifications (GPS) – Surface texture: Profile method – Metrological characteristics of phase correct filters (Incorporates the changes made by Technical Corrigendum 1:1998 to ISO 11562:1996).

ISO 12085:1996 Geometrical Product Specification (GPS) – Surface texture: Profile method – Motif parameters (Incorporates the changes made by Technical Corrigendum 1:1998 to ISO 12085:1996).

ISO 13565-1:1996 Geometrical Product Specification (GPS) – Surface texture: Profile method; Surfaces having stratified functional properties – Part 1: Filtering and general measurement conditions (Incorporates the changes made by Technical Corrigendum 1:1998 to ISO 13565-1:1996).

ISO 13565-2:1996 Geometrical Product Specification (GPS) – Surface texture: Profile method; Surfaces having stratified functional properties – Part 2: Height characterization using the linear material ratio curve (Incorporates the changes made by Technical Corrigendum 1:1998 to ISO 13565-2:1996).

C.3.8 ISO Relacionadas com Peças Roscadas

ISO 68-1:1998 ISO general-purpose screw threads – Basic profile – Part 1: Metric screw threads.

ISO 68-2:1998 ISO general-purpose screw threads – Basic profile – Part 2: Inch screw threads.

ISO 225:1983 Fasteners – Bolts, screws, studs and nuts – Symbols and designations of dimensions.

ISO 261:1998 ISO general-purpose metric screw threads – General plan.

ISO 262:1998 ISO general-purpose metric screw threads – Selected sizes for screws, bolts and nuts.

ISO 263:1973 ISO inch screw threads – General plan and selection for screws, bolts and nuts – Diameter range 0.06 to 6 in.

ISO 272:1982 Fasteners – Hexagon products – Widths across flats.

ISO 273:1979 Fasteners – Clearance holes for bolts and screws.

ISO 299:1987 Machine tool tables – T-slots and corresponding bolts.

ISO 691:1997 Assembly tools for screws and nuts – Wrench and socket openings – Tolerances for general use.

ISO 724:1993 ISO general-purpose metric screw threads – Basic dimensions.

ISO 885:1976 General purpose bolts and screws – Metric series – Radii under the head.

ISO 887:1983 Plain washers for metric bolts, screws and nuts – General plan.

ISO 888:1976 Bolts, screws and studs – Nominal lengths, and thread lengths for general purpose bolts.

ISO 898-1:1988 Mechanical properties of fasteners – Part 1: Bolts, screws and studs.

ISO 898-2:1992 Mechanical properties of fasteners – Part 2: Nuts with specified proof load values – Coarse thread.

ISO 898-5:1998 Mechanical properties of fasteners made of carbon steel and alloy steel – Part 5: Set screws and similar threaded fasteners not under tensile stresses.

ISO 898-6:1994 Mechanical properties of fasteners – Part 6: Nuts with specified proof load values – Fine pitch thread.

ISO 898-7:1992 Mechanical properties of fasteners – Part 7: Torsional test and minimum torques for bolts and screws with nominal diameters 1 mm to 10 mm.

ISO 965-1:1998 ISO general-purpose metric screw threads – Tolerances – Part 1: Principles and basic data.

ISO 965-2:1998 ISO general purpose metric screw threads – Tolerances – Part 2: Limits of sizes for general purpose external and internal screw threads – Medium quality.

ISO 965-3:1998 ISO general purpose metric screw threads – Tolerances – Part 3: Deviations for constructional screw threads.

Normas NP, EN, ISO e NBR Relacionadas com o Desenho Técnico

ISO 965-4:1998 ISO general purpose metric screw threads – Tolerances – Part 4: Limits of sizes for hot-dip galvanized external screw threads to mate with internal screw threads tapped with tolerance position H or G after galvanizing.

ISO 965-5:1998 ISO general purpose metric screw threads – Tolerances – Part 5: Limits of sizes for internal screw threads to mate with hot-dip galvanized external screw threads with maximum size of tolerance position h before galvanizing.

ISO/R 1051:1969 Rivet shank diameters (diameter range 1 to 36 mm).

ISO 1085:1986 Assembly tools for screws and nuts – Double-ended wrenches – Size pairing.

ISO 1207:1992 Slotted cheese head screws – Product grade A.

ISO 1478:1983 Tapping screws thread.

ISO/DIS 1478 Tapping screw thread.

ISO 1479:1983 Hexagon head tapping screws.

ISO 1481:1983 Slotted pan head tapping screws.

ISO 1482:1983 Slotted countersunk (flat) head tapping screws (common head style).

ISO 1483:1983 Slotted raised countersunk (oval) head tapping screws (common head style).

ISO 1580:1994 Slotted pan head screws – Product grade A.

ISO 1703:1983 Assembly tools for screws and nuts – Nomenclature.

ISO 1711-1:1996 Assembly tools for screws and nuts – Technical specifications – Part 1: Hand-operated wrenches and sockets.

ISO 1891:1979 Bolts, screws, nuts and accessories – Terminology and nomenclature.

ISO 2009:1994 Slotted countersunk flat head screws (common head style) – Product grade A.

ISO 2010:1994 Countersunk slotted raised head screws (common head style) – Product grade A.

ISO 2320:1997 Prevailing torque type steel hexagon nuts – Mechanical and performance properties.

ISO 2342:1972 Slotted headless screws – Metric series.

ISO 2351:1986 Screwdriver bits for slotted head screws, with male hexagon drive.

ISO 3266:1984 Eyebolts for general lifting purposes.

ISO 3269:1988 Fasteners – Acceptance inspection.

ISO/DIS 3269 Fasteners – Acceptance inspection.

ISO 3408-1:1991 Ball screws – Part 1: Vocabulary and designation.

ISO 3408-2:1991 Ball screws – Part 2: Nominal diameters and nominal leads – Metric series.

ISO 3408-3:1992 Ball screws – Part 3: Acceptance conditions and acceptance tests.

ISO/DIS 3408-4 Ball screws – Part 4: Axial rigidity.

ISO/DIS 3408-5 Ball screws – Part 5: Static and dynamic axial load ratings and operational lifetime.

ISO 3506-1:1997 Mechanical properties of corrosion-resistant stainless steel fasteners – Part 1: Bolts, screws and studs.

ISO 3506-2:1997 Mechanical properties of corrosion-resistant stainless steel fasteners – Part 2: Nuts.

ISO 3506-3:1997 Mechanical properties of corrosion-resistant stainless steel fasteners – Part 3: Set screws and similar fasteners not under tensile stress.

ISO 3508:1976 Thread run-outs for fasteners with thread in accordance with ISO 261 and ISO 262.

ISO 4014:1988 Hexagon head bolts – Product grades A and B.

ISO/DIS 4014 Hexagon head bolts – Product grades A and B.

ISO 4015:1979 Hexagon head bolts – Product grade B – Reduced shank (shank diameter approximately equal to pitch diameter).

ISO 4016:1988 Hexagon head bolts – Product grade C.

ISO/DIS 4016 Hexagon head bolts – Product grade C.

ISO 4017:1988 Hexagon head screws – Product grades A and B.

ISO/DIS 4017 Hexagon head screws – Product grades A and B.

ISO 4018:1988 Hexagon head screws – Product grade C.

ISO/DIS 4018 Hexagon head screws – Product grade C.

ISO 4026:1993 Hexagon socket set screws with flat point.

ISO 4027:1993 Hexagon socket set screws with cone point.

ISO 4028:1993 Hexagon socket set screws with dog point.

ISO 4029:1993 Hexagon socket set screws with cup point.

ISO 4032:1986 Hexagon nuts, style 1 – Product grades A and B.

ISO/DIS 4032 Hexagon nuts, style 1 – Product grades A and B.

ISO 4033:1979 Hexagon nuts, style 2 – Product grades A and B.

ISO/DIS 4033 Hexagon nuts, style 2 – Product grades A and B.

ISO 4034:1986 Hexagon nuts – Product grade C.

ISO/DIS 4034 Hexagon nuts – Product grade C.

ISO 4035:1986 Hexagon thin nuts (chamfered) – Product grades A and B.

ISO/DIS 4035 Hexagon thin nuts (chamfered) – Product grades A and B.

ISO 4036:1979 Hexagon thin nuts – Product grade B (unchamfered).

ISO/DIS 4036 Hexagon thin nuts (unchamfered) – Product grade B.

ISO 4161:1999 Hexagon nuts with flange – Coarse thread.

ISO 4162:1990 Hexagon flange bolts – Small series.

ISO/DIS 4162 Hexagon bolts with flange – Small series – Product grade combination A/B.

ISO 4166:1979 Hexagon nuts for fine mechanics – Product grade F.

ISO 4229:1977 Assembly tools for screws and nuts – Single-head engineer's wrenches – Gaps from 50 to 120 mm.

ISO 4753:1983 Fasteners – Ends of parts with external metric ISO thread.

ISO 4755:1983 Fasteners – Thread undercuts for external metric ISO threads.

ISO 4757:1983 Cross recesses for screws.

ISO 4762:1997 Hexagon socket head cap screws.

ISO 4766:1983 Slotted set screws with flat point.

ISO 4775:1984 Hexagon nuts for high-strength structural bolting with large width across flats – Product grade B – Property classes 8 and 10.

ISO/DIS 4775 Hexagon nuts for high-strength structural bolting with large width across flats – Product grade B – Property classes 8 and 10 (Revision of ISO 4775:1984).

ISO 5408:1983 Cylindrical screw threads – Vocabulary.

ISO 7040:1997 Prevailing torque type hexagon nuts (with non-metallic insert), style 1 – Property classes 5, 8 and 10.

ISO 7041:1997 Prevailing torque type hexagon nuts (with non-metallic insert), style 2 – Property classes 9 and 12

ISO 7042:1997 Prevailing torque type all-metal hexagon nuts, style 2 – Property classes 5, 8, 10 and 12.

ISO 7043:1997 Prevailing torque type hexagon nuts with flange (with non-metallic insert) – Product grades A and B.

ISO 7044:1997 Prevailing torque type all-metal hexagon nuts with flange – Product grades A and B.

ISO 7045:1994 Pan head screws with type H or type Z cross recess – Product grade A.

ISO 7046-1:1994 Countersunk flat head screws (common head style) with type H or type Z cross recess – Product grade A – Part 1: Steel of property class 4.8.

ISO 7046-2:1990 Cross-recessed countersunk flat head screws (common head style) – Grade A – Part 2: Steel of property class 8.8, stainless steel and non-ferrous metals.

ISO 7047:1994 Countersunk raised head screws (common head style) with type H or type Z cross recess – Product grade A.

ISO 7048:1998 Cross recessed cheese head screws.

ISO 7049:1983 Cross recessed pan head tapping screws.

ISO 7050:1983 Cross recessed countersunk (flat) head tapping screws (common head style).

ISO 7051:1983 Cross recessed raised countersunk (oval) head tapping screws.

ISO 7053:1992 Hexagon washer head tapping screws.

ISO 7378:1983 Fasteners – Bolts, screws and studs – Split pin holes and wire holes.

ISO 7379:1983 Hexagon socket head shoulder screws.

ISO 7380:1997 Hexagon socket button head screws.

ISO 7411:1984 Hexagon bolts for high-strength structural bolting with large width across flats (thread lengths according to ISO 888) – Product grade C – Property classes 8.8 and 10.9.

ISO/DIS 7411 Hexagon bolts for high-strength structural bolting with large width across flats (thread lengths according to ISO 888) – Product grade C – Property classes 8.8 and 10.9 (Revision of ISO 7411:1984).

ISO 7412:1984 Hexagon bolts for high-strength structural bolting with large width across flats (short thread length) – Product grade C – Property classes 8.8 and 10.9.

ISO/DIS 7412 Hexagon bolts for high-strength structural bolting with large width across flats (short thread length) – Product grade C – Property classes 8.8 and 10.9 (Revision of ISO 7412:1984).

ISO 7413:1984 Hexagon nuts for structural bolting, style 1, hot-dip galvanized (oversize tapped) – Product grades A and B – Property classes 5, 6 and 8.

ISO/DIS 7413 Hexagon nuts for structural bolting, style 1, hot-dip galvanized (oversize tapped) – Product grades A and B – Property classes 5, 6 and 8 (Revision of ISO 7413:1984).

ISO 7414:1984 Hexagon nuts for structural bolting with large width across flats, style 1 – Product grade B – Property class 10.

Normas NP, EN, ISO e NBR Relacionadas com o Desenho Técnico

ISO/DIS 7414 Hexagon nuts for structural bolting with large width across flats, style l – Product grade B – Property class 10 (Revision of ISO 7414:1984).

ISO 7417:1984 Hexagon nuts for structural bolting – Style 2, hot-dip galvanized (oversize tapped) – Product grade A – Property class 9.

ISO/DIS 7417 Hexagon nuts for structural bolting, style 2, hot-dip galvanized (oversize tapped) – Product grade A – Property class 9 (Revision of ISO 7417:1984).

ISO 7434:1983 Slotted set screws with cone point.

ISO 7435:1983 Slotted set screws with long dog point.

ISO 7436:1983 Slotted set screws with cup point.

ISO 7721:1983 Countersunk head screws – Head configuration and gauging.

ISO 7721-2:1990 Countersunk flat head screws – Part 2: Penetration depth of cross recesses.

ISO 8673:1988 Hexagon nuts, style 1, with metric fine pitch thread – Product grades A and B.

ISO/DIS 8673 Hexagon nuts, style 1, with metric fine pitch thread – Product grades A and B.

ISO 8674:1988 Hexagon nuts, style 2, with metric fine pitch thread – Product grades A and B.

ISO/DIS 8674 Hexagon nuts, style 2, with metric fine pitch thread – Product grades A and B.

ISO 8675:1988 Hexagon thin nuts with metric fine pitch thread – Product grades A and B.

ISO/DIS 8675 Hexagon thin nuts (chamfered) with metric fine pitch thread – Product grades A and B.

ISO 8676:1988 Hexagon head screws with metric fine pitch thread – Product grades A and B.

ISO/DIS 8676 Hexagon head screws with metric fine pitch thread – Product grades A and B.

ISO 8677:1986 Cup head square neck bolts with large head – Product grade C.

ISO 8678:1988 Cup head square neck bolts with small head and short neck – Product grade B.

ISO 8765:1988 Hexagon head bolts with metric fine pitch thread – Product grades A and B.

ISO/DIS 8765 Hexagon head bolts with metric fine pitch thread – Product grades A and B.

ISO 8839:1986 Mechanical properties of fasteners – Bolts, screws, studs and nuts made of non-ferrous metals.

ISO 8991:1986 Designation system for fasteners.

ISO 8992:1986 Fasteners – General requirements for bolts, screws, studs and nuts.

ISO 10509:1992 Hexagon flange head tapping screws.

ISO 10642:1997 Hexagon socket countersunk head screws.

ISO 10663:1999 Hexagon nuts with flange – Fine pitch thread.

ISO/DIS 10664 Hexalobular internal driving feature for bolts and screws.

ISO/DIS 10666 Drilling screws with tapping screw thread - Mechanical and functional properties.

ISO 10897:1996 Collets for tool holders with taper ratio 1:10 – Collets, hoders, nuts.

ISO 15071:1999 Hexagon bolts with flange – Small series – Product grade A.

ISO/DIS 15072 Hexagon bolts with flange with metric fine pitch thread – Small series – Product grade A.

ISO/DIS 15073 Hexagon bolts with flange with metric fine pitch thread – Small series – Product grade combination A/B.

ISO/DIS 15480 Hexagon washer head drilling screws with tapping screw thread.

ISO/DIS 15481 Cross recessed pan head drilling screws with tapping screw thread.

ISO/DIS 15482 Cross recessed countersunk head drilling screws with tapping screw thread.

ISO/DIS 15483 Cross recessed raised countersunk head drilling screws with tapping screw thread.

ISO 15488:1996 Collets with 8 degree setting angle for tool shanks – Collets, nuts and fitting dimensions.

C.3.9 ISO sobre Arruelas

ISO 887:1983 Plain washers for metric bolts, screws and nuts – General plan.

ISO/DIS 887 Plain washers for metric bolts, screws and nuts for general purposes – General plan.

ISO 7089:1983 Plain washers – Normal series – Product grade A.

ISO/FDIS 7089 Plain washers – Normal series – Product grade A.

ISO 7090:1983 Plain washers, chamfered – Normal series – Product grade A

ISO 7091:1983 Plain washers – Normal series – Product grade C.

ISO/FDIS 7091 Plain washers – Normal series – Product grade C.

ISO 7092:1983 Plain washers – Small series – Product grade A.

ISO/FDIS 7092 Plain washers – Small series – Product grade A.

ISO 7093:1983 Plain washers – Large series – Product grades A and C.

ISO/FDIS 7093-1 Plain washers – Large series – Part 1: Product grade A.

ISO/FDIS 7093-2 Plain washers – Large series – Part 2: Product grade C.

ISO 7094:1983 Plain washers – Extra large series – Product grade C.

ISO/FDIS 7094 Plain washers – Extra large series – Product grade C.

ISO 7415:1984 Plain washers for high-strength structural bolting, hardened and tempered.

ISO 7416:1984 Plain washers, chamfered, hardened and tempered for high-strength structural bolting.

ISO 8738:1986 Plain washers for clevis pins – Product grade A.

ISO 10669:1999 Plain washers for tapping screw and washer assemblies – Normal and large series – Product grade A.

ISO 10673:1998 Plain washers for screw and washer assemblies – Small, normal and large series – Product grade A.

C.3.10 ISO sobre Molas

ISO 2162-1:1993 Technical product documentation – Springs – Part 1: Simplified representation.

ISO 2162-2:1993 Technical product documentation – Springs – Part 2: Presentation of data for cylindrical helical compression springs.

ISO 2162-3:1993 Technical product documentation – Springs – Part 3: Vocabulary.

ISO 6931-1:1994 Stainless steels for springs – Part 1: Wire.

ISO 6931-2:1989 Stainless steels for springs – Part 2: Strip.

ISO 8458-1:1989 Steel wire for mechanical springs – Part 1: General requirements.

ISO/CD 8458-1 Steel wire for mechanical springs – Part 1: General requirements.

ISO 8458-2:1989 Steel wire for mechanical springs – Part 2: Cold-drawn carbon steel wire.

ISO/CD 8458-2 Steel wire for mechanical springs – Part 2: Patended cold-drawn unalloyed steel wire.

ISO 8458-3:1992 Steel wire for mechanical springs – Part 3: Oil-hardened and tempered wire.

ISO/CD 8458-3 Steel wire for mechanical springs – Part 3: Oil-hardened and tempered wire.

C.3.11 ISO sobre Pinos

ISO 1234:1997 Split pins.

ISO 2338:1997 Parallel pins, of unhardened steel and austenitic stainless steel.

ISO 2339:1986 Taper pins, unhardened.

ISO 2340:1986 Clevis pins without head.

ISO 2341:1986 Clevis pins with head.

ISO 8733:1997 Parallel pins with internal thread of unhardened steel and austenitic stainless steel.

ISO 8734:1997 Parallel pins of hardened steel and martensitic stainless steel (Dowel pins).

ISO 8735:1997 Parallel pins with internal thread of hardened steel and martensitic stainless steel.

ISO 8736:1986 Taper pins with internal thread, unhardened.

ISO 8737:1986 Taper pins with external thread, unhardened.

ISO 8739:1997 Grooved pins – Full-length parallel grooved, with pilot.

ISO 8740:1997 Grooved pins – Full-length parallel grooved, with chamfer.

ISO 8741:1997 Grooved pins – Half-length reverse taper grooved.

ISO 8742:1997 Grooved pins – One-third-length centre grooved.

ISO 8743:1997 Grooved pins – Half-length centre grooved.

ISO 8744:1997 Grooved pins – Full-length taper grooved.

ISO 8745:1997 Grooved pins – Half-length taper grooved.

ISO 8746:1997 Grooved pins with round head.

ISO 8747:1997 Grooved pins with countersunk head.

ISO 8748:1997 Spring-type straight pins – Coiled, heavy duty.

ISO 8750:1997 Spring-type straight pins – Coiled, standard duty.

ISO 8751:1997 Spring-type straight pins – Coiled, light duty.

ISO 8752:1997 Spring-type straight pins – Slotted, heavy duty.

ISO 13337:1997 Spring-type straight pins – Slotted, light duty.

C.3.12 ISO sobre Rolamentos

ISO 8826-1:1989 Technical drawings – Rolling bearings – Part 1: General simplified representation.

ISO 8826-2:1994 Technical drawings – Rolling bearings – Part 2: Detailed simplified representation.

C.3.13 ISO sobre Engrenagens

ISO 54:1996 Cylindrical gears for general engineering and for heavy engineering – Modules.

ISO 2203:1973 Technical drawings – Conventional representation of gears.

C.3.14 ISO sobre Desenhos de Construção

ISO 3766:1995 Construction drawings – Simplified representation of concrete reinforcement.

ISO 4066:1994 Construction drawings – Bar scheduling.

ISO 4068:1978 Building and civil engineering drawings – Reference lines.

ISO 4069:1977 Building and civil engineering drawings – Representation of areas on sections and views – General principles.

ISO 4157-1:1998 Construction drawings – Designation systems – Part 1: Buildings and parts of buildings.

ISO 4157-2:1998 Construction drawings – Designation systems – Part 2: Room names and numbers.

ISO 4157-3:1998 Construction drawings – Designation systems – Part 3: Room identifiers.

ISO 4172:1991 Technical drawings – Construction drawings – Drawings for the assembly of prefabricated structures.

ISO 5261:1995 Technical drawings – Simplified representation of bars and profile sections.

ISO 6284:1996 Construction drawings – Indication of limit deviations.

ISO/TR 7084:1981 Technical drawings – Coding and referencing systems for building and civil engineering drawings and associated documents.

ISO 7437:1990 Technical drawings – Construction drawings – General rules for execution of production drawings for prefabricated structural components.

ISO 7518:1983 Technical drawings – Construction drawings – Simplified representation of demolition and rebuilding.

ISO 7519:1991 Technical drawings – Construction drawings – General principles of presentation for general arrangement and assembly drawings.

ISO 8048:1984 Technical drawings – Construction drawings – Representation of views, sections and cuts.

ISO 8560:1986 Technical drawings – Construction drawings – Representation of modular sizes, lines and grids.

ISO 9431:1990 Construction drawings – Spaces for drawing and for text, and title blocks on drawing sheets.

ISO/TR 10127:1990 Computer-Aided Design (CAD) Technique – Use of computers for the preparation of construction drawings.

ISO 11091:1994 Construction drawings – Landscape drawing practice.

C.3.15 ISO sobre Produtos Específicos e Indiretamente Relacionadas com o Desenho Técnico

ISO 6414:1982 Technical drawings for glassware.

ISO 10110-1:1996 Optics and optical instruments – Preparation of drawings for optical elements and systems – Part 1: General.

ISO 10110-2:1996 Optics and optical instruments – Preparation of drawings for optical elements and systems – Part 2: Material imperfections – Stress birefringence.

ISO 10110-3:1996 Optics and optical instruments – Preparation of drawings for optical elements and systems – Part 3: Material imperfections – Bubbles and inclusions.

ISO 10110-4:1997 Optics and optical instruments – Preparation of drawings for optical elements and systems – Part 4: Material imperfections – Inhomogeneity and striate.

ISO 10110-5:1996 Optics and optical instruments – Preparation of drawings for optical elements and systems – Part 5: Surface form tolerances.

ISO 10110-6:1996 Optics and optical instruments – Preparation of drawings for optical elements and systems – Part 6: Centring tolerances.

ISO 10110-7:1996 Optics and optical instruments – Preparation of drawings for optical elements and systems – Part 7: Surface imperfection tolerances.

ISO 10110-8:1997 Optics and optical instruments – Preparation of drawings for optical elements and systems – Part 8: Surface texture.

ISO 10110-9:1996 Optics and optical instruments – Preparation of drawings for optical elements and systems – Part 9: Surface treatment and coating.

ISO 10110-10:1996 Optics and optical instruments – Preparation of drawings for optical elements and systems – Part 10: Table representing data of a lens element.

ISO 10110-11:1996 Optics and optical instruments – Preparation of drawings for optical elements and systems – Part 11: Non-toleranced data.

ISO 10110-12:1997 Optics and optical instruments – Preparation of drawings for optical elements and systems – Part 12: Aspheric surfaces.

ISO/DIS 10110-14 Optics and optical instruments – Preparation of drawings for optical elements and systems – Part 14: Wavefront deformation tolerance for systems containing zero-power elements only (Formerly ISO/NP 15000).

ISO/DIS 10110-15 Optics and optical instruments – Preparation of drawings for optical elements and systems – Part 15: Wavefront deformation tolerance for systems containing powered elements.

ISO/AWI 10110-16 Optics and optical instruments – Preparation of drawings for optical elements and systems – Part 16: Aspheric diffractive surfaces.

ISO/CD 10110-17 Optics and optical instruments – Preparation of drawings for optical elements and systems – Part 17: Laser irradiation damage threshold.

C.3.16 ISO sobre Símbolos Gráficos Usados nos Desenhos e em Documentação Técnica em Geral

ISO/R 538:1967 Conventional signs to be used in the schemes for the installations of pipeline systems in ships.

ISO 561:1989 Coal preparation plant – Graphical symbols.

ISO 710-1:1974 Graphical symbols for use on detailed maps, plans and geological cross-sections – Part 1: General rules of representation.

ISO 710-2:1974 Graphical symbols for use on detailed maps, plans and geological cross-sections – Part 2: Representation of sedimentary rocks.

ISO 710-3:1974 Graphical symbols for use on detailed maps, plans and geological cross-sections – Part 3: Representation of magmatic rocks.

ISO 710-4:1982 Graphical symbols for use on detailed maps, plans and geological cross-sections – Part 4: Representation of metamorphic rocks.

ISO 710-5:1989 Graphical symbols for use on detailed maps, plans and geological cross-sections – Part 5: Representation of minerals.

ISO 710-6:1984 Graphical symbols for use on detailed maps, plans and geological cross-sections – Part 6: Representation of contact rocks and rocks which have

undergone metasomatic, pneumatolytic or hydrothermal transformation or transformation by weathering.

ISO 710-7:1984 Graphical symbols for use on detailed maps, plans and geological cross-sections – Part 7: Tectonic symbols.

ISO/R 784:1968 Conventional signs to be used in schemes for the installations of sanitary systems in ships.

ISO 1219-1:1991 Fluid power systems and components – Graphic symbols and circuit diagrams – Part 1: Graphic symbols.

ISO/CD 1219-1 Fluid power systems and components – Graphic symbols and circuit diagrams – Part 1: Graphic symbols.

ISO 1219-2:1995 Fluid power systems and components – Graphic symbols and circuit diagrams – Part 2: Circuit diagrams.

ISO 1964:1987 Shipbuilding – Indication of details on the general arrangement plans of ships.

ISO 3511-1:1977 Process measurement control functions and instrumentation – Symbolic representation – Part 1: Basic requirements.

ISO 3511-2:1984 Process measurement control functions and instrumentation – Symbolic representation – Part 2: Extension of basic requirements.

ISO 3511-3:1984 Process measurement control functions and instrumentation – Symbolic representation – Part 3: Detailed symbols for instrument interconnection diagrams.

ISO 3511-4:1985 Industrial process measurement control functions and instrumentation – Symbolic representation – Part 4: Basic symbols for process computer, interface, and shared display/control functions.

ISO 3753:1977 Vacuum technology – Graphical symbols.

ISO 3952-1:1981 Kinematic diagrams – Graphical symbols.

ISO 3952-2:1981 Kinematic diagrams – Graphical symbols.

ISO 3952-3:1979 Kinematic diagrams – Graphical symbols.

ISO 3952-4:1984 Kinematic diagrams – Graphical symbols.

ISO 3971:1977 Rice milling – Symbols and equivalent terms.

ISO 4067-1:1984 Technical drawings – Installations – Part 1: Graphical symbols for plumbing, heating, ventilation and ducting.

Normas NP, EN, ISO e NBR Relacionadas com o Desenho Técnico

ISO 4067-2:1980 Building and civil engineering drawings – Installations – Part 2: Simplified representation of sanitary appliances.

ISO 4067-6:1985 Technical drawings – Installations – Part 6: Graphical symbols for supply water and drainage systems in the ground.

ISO 5232:1998 Graphical symbols for textile machinery.

ISO 5784-1:1988 Fluid power systems and components – Fluid lo-gic circuits – Part 1: Symbols for binary logic and related functions.

ISO 5784-2:1989 Fluid power systems and components – Fluid logic circuits – Part 2: Symbols for supply and exhausts as related to logic symbols.

ISO 5784-3:1989 Fluid power systems and components – Fluid logic circuits – Part 3: Symbols for logic sequencers and related functions.

ISO 5807:1985 Information processing – Documentation symbols and conventions for data, program and system flowcharts, program network charts and system resources charts.

ISO 5859:1991 Aerospace – Graphic symbols for schematic drawings of hydraulic and pneumatic systems and components.

ISO 6790:1986 Equipment for fire protection and fire fighting – Graphical symbols for fire protection plans – Specification.

ISO 6829:1983 Flowchart symbols and their use in micrographics.

ISO 8790:1987 Information processing systems – Computer system configuration diagram symbols and conventions.

ISO 9878:1990 Micrographics – Graphical symbols for use in microfilming.

ISO 10628:1997 Flow diagrams for process plants – General rules.

C.3.17 ISO sobre Documentação Técnica do Produto

ISO 10209-1:1992 Technical product documentation – Vocabulary – Part 1: Terms relating to technical drawings: general and types of drawings.

ISO 10209-2:1993 Technical product documentation – Vocabulary – Part 2: Terms relating to projection methods.

ISO 10209-4:1999 Technical product documentation – Vocabulary – Part 4: Terms relating to construction documentation.

ISO 11442-1:1993 Technical product documentation – Handling of computer-based technical information – Part 1: Security requirements.

ISO/AWI 11442-1 Technical product documentation – Handling of computer-based technical information – Part 1: Security requirements.

ISO 11442-2:1993 Technical product documentation – Handling of computer-based technical information – Part 2: Original documentation.

ISO/AWI 11442-2 Technical product documentation – Handling of computer-based technical information – Part 2: Original documentation.

ISO 11442-3:1993 Technical product documentation – Handling of computer-based technical information – Part 3: Phases in the product design process.

ISO/AWI 11442-3 Technical product documentation – Handling of computer-based technical information – Part 3: Phases in the product design process.

ISO 11442-4:1993 Technical product documentation – Handling of computer-based technical information – Part 4: Document management and retrieval systems.

ISO/AWI 11442-4 Technical product documentation – Handling of computer-based technical information – Part 4: Document management and retrieval systems.

ISO 11442-5 Technical product documentation – Handling of computer-based technical information – Part 5: Documentation in the conceptual design stage of the development phase.

ISO/DIS 11442-6 Technical product documentation – Handling of computer-based technical information – Part 6: Rules for revision.

ISO/DIS 11442-7 Technical product documentation – Handling of computer-based technical information – Part 7: Structuring CAD files from an administrative point of wiew.

ISO/DIS 11442-8 Technical product documentation – Handling of computer-based technical information – Part 8: Data fields for title blocks, item lists and revision blocks.

ISO/DIS 11442-9 Technical product documentation – Handling of computer-based technical information – Part 9: Terminology.

C.3.18 ISO sobre Qualidade

ISO 8402:1994 Quality management and quality assurance – Vocabulary.

ISO/DIS 9000 Quality management systems – Fundamentals and vocabulary.

ISO 9000-1:1994 Quality management and quality assurance standards – Part 1: Guidelines for selection and use.

ISO 9000-2:1997 Quality management and quality assurance standards – Part 2: Generic guidelines for the application of ISO 9001, ISO 9002 and ISO 9003.

ISO 9000-3:1997 Quality management and quality assurance standards – Part 3: Guidelines for the application of ISO 9001:1994 to the development, supply, installation and maintenance of computer software.

ISO 9000-4:1993 Quality management and quality assurance standards – Part 4: Guide to dependability programme management.

ISO 9001:1994 Quality systems – Model for quality assurance in design, development, production, installation and servicing.

ISO/DIS 9001 Quality management systems – Requirements.

ISO 9001:1994/Cor 1:1995.

ISO 9002:1994 Quality systems – Model for quality assurance in production, installation and servicing.

ISO 9003:1994 Quality systems – Model for quality assurance in final inspection and test.

ISO/DIS 9004 Quality management systems – Guidelines for performance improvements.

ISO 9004-1:1994 Quality management and quality system elements – Part 1: Guidelines.

ISO 9004-2:1991 Quality management and quality system elements – Part 2: Guidelines for services.

ISO 9004-3:1993 Quality management and quality system elements – Part 3: Guidelines for processed materials.

ISO 9004-4:1993 Quality management and quality system elements – Part 4: Guidelines for quality improvement.

C.3.19 ISO sobre Equipamento para Desenho

ISO 9175-1:1988 Tubular tips for hand-held technical pens using India ink on tracing paper – Part 1: Definitions, dimensions, designation and marking.

ISO 9175-2:1988 Tubular tips for hand-held technical pens using India ink on tracing paper – Part 2: Performance, test parameters and test conditions.

ISO 9176:1988 Tubular technical pens – Adaptor for compasses.

ISO 9177-1:1989 Mechanical pencils – Part 1: Classification, dimensions, performance requirements and testing.

ISO 9177-2:1989 Mechanical pencils – Part 2: Black leads – Classification and dimensions.

ISO 9177-3:1994 Mechanical pencils – Part 3: Black leads – Bending strengths of HB leads.

ISO 9178-1:1988 Templates for lettering and symbols – Part 1: General principles and identification markings.

ISO 9178-2:1988 Templates for lettering and symbols – Part 2: Slot widths for wood-cased pencils, clutch pencils and fine-lead pencils.

ISO 9178-3:1989 Templates for lettering and symbols – Part 3: Slot widths for technical pens with tubular tips in accordance with ISO 9175-1.

ISO 9179-1:1988 Technical drawings – Numerically controlled draughting machines – Part 1: Vocabulary.

ISO 9180:1988 Black leads for wood-cased pencils – Classification and diameters.

ISO 9957-1:1992 Fluid draughting media – Part 1: Water-based India ink – Requirements and test conditions.

ISO 9957-2:1995 Fluid draughting media – Part 2: Water-based non-India ink – Requirements and test conditions.

ISO 9957-3:1997 Fluid draughting media – Part 3: Water-based coloured draughting inks – Requirements and test conditions.

ISO 9958-1:1992 Draughting media for technical drawings – Draughting film with polyester base – Part 1: Requirements and marking.

ISO 9958-2:1992 Draughting media for technical drawings – Draughting film with polyester base – Part 2: Determination of properties.

ISO 9959-1:1992 Numerically controlled draughting machines – Drawing test for the evaluation of performance – Part 1: Vector plotters.

ISO 9959-2:1999 Numerically controlled draughting machines – Draughting test for evaluation of performance – Part 2: Monochrome raster plotters.

ISO 9960-1:1992 Draughting instruments with or without graduation – Part 1: Draughting scale rules.

ISO 9960-2:1994 Draughting instruments with or without graduation – Part 2: Protractors.

ISO 9960-3:1994 Draughting instruments with or without graduation – Part 3: Set squares.

ISO 9961:1992 Draughting media for technical drawings – Natural tracing paper.

ISO 9962-1:1992 Manually operated draughting machines – Part 1: Definitions, classification and designation.

ISO 9962-2:1992 Manually operated draughting machines – Part 2: Characteristics, performance, inspection and marking.

ISO 9962-3:1994 Manually operated draughting machines – Part 3: Dimensions of scale rule chuck plates.

ISO 11540:1993 Caps for writing and marking instruments intended for use by children up to 14 years of age – Safety requirements.

C.4 ASPECTOS GERAIS RELACIONADOS COM AS NORMAS ISO

Número de referência – Consiste num prefixo, um número de série e o ano de publicação. O prefixo é normalmente "ISO", indicativo de que a publicação é uma norma internacional ISO.

O prefixo **ISO/IEC** denota uma publicação conjunta entre a ISO e a IEC (International Electrotechnical Commission). As normas internacionais ISO/IEC são desenvolvidas pelo Comitê Técnico conjunto JTC 1. De modo análogo ao prefixo ISO/IEC, o prefixo **ISO/CIE** denota uma norma internacional conjunta entre a ISO e a CEI (International Commission on Illumination).

O prefixo **ISO/TR** ou **ISO/IEC TR** denota um relatório técnico da ISO ou da ISO/IEC. Estes relatórios são publicados em algumas circunstâncias para facilitar o progresso intercalar de relatórios ou de informação factual de tipo diferente da normalmente incorporada numa norma internacional.

O prefixo **ISO/IEC ISP** denota um perfil internacional normalizado ISO/IEC – um documento harmonizado que identifica uma norma ou um grupo de normas, em conjunto com opções e parâmetros necessários para realizar uma função ou um conjunto de funções.

O prefixo **ISO/TTA** denota uma publicação ISO denominada *technical trend assessment*. Estas publicações foram estabelecidas para responder à necessidade de colaboração global na normalização de inovações tecnológicas em estágios primários de desenvolvimento. São o resultado ou da cooperação direta com organizações antes da normalização ou de grupos de trabalho *ad hoc* de personalidades ligadas à normalização de novos produtos.

O prefixo **ISO Guide** ou **ISO/IEC** Guide denota linhas de orientação da ISO ou ISO/IEC, e são documentos de natureza genérica sobre assuntos relacionados com normalização internacional.

O prefixo **ISO/R** denota uma recomendação ISO. Esta designação foi usada até 1972, na altura em que a ISO começou a publicar normas internacionais. Desde então, as recomendações ISO foram revistas gradualmente e publicadas sob a forma de normas internacionais. Existe ainda um número limitado de recomendações ISO, para as quais a revisão e a transformação em norma internacional ainda não foram completadas, permanecendo por isso disponíveis.

O prefixo é seguido por um número de série que pode incluir um número de "parte", separado por um *hífen* do número principal. O número de série é seguido pelo ano de publicação, separado deste por uma vírgula.

Prefixos contendo as abreviaturas **DIS**, **DTR** e **DISP** denotam respectivamente *drafts* de normas internacionais, relatórios técnicos e perfis internacionais normalizados. Pode ser usada a inicial F em conjunto com um dos seguintes prefixos, denotando um *draft* final: por exemplo, **FDIS** indica um *draft* final de norma internacional.

Todos os documentos *draft* podem ser identificados pelo fato de os números de referência não incluírem o ano de publicação.

C.5 NORMAS BRASILEIRAS NBR

- NBR ISO 2768-1 – Tolerâncias gerais – Parte 1: Tolerâncias para dimensões lineares e angulares sem indicação de tolerância individual
- NBR ISO 2768-2 – Tolerâncias gerais – Parte 2: Tolerâncias geométricas para elementos sem indicação de tolerância individual.
- NBR 6409 – Tolerâncias geométricas – Tolerâncias de forma, orientação, posição e batimento – Generalidade, símbolos, definições, e indicações em desenho.
- NBR 8402 – Execução de caracteres para escrita em Desenho Técnico.
- NBR 8403 – Aplicação de linhas em desenhos – Tipos de linhas – Larguras das linhas.
- NBR 8404 – Indicação do Estado de Superfície em Desenhos Técnicos.
- NBR 8993 – Representação convencional de partes roscadas em desenho técnicos.
- NBR 10067 – Princípios gerais de representação em Desenho Técnico.
- NBR 10068 – Folha de desenho – Leiaute e dimensões.
- NBR 10126 – Cotagem em Desenho Técnico.
- NBR 10582 – Apresentação da folha para Desenho Técnico.
- NBR 10647 – Desenho Técnico.
- NBR 11145 – Representação de molas em desenho técnico.
- NBR 12298 – Representação de área de corte por meio de hachuras em Desenho Técnico.
- NBR 13142 – Desenho Técnico – Dobramento de cópia.
- NBR 13272 – Desenho Técnico – Elaboração das listas de itens.
- NBR 13273 – Desenho técnico – Referência a itens.

ANEXO D

TABELAS DE MATERIAIS

TABELAS DE PROPRIEDADES E APLICAÇÕES

Polímeros

Nome	Tensão Escoamento [MPa]	Extens. Ruptura [%]	Rigidez [GPa]	Dens. [ton/m³]		Aplicações/Observações
PE	13	600	0,16	0,92		Usado em folha e em garrafas de plástico
PVC	44,8	6	2,6	1,44		Usado em pavimentos, tecidos, filmes e tubulações
PP	34	200	1,3	0,90		Usado em revestimentos e tubulações
PS	51,7	1,5	3,3	1,05		Usado em amortecedores e espumas
PET	80	2,5	4,0	1,20	Termoplásticos	Usado em fita magnética, fibras e filmes. Na forma termoendurecível é usado em revestimentos e resina em compósitos
PMMA	72	5	2,93	1,19		Também conhecido como acrílico. Usado em janelas e decoração
PA	62	27	2,75	1,10		Usado em tecidos, cordas, engrenagens e órgãos de máquinas
ABS	55	12	2,30	1,05		Usado em malas de viagem e telefones
PC	62	110	2,28	1,21		Usado em hélices e órgãos de máquinas
POM	68,9	35	3,6	1,425		Usado em engrenagens
PTFE	31	300	0,35	2,20		Usado em armazenamento de produtos químicos, vedação, apoios, juntas e revestimentos antiaderentes
PUR	30	100	1,20	1,10	Termoendurecíveis	Usado em espumas, elastômeros, fibras, folhas e tubulações
PEEK	90	50	4,0	1,30		Usado em adesivos e resinas de compósitos
PF	69	<1	7,3	1,40		Usado em equipamento elétrico. Neste grupo encontra-se a baquelita
EP	72	4	3,1	1,15		Usado em adesivos, revestimentos e resinas de compósitos
SI	35		2,2	1,10		Usado em juntas e adesivos

Compósitos de Matriz Polimérica

Tipo	Resistência		Elonga. [%]	Rigidez [GPa]	Dens. [ton/m³]		Aplicações/Observações
	Trac. [MPa]	Comp. [MPa]					
Boro-EP	1365	1758	0,7	214	2,04	Fibras longas	Usados nas indústrias militar e aeroespacial, em substituição às ligas metálicas pelas suas superiores resistência e rigidez específicas
Carbono-EP (60%Vf)	303			54,9	1,59		
Vidro S-EP	1068	565		44,1	1,8		Usados em aplicações estruturais de menor custo, com redução de peso sem perda de resistência
Vidro E-EP	482	489		31,02	2,2		
Vidro E-PET	344	344		31,0	1,9		
PA 6/6	221	159		13,1	1,6	40% Fibras vidro curtas	Em substituição de chapas metálicas com resistência aos agentes ambientais
PP	110	90		8,9	1,5		
PC	145	152		11,7	1,7		

Cerâmicos e Vidros

Nome	Resistência		Rigidez [GPa]	Dens. [ton/m³]	Aplicações/Observações
	Flexão [MPa]	Comp. [MPa]			
Al_2O_3	345	2300	360	3,92	Alumina. Usada em motores a jato e bombas de alta temperatura, suportando compressão
Si_3N_4	800	2620	310	3,20	Nitreto de silício. Usado em ferramentas de corte de ferros fundidos, rolamentos e algumas peças de motores *diesel*
SiC	500	2950	405	3,20	Carboneto de silício. Usado quase em exclusivo em abrasivos
ZrO_2	1050	1370	204	6,00	Zircônio. Maiores tenacidade e resistência à tração que os outros cerâmicos. Ideal para substituição de metais em motores
SiO_2	98	1860	69	2,20	Sílica amorfa (vidro). Usada em vidro ou em revestimento de outros materiais para altas temperaturas e resistência a ataques químicos
Grafite	55	110	10	1,70	Usado em eletrodos, contatos, baterias, alguns componentes de motores a jato e apoios autolubrificados de alta temperatura
WC–6%Co	1400	4000	612	17,20	Carboneto de tungstênio em matriz de cobalto. Usado em ferramentas de corte de metais duros, apenas suplantado pelo diamante em dureza, com elevada tenacidade

Tabelas de Materiais

Ferros Fundidos/Aço Vazado

Designa. ASTM	Resistência		Elonga. [%]	Rigidez [GPa]	Dens. [ton/m³]		Aplicações/Observações
	Escoamento [MPa]	Ruptura [MPa]					
A48 Cl.20	38	138	0	82	7,0	Cinzentos	Usado em camos, engrenagens, guias, blocos de motor, volantes de inércia, discos e tambores de freios, bases e calibres
A48 Cl.35	241	241	0	110	7,0		
A48 Cl.40	275	275	0	124	7,2		
A536 gr.5	310	413	18	172	7,2	Dúcteis	Usado em carcaças de bombas, válvulas, caixas de engrenagens, máquinas agrícolas, máquinas de mineração, pinhões, engrenagens, roletes e corrediças
A536 gr.3	413	551	6	172	7,0		
A47 gr.32510	220	344	10	179	7,2	Maleáveis	Usado em acessórios de tubulações, apoios de motores e máquinas
A220 gr. 60004	413	551	3	179	7,3		
A532 gr. A	310	310	0	172	7,0	Brancos	Usado em camisas de moinhos, bocais de granalha, freios ferroviários e laminadores
A27 gr.60-30	206	413	24	205	7,8	Aço vazado	Mesmas aplicações dos ferros fundidos, onde a ductilidade seja importante e haja necessidade de executar soldagens

Ligas Metálicas de Alumínio e Cobre

Designa.	Resistência		Elonga. [%]	Rigidez [GPa]	Dens. [ton/m³]		Aplicações/Observações
	Escoamento [MPa]	Ruptura [MPa]					
1100-H14	117	124	9	69	2,71	Ligas de alumínio (designação AA)	Alumínio puro. Usado em folha de alumínio para culinária
3003-H14	145	152	8	69	2,73		Ligas Mn e Mg. Usado em latas de refrigerantes, panelas, canoas
5052-H34	214	262	10	70	2,68		
2024-T4	324	469	19	73	2,77		Ligas de Cu, Mg/Si e Zn. Usados em todo o tipo de componentes estruturais: blocos de motor, pistons, aviação, mobiliário de jardim etc.
6061-T6	276	310	12	69	2,70		
6063-T6	214	241	12	69	2,70		
7075-T6	503	572	11	72	2,80		
335-T6	214	250	2	69	2,77		Ligas para fabricação de peças em fundição, com Si e Cu ou Mg
380	276	302	2	69	2,73		
C11000	344	379	4	117	8,94	Ligas de cobre (designação UNS)	Cobre puro (ETP). Eletricidade
C17200	1172	1400	10	131	8,25		Cobre-berílio. Usado, pela sua excelente resistência, em molas e eletrodos de soldagem por pontos
C23000	337	393	12	117	8,74		Latão vermelho e amarelo. Usados em radiadores, tubos flexíveis, casquilhos de lâmpadas e molas e em imitação de ouro em joalheria
C26000	358	427	25	110	8,52		
C90700	145	310	20	103	8,78		Bronzes. Usados em casquilhos, mancais, juntas de todo o tipo, instrumentos musicais (sinos) e peças sujeitas a forte atrito (engrenagens)
C93700	124	241	20	76	8,95		

Ligas Metálicas de Níquel, Titânio e Magnésio

Designa.	Resistência		Elonga. [%]	Rigidez [GPa]	Dens. [ton/m³]		Aplicações/Observações
	Escoamento [MPa]	Ruptura [MPa]					
Níquel	186	469	50	207	8,89	**Níquel (designação comercial)**	Usado em geral em condições de forte ataque corrosivo a altas temperaturas, por manterem a sua resistência mecânica e resistência à corrosão a essas temperaturas. Muito usado em componentes de aeronáutica, sobretudo em propulsores
Monel 400	269	565	45	179	8,80		
Inconel 600	310	683	43	213	8,50		
Inconel 625	483	896	50	205	8,44		
Inconel X750	850	1800	20	213	8,50		
Incoloy 800	290	586	45	195	7,44		
Incoloy 825	310	690	45	205	8,14		
Hastelloy B2	524	951	53	216	9,24		
Hastelloy C-276	351	792	60	205	8,90		
Ti puro	310	413	20	104	4,50	**Titânio**	Usado pela sua resistência à corrosão e pela sua resistência específica (a melhor entre os metais)
Ti-6Al-4V	965	1096	8	110	4,45		
AZ31B-H24	179	262	12	44,8	1,77	**Mg (ASTM)**	Usado pela sua rigidez específica superior a muitos metais e pela sua excelente usinabilidade
AZ91A-F	152	227	3	44,8	1,80		

Aços ao Carbono e de Baixa Liga

Designa.	Resistência		Elonga. [%]	Rigidez [GPa]	Dens. [ton/m³]	Aplicações/Observações
	Escoamento [MPa]	Ruptura [MPa]				
AISI 1010	275	380	35	205	7,85	Usados em aplicações onde a fabricação das peças requeira grandes deformações, em geral com pequenas espessuras
AISI 1020	296	400	34	205	7,85	
AISI 1040	351	517	30	205	7,85	Mais resistente que os anteriores, mas não soldável
AISI 4140	413	655	25	205	7,85	Usados para sofrer têmpera total e atingir elevada resistência depois da peça acabada, em geral com grandes espessuras
AISI 4340	482	758	20	205	7,85	
AISI 8620	386	538	30	205	7,85	Usados em peças para endurecer superficialmente, com boa resistência
ASTM A36	248	482	21	205	7,85	Aço de construção, usado em oleodutos, pontes, edifícios etc.

Tabelas de Materiais

Aços Inoxidáveis e *Maraging*

Designa.	Resistência		Elonga. [%]	Rigidez [GPa]	Dens. [ton/m³]		Aplicações/Observações
	Escoamento [MPa]	Ruptura [MPa]					
430	275	482	20	200	7,8	Aços inox (designação AISI)	Ferrítico. Aplicações decorativas, ou sujeitas a corrosão atmosférica ou a alta temperatura
303	206	517	35	200	8,0		Austeníticos. Aplicação em peças com boa resistência química, reservatórios e tubulações. Podem sofrer grande deformação plástica
304	206	517	40	200	8,0		
316	206	517	40	200	8,0		
416	275	517	22	200	7,8		Usados em instrumentos de cozinha e cirúrgicos, parafusos e pequenas ferramentas
420	275	517	25	200	7,8		
440C	448	758	14	200	7,8		
A538-grA	1380	1448	8		8,0	Maraging (ASTM)	Usados em aplicações de elevada resistência, em que seja necessária uma boa tenacidade
A538-grB	1580	1655	6		8,0		
A538-grC	1890	1930	4		8,0		

Nota: Os valores apresentados nestas tabelas são valores médios, que dependem, em muitos casos, do tratamento térmico, da percentagem de deformação plástica e do modo de obtenção das pré-formas. Não devem ser usados para projeto. Os valores de projeto devem ser consultados em catálogos de fabricantes ou em bases de dados especializadas, com mais informação sobre cada liga em particular.

ANEXO E — TABELAS DE TOLERÂNCIA

Tabela E.1 Valores das tolerâncias dimensionais para as classes de qualidade mais usuais

Cota nominal (mm)		Classes de qualidade																
		IT1	IT2	IT3	IT4	IT5	IT6	IT7	IT8	IT9	IT10	IT11	IT12	IT13	IT14	IT15	IT16	IT17	IT18
De >	Até ≤	Tolerância																	
		µm											mm						
1	3	0,8	1,2	2	3	4	6	10	14	25	40	60	0,1	0,14	0,25	0,4	0,6	1	1,4
3	6	1	1,5	2,5	4	5	8	12	18	30	48	75	0,12	0,18	0,3	0,48	0,75	1,2	1,8
6	10	1	1,5	2,5	4	6	9	15	22	36	58	90	0,15	0,22	0,36	0,58	0,9	1,5	2,2
10	18	1,2	2	3	5	8	11	18	27	43	70	110	0,18	0,27	0,43	0,7	1,1	1,8	2,7
18	30	1,5	2,5	4	6	9	13	21	33	52	84	130	0,21	0,33	0,52	0,84	1,3	2,1	3,3
30	50	1,5	2,5	4	7	11	16	25	39	62	100	160	0,25	0,39	0,62	1	1,6	2,5	3,9
50	80	2	3	5	8	13	19	30	46	74	120	190	0,3	0,46	0,74	1,2	1,9	3	4,6
80	120	2,5	4	6	10	15	22	35	54	87	140	220	0,35	0,54	0,87	1,4	2,2	3,5	5,4
120	180	3,5	5	8	12	18	25	40	63	100	160	250	0,4	0,63	1	1,6	2,5	4	6,3
180	250	4,5	7	10	14	20	29	46	72	115	185	290	0,46	0,72	1,15	1,85	2,9	4,6	7,2
250	315	6	8	12	16	23	32	52	81	130	210	320	0,52	0,81	1,3	2,1	3,2	5,2	8,1
315	400	7	9	13	18	25	36	57	89	140	230	360	0,57	0,89	1,4	2,3	3,6	5,7	8,9
400	500	8	10	15	20	27	40	63	97	155	250	400	0,63	0,97	1,55	2,5	4	6,3	9,7
500	630	9	11	16	22	32	44	70	110	175	280	440	0,7	1,1	1,75	2,8	4,4	7	11
630	800	10	13	18	25	36	50	80	125	200	320	500	0,8	1,25	2	3,2	5	8	12,5
800	1000	11	15	21	28	40	56	90	140	230	360	560	0,9	1,4	2,3	3,6	5,6	9	14
1000	1250	13	18	24	33	47	66	105	165	260	420	660	1,05	1,65	2,6	4,2	6,6	10,5	16,5
1250	1600	15	21	29	39	55	78	125	195	310	500	780	1,25	1,95	3,1	5	7,8	12,5	19,5
1600	2000	18	25	35	46	65	92	150	230	370	600	920	1,5	2,3	3,7	6	9,2	15	23
2000	2500	22	30	41	55	78	110	175	280	440	700	1100	1,75	2,8	4,4	7	11	17,5	28
2500	3150	26	36	50	68	96	135	210	330	540	860	1350	2,1	3,3	5,4	8,6	13,5	21	33

µm micrômetro = 1×10^{-6} m. As classes IT0 e IT01 são indicadas na norma ISO 286-1:1988.

Tabela E.2 Valores das tolerâncias do sistema ISO de tolerância angular

Comprimento		Classes de qualidade de tolerâncias angulares											
$L_{mín} >$	$L_{máx} \leq$	AT1	AT2	AT3	AT4	AT5	AT6	AT7	AT8	AT9	AT10	AT11	AT12
		Tolerância (µrad)											
6	10	50	80	125	200	315	500	800	1250	2000	3150	5000	8000
10	16	40	63	100	160	250	400	630	1000	1600	2500	4000	6300
16	25	31,5	50	80	125	200	315	500	800	1250	2000	3150	5000
25	40	25	40	63	100	160	250	400	630	1000	1600	2500	4000
40	63	20	31,5	50	80	125	200	315	500	800	1250	2000	3150
63	100	16	25	40	63	100	160	250	400	630	1000	1600	2500
100	160	12,5	20	31,5	50	80	125	200	315	500	800	1250	2000
160	250	10	16	25	40	63	100	160	250	400	630	1000	1600
250	400	8	12,5	20	31,5	50	80	125	200	315	500	800	1250
400	630	6,3	10	16	25	40	63	100	160	250	400	630	1000

µrad microrradiano = 1×10^{-6} rad.

Tabelas de Tolerância

Tabela E.3 Desvios fundamentais para eixos: Posições *a-js*

Cota nominal (mm)		Desvio superior es (valores em μm)											
De >	**Até ≤**	a	b	c	cd	d	e	ef	f	fg	g	h	js
		Todas as classes de qualidade											
-	3	−270	−140	−60	−34	−20	−14	−10	−6	−4	−2	0	
3	6	−270	−140	−70	−46	−30	−20	−14	−10	−6	−4	0	
6	10	−280	−150	−80	−56	−40	−25	−18	−13	−8	−5	0	
10	14	−290	−150	−95		−50	−32		−16		−6	0	
14	18												
18	24	−300	−160	−110		−65	−40		−20		−7	0	
24	30												
30	40	−310	−170	−120		−80	−50		−25		−9	0	
40	50	−320	−180	−130									
50	65	−340	−190	−140		−100	−60		−30		−10	0	
65	80	−360	−200	−150									
80	100	−380	−220	−170		−120	−72		−36		−12	0	
100	120	−410	−240	−180									
120	140	−460	−260	−200		−145	−85		−43		−14	0	
140	160	−520	−280	−210									
160	180	−580	−310	−230									
180	200	−660	−340	−240		−170	−100		−50		−15	0	
200	225	−740	−380	−260									
225	250	−820	−420	−280									
250	280	−920	−480	−300		−190	−110		−56		−17	0	
280	315	−1050	−540	−330									
315	355	−1200	−600	−360		−210	−125		−62		−18	0	
355	400	−1360	−680	−400									
400	450	−1500	−760	−440		−230	−135		−68		−20	0	
450	500	−1650	−840	−480									
500	560					−260	−145		−76		−22	0	
560	630												
630	710					−290	−160		−80		−24	0	
710	800												
800	900					−320	−170		−86		−26	0	
900	1000												
1000	1120					−350	−195		−98		−28	0	
1120	1250												
1250	1400					−390	−220		−110		−30	0	
1400	1600												
1600	1800					−430	−240		−120		−32	0	
1800	2000												
2000	2240					−480	−260		−130		−34	0	
2240	2500												
2500	2800					−520	−290		−145		−38	0	
2800	3150												

Desvios simétricos: ei=−IT/2 es=IT/2

Tabela E.4 Desvios fundamentais para eixos: Posições *j-zc*

Desvio inferior ei (valores em µm). Para as colunas de **m** a **zc**: Todas as classes de qualidade.

Cota (mm) De >	Até ≤	j IT5 IT6	j IT7	j IT8	k IT4 a IT7	k ≤IT3 >IT7	m	n	p	r	s	t	u	v	x	y	z	za	zb	zc
-	3	−2	−4	−6	0	0	+2	+4	+6	+10	+14		+18		+20		+26	+32	+40	+60
3	6	−2	−4		+1	0	+4	+8	+12	+15	+19		+23		+28		+35	+42	+50	+80
6	10	−2	−5		+1	0	+6	+10	+15	+19	+23		+28		+34		+42	+52	+67	+97
10	14	−3	−6		+1	0	+7	+12	+18	+23	+28		+33		+40		+50	+64	+90	+130
14	18													+39	+45		+60	+77	+108	+150
18	24	−4	−8		+2	0	+8	+15	+22	+28	+35		+41	+47	+54	+63	+73	+98	+136	+188
24	30											+41	+48	+55	+64	+75	+88	+118	+160	+218
30	40	−5	−10		+2	0	+9	+17	+26	+34	+43	+48	+60	+68	+80	+94	+112	+148	+200	+274
40	50											+54	+70	+81	+97	+114	+136	+180	+242	+325
50	65	−7	−12		+2	0	+11	+20	+32	+41	+53	+66	+87	+102	+122	+144	+172	+226	+300	+405
65	80									+43	+59	+75	+102	+120	+146	+174	+210	+274	+360	+480
80	100	−9	−15		+3	0	+13	+23	+37	+51	+71	+91	+124	+146	+178	+214	+258	+335	+445	+585
100	120									+54	+79	+104	+144	+172	+210	+254	+310	+400	+525	+690
120	140									+63	+92	+122	+170	+202	+248	+300	+365	+470	+620	+800
140	160	−11	−18		+3	0	+15	+27	+43	+65	+100	+134	+190	+228	+280	+340	+415	+535	+700	+900
160	180									+68	+108	+146	+210	+252	+310	+380	+465	+600	+780	+1000
180	200									+77	+122	+166	+236	+284	+350	+425	+520	+670	+880	+1150
200	225	−13	−21		+4	0	+17	+31	+50	+80	+130	+180	+258	+310	+385	+470	+575	+740	+960	+1250
225	250									+84	+140	+196	+284	+340	+425	+520	+640	+820	+1050	+1350
250	280	−16	−26		+4	0	+20	+34	+56	+94	+158	+218	+315	+385	+475	+580	+710	+920	+1200	+1550
280	315									+98	+170	+240	+350	+425	+525	+650	+790	+1000	+1300	+1700
315	355	−18	−28		+4	0	+21	+37	+62	+108	+190	+268	+390	+475	+590	+730	+900	+1150	+1500	+1900
355	400									+114	+208	+294	+435	+530	+660	+820	+1000	+1300	+1650	+2100
400	450	−20	−32		+5	0	+23	+40	+68	+126	+232	+330	+490	+595	+740	+920	+1100	+1450	+1850	+2400
450	500									+132	+252	+360	+540	+660	+820	+1000	+1250	+1600	+2100	+2600
500	560				0	0	+26	+44	+78	+150	+280	+400	+600							
560	630									+155	+310	+450	+660							
630	710				0	0	+30	+50	+88	+175	+340	+500	+740							
710	800									+185	+380	+560	+840							
800	900				0	0	+34	+56	+100	+210	+430	+620	+940							
900	1000									+220	+470	+680	+1050							
1000	1120				0	0	+40	+66	+120	+250	+520	+780	+1150							
1120	1250									+260	+580	+840	+1300							
1250	1400				0	0	+48	+78	+140	+300	+640	+960	+1450							
1400	1600									+330	+720	+1050	+1600							
1600	1800				0	0	+58	+92	+170	+370	+820	+1200	+1850							
1800	2000									+400	+920	+1350	+2000							
2000	2240				0	0	+68	+110	+195	+440	+1000	+1500	+2300							
2240	2500									+460	+1100	+1650	+2500							
2500	2800				0	0	+76	+135	+240	+550	+1250	+1900	+2900							
2800	3150									+580	+1400	+2100	+3200							

1) Para valores da qualidade IT≤3 e IT>7.

Tabelas de Tolerância

Tabela E.5 Desvios fundamentais para furos: Posições *A-N*

Cota nominal (mm)		Desvio inferior EI (valores em µm)												Desvio superior ES (µm)								
De >	Até ≤	A	B	C	CD	D	E	EF	F	FG	G	H	JS	J IT6	J IT7	J IT8	K(1) ≤IT8	K(1) >IT8	M(1) ≤IT8	M(1) >IT8	N(1) ≤IT8	N(1) >IT8
						Todas as classes de qualidade																
-	3	+270	+140	+60	+34	+20	+14	+10	+6	+4	+2	0		+2	+4	+6	0	0	−2	−2	−4	−4
3	6	+270	+140	+70	+46	+30	+20	+14	+10	+6	+4	0		+5	+6	+10	−1+Δ		−4+Δ	−4	−8+Δ	0
6	10	+280	+150	+80	+56	+40	+25	+18	+13	+8	+5	0		+5	+8	+12	−1+Δ		−6+Δ	−6	−10+Δ	0
10	14	+290	+150	+95		+50	+32		+16		+6	0		+6	+10	+15	−1+Δ		−7+Δ	−7	−12+Δ	0
14	18	+290	+150	+95		+50	+32		+16		+6	0		+6	+10	+15	−1+Δ		−7+Δ	−7	−12+Δ	0
18	24	+300	+160	+110		+65	+40		+20		+7	0		+8	+12	+20	−2+Δ		−8+Δ	−8	−15+Δ	0
24	30	+300	+160	+110		+65	+40		+20		+7	0		+8	+12	+20	−2+Δ		−8+Δ	−8	−15+Δ	0
30	40	+310	+170	+120		+80	+50		+25		+9	0		+10	+14	+24	−2+Δ		−9+Δ	−9	−17+Δ	0
40	50	+320	+180	+130		+80	+50		+25		+9	0		+10	+14	+24	−2+Δ		−9+Δ	−9	−17+Δ	0
50	65	+340	+190	+140		+100	+60		+30		+10	0		+13	+18	+28	−2+Δ		−11+Δ	−11	−20+Δ	0
65	80	+360	+200	+150		+100	+60		+30		+10	0		+13	+18	+28	−2+Δ		−11+Δ	−11	−20+Δ	0
80	100	+380	+220	+170		+120	+72		+36		+12	0		+16	+22	+34	−3+Δ		−13+Δ	−13	−23+Δ	0
100	120	+410	+240	+180		+120	+72		+36		+12	0		+16	+22	+34	−3+Δ		−13+Δ	−13	−23+Δ	0
120	140	+460	+260	+200		+145	+85		+43		+14	0		+18	+26	+41	−3+Δ		−15+Δ	−15	−27+Δ	0
140	160	+520	+280	+210		+145	+85		+43		+14	0		+18	+26	+41	−3+Δ		−15+Δ	−15	−27+Δ	0
160	180	+580	+310	+230		+145	+85		+43		+14	0		+18	+26	+41	−3+Δ		−15+Δ	−15	−27+Δ	0
180	200	+660	+340	+240		+170	+100		+50		+15	0		+22	+30	+47	−4+Δ		−17+Δ	−17	−31+Δ	0
200	225	+740	+380	+260		+170	+100		+50		+15	0		+22	+30	+47	−4+Δ		−17+Δ	−17	−31+Δ	0
225	250	+820	+420	+280		+170	+100		+50		+15	0		+22	+30	+47	−4+Δ		−17+Δ	−17	−31+Δ	0
250	280	+920	+480	+300		+190	+110		+56		+17	0		+25	+36	+55	−4+Δ		−20+Δ	−20	−34+Δ	0
280	315	+1050	+540	+330		+190	+110		+56		+17	0		+25	+36	+55	−4+Δ		−20+Δ	−20	−34+Δ	0
315	355	+1200	+600	+360		+210	+125		+62		+18	0		+29	+39	+60	−4+Δ		−21+Δ	−21	−37+Δ	0
355	400	+1350	+680	+400		+210	+125		+62		+18	0		+29	+39	+60	−4+Δ		−21+Δ	−21	−37+Δ	0
400	450	+1500	+760	+440		+230	+135		+68		+20	0		+33	+43	+66	−5+Δ		−23+Δ	−23	−40+Δ	0
450	500	+1650	+840	+480		+230	+135		+68		+20	0		+33	+43	+66	−5+Δ		−23+Δ	−23	−40+Δ	0
500	560					+260	+145		+76		+22	0					0		−26		−44	
560	630					+260	+145		+76		+22	0					0		−26		−44	
630	710					+290	+160		+80		+24	0					0		−30		−50	
710	800					+290	+160		+80		+24	0					0		−30		−50	
800	900					+320	+170		+86		+26	0					0		−34		−56	
900	1000					+320	+170		+86		+26	0					0		−34		−56	
1000	1120					+350	+195		+98		+28	0					0		−40		−66	
1120	1250					+350	+195		+98		+28	0					0		−40		−66	
1250	1400					+390	+220		+110		+30	0					0		−48		−78	
1400	1600					+390	+220		+110		+30	0					0		−48		−78	
1600	1800					+430	+240		+120		+32	0					0		−58		−92	
1800	2000					+430	+240		+120		+32	0					0		−58		−92	
2000	2240					+480	+260		+130		+34	0					0		−68		−110	
2240	2500					+480	+260		+130		+34	0					0		−68		−110	
2500	2800					+520	+290		+145		+38	0					0		−76		−135	
2800	3150					+520	+290		+145		+38	0					0		−76		−135	

Coluna JS: Desvios simétricos: EI=−IT/2 ES=IT/2

(1) Os valores de Δ encontram-se na página seguinte.

Tabela E.6 Desvios fundamentais para furos: Posições *P-ZC*

Cota nominal (mm)		P a ZC	Desvio superior ES (valores em µm)												Valores para Δ (µm)					
De >	Até ≤	≤IT7	P	R	S	T	U	V	X	Y	Z	ZA	ZB	ZC	IT3	IT4	IT5	IT6	IT7	IT8
							Classes de qualidade > IT7													
-	3	Valores para a mesma classe de desvio na qualidade >IT7 adicionados de Δ	-6	-10	-14		-18		-20		-26	-32	-40	-60	0	0	0	0	0	0
3	6		-12	-15	-19		-23		-28		-35	-42	-50	-80	1	1,5	1	3	4	6
6	10		-15	-19	-23		-28		-34		-42	-52	-67	-97	1	1,5	2	3	6	7
10	14		-18	-23	-28		-33		-40		-50	-64	-90	-130	1	2	3	3	7	9
14	18		-18	-23	-28		-33	-39	-45		-60	-77	-108	-150	1	2	3	3	7	9
18	24		-22	-28	-35		-41	-47	-54	-63	-73	-98	-136	-188	1,5	2	3	4	8	12
24	30		-22	-28	-35	-41	-48	-55	-64	-75	-88	-118	-160	-218	1,5	2	3	4	8	12
30	40		-26	-34	-43	-48	-60	-68	-80	-94	-112	-148	-200	-274	1,5	3	4	5	9	14
40	50		-26	-34	-43	-54	-70	-81	-97	-114	-136	-180	-242	-325	1,5	3	4	5	9	14
50	65		-32	-41	-53	-66	-87	-102	-122	-144	-172	-226	-300	-405	2	3	5	6	11	16
65	80		-32	-43	-59	-75	-102	-120	-146	-174	-210	-274	-360	-480	2	3	5	6	11	16
80	100		-37	-51	-71	-91	-124	-146	-178	-214	-258	-335	-445	-585	2	4	5	7	13	19
100	120		-37	-54	-79	-104	-144	-172	-210	-254	-310	-400	-525	-690	2	4	5	7	13	19
120	140		-43	-63	-92	-122	-170	-202	-248	-300	-365	-470	-620	-800	3	4	6	7	15	23
140	160		-43	-65	-100	-134	-190	-228	-280	-340	-415	-535	-700	-900	3	4	6	7	15	23
160	180		-43	-68	-108	-146	-210	-252	-310	-380	-465	-600	-780	-1000	3	4	6	7	15	23
180	200		-50	-77	-122	-166	-236	-284	-350	-425	-520	-670	-880	-1150	3	4	6	9	17	26
200	225		-50	-80	-130	-180	-258	-310	-385	-470	-575	-740	-960	-1250	3	4	6	9	17	26
225	250		-50	-84	-140	-196	-284	-340	-425	-520	-640	-820	-1050	-1350	3	4	6	9	17	26
250	280		-56	-94	-158	-218	-315	-385	-475	-580	-710	-920	-1200	-1550	4	4	7	9	20	29
280	315		-56	-98	-170	-240	-350	-425	-525	-650	-790	-1000	-1300	-1700	4	4	7	9	20	29
315	355		-62	-108	-190	-268	-390	-475	-590	-730	-900	-1150	-1500	-1900	4	5	7	11	21	32
355	400		-62	-114	-208	-294	-435	-530	-660	-820	-1000	-1300	-1650	-2100	4	5	7	11	21	32
400	450		-68	-126	-232	-330	-490	-595	-740	-920	-1100	-1450	-1850	-2400	5	5	7	13	23	34
450	500		-68	-132	-252	-360	-540	-660	-820	-1000	-1250	-1600	-2100	-2600	5	5	7	13	23	34
500	560		-78	-150	-280	-400	-600													
560	630		-78	-155	-310	-450	-660													
630	710		-88	-175	-340	-500	-740													
710	800		-88	-185	-380	-560	-840													
800	900		-100	-210	-430	-620	-940													
900	1000		-100	-220	-470	-680	-1050													
1000	1120		-120	-250	-520	-780	-1150													
1120	1250		-120	-260	-580	-840	-1300													
1250	1400		-140	-300	-640	-960	-1450													
1400	1600		-140	-330	-720	-1050	-1600													
1600	1800		-170	-370	-820	-1200	-1850													
1800	2000		-170	-400	-920	-1350	-2000													
2000	2240		-195	-440	-1000	-1500	-2300													
2240	2500		-195	-460	-1100	-1650	-2500													
2500	2800		-240	-550	-1250	-1900	-2900													
2800	3150		-240	-580	-1400	-2100	-3200													

Tabelas de Tolerância

Tabela E.7 Desvios admissíveis para cotas lineares excluindo boleados e concordância

Classe de tolerância		Desvios (mm)							
Designação	Descrição	>0,5 a 3[1]	>3 a 6	>6 a 30	>30 a 120	>120 a 400	>400 a 1000	>1000 a 2000	>2000 a 4000
f	Fina	±0,05	±0,05	±0,1	±0,15	±0,2	±0,3	±0,5	–
m	Média	±0,1	±0,1	±0,2	±0,3	±0,5	±0,8	±1,2	±2
c	Grosseira	±0,2	±0,3	±0,5	±0,8	±1,2	±2	±3	±4
v	Muito grosseira	–	±0,5	±1	±1,5	±2,5	±4	±6	±8

(1) Para cotas nominais inferiores a 0,5 mm, os desvios devem ser indicados junto às cotas.

Tabela E.8 Desvios admissíveis para boleados e concordâncias

Classe de tolerância		Desvios (mm)		
Designação	Descrição	>0,5 a 3[1]	>3 a 6	>6
f	Fina	±0,2	±0,5	±1
m	Média			
c	Grosseira	±0,4	±1	±2
v	Muito grosseira			

(*) Para cotas nominais inferiores a 0,5 mm, os desvios devem ser indicados junto às cotas.

Tabela E.9 Desvios admissíveis para cotas angulares

Classe de tolerância		Desvios (mm) para o lado mais curto do ângulo				
Designação	Descrição	≤10	>10 a 50	>50 a 120	120 a 400	≥400
f	Fina	±1°	±0°30'	±0°20'	±0°10'	±0°5'
m	Média					
c	Grosseira	±1°30'	±1°	±0°30'	±0°15'	±0°10'
v	Muito grosseira	±3°	±2°	±1°	±0°30'	±0°20'

Tabela E.10 Tolerâncias gerais de retilismo e planeza

Classe de tolerância	Tolerância geral de retilismo e planeza para a gama de comprimentos nominais					
Designação	≤10	>10 a 30	>30 a 100	>100 a 300	>300 a 1000	>1000 a 3000
H	0,02	0,05	0,1	0,2	0,3	0,4
K	0,05	0,1	0,2	0,4	0,6	0,8
L	0,1	0,2	0,4	0,8	1,2	1,6

Tabela E.11 Tolerâncias gerais de perpendicularidade

Classe de tolerância	Tolerância geral de perpendicularidade para a gama de comprimentos nominais do lado mais curto (mm)			
Designação	≤100	>100 a 300	>300 a 1000	>1000 a 3000
H	0,2	0,3	0,4	0,5
K	0,4	0,6	0,8	1
L	0,6	1	1,5	2

Tabela E.12 Tolerâncias gerais de simetria

Classe de tolerância	Tolerância geral de perpendicularidade para a gama de comprimentos nominais do lado mais curto (mm)			
Designação	≤100	>100 a 300	>300 a 1000	>1000 a 3000
H	0,5			
K	0,6		0,8	1
L	0,6	1	1,5	2

Tabela E.13 Tolerâncias gerais de batimento

Classe de tolerância	Tolerância geral de batimento (mm)
H	0,5
K	1
L	2

ÍNDICE ALFABÉTICO

A

ABS. *Veja* Polímeros
Acabamentos
em construção civil, e97
superficiais, 142, 159-165, 168
indicação nos desenhos, 159
influência no preço final das
peças, 159
sobre-espessura, 161
Aços
ao carbono, 278, 280
classes dos, e90
inoxidáveis, 279
tabelas de, 386, 387
Águas
pluviais, e75, e78
residuais, e75
telhados, e61
AISI, 278
Ajustamento
cotagem de, 132
para rolamentos, 262
Ajustes, 152-155
classes, 154
de tolerâncias recomendadas, 155
com aperto, 153
com folga, 153
incertos, 153
linha de zero, 143
recomendados, 154, 155
sistema
de eixo base, 154
de furo base, 154
ISO de desvios e ajustes, 152
temperatura, 156
tolerâncias dos, 142
Alinhamento, e21

Alumínios, designações e
aplicações, 385
Anéis de retenção
para eixos, 356
para furos, 358
Anisotropia, e83
Anotações, 132
Aparelhos
das cozinhas, e71
sanitários, e71
Aperto
máximo, 153
mínimo, 153
Apoio à decisão, e35
Architectural Desktop, e71
Arco, e57
de volta inteira, e83
Arestas, 42
fictícias, 63
invisíveis, 57
visíveis, 56
Armações, e85, e86, e90
esquema para dobramento, e92
representação de, e89
Arruelas
curvas elásticas, 353
de mola prato, 352
de segurança com lingueta, 356
duas, 355
exterior, 354
interior, 355
elásticas
com dentado exterior ou
interior, 354
função das, 248
helicoidais de pressão, 353
planas, 351

com chanfro, 352
representação de, 248
tipos de, 248
AutoCAD, e61, e98
Autodesk Inventor, 169, 229

B

Barras, e85, e86
ganchos na extremidade das, e90
Base de dados
georreferenciada, e29
SIG, e29
Biela, 282
Bissetriz, 317
Bit, 22
Boleados e concordâncias, 127
em CAD, 308,309
Brasagem, 218, 223
Broca, 287
Bronze, 280
de berílio, 280
de silício, 280
Buffers, e37, e38
Byte, 22

C

CAD. *Veja também* CAD 3D, 2, 12
cotagem, 128
cotas automáticas, e69
em Arquitetura, e61, e65
em desenho cartográfico, e31
em projeto, 300
de estabilidade, 300-302
em Arquitetura, 300
e planejamento, e97
siglas, 9

Índice Alfabético

3D, 12, 13, 16, 133
  desenho industrial, 308
  importância da perspectiva, 98
  montagens, 313
  motor de modelismo, 132
  peças em chapa, 302
  tubulações, 306
CADD, 9
CAE, 2
Caixas
  de união, e76
  de visita, e76
Calandragem, 284
Calhas, e78
Calibre, 156, 157, 199, 211
CAM, 2, 16
Camadas, e32, e37, e74, 300
Carta
  da reserva agrícola e da
   reserva ecológica, e42
  das sub-bacias, e38
  de classes de declives, e36
  de solos, e37
  de zoneamento, e40
  geológica, e50
  militar, e19
  topográfica, e19
Cartografia, e2, e34
  definição de, e27
Casquilhos. *Veja* Mancais
Cavaletes, 250
Cavilhas, 250
Cerâmicos, 277
Chaminés
  condutos, e69
  representação de, e69
Chanfros, 288
  cotagem de, 130
Chavetas, 248, 348
  de cunha, 347, 348
  redondas, 349
  tipos de, 248
Cicloide, 327
CIM, 16
Circunferências
  desenho à mão livre de, 321
  tangentes a, 322
Classes
  de ajustes, 154
   recomendadas, 154

de desvios fundamentais, 146
de qualidade
  das tolerâncias angulares, 152
  e sua utilização, 143
  IT, 144
de rugosidade, 163
de tolerâncias, 143
  recomendadas em ajustes, 154
dos aços, e90
seleção da classe de tolerância
  geral, 206
$C_{MÁX}$. *Veja* Cota máxima
$C_{MÍN}$. *Veja* Cota mínima
CMM. *Veja* Cota de máximo
  material
CmM. *Veja* Cota de mínimo
  material
CN. *Veja* Cota nominal
CNC, 17
Cobertor. *Veja* Escadas
Cobertura
  da construção, e57
  representação e definições, e61
  SIG, e30, e36
Cobre, designações e aplicações, 385
Comando Numérico. *Veja* CNC
Compósitos, 275
Computador, 18
Comunicações em edifícios, e64
Conceitos
  fundamentais em CAD
   bloco, e27
   camada, e27
   entidade, e27
  geométricos fundamentais
   declive, e5
   intervalo, e5
   reta de maior declive, e7
Concordâncias, 323
Concreto armado, e85
  cortes, e86
  cotagem, e86
  desenhos de detalhe em CAD, 303
  estruturas de, e83
  indicação nos desenhos de, e90
  projeto, e86
   de estabilidade, e92
  qualidade do, e90
Condição
  de máximo material, 176, 199

de mínimo material, 176
virtual, 176
Conduta(s)
  adutoras, e23
  projeto de implantação de uma, e21
Condutores, e71
  traçado de, e79
  de fumaça, e69
Cone, 328
Configuração
  da cobertura da edificação, e61
  das armações, e86
  das estruturas, e81, e92
  dos elementos de aço, e85
  interior das edificações, e57
Conformação plástica, 284
Construção, tabelas de
  perfis, 360-364
Contornos. *Veja também* Arestas
  invisíveis, 56
  visíveis, 56
Contrapinos, 250
  tipo mola, 343
Controle de qualidade
  equipamentos para o, 156
  rugosidades, 165
  tolerância, 209
   dimensional, 154, 156
   geométrica, 205
Coordenadas
  em topografia, e2
  ponto de referência, e3
Cópia heliográfica, 4
Cordão de soldagem, 225
Correias de transmissão. *Veja*
  Transmissão por correias
Correntes de transmissão.
  Veja também Transmissão por
  correntes, 359
Corte(s)
  cotagem de, e71
  cotas em, e69
  de arruela, 85
  de parafusos, 85
  de perfis metálicos, 85
  de porcas, 85
  de rebites, 85
  em edificações, e57
  erros mais frequentes em, 90
  geológicos, e50

Índice Alfabético

hachura de, 77
  de diferentes materiais, 77
meio, 78
parcial, 78
planos, 77
  concorrentes, 80
  paralelos, 80
  sucessivos, 82
recurso a, 76
total, 78
Cota(s)
  abaixo da linha de, 125
  altimétricas, e57
  angulares, 126
  auxiliares, 124
  de ajuste, 133
    para um elemento
      externo, 176
      interno, 176
  de eixo dos vãos, e69
  de espessuras, e69
  de implantação, e69
  de localização, 176, e57
  de máximo material, 176
  de mínimo material, 176
  de montagem, 132
  em cortes, e69
  em planta, e69
  fora de escala, 130
  linha de, 122
  local atual, 176
  máxima, 143
  mínima, 143
  nas vistas, 124
  nominal, 143, 176
  orientação, 126
  para inspeção, 130
  posição em relação à linha de, 125
  redundantes, 124
  sempre na horizontal, 125
  separação dos algarismos, 125
  teoricamente exata, 176, 180
  unidades das, 122, 125
  virtual, 201
Cotagem, 121-137
  boleados e concordâncias, 127
  cor dos caracteres, 123
  critérios de, 127
  cruzamento de linhas, 123
  de ajustamento, 132

de arcos, 126
de armações, e92
de chanfros, 130
de contornos invisíveis, 131
de desenhos
  de armações, e89
  de conjunto, 131
de elementos
  circulares, 135
  equidistantes, 128
  repetidos, 129
    por referência, 130
de forma, 126
de localização dos pilares, e90
de meias vistas, 131
de perspectivas, 132
de plantas em Arquitetura, e70
de posição, 127
de vistas
  locais, 131
  parciais, 131
dimensão dos caracteres, 123
em desenho de Arquitetura, e69, e71
em paralelo, 127
  com linhas de cota
    sobrepostas, 128
em série, 127
escala, 123
funcional, 133, 176
furos escareados, 130
paramétrica, 309
por coordenadas, 128
seleção das cotas, 133
setas, 122
símbolos complementares da, 123
Cotas-limite, 143, 151
Courettes, e57
CPU, 18
CRT. *Veja* Monitor
Cunhagem, 284
Curvas de nível, e15, e17

D

Declive. *Veja* Conceitos
  geométricos fundamentais
Deformação plástica, 284
Degraus. *Veja* Escadas
DEM (*Digital Elevation Model*), e17

Densidade. *Veja* Peso
Desbaste, 288, 289
Desenho(s)
  à mão livre, 64
    cicloides, 327
    circunferências, 322
    concordâncias, 323
    cones, 328
    elipses, 328
    epicicloides, 327, 328
    espirais, 326
    evolventes, 326
    hélices, 330
    hipérboles, 329
    hipocicloides, 328
    ovais, 325
    óvulos, 325
    parábolas, 328
    polígonos, 319
  artístico, 3
  assistido por computador. *Veja* CAD
  cartográfico, e31
  de Arquitetura, e57
  de coberturas, e61
  de conjunto, 134, 314, e57
    e sua cotagem, 131
    em Arquitetura, e57-e61
  de detalhe, e57, e66
  de estruturas de edificações, e81
  de implantação, e57
  de instalações, e71-e81
  de janelas, e66
  de localização, e57
  de peças
    fundidas, 284
    obtidas por deformação
      plástica, 286
  de perspectivas rápidas, 102-104
  dobramento dos, 30
  em planejamento de obras, e92
  Industrial, 308-313
  técnico, 3
    clássico, 9
Desvio(s)
  em desenhos de conjunto, 152
  fundamentais, 143, 144, 391-394
    para eixos, 147, 148
    para furos, 152
  indicação dos, 151

400 Índice Alfabético

inferior, 143
superior, 143
tabelas de tolerância geral, 389
Detecção remota, e27
Diâmetro
exterior da rosca, 238
nominal da rosca, 238
Digital Terrain Model. Veja DTM
Digitalização de imagens, 21
Dimensão atual, 143
Discos rígidos, 19
Dobramento de desenhos, 30
Drenagem, e75
DTM, e16, e34
implantação de obras, e49
Duralumínio, 281

E

Efeito(s)
de animação, e44
de capilaridade, 223
EI. *Veja* Desvio inferior
Eixos
definição associada
a tolerância, 143, 156
aos anéis de retenção para, 356
isométricos, 101
tolerância, 143, 156
Elaboração de projetos. *Veja*
Projeto
Elastômeros, 275
Elemento
definição de, 143, 176
dimensional, 176
externo, 176, 199
interno, 176
Eletrodo
consumível, 219
permanente, 219
Elevadores, e66
Elipse, 328
Embreagem
cônica, 255
de automóvel, 255
Enchavetamentos, 248
Engrenagens, 254, 256-258
cilíndricas, 256
cônicas, 257
de cremalheira, 256
de dentes

internos, 257
retos, 257
de eixos reversos, 257
helicoidais, 257
módulos, 257
pinhão-cremalheira, 257
relação de transmissão, 258
representação, 258
convencional, 258
esquemática, 258
sem-fim coroa, 257
Entidade CAD. *Veja* Conceitos
fundamentais em CAD
Envolvente. *Veja* também
Princípio da envolvente, 181
EP. *Veja* Polímeros
Epicicloide, 327
Equipamentos de verificação
rugosidades, 165
tolerância
dimensional, 156
geométrica, 205, 206
Erros geométricos, 174, 199
equipamento de verificação, 206
inter-relação com erros
dimensionais, 156
ES. *Veja* Desvio superior
Esboço, 6, 7, 123, 309
Escadas, e64
Escala, 36-38
altimétrica, e17, e22
das distâncias, e22
de ampliação, 38
de redução, 38
de representação de terrenos, e19
desenhos
de Arquitetura, e76
de detalhe, e57
de localização, e57
em estudos de planejamento, 38
em projeto de Arquitetura, 38
indicação na legenda, 33
normalizada, 38
Escória, 221
Escrita normalizada, 26
Esmerilamento, 291
mó, 291
Espelho. *Veja* Escadas
Espessuras das linhas, 28
Espiral, 326

Esquema
de dobramento
de armações, e92
de barras, e92
estrutural, e86
Estabilidade. *Veja* Projeto de
estabilidade
Estados de superfície, 159-165
especificação, 160
estrias, 161
indicação
nos desenhos, 161
simplificada, 162
necessidade de indicação, 163
relação com as tolerâncias, 142
símbolos antigos, 160
Estampagem, 284
Estereolitografia, 16
Estrias, 160
orientação das, 160
Estribos das vigas, e91
Estrutura(s)
de alvenaria, e83
de concreto armado, e83, e90
de edificações, desenho de, e81
de madeira, e83
de uma construção, e86
em pedra, e82
metálica, e83
Evolvente, 326
Extração e conexão, e39

F

Fabricação
custo
acabamento superficial *versus*, 159
tolerância *versus*, 142
de roscas, 237
influência das tolerâncias, 142
simulação, 18
Faceamento, 286
Famílias de materiais, 268, 269
Ferramenta de corte. *Veja*
Torneamento
Ferro fundido, 278
branco, 278
cinzento, 278
designações ASTM e
aplicações, 385

Índice Alfabético

dúctil, 278
maleável, 278
Fibra
curta, 276
de Aramid, 276
de boro, 276
de carbono, 276
de vidro, 276
Filetamento, 286
Fillet. Veja Boleados e concordâncias
Flecha, 225
F$_{máx}$. *Veja* Folga máxima
Folga
máxima, 153
mínima, 153
Forjamento, 285
Formatos de desenho, 29
Fotogrametria, e19, e27
definição de, e27
Fotorrealismo. *Veja* Modelos
fotorrealistas
Fresadora, 289
Fresamento. *Veja* Processos de
fabricação
Fundição, 281
caixa de moldagem, 282
de polímeros, 283
em molde
perdido, 282
permanente, 282
tolerâncias, 159
Furação(ões). *Veja* Processos de
fabricação
representação de, 241
Furadeira, 288
Furo(s), 156
anéis de retenção para, 358
chanfrado, 288
de passagem e seus diâmetros
normalizados, 241
definição associada a
tolerância, 143
escareados, 130, 288
rebaixados, 288
representação simbólica de, 242
roscados, 239
tipos de, 288

G

Gabaritos, 157
Ganchos, e90
Geodesia, e27
definição de, e27
*Geographical Information System.
Veja* GIS
Geometria descritiva, 4
Georreferência, e40
Geotécnica, e16
GIS. *Veja também* SIG, e26
base de dados, e27
cobertura, e36
digitalização, e31
função dos, e39
simbologia, e28
terminologia, e27
utilização dos, e50
GPS – especificação geométrica do
produto, 159
GPS – *Global Positioning System*,
constituição do sistema, e3
Graduação da reta, e7
Grau de acabamento, 160

H

Hachura de corte, 77
HDD. *Veja* Discos rígidos
Hélice, 330
Hidden lines. Veja Arestas invisíveis
Hidrologia, e16
Hipérbole, 329
Hipocicloide, 328

I

Impermeabilização, e61
Implantação
de edificações, e46
de estradas, e23
de obras, e2, e20, e46-e49
de tubulações, e25
Impressoras, 21
de jato de tinta, 21
laser, 21
Infraestrutura, projeto de, e2
Injeção de polímeros, 283
Inspeção. *Veja* Controle de
qualidade

Instalações
desenho de, e71-e81
elétricas, e79
Interdependência entre geometria
e dimensão, 155, 156, 199
Interseção
de planos, e10
águas, e61
de retas com planos, e10
Intervalo. *Veja* Conceitos
geométricos fundamentais
ISO, 6
IT. *Veja* Tolerância fundamental

J

Janelas, e66

K

Keyboard. Veja Teclado

L

Lajes, e86
Laminação, 284
Latão, 280
de alumínio, 280
de chumbo, 280
de estanho, 280
de silício, 280
vermelho, 280
Layer. Veja Camadas
LCD. *Veja* Monitor
Legenda, 31
de perfil, e22
localização da, 31
tipos de, 32
Levantamento
de perfis, e21
do terreno, e3
geológico, e49
topográfico, e57
Ligações mecânicas
aparafusadas, 237, 247
com molas, 236
desmontáveis, 236
enchavetadas, 236
permanentes, 236
representação nos desenhos, 237
soldagem, 218

tipos de, 236

Ligas
cuproníquel, 280
de alumínio, 280
de cobre, 280
de magnésio, 281
de níquel, 281
de titânio, 281
designações e aplicações, 386

Linha(s)
aplicações, 27
de chamada, 28, 122
de cota, 122
e tipos de terminações. *Veja*
Setas da cotagem
de eixo, 28
de extensão. *Veja* Linhas de
chamada
de fratura, 60
de identificação, 225
de nível, e15
de referência, 132, 225
de zero, 143
interseção de, 28
precedência de, 28
tipos de, 27

Lista de peças, 36
informação obrigatória, 36
localização da, 36

Luminosidade, e71

M

Mancais, 255
Mandril, 287
Máquinas de Controle Numérico.
Veja CNC
Marco geodésico, e2
Margens, 35
Materiais
atributo, 269
classe, 269
indicação na hachura de corte, 77
madeira, e83
membro, 269
pedra, e82
resistência, 273
subclasse, 269
tabelas de propriedades e
aplicações, 383

Máximo material. *Veja* Princípio
do máximo material
Mecanismos, 16
Mechanical Desktop, 167, 168, 211
Medição das rugosidades, 165
Memória, 19
Metal de adição, 218, 219
Metalurgia de pós, 283
Método
americano, 42, 45, 55
das projeções cotadas, e5, e21
do 1º diedro. *Veja* Método europeu
do 3º diedro. *Veja* Método
americano
dos elementos finitos, 15
europeu, 42, 55
Micrômetro, 157
Mínimo material
interpretação, 200
relação com as tolerâncias, 201
Modelo(s). *Veja* também Protótipo(s)
digital do terreno. *Veja* DTM
fotorrealistas, 314
obtenção de, 13, 14
geométricos, obtenção de, e71
georrelacionado, e30
Modificadores, 180
definição, 176
implicações nos erros de
fabricação, 201
Módulo de Young. *Veja também*
Engrenagens, 273
Mola(s), 251-253
aplicações, 253
cônica, 252
em espiral, 252
helicoidais, 251
prato, 252
representação de, 253
Molduras, 35
Monitor, 18
tipo de, 20
Motor de modelismo, 132
Mouse, 18

N

Nível de detalhe, e18
Norma(s)
de Desenho Técnico, 5

europeias
sobre arruelas, 367
sobre desenho técnico, 365
sobre engrenagens, 367
sobre molas, 367
sobre peças roscadas, 367
sobre rolamentos, 367
sobre soldagem, 367
sobre tolerância, 367
internacionais
aspectos gerais sobre as, 381
sobre acabamentos
superficiais, 371
sobre arruelas, 375
sobre desenho técnico, 367
sobre desenhos de
construção, 377
sobre engrenagens, 377
sobre molas, 376
sobre peças roscadas, 370
sobre rolamentos, 377
sobre tolerância
dimensional, 369
geométrica, 371
portuguesas
sobre desenho técnico, 365
sobre peças roscadas, 365
sobre soldagem, 365
sobre tolerância, 365
Números de referência, 132

O

Obras
implantação, e2, e20, e46-e49
planejamento de atividades, e92
Operações em CAD, 308, 309
Orientação das cotas, 125
Ortofotomapa, e33
Oval, 325
Óvulo, 325

P

PA. *Veja* Polímeros
Papel. *Veja* Formatos de papel
Paquímetro, 157
Parábola, 328
Parafusos, 238, 241-244
cabeças de, 242

Índice Alfabético

classes de qualidade e
resistência, 243
de cabeça
abaulada, 334
com sextavado interior, 335
de escareada Phillips, 338
hexagonal, 333, 334
sextavada interior, 335
com garganta, 336
de fenda com cabeça
abaulada escareada, 336
cilíndrica, 337
abaulada Phillips, 338
escareada, 337
designação de, 241
especificação de, 241
marcação de, 241
representação simplificada de, 247
sem-fim coroa, 257
tipos de cabeças, 241
Paralelismo entre retas e planos, e13
Paralelogramos, 320
PC. *Veja* Polímeros
PDM. *Veja* Plano Diretor
Municipal (PDM)
PE. *Veja* Polímeros
Peças
em chapa, projeto cm CAD, 303
fundidas, desenho de, 284
Pedra, e82
PEEK. *Veja* Polímeros
Perfil(is), e21
da superfície (acabamentos
superficiais), 160
do terreno e seu levantamento, e21
longitudinal, e21
tabelas, 360-364
transversal-tipo, e23
Perfilamento, 284
Perpendicularidade entre retas, e13
Perspectiva. *Veja também*
Projeção, 5
construção da, 104
cotagem de, 110, 132
dimétrica, 101
explodida, 113
isométrica, 99
real, 101
simplificada, 101
medições em, 102

rápida, 98
técnicas de construção de, 104
trimétrica, 100
Peso, 271
PET. *Veja* Polímeros
PF. *Veja* Polímeros
PGU. *Veja* Planos gerais de
urbanização
Pilares, e86, e90
mapa de, e90
Pinos
cilíndricos, 344
com rasgo, 346
estriados ou canelados, 346
cônicos, 344
de espiga roscada, 345
de cabeça redonda com rasgo, 345
estriados com meia espiga
cilíndrica, 347
Piping, 306-308
Placa gráfica, 19
Plaina limadora, 292
Planejamento, e57
de obras, e92
modelo geométrico dinâmico, e98
regional e urbano, e2
dos planos de projeção, 51, 52
Plano Diretor Municipal (PDM), e42
Planos
auxiliares de projeção, 61, 62
de detalhe de urbanização, e42
de simetria, 62
gerais de urbanização, e42
interseção de, e9
com retas, e9
Plantas, e57
de edifícios, e57
de implantação, e20
de localização, e20
fundiárias, e20
Plásticos. *Veja também* Polímeros
expansão térmica, 275
flexibilidade, 275
radiação ultravioleta, 275
Plotters, 21
PMMA. *Veja* Polímeros
Polias, 254
Polígonos, 319
Polímeros, 274
siglas e aplicações, 275

soldagem de, 222
POM. *Veja* Polímeros
Porcas, 244, 246
borboleta, 341
tipo americano, 342
cilíndricas, 246
classes de qualidade, 244
contraporcas, 244, 246
de aperto à mão, 247
dimensões normalizadas, 334
função das, 244
hexagonais, 339
chatas, 340
com castelo, 341
com castelo, 340
com flange de encosto plano ou
dentado, 341
recartilhadas, 246
com e sem colar, 342
representação simplificada de, 247
tipos de, 244
PP. *Veja* Polímeros
PPU. *Veja* Planos de detalhe de
urbanização
Prancheta, 9
Precedência de linhas, 28, 57
Pré-fabricados, e61
Pressão. *Veja* Resistência
Princípio
da envolvente, 202, 209
da independência, 155, 198
e sua indicação nos
desenhos, 155, 198
do máximo material, 181, 199
aplicação
aos elementos, 199
aos referenciais, 202
definições, 199
normas, 199
tolerância
de bônus, 203
de posição, 200
do mínimo material, 181
Prisioneiros, 247
cotagem de, 247
Processador, 19
Processos de fabricação, 158
esmerilagem, 291
fresamento, 289
fundição, 281

furação, 287
influência
das tolerâncias, 142
na cotagem, 122
na tolerância geométrica, 205
no valor das tolerâncias, 144
inter-relação com as classes de
tolerância, 143
relação
com as tolerâncias, 158
com os estados de superfície, 162
rugosidades típicas obtidas, 163,
164
tipos de, 268
torneamento, 286
ProEngineer, 211
Programas de CAD
Architectural Desktop, e71
AutoCAD, e61, e98
Autodesk Inventor, 168, 169, 211
Mechanical Desktop, 167, 211
ProEngineer, 211
Solid Edge, 134, 168, 212
Solid Works, 168, 212
Projeção(ões), 42
cavaleira, 99
central, 45, 112
cotada(s), e4, e6, e15
de gabinete, 99
geométricas planas, 99
militar, 99
oblíqua, 99
ortogonais, 61
paralela, 45
plano
horizontal de, 49
lateral de, 49
vertical de, 49
Projeto
de Arquitetura, e57
de moradias, e57
de concreto armado, e86
de estabilidade, e57, e81, e92
de implantação de condutas, e21
de infraestruturas, e2
de instalações, e72
de abastecimento de água, e57
elétricas, e57
em CAD, 306-308
de urbanização, e2, e42

fases de, 6
sistemas de drenagem, e57
Protótipos, 9
PS. *Veja* Polímeros
PTFE. *Veja* Polímeros
PUR. *Veja* Polímeros
PVC. *Veja* Polímeros

Q

Quadrilátero, 320

R

Raios X, 222
RAM, 19
Ramais de descarga, e76
Rasgos, 249, 347, 348
Raster, e27
Realismo. *Veja* Modelos fotorrealistas
Rebatimentos, 55
em cortes, 82
Rebites, 250
cegos, 251, 350
de cabeça
contrapuncionada, 350
abaulada, 350
redonda, 349
diâmetro nominal dos, 251
Redes
de canalizações, e72
de abastecimento de água, e76
de climatização, e57
de comunicações, e57, e71
de drenagem, e76
de instalação elétrica, e79
de *sprinklers*, e75
diferentes tipos de, e71
pluviais, e75
Referenciais
definição, 176
função dos, 178
indicação dos, 176
direta, 178
por intermédio de uma letra, 179
ordem dos, 179
princípio do máximo material
aplicado aos, 202
relação com o princípio de
máximo material, 199
sequência de, 179

Regulamento de estruturas de
concreto armado e
pré-esforçado, e90
Render. Veja Modelos fotorrealistas
Representação(ões)
convencionais, 62, 63
de engrenagens, 258
de múltiplos furos idênticos, 63
faces planas, 63
volantes, 250
de correntes, 260
de materiais em corte, 77
de polias, 261, 262
de rodas dentadas, 258
de rolamentos, 264
de roscas, 239
de terrenos, e18
esquemática de engrenagens, 259
realistas, e71
Requisitos funcionais, 158
Resistência, 271
específica, 272, 278
Retas, 318
definição de intervalo, e8
graduação de, e7
paralelismo entre planos, e12
Rigidez, 273
específica, 273, 278
Rodas
de atrito, 256
dentadas, representação de, 258
Rolamentos, 262-264
aplicações, 264
especificação de, 264
representação de, 264
tipos de, 262
Rosca(s)
características, 238
cava da, 238
cônicas, 238
cotagem de, 239
crista da, 238
esquerda, 238
fêmea, 237
figura primitiva dos perfis, 237
filete da, 237
flancos da, 238
macho, 237
múltipla, 237
passo da, 237

Índice Alfabético

perfil da, 238
  ISO, 238
  Whitworth, 238
representação
  convencional de, 237
  simplificada de, 239
tipos de, 237, 239
Rugosidades
  caracterização, 160
  comprimentos de base
    normalizados, 164
  definições, 160, 163
  gamas de, 164
  relação com os processos de
    fabricação, 163
  valores normalizados das, 163
Rugosímetros, 165

S

Sapatas, e86, e93
Scanners. Veja Digitalização de
  imagens
Seções, 86
  rebatimento de, 86
Segmentação, 319
Setas da cotagem, 122
Shading. Veja Sombreados
SI. *Veja* Polímeros
SIG
  classes da base de dados, e29
  conceitos fundamentais, e26
  constituição do, e29, e32
  procedimentos e operação, e34
  relação com o GIS, e26, e29
  terminologia, e27
Simbologia
  antiga dos estados de superfície, 161
  da soldagem, 223, 223
  da tolerância geométrica, 177
  de acessórios de abastecimento
    de água, e73
  dos estados de superfície, 160
  ISO da tolerância, 151
Símbolos
  complementares
    da cotagem, 122
    da tolerância geométrica, 181
  da tolerância geométrica, 177
  elementares da soldagem, 223

suplementares da soldagem, 224
Sistema(s)
  de eixo base, 154
  de furo base, 154
  de informação geográfica.
    Veja SIG
  ISO de tolerâncias
    e ajustes, 155
    angular, 147
  operacional, 21
Sobrelevação, e22
Software Primavera, e98
Soldabrasagem, 223
Soldagem
  com eletrodo revestido, 220
  por arco
    elétrico, 219
    submerso, 220
  por atrito, 221
  por chama, 219
  por eletroescória, 221, 222
  por feixe de elétrons, 222
  por *laser*, 222
  por resistência, 220
  referência, 225
  símbolos
    elementares, 223
    suplementares, 224
Soldas, tolerância, 159
Solid Edge, 134, 168, 212
Solid Works, 168, 212
Sombreados, 13
Sondagens, e49

T

Taludes, e46
Teclado, 18
  representação e definições, e61
Telhados, e61, e78
Tensão
  de escoamento, 272
  de ruptura, 272
Teodolitos, e2
Termoendurecíveis, 275
Termoplásticos, 275
Terraços, e61, e78
Terreno
  perfil do, e21
  representação do, e15-e20
TFT. *Veja* Monitor

Tijolos, formatos normalizados, 364
TIN (*Triangular Irregular
  Network*), e16
Tipos de linha, 27
Tolerância(s)
  conversão de unidades, 159
  de bônus, 203
  de cones, 328
  de peças
    obtidas por conformação
      plástica, 159
    obtidas por fundição, 159
    soldadas, 159
    trabalhadas, 159
  dimensionais, 142-159
    angulares, 152
    em desenhos de conjunto, 152
    gerais, 158, 389
    inscrição nos desenhos, 151
    interpretação, 155
    valores das, 145
  do ajuste, 153
  em CAD, 142
  fundamental (IT), 143
  geométricas
    batimento
      circular, 195
      total, 197
    cilindricidade, 184
    circularidade, 183
    concentricidade ou
      coaxialidade, 193
    de posição, 191
    elementos a serem aplicados, 205
    forma
      de um contorno, 184
      de uma superfície, 185
    geral, 206-211
    inclinação, 189
    inscrição nos desenhos, 177
    método
      direto, 178
      indireto, 178
    modificadores, 176, 177, 180, 198
    paralelismo, 185
    passos para a sua
      especificação, 205
    perpendicularidade, 187
    planeza, 183
    referenciais, 176

regras e passos para a sua
aplicação, 205
retilineidade, 182
simetria, 194
geral e indicação nos
desenhos, 158, 209
simbologia ISO, 151
Topografia, e2-e25
coordenadas, e2
Torneamento, 286
Transmissão
correntes de, 359
de movimento, 256
por cabos, 262
por correias, 261
dentadas, 262
por correntes, 260
por rodas de atrito, 256
Trefilação, 284

U

Uniões. *Veja também*
Ligações mecânicas

cardã, 254
de eixos, 254, 255
elásticos, 254
de engate, 255
elásticas, 254
Urbanização, projeto de, e2

V

Vãos, e57, e69, e82
mapa de, e66
Verificação das tolerâncias
dimensionais, 155
geométricas, 205
Vidros, 277
Vigas, e82, e83
estribos das, e91
Vista(s)
auxiliares, 61
de detalhe, 60
deslocadas, 60
em Engenharia Civil, e57
escolha da(s), 57, 67
principal, 57

espaçamento entre, 58
interrompidas, 60
lateral, 49
meia vista, 62
necessárias, 57
parciais, 59
principal, 49
redundantes, 58
suficientes, 57
Visualização
da evolução do projeto, e99
de variação de esforços, 302

Z

Zona
afetada termicamente, 222
de tolerância
definição de, 143, 176
exemplos de, 182
geométrica nula, 202
posição da, 143
projetada, 180